工业和信息化普通高等学校"十三五"规划教材立项项目

21世纪高等教育计算机规划教材

Visual C#.NET 程序设计教程

（第 3 版）

VISUAL C#.NET PROGRAMMING
(3rd edition)

罗福强 熊永福 杨剑 ◆ 编著

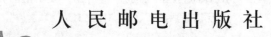

人民邮电出版社

北京

图书在版编目（CIP）数据

Visual C#.NET程序设计教程 / 罗福强，熊永福，杨剑编著. -- 3版. -- 北京：人民邮电出版社，2018.8（2022.1重印）
21世纪高等学校计算机规划教材
ISBN 978-7-115-48270-9

Ⅰ. ①V… Ⅱ. ①罗… ②熊… ③杨… Ⅲ. ①C语言—程序设计—高等学校—教材 Ⅳ. ①TP312.8

中国版本图书馆CIP数据核字(2018)第085369号

内 容 提 要

C#是微软公司推出的新型编程语言。经过近年来的不断发展和完善，它变得越来越强大，如今它不仅能用于开发传统的 Windows 系统环境下的各种应用程序，还逐渐演变成一个跨平台的开发语言，可以直接开发原生的 Android、iOS、Windows Phone 和 Mac App 应用，甚至还能开发物联网嵌入式系统。

本书分为 3 个部分，共 14 章。第 1 章～第 3 章为第 1 部分，主要介绍 C#的基本语法；第 4 章～第 8 章为第 2 部分，重点介绍面向对象的程序设计方法和基于事件的程序设计方法；第 9 章～第 14 章为第 3 部分，主要介绍 C#的高级实用技术，包括多线程编程、Windows 程序设计、数据库访问与 LINQ 编程、文件操作与 XML 编程、Web 服务编程、GDI+与多媒体编程等。

本书以最新的 C# 7.0 为蓝本，涵盖了 C#7.0 的许多新特性，内容丰富，可操作性强，叙述简洁流畅，没有晦涩的术语，所有案例精心设计，能够使学生轻松、愉快地掌握 C#的基本语法、编程方法和应用技巧。

本书可作为高等院校计算机相关专业学生的教材，也可作为初中级读者和培训班学员学习的参考用书。

◆ 编　著　罗福强　熊永福　杨　剑
　　责任编辑　李　召
　　责任印制　沈　蓉　彭志环

◆ 人民邮电出版社出版发行　北京市丰台区成寿寺路 11 号
　　邮编 100164　电子邮件 315@ptpress.com.cn
　　网址 http://www.ptpress.com.cn
　　固安县铭成印刷有限公司印刷

◆ 开本：787×1092　1/16
　　印张：24　　　　　　　　2018 年 8 月第 3 版
　　字数：633 千字　　　　　2022 年 1 月河北第 7 次印刷

定价：59.80 元

读者服务热线：(010)81055256　印装质量热线：(010)81055316
反盗版热线：(010)81055315

前　言

C#是微软公司推出的跨平台编程语言。它在保持 C++强大功能的同时，又整合了 Java 语言的优点，成为一种强大的完全面向对象的高级语言。它简单、安全、灵活、功能丰富，能够快速地开发各种应用软件。相对于 C++来说，它更容易理解和接受；相对于 Java 来说，它更容易使用，编程效率更高。它不但能用于开发 Windows 系统中的各种应用程序，例如控制台应用程序、Windows 应用程序、Web 应用程序、COM+组件、WPF 应用程序、WCF 服务、Silverlight 应用程序、VR 游戏等，而且借助微软的 Xamarin 等插件技术还能直接开发原生的 iOS App、Android App、Windows Phone App、Mac App 以及 Linux 嵌入式应用。经过近年来的不断发展与完善，它不仅成为一种跨平台的编程语言，还发展成了云计算、大数据、物联网应用的开发利器。

本书自 2009 年第 1 版发行以来，受到广大师生的欢迎。2012 年又推出了第 2 版。如今，几年过去了，Visual Studio .NET 已经升级多次了，从当初最早选定 Visual Studio .NET 2005 和 C# 2.0，已经更新到 Visual Studio .NET 2017 和 C# 7.0。C#的新特性越来越多，新应用越来越广。结合广大师生的反馈意见以及新的教学和应用开发经验，我们制订了本书的修订方案，重新编写了本书。

本书以 Visual Studio .NET 2017 和 C# 7.0 为蓝本，对第 2 版进行了全面修改和优化，并遵循以下 5 点基本思想：第一，面向应用型本科院校学生，立足于把 C#的语法讲透彻、讲清楚，文字叙述要简练；第二，紧紧围绕面向对象思想和可视化设计方法展开教材内容；第三，全书案例、习题和实训任务尽量保持与第 2 版相同，方便教学使用；第四，坚持零起点原则，学生可以在没有 C/C++基础的情况下使用本书；第五，坚持应用为纲，全书分为基础篇和应用实战篇，特别在应用部分，全面展示 C#在各方面的编程应用。

本书针对第 2 版主要进行以下修订。

（1）在第 1 章中更新.NET 平台的体系结构，以体现.NET 技术的新发展。为了节省篇幅，本章不再单独介绍 Visual Studio.NET 的使用方法，而是把它融入到案例的实现过程中。

（2）互联网海量的日志信息构成大数据技术的主要研究内容，特征提取与转换、数据挖掘成为新的信息处理目标，为了适应大数据时代的要求，开发人员必须熟悉文本的读写和转换处理。为此，第 2 章扩充字符串的内容，同时将文本文件的基本操作提前到该章的案例之中，以便更早地熟悉相关内容。

（3）深入梳理 C#面向对象编程中的知识点之间的内在关系，重构第 4 章和第 5 章的知识结构和章节结构。

（4）自 C# 3.0 开始，引入 Lambda 表达式，用来构建一种全新的匿名函数，大大降低委托的复杂度。因此，本书在第 8 章中增加匿名函数的内容。

（5）云计算的概念已经深入人心，为了顺应云计算和大数据时代的要求，重新设计第 13 章的教学内容，剔除关于电子邮件的编程内容，增加基于 Web API 的面向服务的编程技术。

（6）各章节的文字内容进行全面修改，文字叙述更简洁、更直白、更易理解。

本书继续保持前两个版本的特色：第一，知识结构完整，根据循序渐进的认识规律设计编写内容及顺序；第二，提供了大量的实例，所有实例程序都是完整的，都是通过 Visual Studio .NET 2017 调试的，并给出了运行效果，其中部分复杂的实例还有详细的分析，以帮助读者理解程序算法并学会程序设计；第三，全书配备了丰富的、符合教学实际的、能真正培养学生编程能力的实训任务；第四，全书各章配备了丰富的标准化习题，以单项选择题和判断题为主，因此特别方便教学和考试。

本书由四川大学锦城学院的罗福强老师和电子科技大学成都学院的杨剑老师担任主要编写工作。参与本书编写的还有四川大学锦城学院的熊永福、陈虹君、李瑶、赵力衡等老师。本书长期以来获得人民邮电出版社的各级领导的重视和支持，也获得了作者所在单位领导的大力支持。在此，我们对支持过本书编写并提供过大量帮助的所有人表示诚挚的感谢！

由于时间仓促，书中难免有不妥之处，我们殷切地期望读者提出中肯的意见，联系方式：LFQ501@sohu.com。

编者

2018 年 4 月

目 录

第1章
C#概述

总体要求

- 了解.NET、Framework 以及 C#语言的特点及其发展。
- 熟悉 Visual Studio .NET 2017 的操作方法。
- 掌握 C#程序的创建、编辑、编译、运行等基本操作过程。
- 理解 C#程序的结构及其特点。

学习重点

- .NET Framework、C#、C#程序的特点。
- C#程序在 Visual Studio .NET 2017 中的操作方法。

1.1　C#简介

1.1.1　.NET 概述

1．.NET 技术体系结构

.NET 平台是 Microsoft 在 20 世纪末为了迎接互联网的挑战而推出的应用程序开发平台。经过近年来的发展，它如今几乎可以在任何硬件平台上发挥作用，服务器、台式机、移动设备、游戏机、虚拟现实、增强现实环境、手表，甚至诸如 Raspberri-Pi 等类似的小型嵌入式系统都有它的身影。.NET 可以用来构建和运行 Windows 应用程序、Web 应用程序、Azure 云应用程序、移动 App 应用程序、Unity 游戏等。它建立在开放体系结构基础之上，集 Microsoft 在软件领域的主要技术成就于一身，如图 1-1 所示。

.NET 技术的核心是.NET Framework。它为.NET 平台下的应用程序的运行提供基本框架，如果把 Windows 操作系统比作一幢摩天大楼的地基，那么.NET Framework 就是摩天大楼中由钢筋和混凝土搭成的框架。为了实现跨平台运行的目标，Microsoft 推出了.NET Core，其核心.NET Core Framework 是参考.NET Framework 重新开发的.NET 实现。它支持 Window、macOS、Linux 等操作系统，可以用于嵌入式或物联网解决方案之中。为了使.NET 应用程序能在诸如智能手机之类的设备之上运行，微软启动了 mono 项目。该项目可以看作是.NET Framework 的开源实现。

Visual Studio .NET 是.NET 平台的主要开发工具，由于.NET 平台是建立在开放体系结构基础之上的，所以应用程序开发人员也可以使用其他开发工具。

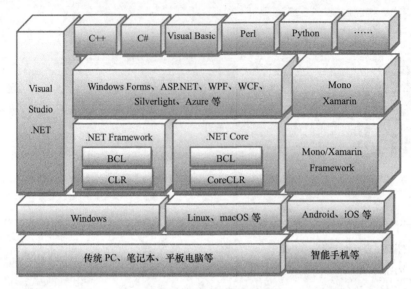

图 1-1　.NET 平台的体系结构

.NET Framework 以微软的 Windows 操作系统为基础，由不同的组件组成（如图 1-1 所示），能够与 Windows 的各种应用程序服务组件（如消息队列服务、COM+组件服务、Internet 信息服务（IIS）、Windows 管理工具等）整合，以开发各种应用程序。

在.NET Framework 的最顶层是程序设计语言，.NET Framework 支持诸如 VB、C#、C++、F#、Perl、Python 等几十种高级程序设计语言。在 Visual Studio .NET 开发环境中，可直接使用 VB、C#、C++、F#、TypeScript、Python 等多种语言开发应用程序；在添加了移动应用跨平台开发插件 Xamarin①之后，用户还可以直接开发 iOS、Android、Windows Phone 和 Mac App 应用，而不需要转移到 Eclipse 或者额外购买 Mac 和使用 Xcode。

.NET Framework 具有两个主要组件：除了公共语言运行时 CLR（Common Language Runtime）和 BCL（Base Class Lib）基础类库，还包括 ADO.NET、ASP.NET、WCF、Azure、Workflow 框架等。

公共语言运行时的 CLR 是.NET Framework 的基础，是应用程序与操作系统之间的"中间人"。它为应用程序提供内存管理、线程管理和远程处理等核心服务。在.NET 平台上，应用程序无论使用何种语言编写，在编译时都会被语言编译器编译成MSIL（Microsoft Intermediate Language，微软中间语言代码），在运行应用程序时 CLR 自动启用 JIT（Just In Time）编译器把MSIL 再次编译成操作系统能够识别的本地机器语言代码（简称本地代码），然后运行并返回运行结果，如图 1-2 所示。因此，CLR 是所有.NET 应用程序的托管环境。这种运行在.NET 之上的应用程序被称为托管应用程序，而传统的直接在操作系统基础之中运行的应用程序则被称为非托管应用程序。

BCL 类库是一个综合性的面向对象的可重用类型集合，包

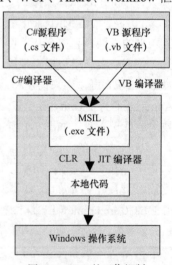

图 1-2　CLR 的工作机制

----

① Xamarin 始创于 2011 年，于 2016 年 2 月被微软公司收购。如今，Xamarin 已经被微软内置到 Visual Studio .NET2017 之中。此外，微软还开源了 Xamarin SDK，免费供用户使用。

括集合类、文件系统处理类、XML 处理类、网络通信接口类、异步 Task 类等。利用 BCL 类库，开发人员可以开发多种应用程序，包括传统的命令行、图形用户界面（Grapical User Interface，GUI）应用程序、Web 应用程序等。

ADO.NET 是.NET Framework 提供的微软新一代的面向对象的数据处理技术，利用它可以简便、快捷地开发数据库应用程序。

ASP.NET 是.NET Framework 提供的全新的 Web 应用程序开发技术，利用它开发 Web 应用程序，如同开发 Windows 应用程序一样简单。

WCF（Windows Communication Foundation）、WPF（Windows Presentation Foundation）以及 Silverlight 等技术是微软推出的全新.NET 技术。WCF 可以理解为 Windows 通信接口，其整合了 TCP/IP、XML、SOAP、JSON 等技术，简化了 XML Web 服务的设计与实现。WPF 为用户界面、2D/3D 图形、文档和媒体提供了统一的描述和操作方法。Silverlight 为开发具有专业图形、音频和视频处理的 Web 应用程序提供了全新的解决方案。

2．.NET Framework 的优点

在.NET 平台诞生之前，虽然 Internet 已经出现，但很少有应用程序能运行在各种不同类型的客户端上，也不能和其他应用程序进行无缝集成。这种局限性导致开发人员花费大量的时间去改写应用程序，以保证它们能在各种客户端和平台上运行，而不是利用这些时间去设计新的应用程序。.NET Framework 的最大特色就在于它为应用程序开发人员提供了一个真正与平台无关的开发环境。使用.NET Framework 开发应用程序有以下优点。

（1）基于 Web 的标准

.NET Framework 完全支持现有的 Internet 技术，包括 HTML（Hyper Text Markup Language，超文本标记语言）、HTTP（Hyper Text Transfer Protocol，超文本传输协议）、XML（Extensible Markup Language，可扩展标记语言）、SOAP（Simple Object Access Protocal，简单对象访问协议）、XSLT（Extensible Stylesheet Language Transformation，可扩展样式表语言转换）、XPath（XML Path Language，XML 路径语言）、JSON（Javascript Object Notation，Javascript 对象表示方法）和其他 Web 标准。

（2）使用统一的应用程序模型

任何与.NET 兼容的语言都可以使用.NET Framework 类库。.NET Framework 为 Windows 应用程序、Web 应用程序、云计算服务、跨平台的智能手机应用提供了统一的应用程序模型，因此同一段代码可被这些应用程序无障碍地使用。

（3）便于开发人员使用

在.NET Framework 中，代码被组织在不同的命名空间和类中，而命名空间采用树形结构，以便开发人员引用。开发人员若想调用.NET Framework 类库的类，则只需将该类属性命名空间添加到引用解决方案中即可。

（4）可扩展类

.NET Framework 提供了通用类型系统，它根据面向对象的思想把一个命名空间或类中代码的实现细节隐藏，开发人员可以通过继承来访问类库中的类，也可以扩展类库中的类，甚至于构建自己的类库。

1.1.2　C#语言的发展

C 和 C++已经成为在商业软件的开发领域中使用最广泛的语言之一。它们为程序员提供了十分灵活的操作，不过同时也牺牲了一定的效率。与 Visual Basic 等语言相比，同等级别的 C/C++

应用程序往往需要更长时间来开发。由于 C/C++ 语言的复杂性，许多程序员都试图寻找一种新的语言，希望能在功能与效率之间找到一个更为理想的平衡点。

目前有些语言，以牺牲灵活性的代价来提高效率。可是这些灵活性正是 C/C++ 程序员所需要的，但目前基于其他的解决方案对编程人员的限制过多（如屏蔽一些底层代码控制的机制），所提供的功能难以令人满意。这些语言无法方便地同原来的系统交互，也无法与当前的网络编程很好地结合。

对于 C/C++ 用户来说，最理想的解决方案无疑是在快速开发的同时又可以调用底层平台的所有功能。他们想要一种和最新的网络标准保持同步并且能和已有的应用程序良好整合的环境。另外，一些 C/C++ 开发人员还需要在必要的时候进行一些底层的编程。

C#（读作 C Sharp）是微软对这一问题的解决方案。C# 是一种最新的、面向对象的编程语言。它是一种简单但功能强大的编程语言，使得程序员可以快速地编写各种基于 Microsoft .NET 平台的应用程序。

它是从 C 和 C++ 语言演化而来。它在语句、表达式和运算符方面使用了许多 C++ 功能。它在类型安全性、版本转换、事件和垃圾回收等方面进行了相当大的改进和创新。它提供对常用 API（Application Programming Interface，应用程序编程接口），如 .NET Framework、COM+ 等的访问。

C# 通常同 .NET Framework 一起，随 Visual Studio.NET 一起发布。C# 最新的版本是 C# 7.0，该版本是 2017 年 3 月 8 日微软公司正式发布 Visual Studio .NET 2017 时发布的。

本书以 C# 7.0、.NET Framework 4.6 和 Visual Studio .NET 2017 为范本，所有案例均在 Visual Studio .NET 2017 中调试运行过。

1.1.3　C# 语言的特点

C# 是一种简洁、类型安全的面向对象的语言，开发人员可以使用它来构建在 .NET Framework 上运行的各种安全、可靠的应用程序，包括控制台应用程序、Windows 窗体应用程序、WPF 应用程序、Web 应用程序、Silverlight 应用程序、WCF 服务、分布式组件、客户端/服务器应用程序、数据库应用程序、Android App、iOS App、Azure 云服务等。

作为一种面向对象的语言，C# 支持封装、继承和多态性的概念。所有的变量和方法，包括 Main 方法（应用程序的入口点），都封装在类定义中。C# 程序的生成过程比 C 和 C++ 简单，比 Java 更为灵活。没有单独的头文件，也不要求按照特定顺序声明方法和类型。C# 源文件可以定义任意数量的类、结构、接口和事件。

相对其他计算机程序设计语言来说，C# 具有如下优点。

（1）语法简洁

C# 最大特色是抛弃了 C/C++ 的指针，不允许代码直接操作内存。C# 自动计算数组或集合的长度，有效避免了内存地址或数组下标越界的问题。C# 统一了对结构型、类及其成员的引用操作符，只有一个 "."，代码书写更简单。C# 没有全局函数，也没有全局变量。这使代码具有更好的可读性，也减少了因命名而造成的冲突。

（2）完全面向对象设计

C# 使用 Object（根类型）来统一所有数据类型，通过装箱和拆箱机制来完成对象操作或数据类型转换，将 bool、byte、char、int、float、double 等简单数据类型都封装为 Boolean、Byte、Char、Int32、Single、Double 等结构型。C# 只允许单一继承，不允许一个类从多个基类派生，从而从根本上避免了类型定义的混乱问题。C#的类模型建立在.NET Framework 之上，借助于 Framework 的公共类库，使之成为构建各种应用程序组件的理想之选——无论是高级的商业对象，还是系统级的应用程序。

（3）与 Web 和智能手机应用紧密结合

设计 C#的一个重要因素就是使应用程序的解决方案与 Web 标准相统一，使程序设计与 HTML、XML、SOAP、DOM、XPath 等 Web 技术紧密结合。C#首先统一了传统的命令行或 Windows 应用程序以及 Web 应用程序的开发模式。在此基础之上，微软公司又推出了 WPF、WCF、Silverlight、Xbox 以及 Xamarin 跨平台技术。借助 Xamarin，我们可以开发原生的 Android App、iOS App、Windows Phone 和 Mac App。这些技术使得 C#不仅能开发普通应用程序，还能在网络通信、动画制作、游戏开发、图像处理、多媒体应用、云计算、大数据、移动设备领域等发挥重要作用。

（4）完善的安全性和错误处理

程序设计语言的安全性和错误处理能力是衡量一种语言是否优秀的重要依据。任何人都会犯错误，特别是在程序编写过程中出错总是难免的，因此有经验的程序员总是不断地调试程序，并加以改进，直到完成。C#借助 Visual Studio .NET 的智能感知技术，可以消除在程序编写过程中的许多常见错误。另外，C#还提供统一的异常类 Exception 来管理程序在运行过程中产生的错误。

在安全性方面，C#提供了完整的类型安全机制，例如对象的成员变量由编译器负责初始化，而其他局部变量未经初始化则不允许使用，编译器也会进行自动检查并提示。CLR 提供垃圾回收、类型安全检查、内部代码信任机制等，允许管理员或用户根据自己的 ID 来配置安全等级。CLR 这一特性，让 C#应用程序的安全性得到进一步保障。

（5）良好的可扩展性

C#具有生成持久系统级组件的能力，提供 COM+、MSMQ（微软消息队列服务）或其他技术平台支持以集成现有代码，利用.NET Framework 的通用类型系统能够与其他程序设计语言交互操作。C#应用程序能跨语言、跨平台、跨互联网互相调用。使用 C#语言可实现具有不同专业技术背景的人员可使用 C#语言协同工作，完成软件系统的设计和开发。

C#语言允许自定义数据类型，以扩展元数据。这些元数据可以应用于任何对象。项目构建者可以定义领域特有的属性并把它们应用于任何语言元素——类、接口等。然后，开发人员可以编程检查每个元素的属性。这样，很多工作都变得方便多了，比如编写一个小工具来自动检查每个类或接口是否被正确定义为某个抽象商业对象的一部分，或者只是创建一份基于对象的领域特有属性的报表。定制的元数据和程序代码之间的紧密对应有助于加强程序的预期行为和实际实现之间的对应关系

1.2　C#程序入门体验

使用 C#语言，程序员可创建多种应用程序，包括控制台应用程序、Windows 窗体应用程序、Web 应用程序、Android App 等。在 Visual Studio .NET 2017（简称 VS2017）中，这些应用程序的操作模式基本上相同。本节将使用 4 个实例来展现 VS 2017 的操作方法以及 C#程序的特点及其一般操作方法。

1.2.1　一个简单的 C#控制台应用程序

【实例 1-1】设计一个 C#控制台应用程序，实现如图 1-3 所示的效果。

【操作步骤】详细操作步骤如下。

（1）启动 VS2017

当计算机安装了 VS2017 后，用户只需选择"开始"→
"所有程序"→"Visual Studio 2017"系统菜单即可启动。

图 1-3　控制应用程序的运行效果

刚启动的 VS2017 的窗口由菜单栏、工具栏、工具箱、
起始页、解决方案资源管理器等组成，如图 1-4 所示，菜
单栏列出了 VS2017 的所有操作命令、工具栏则列出常用的操作命令、解决方案资源管理器用于
显示将要创建的应用程序项目的文件夹结构以及文件列表、工具箱用于显示在设计应用程序操作
界面时所要使用的可视化控件。

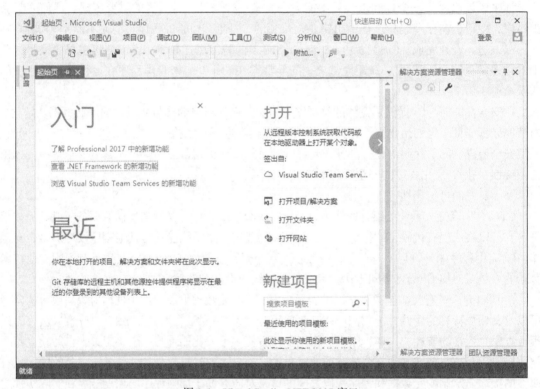

图 1-4　Visual Studio .NET 2017 窗口

（2）新建项目

首先，在 VS2017 的窗口中，选择"文件"→"新建"→"项目"菜单命令，打开"新建项
目"对话框，如图 1-5 所示。

在该对话框中，在左侧列表框中选择"已安装"→"模板"→"Visual C#"。在对话框中间的
列表框中选择"控制台应用（.NET Framework）"，也可以选择"控制台应用（.NET Core）"，还可
以单击该列表框上方的组合框选择.NET Framework 的版本（例如，选中.NET Framework 4.6.2）。
然后，在对话框下方的"名称"文本框中，输入作为项目的名称（如 Test1_1），在"位置"组合
框中输入保存项目的文件夹（如 d:\demo），最后单击"确定"按钮。

图 1-5　"新建项目"对话框

之后，系统自动完成项目的配置。一个控制台应用程序必不可少的配置包括对.NET Framework 类库的引用以及应用程序项目的属性设置等，其相关信息保存在 AssemblyInfo.cs 文件中。控制台应用程序的源代码文件是 Program.cs，如图 1-6 所示。

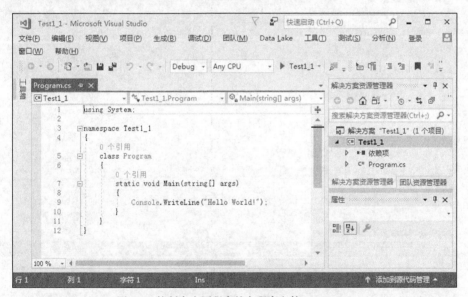

图 1-6　控制台应用程序的主程序文件 Program.cs

注意，VS 2017 通过解决方案和项目来管理一个正在开发的软件项目。在 VS 2017 中，一个解决方案代表一个正在开发的异常庞大的软件系统，一个项目可能只是正在开发的软件系统中的一个子系统。因此，一个解决方案可以把多个项目组织起来，而一个项目可以把一个子系统中的所有文件管理起来。VS2017 支持多种文件类型及与它们相关的扩展类型。表 1-1 列出了.NET 应用程序特有的一些常用的文件类型。

表 1-1   Visual Stuidio .NET 中的常用文件类型

扩展名	名称	描述
.sln	Visual Studio .NET 解决方案文件	.sln 文件为解决方案资源管理器提供显示管理文件的图形接口所需的信息。打开.sln 文件，能快捷地打开整个项目的所有文件
.csproj	Visual C#项目文件	一个特殊的 XML 文档，主要用来控制项目的生成
.cs	Visual C#源代码文件	表示 C#程序文件、Windows 窗体文件、Windows 用户控件文件、类文件、接口文件等
.resx	资源文件	包括一个 Windows 窗体、Web 窗体等文件的资源信息
.aspx	Web 窗体文件	表示 Web 窗体，由 HTML 标记、Web Server 控件、脚本组
.asmx	XML Web 服务文件	表示 Web 服务，它链接一个特定.cs 文件，而在这个.cs 文件中包含了供 Internet 调用的方法函数代码

（3）修改源程序文件名并编辑源程序

首先，在解决方案资源管理器中右击 Program.cs，选择"重命名"命令，将 Program.cs 修改为 HelloWorld.cs（注意，也可以不修改 Program.cs）。

然后，打开 HelloWorld.cs 文件，即可发现 VS2017 已经生成了部分源程序代码，我们只需要在此基础之上补充代码即可实现功能。

本例完整的源代码如图 1-7 所示。

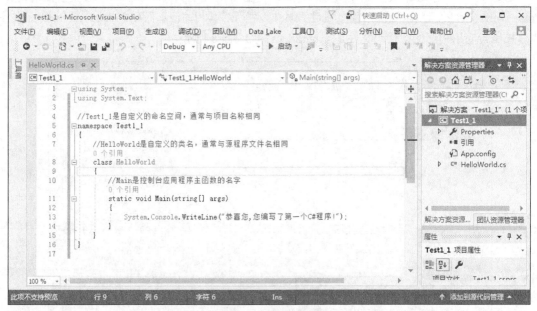

图 1-7　第一个完整的 C#程序源代码

（4）调试并运行程序

选择"调试"→"启动调试"菜单命令（也可以按<F5>），或者选择"调试"→"开始执行（不调试）"菜单命令（也可以按<Ctrl>+<F5>），之后 VS2017 将自动启动 C#语言编译器编译源程序并执行程序，最后将程序的运行结果显示在命令提示符窗口中。

【注意】

（1）在第（2）步中输入项目的保存位置时，如果指定的文件夹不存在，VS2017 会自动创建。

（2）在第（3）步中修改代码文件 Program.cs 的文件名时，VS2017 将自动修改源程序中类的名字。

（3）VS2017 最大的特色是智能感知无处不在，因此要充分利用该功能快速输入源程序代码，以避免录入错误。例如，要想输入"WriteLine"，在输入"Console."之后，系统自动显示 Console 的所有成员列表，先滚动浏览该列表框或按<W>键，快速定位到"WriteLine"，再按空格键，由系统自动完成"WriteLine"的选择和录入，如图 1-8 所示。

（4）C#语言严格区分大小写字母，因此输入源代码时要注意不要混淆大小写字母。

【分析】

上面这个简单的 C#控制台应用程序，虽然很小、很简单，但俗话说的好，"麻雀虽小，五脏俱全"，该程序包含很多 C#的知识点，主要有以下几个。

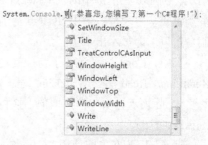

图 1-8　一个简单的 C#控制台应用程序

（1）引入命名空间

在编辑 C#源程序时，如果要使用 .NET Framework 中的类，则必须引入相应的命名空间。例如，在本例的第一行中的"using System;"表示引入 System 命名空间中的类。System 命名空间是.NET 最基本的命名空间，它包含了最基本的类的声明与实现。这些类定义了常用的值和引用数据类型、事件和事件处理程序、接口、属性和异常处理等。可以这么说，如果不引用 System 命名空间，源程序代码将无法编译。

（2）添加代码注释

在编写 C#源程序时，为了便于以后阅读或修改，需要添加适当的注释内容。C#语言使用"//"或"/*……*/"来标记注释内容，其中，"//"表示单行注释，"/*……*/"表示多行注释（"/*"表示注释开始，"……"表示注释内容，"*/"表示注释结束）。在 VS2017 中，注释内容默认为绿色文字。

注意，程序中的注释内容只是为了提高程序的可读性而添加的文字。C#语言编译器在编译源程序时将自动忽略注释。

（3）自定义命名空间

C#语言使用命名空间来控制源程序代码的范围，以加强源程序代码的组织管理。例如，本例的"namespace Test1_1"，其中的 namespace 是 C#关键字，用来标识命名空间的定义，Test1_1 是自定义的命名空间的名字。VS2017 在创建应用程序项目时，自动使用项目名称来设置命名空间的名字。有了命名空间后，其他代码一般就放在命名空间的一对花括号{}之中。

（4）定义类

C#是一个完全面向对象的语言。C#语句必须封装在类之中，一个程序至少包括一个自定义类。例如，本例的"class HelloWorld"，其中的 class 是 C#关键字，用来标识类的定义，Helloworld 是自定义的类名。class HelloWorld 后的"{"表示开始一个类的定义，对应的"}"表示结束一个类的定义。因此花括号{}必须成对匹配，否则将出现编译错误。

（5）定义 Main 方法

C#控制台应用程序必须包含一个 Main 方法。程序运行时，首先从 Main 方法的第一条语句开始执行，当最后一条语句被执行之后程序结束运行。在默认情况下，C#控制台应用程序 Main 方法的格式如下。

```
static void Main(string[] args)
```

其中，static 表示 Main 方法是静态方法，void 表示 Main 方法是无值型方法，args 表示在运行该程序时可以带若干个字符串参数。有关 static、void、args 等更详细的讲解，请阅读本书后续章节。

（6）编写程序语句

一个 C#程序通常包含若干条语句。每一个语句必须符合 C#语法的规定，以英文字符分号 ";" 结尾。例如，在本例中的 "System.Console.WriteLine("恭喜您,您编写了第一个 C#程序!");" 就是一条语句，它表示：调用 System 命名空间中的 Console 类的 WriteLine 方法，把字符串输出到控制台窗口（即显示出来）。

其中，Console 类包含了与控制台有关的输入输出方法，除了 WriteLine 之外，还包括 Write、ReadLine、Read 等。WriteLine 表示输出一个数据（可以是字符、整数、字符串等）并附加换行符。Write 表示输出一个数据但不换行。ReadLine 表示从键盘缓冲区读取一行字符，Read 表示从键盘缓冲区读取一个字符。

注意，因为在之前使用 "using System;" 导入了 System 命名空间，因此该语句可省略 System，简写为 Console.WriteLine("……")。

1.2.2 一个简单的 Win 32 应用程序

【实例 1-2】设计一个 C# Windows 应用程序，实现如图 1-9 所示的效果。

【操作步骤】详细操作步骤如下。

（1）新建项目

启动 VS2017 后，首先，选择"文件"→"新建"→"项目"菜单命令，并在弹出"新建项目"对话框后，在该对话框选择"Visual C#"→"Windows 窗体应用（.NET Framework）"。然后，

图 1-9 一个简单的 Windows 应用程序的运行效果

输入项目名称（如 Test1_2）并设置保存位置（如 d:\Demo），单击"确定"按钮。

之后，系统自动完成项目的配置（包括：完成对.NET Framework 类库的引用、生成包含 Main 方法的 Program.cs 文件、生成 Windows 窗体文件 Form1.cs、生成项目有关的属性文件 AsemblyInfo.cs 和 Resources.resx 等）。

（2）修改源程序文件名并编辑源程序

首先，在解决方案资源管理器中右击"Form1.cs"，选择"重命名"，将 Form1.cs 修改为 Test1_2.cs。

然后，在 VS2017 的设计区中右击鼠标，选择"属性"快捷菜单命令，以打开窗体的"属性"窗口，并在属性窗口中单击"事件" ✎按钮，以显示窗体的所有事件列表，再双击事件列表中的"Load"事件，由系统自动创建事件方法 Test1_2_Load（如图 1-10 所示），并且自动切换到 Test1_2.cs 的源代码编辑视图。

最后，在 Test1_2.cs 文件的源代码编辑窗口中添加源程序代码，如下所示。

```
using System;
using System.Drawing;
using System.Text;
using System.Windows.Forms;

namespace Test1_2
```

```
{
    public partial class Test1_2: Form
    {
        public Test1_2 ()
        {
            InitializeComponent();
        }

        private void Test1_2_Load(object sender, EventArgs e)
        {
            this.Text = "我的第一个Windows程序";             //设置本窗体的标题文字
            Label lblShow = new Label();                      //创建标签控件
            lblShow.Location = new Point(50, 30);             //设置标签的显示位置
            lblShow.AutoSize = true;                          //指示自动缩放标签
            lblShow.Text = "本程序由罗福强设计,欢迎您使用!"; //设置显示内容
            this.Controls.Add(lblShow);                       //将标签控件添加到本窗体之中
        }
    }
}
```

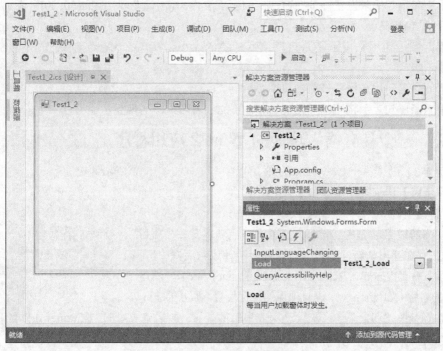

图 1-10　添加 Load 事件

（3）调试并运行程序

选择"调试"→"启动调试"菜单命令或"调试"→"开始执行（不调试）"菜单命令，之后 VS2017 将自动启动 C#语言编译器编译源程序，并执行程序，最后弹出一个如图 1-9 所示的运行窗口。

【分析】

（1）在设计 C# Windows 应用程序时，既要自定义窗体类的名字（如 Test1_2），也要适当引用.NET　Framework　类库。Windows　应用程序的基础是命名空间　System.Windows.Forms　和

System.Drawing，因此需要将这些命名空间添加到源代码中。不过，VS2017 会自动完成这些必不可少的命名空间的引用，并自动与相应的动态链接库.dll 进行链接，以保证编译器能正确识别它们。

（2）C#的 Windows 应用程序同样是从 Main 方法开始执行的。VS2017 会在 Program.cs 文件中自动生成 Main 方法，也会根据程序员的操作来自动更新 Main 方法中的语句。因此，不需要在 Main 方法中添加任何代码。

（3）C#的 Windows 应用程序采用事件驱动编程思想，只有当事件发生时系统才能可能调用相应的事件方法。例如，如果希望在窗体加载时（即 Load 事件发生时）能够调用事件方法 Test1_2_Load，那么就必须把窗体的 Load 属性与该方法链接起来。只是，这个链接操作通常由 VS2017 自动完成。因此，我们只需要集中精力编写事件方法中的语句即可。有关事件的概念，在本书后续章节会详细讲解，读者只需对事件有一个感性认识就可以了。

（4）Test1_2_Load 事件方法在本例中的相关说明如下。

① 第一条语句用来设置窗口标题，其中，"this"代表本窗体。

② 第二条语句的作用是创建一个用于显示提示信息或程序运行结果的标签对象，其中，Label 就是标签控件的类名，"new Label()" 创建标签对象，"lblShow"就是该对象的名字。

③ 第三条语句用来设置标签在窗体中的显示位置，其中，"new Point(50, 30)"表示在窗口中的像素点(50,30)起显示。

④ 第四条语句用来指示是否自动改变标签的大小，"=true"就是确保把所有的文字显示出来。

⑤ 第五条语句用来设置最终窗口中显示的文字。

⑥ 第六条语句表示将标签对象 lblShow 添加到窗体中，实现显示输出。

1.2.3　一个具有输入功能的 Win 32 应用程序

【实例 1-3】设计一个 C# Windows 应用程序，实现如图 1-11 所示的效果。

【操作步骤】详细操作步骤如下。

（1）新建项目

启动 VS2017 后，首先，选择"文件"→"新建"→"项目"菜单命令，并在弹出"新建项目"对话框后，在该对话框中选择 "Visual C#"→"Windows 窗体应用（.NET Framework）"。然后，输入项目的名称（如 Test1_3），设置项目的保存位置（如 d:\Demo）。

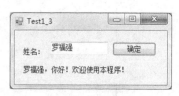

图 1-11　运行效果

单击"确定"按钮之后，系统自动完成项目的配置，包括完成对.NET Framework 类库的引用、生成包含 Main 方法的 Program.cs 文件、生成 Windows 窗体文件 Form1.cs、生成项目有关的属性文件 AsemblyInfo.cs 和 Resources.resx 等。

（2）修改源程序文件名

在解决方案资源管理器中右击"Form1.cs"，选择"重命名"命令，将 Form1.cs 修改为 Test1_3.cs。

（3）添加用户控件并设置控件属性

首先，在 VS2017 窗口左侧的工具箱中展开"所有 Windows 控件"或"公共控件"，再把以下控件添加到设计区：两个 Label 控件、1 个 TextBox 控件和 1 个 Button 控件。如图 1-12 所示，在工具箱中 Label 控件的图标为"A Label"、TextBox 控件的图标为"abl TextBox"、Button 控件的图标为"ab Button"。

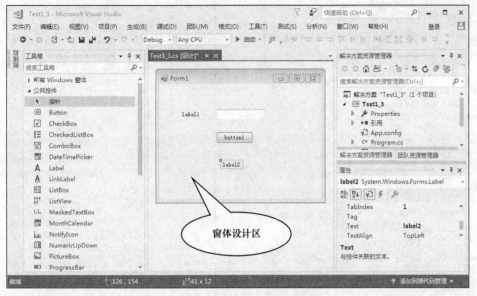

图 1-12　从工具箱把控件添加到窗体设计区

　　然后，在设计视图中右击窗体或每一个控件，选择"属性"命令，打开"属性"窗口（如图 1-13 所示），根据表 1-2 设置每一个控件的相应属性。

图 1-13　"属性"窗口

表 1-2　　　　　　　　　　　　　　　　需要修改的属性项

控件	属性	属性设置	控件	属性	属性设置
Form1	Name	Test1_3	TextBox1	Name	txtName
	Text	Test1_3	Button1	Name	btnOk
Label1	Name	lblName		Text	确定
	Text	姓名：	Label2	Name	lblShow

（4）为控件添加事件方法
　　首先，在窗体设计视图中双击新添加"btnOk"按钮控件，系统自动为该按钮添加"Click"事件，对应的事件方法为"private void btnOk_Click（object sender, EventArgs e）"，并切换到 Test1_3.cs 的源代码视图。也可以在该按钮的属性窗口的事件列表中双击"Click"事件，添加

btnOk_Click 事件方法。

　　然后，在 Test1_3.cs 文件的源代码编辑窗口中添加代码，如下所示。

```csharp
using System;
using System.Drawing;
using System.Text;
using System.Windows.Forms;

namespace Test1_3
{
    public partial class Test1_3 : Form
    {
        public Test1_3()
        {
            InitializeComponent();
        }
        private void btnOk_Click(object sender, EventArgs e)
        {
            string strResult;                                      //定义字符串变量
            strResult = txtName.Text + ",你好!欢迎使用本程序!";    //提取用户输入
            lblShow.Text = strResult;                              //显示结果
        }
    }
}
```

（5）调试并运行程序

　　选择"调试"→"启动调试"菜单命令或"调试"→"开始执行（不调试）"菜单命令，之后 VS2017 将自动启动 C#语言编译器编译源程序，并执行程序，当弹出运行窗口后在文本框中输入姓名后即可得如图 1-11 所示的运行效果。

【分析】

　　（1）对于 Windows 窗体应用程序来说，窗体控件组成了程序运行时的操作界面。窗体中的控件可以在程序运行时才添加到窗口中（如实例 1-2 所示），也可以在运行前完成所有设计（如本例所示）。

　　（2）Windows 窗体最常用的控件有：Label 控件、TextBox 控件和 Button 控件。

　　① Label 控件：标签控件，用来显示提示信息或程序的运行结果。

　　② TextBox 控件：文本框控件，用来接收用户的键盘输入。

　　③ Button 控件：按钮控件，用于响应鼠标操作，触发单击事件并通知系统调用特定的方法（如本例的 btnOk_Click 事件方法）。

　　（3）事件方法 btnOk_Click 的相关说明如下。

　　① 第 1 条语句定义了一个字符串型的变量 strResult，用来保存程序最终要显示的字符串。

　　② 第 2 条语句用来生成最终要显示的字符串。其中，txtName.Text 表示引用用户在文本框中所输入的文本内容；"+"表示连接两个字符串。

　　③ 第 3 条语句表示把变量 strResult 的字符串内容赋值给 lblShow 标签控件的 Text 属性，实现显示输出。

　　有关字符串、赋值等内容的详细介绍请读者阅读本书后续章节。

1.2.4 一个简单的 Web 应用程序

【实例 1-4】设计一个 C# Web 应用程序，实现如图 1-14 所示的效果。

【操作步骤】

（1）新建网站

启动 VS2017 后，选择"文件→新建→网站"
菜单命令，弹出"新建网站"对话框，在"模板"
列表框中选择"ASP.NET 空网站"。

然后在该对话框中的"Web 位置"下拉列表

图 1-14   Web 应用程序运行效果

框中选择"文件系统"，并在后面的输入框中输入
保存网站的文件夹（如 d:\demo\Test1_4），单击"确定"按钮，系统自动生成配置文件 Web.config。

（2）添加 Web 窗体并编辑源程序

在解决方案资源管理器中首先右击网站文件夹，选择"添加新项"命令，以打开"添加新项"
对话框。之后，在该对话框的模板列表中选择"Web 窗体"，同时在"名称"文本框中输入 Web
窗体的文件名（默认为 Default.aspx），最后单击"添加"按钮，系统自动生成 Web 窗体文件（.aspx）
和源程序文件（.cs 文件）。

右击 VS2017 的设计区，选择"查看代码"命令，即可将 Web 窗体的设计或编辑视图切换为
源程序代码文件的编辑视图。然后，添加以下源程序代码。

```
using System;
using System.Web;
using System.Web.UI;
using System.Web.UI.WebControls;

public partial class _Default : System.Web.UI.Page
{
    protected void Page_Load(object sender, EventArgs e)
    {
        this.Title = "实例 1-4";
        Label lblShow = new Label();
        lblShow.Text = @"这是我的第一个 Web 版的 C#程序。<br/>";
        lblShow.Text +=@"请记住,C#的<b>最大特色</b>是它统一了各种应用程序的开发模式。";
        lblShow.Text += @"<br/>若需帮助,请与作者<a href='mailto:lfq501@sohu.com'>罗福强
                        </a>联系。";
        lblShow.Font.Size = FontUnit.Point(16);    //设置标签文字的字号大小
        this.Controls.Add(lblShow);
    }
}
```

（3）调试并运行程序

在解决方案资源管理器中右击 Default.aspx，选择"在浏览器中查看"命令，VS2017 将自动
启动 C#语言编译器编译源程序，并启动系统进程 IIS Express（即 VS2017 自带的简化版的 IIS）
来托管和运行 Web 应用程序，最后把运行结果输出到浏览器。

【注意】

（1）在第（1）步中确认创建新网站后，VS2017 会将与网站有关的文件保存到指定的文件夹
中，同时也会在"我的文档\Visual Studio 2017\Projects"下创建一个同名的文件夹，用来保存与网

站无关的文件（例如，解决方案文件）。VS2017 的这个功能为发布网站提供了很多便利。

（2）在第（2）步中由 VS2017 自动生成的 Default.aspx 文件存在两种视图，一种是设计视图，另一种是源视图，其中，设计视图与 Windows 窗体的设计视图一样，具有所见即所得的特点；源视图将显示 Web 窗体的源代码（一种由 HTML 标记、Web Server 控件页面元素等组成的文本文档）。若要切换视图，可按<Shift>+<F7>组合键即可，也可选择"视图"→"设计器"或"视图"→"标记"菜单命令，或者在设计区的左下角单击 □设计 按钮或 ⊡ 源 按钮。

（3）在第（3）步中也可以选择"调试"→"启动调试"或"调试"→"开始执行（不调试）"菜单命令执行 Web 应用程序。当项目中存在若干个 Web 窗体时，需要先将要浏览的 Web 窗体设置为起始页。

（4）传统的 Web 应用程序需要通过 Web 服务器（如 IIS、TomCat）来管理，以便远程客户端通过浏览器来访问。而 VS2017 使 Web 应用程序的开发与 Web 服务器分离，在开发过程中不需要Web 服务器，而是直接启动系统进程 IIS Express 来执行 Web 应用程序。这就大大方便了程序设计员调试 Web 应用程序。

【分析】

（1）在设计 C# Web 应用程序时，既要考虑自定义类，也要考虑重用.NET Framework 类库中的类。一个 Web 应用程序必须借助于命名空间 System.Web、System.Web.UI、System.Web.UI.WebControls 等来实现，因此需要将这些命名空间引入。在使用 VS2017 设计 Web 应用程序时，它会自动将这些命名空间引入到项目中，并自动链接相应的动态链接库（Dynamic Link Library，DLL），以保证编译器能正确识别它们。

（2）C# Web 应用程序与控制台应用程序和 Windows 应用程序的不同之处在于，C# Web 应用程序不需要从 Main 方法开始执行，因此不需要为 C# Web 应用程序添加 Main 方法。

（3）C# Web 应用程序同样采用事件驱动编程思想，只有当事件发生时系统才调用相应的事件方法。例如，当 Web 窗体的 Load 事件发生时，应用程序将调用事件方法 Page_Load。

（4）在本例的事件方法 Page_Load 中，第 1 行的"this"代表本 Web 窗体，"this.Title"表示本窗体的标题（在浏览器标题栏中显示的文字内容）；其余行的作用与实例 1-2 中的类似。不同的是，此时标签控件的字符串内容允许包含 HTML 标记，浏览器将解析这些标记。例如，"<br>"表示换行，"<b>"表示加粗显示文字，"<a>"表示显示超链接。

1.3　C#程序的特点

通过上述例子，我们可以看到，C#程序的结构和书写形式具有以下特点。

1. 必须借助 NET Framework 类库实现

每一个 C#应用程序必须借助于.NET Framework 类库实现，因此必须使用 using 关键字把相应的命名空间引入到应用程序项目中来。例如，在设计 Windows 应用程序时需要引用命名空间"using System.Windows.Forms"；在设计 Web 应用程序时需要引用命名空间"System.Web.UI.WebControls"。

2. 必须定义类

C#程序的源代码必须封装到类中，一个程序至少包括一个自定义类。自定义的类使用关键字 class 声明，其名字由字符、数字、~、下划线_等字符组成，一般使用大写字母或~打头。

3. 类的代码主要由方法组成

一个控制台应用程序或 Windows 应用程序必须包含 Main 方法，而且程序在运行时从 Main 方法的第一条语句开始，直到执行了最后一条语句为止。C#程序的类中也可以包含其他方法，如实例 1-2 中的 Test1_2_Load 和实例 1-3 中的 btnOk_Click。每一个方法名后紧跟一对圆括号，不能省略。圆括号中可以带若干个参数，也可以没有参数。

4. C#程序中的方法的结构

任何一个方法由两部分组成：方法的头部和方法体。

（1）方法的头部

方法的头部即方法的第一行，包括返回值类型、方法名、形参名及形参类型的说明。一个方法的形参可以没有，也可以有多个。当一个方法带多个形参时，形参之间用逗号隔开。例如，在实例 1-2 的"void Test1_2_Load（object sender, EventArgs e）"中 Test1_2_Load 是方法名，sender 和 e 是方法的形参名，void 表示方法返回值为无值型，object 表示对象型、EventArgs 表示事件参数型。

（2）方法体

方法体使用一对大括号{}括起来，通常包含声明语句和执行语句。声明部分用来定义即将使用的变量名，例如在实例 1-3 中的语句"string strResult;"表示定义一个字符串变量。执行语句可以是赋值运算、算法运算，也可以是方法调用，例如在实例 1-2 中的语句"lblShow.AutoSize = true;"表示把逻辑真值（true）赋值给 lblShow 对象的 AutoSize 属性；而语句"this.Controls.Add(lblShow);"表示调用 Add 方法，把 lblShow 对象添加到窗体中，实现显示输出。

5. C#程序的语句

C 程序中的每个语句必须以分号结尾。在书写时，源程序的一行可以书写几条语句，一条语句也可以分写在多行上。

6. C#程序的输入与输出操作

C#语言本身没有输入输出语句。因此，C#控制台应用程序必须借助类库中的 Console 类的方法（ReadLine、WriteLine 等）来完成输入输出操作，而 C# Window 应用程序和 Web 应用程序必须借助类库的标签 Label、文本框 TextBox 等控件来实现输入输出。

7. C#程序的注释

在 C#程序中，用户可以使用"//"或"/*……*/"添加注释信息，增加注释的目的是为了方便人阅读或修改程序，程序被编译时它将被忽略，在运行时不起作用。注释可以添加在程序中的任何位置。经验表明适当地添加注释，对程序的重要部分进行说明，可大大增强程序的可读性。

习　题

1. 判断题

（1）如果把 Windows 操作系统比作一幢摩天大楼的地基，那么.NET Framework 就是摩天大楼中由钢筋和混凝土搭成的框架。

（2）.NET 平台只支持微软自己的 VB、C#、C++、F#等语言开发应用程序。

（3）C#程序经过编译之后生成的可执行文件与传统的可执行文件没有任何区别。

（4）VS2017 集应用程序创建、设计、编辑、编译、调试和运行等功能为一体，因此其是 C#

程序的主要集成开发环境。

（5）因为控件是 Windows 程序的基本组成元素，所以不能在程序运行时才在窗体中添加控件，而必须提前通过工具箱添加。

2. 选择题

（1）以下有关.NET 平台的叙述，错误的是（　　　）。

  A．.NET 平台的核心是.NET Framework

  B．Visual Studio .NET 是.NET 平台的主要开发工具

  C．.NET 建立在开放体系结构基础之上，具有跨 Linux/Unix 的可移植性

  D．.NET 平台完全支持现有的 Internet 技术

（2）以下有关公共语言运行时 CLR 的叙述，错误的是（　　　）。

  A．CLR 是.NET Framework 的核心

  B．CLR 的原意是 Common Language Runtime

  C．.NET 应用程序运行时，CLR 自动进行 JIT 编译器

  D．CLR 内置了内存分配、垃圾回收等托管功能，因此可完全替代操作系统

（3）以下有关 C#的叙述，错误的是（　　　）。

  A．C#源程序不需要编译，托管给 CLR 之后就可以运行

  B．C#是完全面向对象的程序设计语言

  C．不允许在程序中使用指针

  D．C#能够开发诸如网络通信、动画制作、图像处理等程序

（4）以下哪种文件是 C#源程序文件？（　　　）

  A．.sln   B．.cs   C．.csproj   D．.aspx

（5）不管是哪种 C#应用程序，必须添加的命名空间是（　　　）。

  A．System   B．System.Text

  C．System. Windows.Forms   D．System. Web.UI.WebControls

（6）以下有关 C#源程序叙述错误的是（　　　）。

  A．一个 C#源程序至少包括一个自定义类

  B．C#程序中的每个语句必须以分号结尾

  C．C#语言提供了丰富的输入输出方法，例如 Console.WriteLine()

  D．当程序被编译时，C#程序中的注释将被自动忽略

（7）以下有关 C#程序叙述错误的是（　　　）。

  A．C#控制台应用程序必须包含一个 Main 方法

  B．C# Windows 应用程序必须包含一个 Main 方法

  C．C# Web 应用程序必须包含一个 Main 方法

  D．C#程序中的方法由两部分组成，即方法的头部和方法体

（8）以下有关控件叙述错误的是（　　　）。

  A．控件对象在程序中实质上就是一个变量

  B．Label 控件可用来显示提示信息或程序的运行结果

  C．TextBox 控件可用来输入数据

  D．Button 控件只能响应鼠标单击操作，触发 Click 事件方法

实验 1

一、实验目的

（1）掌握 VS2017 的基本操作方法。
（2）掌握 C#应用程序的基本操作过程。
（3）掌握简单窗体控件：Label、TextBox 和 Button 的基本用法。
（4）初步理解 C#程序的特点。

二、实验要求

（1）熟悉 Windows 系统的基本操作。
（2）认真阅读本章相关内容，尤其是案例。
（3）实验前进行程序设计，完成源程序的编写任务。
（4）反复操作，直到不需要参考教材、能熟练操作为止。

三、实验任务

（1）设计一个简单的 C#控制台应用程序，逐行显示个人信息（包括学号、姓名、性别、年龄、专业等）。
（2）设计一个 C# Windows 窗体应用程序，实现个人信息的输入操作（包括学号、姓名、性别、年龄、专业等）。

四、实验总结

写出实验报告（报告内容包括：实验内容、任务分析、算法设计、源程序、实验体会等），并记录实验过程中的疑难点。

第2章
C#程序设计基础

总体要求

● 掌握常量和变量概念，掌握变量的声明、初始化方法。

● 掌握 C#的常用的简单数据类型，了解枚举型、结构型，理解数据类型转换。

● 掌握 C#的运算符和表达式的概念，理解运算符运算规则，理解表达式的使用方法。

● 理解数组和字符串的概念，掌握一维数组和字符串的使用方法，了解多维数组、数组型数组的应用。

学习重点

● C#语言中的常量、变量、数据类型、运算符、表达式等的概念。

● C#语言中一维数组和字符串的概念及其使用方法。

设计 C#程序的主要目的是完成数据运算。为了实现数据运算，C#支持丰富的数据类型、运算符以及流程控制语句。在编写 C#程序时，不同类型的数据都必须遵守"先定义，后使用"的原则，即任何一个变量和数据都必须先定义其数据类型，然后才能使用。运算符用来指示计算机执行某些数学或逻辑操作，它们经常是数学或逻辑表达式的一个组成部分。流程控制语句表示数据的运算过程，决定了数据的运算结果。本节将详细介绍 C#语言中的有关变量、常量、数据类型、运算符、表达式、数组、字符串的概念，介绍 C#程序中的变量、表达式、数组、字符串等的定义方法。

2.1 常量与变量

C#中常见的数据类型主要有整型、浮点型、小数型、字符型、布尔型和字符串型等，其说明如表 2-1 所示。

表 2-1   C#中常见的数据类型

数据类型	说明
int（整型）	用于存储整数，如：一天的时间是 24 小时，一月份有 31 天
double（双精度）	用于存储小数，如：早餐奶的价格 2.3 元，手机待机时间 6.5 小时
char（字符型）	用于存储单个字符，如：性别：'男''女'，电灯'开''关'
bool（布尔）	分别采用 true 和 false 这两个值来表示"真"和"假"
string（字符串）	用于存储一串字符，如："我的爱好是踢足球""我喜欢 C#程序"

数据又分为常量和变量。

2.1.1　常量

在程序运行过程中，其值始终不变的量称之为常量。常量类似于数学中的常数。

1. 整型常量

整型常量又分为：有符号的整型常量、无符号整型常量、长整型常量。有符号的整型常量书写形式与数学中的常数相同，直接书写。无符号整型常量在书写时添加 u 或 U 标志。长整型常量在书写时添加 l 或 L 标记。例如，−8、8U、8L 分别为有符号的整型常量、无符号整型常量、长整型常量。

2. 浮点型常量

浮点型常量又分为：单精度浮点型常量和双精度型常量。单精度浮点型常量在书写时可添加 f 或 F 标记，而双精度型常量添加 d 或 D 标记。例如，8.3F、8.3D 分别为单精度浮点型常量和双精度型常量。值得注意的是，以小数形式直接书写的常量在未添加标记时，将自动被解释成双精度浮点型常量。例如，8.3 即为双精度浮点型常量。

3. 小数型常量

小数型常量的后面必须添加 m 或 M 标记，否则就会被解释成标准的浮点型数据。

4. 字符型常量

字符型常量是一个标准的 Unicode 字符[①]，使用两个英文单引号来标记。例如，'8'、'A'、'中'、'@'等都是标准的字符型常量。C#的字符型常量可采用以下 3 种表示形式：分别普通字符形式，十六制编码形式和 Unicode 编码形式。例如，'X'、'\x0058'、'\u0058'都表示大写的 X 字符，其中，\x 为十六进制编码的标识，\u 为 Unicode 编码的标识。

类似 C 语言，C#也支持转义字符，用来表示控制字符（即不可见字符）。例如，'\b'表示倒退一个字符，相当于<Backspace>键。常用的转义字符见表 2-2。

表 2-2　　　　　　　　　　　　　常用的转义字符

转义符	说明
\'	单引号'
\"	双引号"
\\	反斜线符\
\0	空字符
\uhhhh	使用十六进制形式的 Unicode 字符，例如，字符\u0041 表示 Unidcode 字符 A
\a	响铃（警报）符，与\u0007 匹配
\b	退格符，与\u0008 匹配
\t	Tab 符，与\u0009 匹配
\r	回车符，与\u000D 匹配
\v	垂直 Tab 符，与\u000B 匹配
\f	换页符，与\u000C 匹配
\n	换行符，与\u000A 匹配

---

① Unicode 是一种为全球所有语言文字制定的统一且唯一的字符编码方案。它使用 16 位二进制数来表示一个字符的编码。

5. 布尔型常量

布尔型常量只有两个，一个是 true，表示逻辑真；另一个是 false，表示逻辑假。

6. 字符串常量

字符串常量表示若干个 Unicode 字符组成的字符序列，使用两个英文双引号来标记，例如，"8"和"中国人"都是字符串。因此，读者要注意字符串常量与字符常量的区别。

在字符串常量中如果需要包括特殊字符，需要使用转义字符，例如："C:\\Program Files\\Microsoft Visual Studio"中用"\\"表示反斜线符"\"。也可以在字符串常量前加@符号，使两个引号之间的所有字符都包含在字符串中，即反斜线符"\"将成为普通字符，例如，@"C:\Program Files\Microsoft Visual Studio"。

2.1.2 变量

1. 变量的概念

在程序运行过程中，其值可以被改变的量称之为变量。变量可以用来保存用户输入的数据，也可以保存程序运行时产生的中间结果或最终结果。每一个变量都具有变量名和变量值。

（1）变量名

每个变量都必须有一个名字，即变量名。变量命名应遵循标识符的命名规则，命名规则如下。

① 只能由 52 个字母（A-Z, a-z）、10 个数字（0~9）、下划线（_）和汉字组成。

② 不能以数字开始。

③ 不能使用 C#保留字。

另外，注意 C#区分大小写，大写字母和小写字母定义的变量是两个不同的变量，因此，sum、Sum 和 SUM 是不同的变量名。

（2）变量值

程序运行时，系统自动为变量分配内存单元，每一个变量对应一个特定的内存单元地址，用来存储变量的值。不同类型的变量，占用的内存单元（字节）数不同，相关规定在下一节介绍。在程序中，通过变量名来引用变量的值。

2. 变量的定义

C#是强类型化的语言，所谓强类型化就是一个变量在使用前必须指定其数据类型。指定变量的数据类型操作称为变量的定义，其一般形式如下。

类型标识符 变量名 1, 变量名 2, ……;

如下语句就是变量的定义语句。

```
int x,y,z;          //x,y,z 为整型变量
double score;       // score 为双精度浮点型变量
string name;        // name 为字符串变量
```

在定义变量时，应注意以下几点。

① 在定义多个相同类型的变量时，各变量名之间用逗号间隔，类型标识符与变量名之间至少用一个空格间隔。

② 最后一个变量名之后必须以";"号结尾。

③ 变量必须先定义再使用。

3. 变量的初始化

变量初始化就是指定变量的初始值。变量的初始化有两种形式：一种是在定义变量的同时初

始化，另一种是先定义变量再初始化。

前者的一般形式如下。

类型标识符　变量名 1 [＝初值 1]，变量名 2 [＝初值 2]，……；

其中，[]表示可省略。

相关实例如下。

```
int a=12, b=-24, c=10;        //a、b、c 为整型变量,其初始值分别为 12、24 和 10
```

注意，C#允许在定义变量时部分初始化。相关实例如下。

```
double x＝1.25, y＝3.6, z; //x、y、z 为浮点型变量,其中只初始化了 x 和 y
```

变量也可以在定义后再赋值。可以在赋值时为多个变量设置不同的值，也允许为多个变量设置相同的值。

例如，如下语句逐个初始化变量，可设置不同的初始值。

```
int a, b, c;
a=1; b=2; c=3;
```

再例如，如下语句为 a、b、b 三个变量设置相同的初始值。

```
int a,b,c;
a=b=c=1;
```

4. 使用 var 定义变量

从 C# 3.0 开始，C#允许使用保留字 var 来定义变量。此时，变量的数据类型就是初始值的数据类型，因此不需要指定变量的数据类型。

例如，下列语句表示定义变量 w，但没有指明其数据类型，不过，由于 3.14 为浮点型常量，所以 w 的数据类型为浮点型。

```
var w=3.14;
```

注意，使用 var 定义变量时不能指定变量的数据类型；否则，代码在编译时将出错。例如，"var float w=3.14;"就是一条错误语句。

【实例 2-1】创建一个 Windows 应用程序，展示变量的使用方法，包括定义、初始化和引用。

（1）首先在 Windows 窗体中添加一个名字 lblShow 的 Label 控件（提示：详细操作方法请参照第一章）。

（2）在窗体设计区中双击窗体空白区域，系统自动为窗体添加"Load"事件及对应的事件方法，然后在源代码视图中编辑如下代码。

```
using System;
using System.Windows.Forms;
//Visual Studio .Net 自动生成命名空间来封装代码,后文示例将全部省略命名空间
namespace test2_1
{
    public partial class Test2_1 : Form
    {
        //Visual Studio .Net 自动生成的构造函数,后文示例将全部省略
        public Test2_1()
        {
            InitializeComponent();
        }
        //Load 事件方法
        private void Test2_1_Load(object sender, EventArgs e)
        {
```

```
            int a = 15, b, c, sum;                //定义变量并初始化
            b = c = 20;                           //对变量 b 和 c 同时赋初值
            sum = a + b + c;                      //引用变量 a、b、c 的值,相加之后赋值给变量 sum
            lblShow.Text = "变量 a、b、c 之和为:" + sum;   //引用变量 sum 的值
        }
    }
}
```

【分析】在窗体类 "Test2_1" 的事件方法 "Test2_1_Load" 之中，首先声明了 4 个整数型变量 a、b、c、sum，只初始化其中的 a。之后，通过赋值将 20 同时赋给 b 和 c，通过计算得到变量 sum 的值。最后，程序通过 Label 控件输出计算结果。因此，该程序的运行结果如图 2-1 所示。

图 2-1　运行结果

2.2　C#的数据类型

C#是强类型语言。在 C#程序中，每个变量都必须声明类型。C#的数据类型非常丰富，如果从数据存储的角度来分，可分为值类型（如一个整数）和引用类型（如一个包含了数据和有关数据操作方法的对象），其中，值类型用于存储数据的值，引用类型用于存储对实际数据的引用。本节主要介绍 C#的值类型，本书后面章节将介绍 C#的引用类型。

2.2.1　简单类型

C#中的值类型主要有三种：简单类型、枚举类型和结构类型。这些数据类型实际上都是一种特殊的结构体类型。简单类型表示一个有唯一取值的数据类型，包括整数类型、浮点型、小数型、布尔型等。表 2-3 列出了常见的简单类型。

表 2-3　　　　　　　　　　　　　　C#中简单类型

类型	别名	长度（位）	类型	别名	长度（位）
sbyte	System.Sbyte	8	long	System.Int64	64
byte	System.Byte	8	ulong	System.UInt64	64
char	System.Char	16	float	System.Single	32
short	System.Int16	16	double	System.Double	64
ushort	System.UInt16	16	decimal	System.Decimal	128
int	System.Int32	32	bool	System.Boolean	1
uint	System.UInt32	32			

1. 整数型

整数型的数据值只能是整数，例如，2 为一个整数，而 2.0 则不是一个整数。数学上的 "数" 可以是负无穷大到正无穷大，但由于计算机内存的存储单元有限，所以 C#所提供的数据都是有一定范围的。C#提供了 9 种整数类型，它们的取值范围如表 2-4 所示。其中，char 为字符型，表示一个 Unicode 字符的编码。

表 2-4   C#中的整数型

类型		范围	长度
sbyte	有符号字节型	-128～127	8 位
byte	字节型	0～255	8 位
char	字符型	U+0000～U+FFFF 或 0～65 535（Unicode 字符编码）	16 位
short	短整型	-32 768～32 767	16 位
ushort	无符号短整型	0～65 535	16 位
int	整型	-2 147 483 648～2 147 483 647	32 位
uint	无符号整型	0～4 294 967 295	32 位
long	长整型	-9 223 372 036 854 775 808～9 223 372 036 854 775 807	64 位
ulong	无符号长整型	0～18 446 744 073 709 551 615	64 位

2. 浮点型

浮点型一般用来表示一个有确定值的小数，例如，2.0 为一个浮点数。在 C#中，浮点型分为两种：单精度（float）和双精度（double），两者的差别在于取值范围和精度的不同。

（1）float 型：取值范围在-3.4×10^{38} 到 $+3.4 \times 10^{38}$，精度为 7 位。

（2）double 型：取值范围在（$\pm 5.0 \times 10^{-324}$ 到 $\pm 1.7 \times 10^{308}$），精度为 15～16 位。

注意，计算机对浮点数据的运算速度大大低于对整数的运算速度，数据的精度越高对计算机的资源要求越高。因此，在对精度要求不高情况下，尽量使用单精度型，而在精度要求较高的情况下，可使用双精度型。

3. 小数型 decimal

因为使用浮点型表示小数位，最高精度只能达到小数点后 16 位（double 型），所以，为了满足高精度的财务和金融计算领域的需要，C#提供了小数型（decimal），其取值范围在（-7.9×10^{28} 到 7.9×10^{28}）/$10^{0 到 28}$，精度为 28～29 位。

4. 布尔型 bool

布尔型用来表示逻辑真或逻辑假，因此只有两种取值：true 或 false，其中，true 表示逻辑值，false 表示逻辑假。布尔型主要应用到数据运算的流程控制中，辅助实现逻辑分析和推理。

2.2.2　枚举型 enum

枚举型实质就是使用符号来表示的一组相互关联的数据。例如，当数字 0、1、2、3、4、5、6、7、8、9、10、11 表示月份时，为直观起见，我们首先使用一组单词符号来表示它们，依次为 Jan、Feb、Mar、Apr、May、Jun、Jul、Aug、Sep、Oct、Nov 和 Dec，然后再给它们取一个统一的名称（如 Months），并使用 enum 来标记，完整代码如下。

```
enum Months { Jan, Feb, Mar, Apr, May, Jun, Jul, Augt, Sep, Oct, Nov, Dec}
```

其中，Months 就是枚举型的名称，而花括号中的单词分别表示 12 个不同的枚举元素。

【注意】在使用枚举型时要注意以下几点。

① 枚举元素的数据值是确定的，一旦声明就不能在程序的运行过程中更改。

② 枚举元素的个数是有限的，同样一旦声明就不能在程序的运行过程中增减。

③ 默认情况下，枚举元素的值是一个整数，第一个枚举数的值默认为 0，后面每个枚举数的值依次递增 1。

④ 如果需要改变默认的规则，则重写枚举元素的值即可，例如，在下列枚举型数中，a 为 101、b 为 102、c 为 103、d 为 201、e 为 202、f 为 203。

```
enum MyEnum {a=101,b,c,d=201,e,f};
```

【实例 2-2】创建一个 Windows 应用程序，展现枚举型的使用方法

（1）首先在 Windows 窗体中添加一个名字 lblShow 的 Label 控件。

（2）在窗体设计区中双击窗体空白区域，系统自动为窗体添加"Load"事件及对应的事件方法，然后在源代码视图中编辑如下代码。

```
using System;
using System.Windows.Forms;
public partial class Test2_2 : Form
{
    enum Season { Spring = 10, Summer, Autumn = 20, Winter };     //声明表示季节的枚举型
    private void Test2_2_Load(object sender, EventArgs e)
    {
        Season a, b;                   //定义枚举变量a和b
        a = Season.Summer;             //使用枚举值Summer初始化a
        b = (Season)21;                //将整数转换为枚举值,初始化b
        //将枚举型变量的值转换为整数值
        lblShow.Text = "枚举变量a的值为:" + (int)a;
        //使用枚举型变量的值
        lblShow.Text += "\n枚举变量b代表枚举元素:" + b;
    }
}
```

【分析】

在窗体类"Test2_2"中，首先声明了一个枚举型 Season，接着在 load 事件方法中定义了两个枚举变量 a 和 b，其中，a 代表值为 11 的枚举元素 Summer，b 代表值为 21 的枚举元素 Winter。因此，该程序的运行结果如图 2-2 所示。此外，"（int）a"表示将变量 a 的值显式转换为整数型。这是一种显式整型转换方法。"+="是一种复合赋值运算符，例如 a+=b 相当于 a=a+b。有关数据类型转换和复合运算符的内容将在后面做详细介绍。

图 2-2　运行结果

2.2.3　结构型 struct

在现实生活中，有些数据相互关联，共同描述一个完整事物。例如，学号、姓名、年龄、性别等就共同描述了一个学生的信息。在 C#中，作为一个整体的"学生"，称为结构型，而学生的学号、姓名、年龄、性别等数据项称为结构型的成员。

1. 结构型的定义

C#的结构型使用 struct 来标记。C#的结构型的成员包含数据成员、方法成员等。其中，数据成员表示结构的数据项，方法成员表示对数据项的操作。一个完整的结构体示例如下。

```
struct Student
{
    public int id;
    public string name;
    public int age;
```

```
    public char sex;
}
```

其中，Student 就是结构型的名称，而花括号中的 id、name、sex、age 就是结构类型的数据成员。

C#内置的结构型主要有：DateTime、TimeSpan 等。DateTime 表示某个时间点，其成员主要有：Year、Month、Day、Hour、Minute、Second、Today、Now 等，分别表示年、月、日、时、分、秒、今天、当前时间。TimeSpan 表示某个时间段，其成员主要有：Days、Hours、Minutes、Seconds 等，分别表示某个时间段的天数、小时数、分数、秒数。有关 DateTime 和 TimeSpan 的完整描述请参见 MSDN。

2. 结构型的使用

自定义的结构型与简单类型（如 int）一样，可用来定义变量。一旦定义了结构型变量，就可以通过该变量来引用其任意成员。引用结构型的成员的格式如下。

结构型变量. 结构型成员

例如，针对上例定义的结构型 Student 来说，相关引用如下。

```
Student a;                //定义结构型变量 a
a.id = 1001;              //为 a 的成员变量 id 赋值
a.name = "乔峰";          //为 a 的成员变量 name 赋值
```

【实例 2-3】创建一个 Windows 应用程序，展示结构型的使用方法。

（1）首先在 Windows 窗体中添加一个名为 lblShow 的 Label 控件。

（2）在窗体设计区中双击窗体空白区域，系统自动为窗体添加"Load"事件及对应的事件方法，然后在源代码视图中编辑如下代码。

```
using System;
using System.Windows.Forms;
public partial class Test2_3 : Form
{
    struct Student                               //声明结构型
    {
        public int id;                           //声明结构型的数据成员
        public string name;
        public int age;
        public char sex;
    }
    private void Test2_3_Load(object sender, EventArgs e)
    {
        Student a;                               //定义结构型变量 a
        a.id = 1001;                             //为 a 的成员变量 id 赋值
        a.name = "乔峰";                         //为 a 的成员变量 name 赋值
        a.age = 23;                              //为 a 的成员变量 age 赋值
        a.sex = '男';                            //为 a 的成员变量 sex 赋值
        lblShow.Text = "学生信息:\n 姓名:" + a.name;  //使用 a 的成员变量 name
        lblShow.Text += "\n 学号:" +a.id;        //使用 a 的成员变量 id
        lblShow.Text += "\n 性别:" +a.sex;       //使用 a 的成员变量 sex
        lblShow.Text += "\n 年龄:" +a.age;       //使用 a 的成员变量 age
    }
}
```

【分析】该程序在窗体类 Test2_3 类中，首先声明一个结构型 Student。该结构型包括四个数据成员（id、name、age、sex）。接着，在窗体的 Load 事件方法中先定义了一个结构型变量 a。然后，初始化 a 的成员变量。最后，访问结构型的数据成员输出其数据内容。该程序的运行结果如图 2-3 所示。

图 2-3　运行结果

【注意】枚举型与结构型是有区别的。枚举型的各个枚举元素的数据类型是相同的，枚举数只能代表某一个枚举元素的值，例如在实例 2-2 中的枚举变量 a 在程序中只代表枚举元素 Summer，其值为 11。而结构型实质上是若干个数据成员与数据操作的组合，一个结构型数的值是由各个成员的值组合而成的，结构型的各个数据成员的数据类型可以是不相同的，例如在实例 2-3 中的结构型变量 a 的值是由 1001、"乔峰"、23、男这 4 个数据构成的。

2.2.4　数据类型转换

C# 的数据类型是可以相互转换的。转换的方法有两种，一种是隐式转换，另一种是显式转换。

1．隐式转换

隐式转换一般在不同类型的数据进行混合运算时候发生，当编译器能判断出转换的类型，而且转换不会带来精度的损失时，C# 语言编译器会自动进行隐式转换。隐式转换遵循以下规则。

（1）如果参与运算的数据类型不相同，则先转换成同一类型，然后进行运算。

（2）转换时按数据长度增加的方向进行，以保证精度不降低，例如 int 型和 long 型运算时，先把 int 数据转成 long 型后再进行运算。

（3）所有的浮点运算都是以双精度进行的，即使仅含 float 单精度量运算的表达式，也要先转换成 double 型，再作运算。

（4）byte 型和 short 型参与运算时，必须先转换成 int 型。

（5）char 可以隐式转换为 ushort、int、uint、long、ulong、float、double 或 decimal，但是不存在从其他类型到 char 类型的隐式转换。

例如，下列语句中 x 为一个 int 型整数，占 32 位、y 为一个 long 型整数，占 64 位；编译器自动将 x 转换为 long 时，不会损失精度。

```
int x = 56 ;
long y = x;
```

而以下代码在编译时将出现错误。

```
int x = 56 ;
uint y = x;
```

上述语句中，虽然 int 和 uint 都占 32 位，但 uint 不能存储负数。所以 x 不能隐式转换成 uint 类型。

【思考】请读者判断以下代码在编译时是否会报错。

```
long w = 5;
int v = w;
```

2．显式转换

显式转换就是需要明确要求编译器完成的转换，也称强制类型转换，即在转换时，需要用户明确指定转换的类型，一般形式如下。

（类型说明符）（待转换的数据）

其含义是：把待转换的数据的类型强制转换成类型说明符所表示的类型。

例如："（float）a"表示把 a 转换为 float 型；"（int）（x+y）"表示把 x+y 的结果转换为 int 型。

显式转换有可能造成精度损失，例如，下列语句执行后，a 的值为 12，小数部分的值将丢失。

```
double d = 12.5;
int a = (int)d;
```

【注意】在使用强制转换时应注意以下问题。

（1）待转换的数据不是单个变量时，类型说明符和特转换的数据都必须加圆括号。例如，如果把（int）（x+y）写成（int）x+y，则变成了把 x 转换成 int 型之后再与 y 相加了。

（2）无论是强制转换或是隐式转换，都只是为了本次运算的需要而对变量的数据长度进行的临时性转换，而不改变数据说明时对该变量定义的类型。

（3）C#允许用 System.Convert 类提供的类型转换方法来转换数据类型，常用的转换方法有：ToBoolean、ToByte、ToChar、ToInt32、ToSingle、ToString、ToDateTime 等，分别表示将指定数据转换为布尔值、字节数、字符编码、整型数、单精度数、字符串、日期等。具体实例如下。

```
byte x=10, y=100;                        //定义 byte 型变量 x 和 y
byte z = Convert.ToByte(x+y);            //将 int 型值转换为 byte 型
char w = Convert.ToChar(z+20);           //将 int 型值转换为 Char 型
DateTime date=Convert.ToDateTime("2011-10-1")   //将字符串转换为 DateTime
```

（4）当被转换的目标为字符串时，C#内置的简单类型均自带 Parse 方法，调用该方法可自动解析字符串并转换为指定的数据类型。

```
int a = int.Parse("2011.50")             //解析字符串并转换为一个整数
float b = float.Parse ("2011.50")        //解析字符中并转换为一个浮点数
```

（5）将变量转换为字符串时，C#数据类型均带有 ToString 方法，调用该方法可将数据类型转换成对应的字符串。

```
int a = 2011;
string str = a.ToString();               //将 int 类型的变量 a 转换成字符串类型
```

2.3　运算符与表达式

C#的运算符是非常丰富的，常见的运算符有算术运算符、赋值运算符、关系运算符、逻辑运算符等。这些运算符与相应的数据可以组成各种运算表达式。正是因为 C#具有丰富的运算符和表达式，C#语言功能才十分完善。这也是 C#语言的主要特点之一。本节将主要介绍 C#常用的运算符和表达式。

2.3.1　算术运算符与表达式

算术运算符用于数值运算，由算术运算符连接的表达式称为算术表达式。C#算术运算符包括 +（加）、-（减）、*（乘）、/（除）、%（求余数）、++（自增）、—（自减）共七种，其中，+、-、*、/、%五种运算符都是二目运算符，表示对运算符左右两边的操作数作算术运算，其运算规则与数学中的运算规则相同，即先乘除或求余再加减。

需要注意的是，两个整数相除的结果为整数，如 5/3 的结果为 1，舍去小数部分。如果要得到精确结果，可以用 5.0/3、5/3.0 或 5.0/3.0。而%运算符的两侧均应为整型数据，其结果为两位整除的余数，如 7%4 的值为 3，4%7 的值为 4。

例如，表达式 5 / 2 + 3 % 2 - 1 的结果为 2。

++、--两种运算符都是单目运算符，具有右结合性（也就是优先同运算符右边的变量结合，使该变量的值增加 1 或减小 1），而且它们的优先级比其他算术运算符高。当++或--运算符置于变量的左边时，称之为前置运算，表示先进行自增或自减运算再使用变量的值，而当++或--运算符置于变量的右边时，称之为后置运算，表示先引用变量的值再自增或自减运算。

例如，整型变量 num1=5，则分别执行 num2 = ++num1 和 num2 = num1++之后，num1 的值都是 6，但 num2 的值是不一样的，前者值为 6，而后者值为 5。

这是因为"num2 = ++num1"中的++是前置运算，按先加后用的原则运算，即先对 num1 执行加 1 操作，其值为 6，再将 6 赋值给 num2，num2 的值也为 6；而"num2 = num1++"中的++是后置运算，按先用后加的原则运算，即先将 num1 的值赋值给 num2，num2 的值为 5，再对 num1 执行加 1 操作，num1 的值为 6。

再例如，设变量 i=1、变量 j=2，则在计算表达式++i + j--的结果时先进行++i 运算，得 i=2，再进行 j--运算，根据 j--为后置运算可知系统将先引用 j 的原始值 2 与 i 的新值 2 相加，之后再进行 j--，得 j=1。因此，表达式++i + j--的结果是 4。

【实例 2-4】算术运算符的应用测试

（1）首先在 Windows 窗体中添加一个名为 lblShow 的 Label 控件。

（2）在窗体设计区中双击窗体空白区域，系统自动为窗体添加"Load"事件及对应的事件方法，然后在源代码视图中编辑如下代码。

```
using System;
using System.Windows.Forms;

public partial class Test2_4 : Form
{
    private void Test2_4_Load(object sender, EventArgs e)
    {
        int num1 = 5, num2 = 2;
        int a = num1 % num2;
        int b = num1 / num2;
        lblShow.Text=num1 + " % " + num2 + "= " + a;
        lblShow.Text+="\n"+num1 + " / " + num2 + " = " + b;
        a=num1++;
        b=--num2;
        lblShow.Text += "\n" + "a=num1++;后 num1 = " + num1 + ",a = " + a;
        lblShow.Text += "\n" + "b=--num2;后 num2 = " + num2 + ",b = " + b;
    }
}
```

该程序的运行结果如图 2-4 所示。

图 2-4　运行结果

2.3.2　赋值运算符与表达式

1.　简单赋值运算符

C#的赋值运算符为 "="。由 "=" 连接的表达式称为赋值表达式，其一般形式如下。

变量=表达式

其功能能是先计算表达式的值再赋给左边的变量。赋值运算符具有右结合性。因此，表达式 a=b=c=5 可理解为：a=（b=（c=5））。

在 C#中，由于把 "=" 定义为运算符，以构造赋值表达式，因此凡是表达式可以出现的地方均可出现赋值表达式。例如，表达式 x=（a=1）+（b=2）是合法的，它的意义是把 1 赋予 a，2 赋予 b，再把 a、b 相加，最后把结果赋给 x，故 x 应等于 3。

【注意】在使用赋值表达式时，开发人员应注意以下 3 点。

（1）在赋值运算中，赋值号右边可以是变量、常量或表达式，赋值号左边只能是变量。

（2）在赋值运算中，如果赋值号两边的数据类型不同，则系统将自动先将赋值号右边的类型将转换为左边的类型再赋值。

（3）在赋值运算中，不能把右边数据长度更大的数值类型隐式转换并赋值给左边数据长度更小的数值类型。例如，下列语句就是错误的。

```
short a = 1, b= 2;
short c = a + b;      //错误的语句
```

错误的原因是：变量 a 和变量 b 虽然都是 short 型，但在进行加法运算时首先都将被转换为 int 型，当然加法运算所得结果仍然是 int 型。

2.　复合赋值运算符

在赋值运算符 "=" 之前加上其他二目运算符可构成复合赋值符，常见的复合赋值运算符有：+=、−=、*=、/=、%=等。

构成复合赋值表达式的一般形式如下。

变量　双目运算符=　表达式

它等效于如下形式

变量=变量　双目运算符　表达式

例如，a+=1 等价于 a=a+1；x*=y+3 等价于 x=x*（y+3）；r%=p 等价于 r=r%p。

对于复合赋值运算符这种写法，初学者可能不习惯，但十分有利于编译处理，能提高编译效率并产生质量较高的目标代码。

【实例 2-5】赋值运算符及隐式数据类型转换应用测试。

（1）在 Windows 窗体中添加一个名为 lblShow 的 Label 控件。

（2）在源代码视图中编辑如下代码。

```
using System;
using System.Windows.Forms;
public partial class Test2_5 : Form
{
    private void Test2_5_Load(object sender, EventArgs e)
    {
        int a, b = 5;
        char c = '中';
        a = c+2;                              //赋值前把字符型转换为整型
        lblShow.Text = "整型变量a的值为:" + a;      //整型转为字符串
```

```
        double x = 42;
        x /= b;                                    //先把整型转浮点型,再作进一步计算
        lblShow.Text += "\n 浮点型变量 x 的值为:" + x;   //浮点型转为字符串
    }
}
```

该程序的运行结果如图 2-5 所示。

图 2-5　运行结果

2.3.3　关系运算符与表达式

关系运算符用来对两个操作数比较，以判断两个操作数之间的关系。C#的关系运算符有 ==、!=、<、>、<=、>=，分别是相等、不等、小于、大于、小于等于、大于等于运算。关系运算符的优先级低于算术运算符。由关系运算符组成的表达式称为关系表达式。关系表达式的运算结果只能是布尔型值，要么是 true，要么是 false。

例如，设变量 i=5、j=4，则关系表达式 i != j 的结果为 true。

2.3.4　逻辑运算符与表达式

C#的逻辑运算符包括!、&&或&、||或|、^，分别是逻辑"非"运算、逻辑"与"运算、逻辑"或"运算、逻辑"异或"运算。逻辑运算符的优先级低于关系运算符的优先级，但高于赋值运算符的优先级。由逻辑运算符组成的表达式称为逻辑表达式。逻辑表达式的运算结果只能是布尔型值，要么是 true，要么是 false。例如，设置变量 i=5、j=4，则逻辑表达式 i != j && i >= j 的结果为 true，这是因为该表达式中的两个关系表达式的运算结果均为 true。

逻辑"非"运算符"!"是单目运算符，表示对某个布尔型操作数的值求反，即当操作数为 false 时运算符返回 true。

逻辑"与"运算符"&&"或"&"表示对两个布尔型操作数进行"与"运算，当且仅当两个操作数均为 true 时，结果才为 true。运算符"&&"与运算符"&"的主要区别是，当第一个操作数为 false 时，前者不再计算第二个操作数的值。

例如，设变量 i=4、j=5，k=6，则在下面逻辑表达式中，因为 i>j 结果为 false，直接得出表达式的运算结果 false。

```
i>j && j<k
```

而在下面逻辑表达式中，将先计算 i>j 得 false，再计算 j<k 得 true，最后计算 false & true 得最终结果 false。

```
i>j & j<k
```

逻辑"或"运算符"||"或"|"表示对两个布尔型操作数进行"或"运算，当两个操作数中只要有一个操作数为 true 时，结果就为 true。运算符"||"与运算符"|"的主要区别是：当第一个操作数为 true 时，前者不再计算第二个操作数的值。

逻辑"异或"运算符"^"表示对两个布尔型操作数进行"异或"运算，当且仅当只有一个操作数为 true 时，结果才为 true。注意"或"运算与"异或"运算的区别。

值得注意的是，在 C#中，&、|、^ 这三个运算符可用于将两个整型数以二进制方式作"按位与""按位或""按位异或"运算。

【实例2-6】创建一个 Windows 应用程序，测试关系运算符与逻辑运算符。

（1）在 Windows 窗体中添加一个名字 lblShow 的 Label 控件。

（2）在源代码视图中编辑如下代码。

```
using System;
using System.Windows.Forms;
public partial class Test2_6 : Form
{
    private void Test2_6_Load(object sender, EventArgs e)
    {
        int a = 8, b = 5;
        bool k;
        k = a != b;
        lblShow.Text = "a!=b;的结果是:" + k;
        k = a>=0&&a<=10;
        lblShow.Text += "\na>=0&&&&a<=10;的结果是:" + k;
        k = a <= b && ++a == 9;
        lblShow.Text += "\na <= b &&&& ++a == 9;的结果是:" + k + ",a 在执行后的结果是:" + a;
        k = a <= b & ++a == 9;
        lblShow.Text += "\na <= b && ++a == 9;的结果是:" + k + ",a 在执行后的结果是:" + a;
    }
}
```

该程序的运行结果如图 2-6 所示。

【分析】变量 a 和 b 的初始值分别为 8、5。在表达式"a <= b && ++a == 9"中，由于 a<=b 是 false，所以&&后表达式"++a == 9"并没有执行，a 的值仍然是 8。而在"a <= b & ++a == 9"中，虽然 a<=b 是 false，但"++a == 9"仍然要执行，所以 a 的值为 9。

图 2-6　运行结果

【注意】表达"a>=0 && a<=10"表示是 a 是否在区间[0, 10]中，注意不要写成了 0<=a<=10，因为关系运算符的结合方向是左结合的，所以会先执行"0<=a;"结果是 true，但接下来会执行"true<=10"，这就出错了，因为 bool 类型和整型是不兼容的。

2.3.5　运算符优先级

在计算表达式时，当出现多个运算符时，将按运算符的优先级顺序运算。表 2-5 所示了部分运算符的优先级规则，优先级从上到下依次降低，而结合性指相同优先级运算符的结合顺序。

表 2-5　　　　　　　　　　　　　　C#中的部分运算符的优先级

运算符	结合性
()	从左至右
++、——、!	从右至左
*、/、%	从左至右
+、-	从左至右
<、<= 、> 、>=	从左至右
==、!=	从左至右
&&	从左至右
||	从左至右
=、+=、*=、 /= 、%=、-=	从右至左

2.4　数组和字符串

2.4.1　一维数组

数组是一种由若干个变量组成的集合。数组中包含的变量称为数组元素。它们具有相同的类型。数组元素可以是任何类型，但没有名称，只能通过索引（又称下标，表示位置编号）来访问。数组有一个"秩"，其表示和每个数组元素关联的索引的个数。数组的秩又称为数组的维度。"秩"为 1 的数组称为一维数组，"秩"大于 1 的数组称为多维数组。

一维数组的元素个数称为一维数组的长度。一维数组长度为 0 时，我们称之为空数组。一维数组的索引从零开始，具有 n 个元素的一维数组的索引是从 0 到 $n-1$。

1.　一维数组的声明和创建

C#使用 new 运算符来创建数组。声明和创建一维数组的一般形式如下。

数组类型[ ] 数组名 = new 数组类型[数组长度]

例如，下列语句表示声明和创建一个具有 5 个数组元素的一维数组 a。

```
int[] a = new int[5] ;
```

一维数组也可以先声明后创建，具体实例如下。

```
int[] a;
a= new int[5] ;
```

一维数组也可以使用 var 来声明，具体实例如下。

```
var a = new int[5] ;
```

2.　一维数组的初始化

如果在声明和创建数组时没有初始化数组，则数组元素将自动初始化为该数组类型的默认初始值。初始化数组有多种方式：一是在创建数组时初始化，二是先声明后初始化，三是先创建后初始化。

（1）创建时初始化

在创建一维数组时，对其初始化的一般形式如下。

数组类型[ ] 数组名 = new 数组类型[数组长度] {初始值列表}

其中，数组长度可省略。如果省略数组长度，系统将根据初始值的个数来确定一维数组的长度。如果指定了数组长度，则 C#要求初始值的个数必须和数组长度相同，也就是所有数组元素都要初始化，而不允许对部分元素进行初始化。初始值之间以逗号作间隔。

例如，下列语句表示创建的一维数组 a 具有 5 个数组元素，它们的值分别是：a[0]=1、a[1]=2、a[2]=3、a[3]=4、a[4]=5。注意在此例中，不存在 a[5]元素。

```
int[] a = new int[]{1,2,3,4,5};
```

而下列语句是错误的。

```
int[] a = new int[5]{1,2,3}
```

创建时，初始化一维数组可采用如下简写形式。

数组类型[ ] 数组名 = {初始值列表}

例如，下列语句同样表示创建了数组元素值分别为 1、2、3、4、5 的一个具有 5 个数组元素的一维数组。

```
int[] a ={1,2,3,4,5}
```

创建时初始化一维数组还可以使用 var 来简化声明与定义。

var 数组名 **=** **new[]{**初始值列表**}**

此时，省略数组类型，C#编译器将自动根据初始值的数据类型来确定数组类型。具体实例如下。

```
var a =new[]{1,2,3,4,5}    // a 为整数型数组
```

（2）先声明后初始化

C#允许先声明一维数组，然后再初始化各数组元素，其一般形式如下。

数组类型**[]**数组名**;**

数组名 **=** **new** 数组类型**[**数组长度**]{**初始值列表**};**

例如，下列语句表示先声明一个一维数组 a，再用运算符 new 来创建并进行初始化。

```
int[] a;
a = new int[]{1,2,3,4,5};
```

注意，在先声明数组后初始化数组时，不能采用简写形式。如下语句就是错误的。

```
int[] a;
a ={1,2,3,4,5};
```

（3）先创建后初始化

C#允许先声明和创建一维数组，然后逐个初始化数组元素，其一般形式如下。

数组类型**[]**数组名 **=** **new** 数组类型**[**数组长度**];**

数组元素 **=** 值**;**

例如，下列语句可实现数组元素的统一初始化。

```
int[] a= new int[2];           //a 为整型数组
a[0] =1;   a[1] =2;
```

再如，下列语句可实现结构体数组元素的初始化。

```
Student[] s = new Student[2];    //Student 为结构型,s 为结构型数组
s[0]. stuNo = 1001;   s[0]. stuName = "郭靖";
s[1]. stuNo = 1002;   s[1]. stuName = "杨过"
```

3. 一维数组的使用

数组是若干个数组元素组成的。每一个数组元素相当于一个普通的变量，可以更改其值，也可以引用其值。使用数组元素的一般形式如下。

数组名**[**索引**]**

例如，设 a 为整型数组，长度为 5，则如下语句将该数组的第五个元素赋值为 100。

```
a[4]=100;
```

而如下语句则表示先使用 a[4]的值与常量 50 作减运算，再赋给 a[4]。

```
a[4]-=50;    //相当于 a[4]= a[4]-50;
```

4. 一维数组的操作

C#的数组类型是从抽象基类型 System.Array 派生的。Array 类的 Length 属性返回数组长度。另外，Array 类的方法成员 Clear、Copy、Sort、Reverse、IndexOf、LastIndexOf、Resize 等，分别用于清除数组元素的值、复制数组、对数组排序、反转数组元素的顺序、从左至右查找数组元素、从右到左查找数组元素、更改数组长度等，其中，Sort、Reverse、IndexOf、LastIndexOf、Resize 只能针对一维数组进行操作。关于类和对象的相关概念将在最后章节介绍。

【实例 2-7】数组及其应用演示。

（1）在 Windows 窗体中添加一个名为 lblShow 的 Label 控件。

（2）在源代码视图中编辑如下代码。

```
using System;
using System.Windows.Forms;
public partial class Test2_7 : Form
{
    private void Test2_7_Load(object sender, EventArgs e)
    {
        var a = new[]{ 23, 15, 27, 12, 24 };       //创建数组a并初始化
        int[] b = new int[5];                      //创建数组b
        Array.Copy(a, b, 5);                       //把数组a所有数组元素复制给数组b
        b[3] = 18;                                 //把数组b中的第4个元素的值修改为18
        Array.Clear(a, 0, 5);                      //清除数组a各数组元素的值
        lblShow.Text = "数组b的原始值:"+b[0] + " " + b[1] + " " + b[2] + " " + b[3]
+ " " + b[4] + "\n";
        Array.Sort(b);                             //对数组b的元素进行排序
        lblShow.Text += "数组b排序后值:" + b[0] + " " + b[1] + " " +b[2] + " " + b[3]
+ " "+b[4] + "\n";
        Array.Reverse(b);                          //反转数组b各元素的顺序
        lblShow.Text += "反转数组b的值:" + b[0] +" " + b[1]+ " "+ b[2] + " " + b[3]
+" " + b[4] + "\n";
        int loc= Array.IndexOf(b, 18);             //查找18在数组b中的索引
        lblShow.Text += "18是数组b中的第" + (loc+1) + "个元素"; //注意,数组的索引从0开始    }
    }
```

该程序的运行结果如图2-7所示。

图2-7　运行结果

2.4.2　多维数组

根据维度，多维数组分为二维数组、三维数组等。多维数组需要使用多个索引才能确定数组元素的位置。声明多维数组时，必须明确定义维度数、各维度的长度、数组元素的数据类型。多维数组的元素总数是各维度的长度的乘积。例如，如果二维数组a的两个维度的长度分别为2和3，则该数组的元素总数为6。

1. 多维数组的声明和创建

声明和创建多维数组的一般形式如下。

数组类型 [逗号列表] 数组名 = **new** 数组类型 [维度长度列表]

其中，逗号列表的逗号个数加1就是维度数，即如果逗号列表为一个逗号，则称为二维数组；如果为两个逗号，则称为三维数组，依此类推。维度长度列表中的每个数字定义维度的长度，数字之间以逗号作间隔。

例如，下列语句表示声明和创建一个具有 5×4×3 共60个数组元素的三维数组a。

```
int[,,] a = new int[5,4,3] ;
```

多维数组也可以使用var声明，具体实例如下。

```
var a = new int[5,4,3] ;
```

2. 多维数组的初始化

多维数组也具有多种初始化方式，包括创建数组时初始化、先声明后初始化等。无论是哪种方式，都要注意以下几点。

（1）以维度为单位组织初始化值，同一维度的初始值放在一对花括号{}之中。

例如，下列语句是正确的。

```
int[,] a = new int[2, 3] { {1,2,3},{4,5,6}};
```

下列语句则是错误的。

```
int[,] a = new int[2, 3] { 1,2,3,4,5,6};
```

（2）可以省略维度长度列表，系统能够自动计算维度和维度的长度。但注意，逗号不能省略。具体实例如下。

```
int[,] a = new int[,] { {1,2,3},{4,5,6}};
```

（3）初始化多维数组可以使用简写格式。具体实例如下。

```
int[,] a ={ {1,2,3},{4,5,6}};
```

但如果先声明多维数组再初始化，就不能采用简写格式。如下语句就是错误的。

```
int[,] a;
a={ {1,2,3},{4,5,6}};
```

（4）初始化多维数组还可以使用 var。下列语句也是正确的，表示创建 2×3 的二维数组 d。

```
var d = new[,]{{ 1, 2, 3 },{ 4, 5, 6 }};
```

（5）多维数组不允许部分初始化。下列语句希望只初始化二维数组的第一列元素，这是不允许的，因此是错误的。

```
int[,] a = new int[2, 3] { {1},{4}};
```

3. 多维数组的使用

对于多维数组，每一个数组元素都相当于一个普通的变量，可以给它赋值，也可以引用其值。使用数组元素的一般形式如下。

数组名 [索引列表]

例如，设 a 是 2×3 的二维整型数组，则下列语句表示为数组元素 a[0,0]赋值为 50。

```
a[0,0]=50
```

下列语句表示引用数组元素 a[0, 0]的值，输出到控制台窗口之中。

```
Console.Write(a[0, 0]);
```

2.4.3　数组型的数组

数组型的数组是一种由若干个数组构成的数组。为了便于理解，我们把包含在数组中的数组称为子数组。

1. 数组型数组的声明和创建

声明数组型数组的格式如下。

数组类型 [维度] [子数组的维度] 数组名 = new 数组类型 [维度长度] [子数组的维度]

其中，省略维度为一维数组，省略子数组的维度表示子数组为一维数组。

例如，下列语句表示创建了由 2 个一维子数组构成一维数组 a。

```
int[][] a = new int[2][];
```

下列语句表示创建了由 2 个二维子数组构成的一维数组 a。

```
int[][,] a = new int[2][,];
```

注意，在声明数组型的数组时，不能指定子数组的长度。下列语句就是错误的。

```
int[][] a = new int[2][3];
```

2. 数组型数组的初始化

数组型数组同样有多种初始化方式，包括创建时初始化、先声明后初始化等。其中，创建时初始化可省略维度长度。

例如，下列语句表示创建由 2 个一维子数组构成的数组 a。

```
int[][] a = new int[][] { new int[] { 1, 2, 3 }, new int[] { 4, 5, 6} };
```

实际上，先声明后初始化更加直观。

例如，下列语句效果与上例相同。

```
int[][] a = new int[2][];
a[0]= new int[3] { 1, 2, 3 };
a[1]= new int[3] { 4, 5, 6 };
```

特别注意，对于数组型的数组来说，C#允许子数组的长度不相同。

例如，下列语句表示第一个子数组长度为 3，而第二个子数组长度为 5。

```
int[][] a = new int[2][];
a[0]= new int[3] { 1, 2,3};
a[1]= new int[5] { 4, 5, 6,7,8 };
```

3. 引用子数组的元素

对于数组型的数组来说，可按以下格式引用子数组的每一个元素。

数组名[索引列表] [索引列表]

例如，设 a 是由两个一维子数组构成的数组，且每个子数组的长度为 3，则"a[0][0]"表示引用第一个子数组的第一个数组元素。而"a[0][0]++"表示把该元素的值加 1。

【实例 2-8】多维数组、数组型的数组的应用展示。

```
using System;
using System.Windows.Forms;

public partial class Test2_8 : Form
{
    private void Test2_8_Load(object sender, EventArgs e)
    {
        int[,] a = new int[2, 3] { {1, 2, 3},{ 4, 5,5} };
        int[][] b = new int[2][];
        b[0] = new int[3] { 1, 2, 3 };
        b[1] = new int[4] { 4, 5, 6,7 };
        lblShow.Text = "a是二组数组,共 6 个数组元素,均为整数值。\n ";
        lblShow.Text += "b是一维数组,共 2 个数组元素,均为子数组。\n";
        lblShow.Text += "a[0,0]的值为" + a[0, 0];
        lblShow.Text += "\nb[0][0]的值为" + b[0][0];
    }
}
```

该程序展示了二维数组和数组型数组的区别，运行效果如图 2-8 所示。

图 2-8　运行效果

2.4.4　字符串 string

1. 字符串的声明

字符串是 C#的内置的数据类型，表示由零个或多个 Unicode 字符组成的序列。字符串常量使用双引号来标记，例如，"Hello World"就是一个字符串常量。字符串变量使用 string 关键字来声明。

例如，下列语句就表示声明了一个字符串变量 name。

```
string name="张三丰";
```

当字符串的字符个数为零时，我们称这个字符串为**空字符串**。

例如，以下两种形式声明的字符串变量 str1 和 str2 都是空字符串。

```
string str1="";
string str2=String.Empty;
```

【注意】由一个或多个空白字符组成的字符串不是空字符串。例如，在 string str3=" ";声明语句中，str3 就不是空字符串。

2. 字符串运算

两个字符串可以通过加号运算符（+）进行连接运算，例如，"建国" + "大业"就表示连接两个字符串，连接结果为"建国大业"。

注意，C#字符串是不可变的，也就是说字符串一旦创建，其内容就不能更改。例如，设 string text="红色"，当执行 text += "中国"后，运算符+=重新构建了一个新字符串"红色中国"，变量 text 指向了这个新的字符串，原来的字符串"红色"依然存在，只是不再使用了。

C#允许使用关系运算符==、!=来比较两个字符串各对应的字符是否相同。例如，设 string s1="abc",s2="efg"，则 s1!=s2 的运算结果为 true。

C#的字符串可以看成一个字符数组。因此，C#允许通过索引来提取字符串中的字符。例如，string s="中华人民共和国"，则执行 char c=s[6];之后，字符型变量 c 的值为'国'。

3. 字符串操作

C#的 string 是 System.String 的别名。在.NET Framework 之中，System.String 提供的常用属性和方法有 Length、IndexOf、LastIndexOf、Insert、Remove、Replace、Split、Substring、Trim、Format 等，分别用来获得字符串长度、复制字符串、从左查找字符、从右查找字符、插入字符、删除字符、替换字符、切分字符串、取子字符串、压缩字符串的空白、格式化字符串等。

例如，假设字符串 s="中华人民共和国"，则执行相应的字符串操作后，将得到如表 2-6 所示的操作结果。

表 2-6　　　　　　　　　　字符串操作及其结果举例

操作语句	操作功能	操作结果
int len = s.Length	求字符串 s 的长度	变量 len 的值为 7
int i = s.IndexOf（'共'）;	从左往右查找字符'共'	变量 i 的值为 4
int j = s.LastIndexOf（'人'）;	从右往左查找字符'人'	变量 j 的值为 4
s = s.Insert（0, "我们"）;	插入字符串 "我们"	得："我们中华人民共和国"
s = s.Remove（0, 2）;	从第 1 个字符串开始删除两个字符	得："中华人民共和国"
s = s.Replace（"共和国", "万岁"）; s = s.Replace（"华", "国"）;	修改或替换原有某些字符	得："中国人民万岁"

续表

操作语句	操作功能	操作结果
string info = "张朝武,男,55,18980000001"; string[] datas = info.Split（','）;	以逗号为间隔切分字符串	得到字符串数组 datas，共 4 个数组元素
string x = s.Substring（2, 2）;	从下标为 2 的字符开始提出 2 个字符，得到子字符串 x	变量 x="人民"
string src = " 李 伟 "; src = src.Trim();	压缩或去除原字符串的首部和尾部空格字符	得："李 伟"
String.Format（"姓名：{0}，性别：{1}，年龄：{2}，电话：{3}。", datas[0], datas[1], datas[2], datas[3]）	格式化字符串	得："姓名：张朝武，性别：男，年龄：55，电话：18980000001"

为了增强字符串的操作，.NET Framework.类库还提供了 System.Text.StringBuilder 类，可以用来构造可变字符串。StringBuilder 类提供的常用属性和方法有：Length、Append、Insert、Remove、Replace、ToString 等，分别用来获得字符串长度、追加字符、插入字符、删除字符、替换字符、将 StringBuilder 转化为 string 字符串。

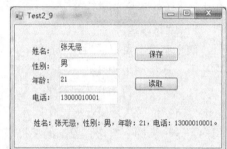

图 2-9　运行效果

【实例 2-9】设计一个 Windows 应用程序，录入个人信息、先保存到文件中再读出并显示出来，界面如图 2-9 所示。

（1）在 Windows 窗体中添加 5 个 Label、4 个 TextBox 和两个 Button 控件。各控件的主要属性设置如表 2-7 所示。

表 2-7　　　　　　　　　　　　需要修改的属性项

控件	属性	属性设置	控件	属性	属性设置
Label1	Text	姓名：	TextBox2	Name	txtSex
Label2	Text	性别：	TextBox3	Name	txtAge
Label3	Text	年龄：	TextBox4	Name	txtTel
Label4	Text	电话：	Button1	Name	btnSave
Label5	Text	""		Text	保存
	Name	lblShow	Button2	Name	btnRead
TextBox1	Name	txtName		Text	读取

（2）在窗体设计区中分别双击"btnSave"和"btnRead"按钮控件，系统自动分别为这两个按钮添加"Click"事件及对应的事件方法，然后在源代码视图中编辑如下代码。

```csharp
using System;
using System.Text;
using System.Windows.Forms;
using System.IO;

public partial class Test2_9 : Form
{
    private void btnSave_Click(object sender, EventArgs e)
    {
```

```
        string info = String.Format("{0},{1},{2},{3}", txtName.Text, txtSex.Text,
txtAge.Text, txtTel.Text);   //提取各文本框的录入文本并生成格式化的字符串
        StreamWriter sw = new StreamWriter(@"myinfo.txt", true); //打开文件并允许添加数据
        sw.WriteLine(info);                              //写入文本数据
        sw.Close();                                      //关闭文件
        lblShow.Text = "录入的信息已经保存!";
    }
    private void btnRead_Click(object sender, EventArgs e)
    {
        StreamReader sr = new StreamReader(@"myinfo.txt"); //打开文件并允许从中读数据
        string info = sr.ReadLine();                     //读取一行文本数据
        sr.Close();                                      //关闭文件
        string[] datas = info.Split(',');
        lblShow.Text = String.Format("姓名:{0},性别:{1},年龄:{2},电话:{3}。", datas[0],
datas[1], datas[2], datas[3]);
    }
}
```

【注意】本例引用了位于 System.IO 名称空间中的 StreamWriter 和 StreamReader 类。这两个类分别支持磁盘文件的写、读操作，有关它们的详细介绍请阅读本书第 12 章。

习　题

1．单项选择题

（1）当你需要使用一种数据类型表达同一类事物的不同状态，比如男人、女人、小孩、老人或者春、夏、秋、冬时，C#中最可靠和直观的解决方案是（　　）。

    A．使用枚举

    B．使用 struct 结构

    C．C#中无法通过一种数据类型描述同一事务的不同状态

    D．使用 int 类型，用不同的数值{0,1,2…}表示

（2）假设 a 不等于 b，并且 b 不等于 false，下列哪个表达式的运算结果为 false？（　　）

    A．a!=b   B．a=b   C．a==b   D．a<>b

（3）引用数组元素时，数组下标的数据类型可以为（　　）。

    A．整型常量   B．整型表达式

    C．整型常量或整型表达式   D．任何类型的表达式

（4）有一个整型数组 int[] array = new int{1,2,3,4}。通过索引访问该数组，当索引为 2 时，得到的结果是（　　）。

    A．1   B．2   C．3   D．4

（5）某二维数组定义为 int[,] a = {{1,2,3,4},{2,3,4,5},{3,4,5,6}}，那么 a[2,3]的值是（　　）。

    A．3   B．6   C．5   D．4

（6）某字符串的定义为 string s = "hello world!"，则在该字符串中，字符 w 的索引是（　　）。

    A．7   B．6   C．2   D．8

（7）下面哪个数组的创建代码是正确的？（　　）

A. int[] a = new int[3]{ 6, 5, 9, 4 };

B. int[] a = new int[4] { 8, 0, 7 };

C. int[] a = { 9, 3, 7, 2 };

D. int[] a = new int[5];

  a={9,8,0,2,6}

（8）在二维坐标系中，通常需要保存一组点的坐标。使用二维数组是一个解决方案。下面哪段代码正确初始化了 2 行 2 列的整数二维数组？（　　　）

A. int[,] array = new int[2,2];   B. int[][] array = new int[2][2];

C. int[,] array = new int[2][2];   D. int[][] array = new int[2,2];

（9）已经定义了一个 Season 枚举，它有 4 个成员春、夏、秋、冬。现在需要定义一个名为 a 的 Season 枚举，并将其赋值为春，应使用下面哪段代码？（　　　）

A. Season a =春;   B. a =春;

C. a = Season.春;   D. Season a = Season.春;

2. 多项选择题

（1）下列选项的变量名中，哪些项的变量名是不合法的？（　　　）

A. string   B. _43Z

C. homyu.shinn   D. Int

（2）下列关于 C#中声明变量规则的描述中，哪些选项是正确的？（　　　）

A. 不能以数字开头

B. 不能以 "_" 开头

C. 不能大小写混用

D. 不能用 "@#!$%" 等除了 "_" 以外的符号作为变量名

（3）已知变量 I 有如下定义。

```
int I = 1000;
```

则下列类型转换中，哪些出现了数据精度的丢失？（　　　）

A. byte J =（byte）I;   B. long L =（long）I;

C. double D =（double）I;   D. short S =（short）I;

（4）在以下选项中，哪些类型可以成功进行隐式类型转换？（　　　）

A. int 类型到 bool 类型的转换   B. long 类型到 decimal 类型的转换

C. int 类型到 char 类型的转换   D. float 类型到 double 类型的转换

（5）下列关于 "||" 运算符的描述中，哪些是正确的？（　　　）

A. "||" 运算符是一种比较运算符

B. "||" 运算符不是关键字

C. 在使用 "||" 运算符的运算中，如果结果为真，则运算符左右两边的操作数都为真

D. "||" 运算符执行短路计算

（6）下列关于字符串的描述中，哪些选项是正确的？（　　　）

A. string 对象是 System.Char 对象的有序集合，用于表示字符串

B. string 对象被创建后，该对象的值是能够被修改的

C. 使用 "+" 操作符连接两个 string 对象，这两个字符串对象都被修改了

D. 字符串是 Unicode 的有序集合

（7）下列关于数组索引的描述中，哪些选项是正确的？（　　　）

  A. 二维数组有两个索引值   B. 二维数组只有一个索引值

  C. 一维数组只有一个索引值   D. 数组的索引一般都是浮点型的

（8）下列关于数组创建的描述中，哪些选项是正确的？（　　　）

  A. 数组在访问之前必须初始化

  B. 允许创建大小为 0 的数组

  C. 可以不使用 new 关键字来对数组进行初始化

  D. 数组在创建实例时已经被编译器初始化了默认值，因此可以直接访问

实验 2

一、实验目的

（1）理解 C#的值类型、常量和变量的概念。

（2）掌握 C#常用运算符以及表达式的运行规则。

（3）理解数据类型转换的方法。

（4）掌握数组和字符串的使用方法。

二、实验要求

（1）熟悉 VS2017 的基本操作方法。

（2）认真阅读本章相关内容，尤其是案例。

（3）实验前进行程序设计，完成源程序的编写任务。

（4）反复操作，直到不需要参考教材、能熟练操作为止。

三、实验步骤

（1）设计一个简单的 Windows 应用程序，完成如下功能：从键盘输入摄氏温度值，输出对应的华氏温度值。运行效果如图 2-10 所示。摄氏温度与华氏温度的转换公式为：华氏度（℉）=32+摄氏度（℃）$\times \dfrac{9}{5}$。

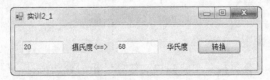

图 2-10　运行效果

核心代码如下。

```
double c = Convert.ToInt32(txtCelsius.Text);
double f = 9.0 / 5 * c + 32;
txtFahrenheit.Text = f.ToString();
......
```

（2）设计一个简单的储蓄存款计算器，运行效果如图 2-11 所示。

核心代码如下。

```
int money=Convert.ToInt32(txtMoney.Text);
int year = Convert.ToInt32(txtYear.Text);
double rate = Convert.ToDouble(txtRate.Text)/100;
double interest=money*rate*year;
txtInterest.Text = interest.ToString();
double total = money + interest;
txtTotal.Text = total.ToString();
```

（3）设计一个简单的 Windows 程序，输入 5 个数字，然后排序并输出，运行效果如图 2-12 所示。

图 2-11　运行效果

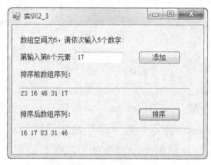

图 2-12　运行效果

核心代码如下。

```
double[] a = new double[5];//用于保存用户输入
int i = 0;//记录当前添加的数字的索引
private void btnAdd_Click(object sender, EventArgs e)
{
    double element = double.Parse(txtElement.Text);
    a[i] = element;
    txtPrior.Text += a[i] + " ";
    i++;
    lblNo.Text = "第输入第"+(i+1)+"个元素";
}
private void btnSort_Click(object sender, EventArgs e)
{
    Array.Sort(a);
    txtSort.Text = a[0] + " " + a[1] + " " + a[2] + " " + a[3] + " " + a[4];
}
```

四、实验总结

写出实验报告（报告内容包括：实验内容、任务分析、算法设计、源程序、实验体会等），并记录实验过程中的疑难点。

第3章
C#程序的流程控制

总体要求

- 理解分支的概念，掌握 if 语句和 switch 语句的使用方法。
- 理解循环的概念，掌握 while、do…while、for、foreach 语句的使用方法。
- 理解分支嵌套、循环嵌套的概念，了解相关应用。
- 掌握 continue 和 break 语句的使用方法。

学习重点

- if 语句和 switch 语句。
- while、do…while、for、foreach 语句。

一个完整的 C#应用程序的程序代码，是由若干条语句按先后顺序排列而成的。语句的排列顺序体现了程序的执行流程。通常，程序段按语句的先后顺序执行，如果需要改变执行流程，必须使用分支或循环语句。本章将详细介绍有关分支和循环的概念及其实现方法。

3.1 C#程序的分支语句

程序的基本结构有 3 种：顺序结构、分支结构和循环结构。顺序结构一般为简单的程序，执行程序时按语句的书写顺序依次执行。但大量实际问题需要根据条件判断以改变程序执行顺序或重复执行某段程序，前者称为分支结构，后者称为循环结构。本节将介绍 C#的两个分支语句：if语句和 switch 语句。

3.1.1 if 语句

1. if 语句的一般形式

if 语句也称为条件语句、选择语句，用于实现程序的分支结构，根据条件是否成立来控制执行不同的程序段，完成相应的功能。

if 语句的一般形式如下。

```
if （表达式）
{
    语句块 1
}
else
{
```

语句块 2
}

其中，表达式必须是布尔型的，通常由关系型表达式或逻辑表达式组成。

if 语句的逻辑意义为：如果表达式的值为 true，则选择执行"语句块 1"；否则选择执行"语句块 2"，如图 3-1 所示。

"if…else…"的结构通常称为双分支结构。实际编程时，可省略 else 子句，构成单分支结构。当"语句块 1"或"语句块 2"只有一条语句时，可以省略花括号{}。

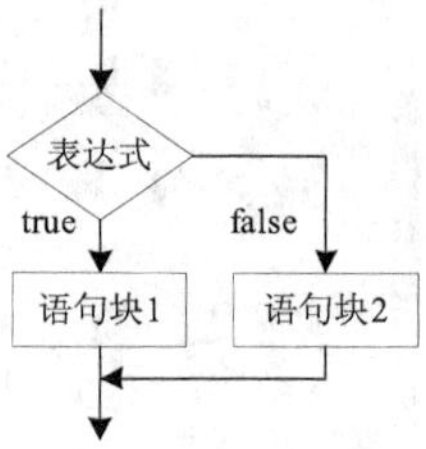

例如，设 x 为 int 型变量，下列语句为典型的单分支结构。

```
if(x%2==0)   Console.Write("x 为偶数");
```

图 3-1   if 语句

2. 条件运算符

在 C#中，如果双分支结构比较简单，可使用条件运算符（?:）来替代 if 语句。条件运算符的一般格式如下。

（表达式 1）? 表达式 2 : 表达式 3

上述格式的逻辑含义为：如果表达式 1 的值为 true，则返回表达式 2 的值；否则返回表达式 3 的值。

例如，设下列语句中的 x 为 int 型变量。

string result = (x%2==1)? "x 是奇数": "x 是偶数";

该语句相当于如下程序段。

```
string result;
if(x%2==1)
    result ="x 是奇数";
else
    result ="x 是偶数";
```

可见，在语句比较简单的情况下，使用条件运算符来构造双分支结构，要比 if 语句更加简练。

【实例 3-1】创建一个 Windows 应用程序，先输入年份，再判断是否是闰年，最后显示判断结果，运行效果如图 3-2 所示。闰年的条件是：该年份能被 4 整除，但不能被 100 整除，或者能被 400 整除。

（1）首先在 Windows 窗体中添加两个 Label、1 个 TextBox 和 1 个 Button 控件。各控件的主要属性设置如表 3-1 所示。

图 3-2   运行效果

表 3-1   需要修改的属性项

控件	属性	属性设置	控件	属性	属性设置
Label1	Text	年份：	TextBox1	Name	txtYear
Label2	Text	""	Button1	Name	btnOk
	Name	lblShow		Text	确定

（2）在窗体设计区中双击"btnOk"按钮控件，系统自动为按钮添加"Click"事件及对应的事件方法。然后，在源代码视图中编辑如下代码。

```
using System;
using System.Windows.Forms;
public partial class Test3_1 : Form
{
     private void btnOk_Click(object sender, EventArgs e)
     {
          int year = int.Parse(txtYear.Text);
          if (year % 4 == 0 && year % 100 != 0 || year % 400 == 0)
          {
               lblShow.Text = year + "年是闰年!";
          }
          else
          {
               lblShow.Text = year + "年不是闰年!";
          }
     }
}
```

3.1.2   多分支 if…else if 语句

当判断的条件较多，不止一两个分支时，可使用多分支 if…else if 语句。多分支 if…else if 语句的一般格式如下。

```
if (表达式 1)
{
    语句块 1;
}
else if (表达式 2)
{
    语句块 2;
}
……
else if (表达式 n)
{
    语句块 n;
}
else
{
    语句块 n;
}
```

多分支 if…else if 语句的逻辑意义为：首先计算表达式 1，如果表达式 1 的值为 true，则执行"语句块 1"，而若为 false，则依次往下计算各表达式的值，直到某个表达式的值为真，则执行相应的语句；如果所有表达式的值都为假，则执行最后的 else 子句的语句块 n+1。相应的执行流程如图 3-3 所示。

else if 子句不能作为语句单独出现，必须与 if 配对使用，而最后的 else 子句可省略，表示当所有条件都不满足时，什么都不需要做。同样，当语句块只有一条语句时，可以省略花括号{}。

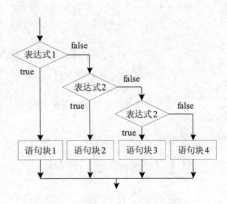

图 3-3   多分支 if…else if 语句

【实例 3-2】 创建一个 Windows 应用程序，输入身高和体重，计算"体重指数"。医学上的根据身高和体重得出体重指数，从而实现对人肥胖程度的划分。

$$体重指数\ t = 体重\ w / (身高\ h)^2$$

- 当 $t<18$ 时，为偏瘦。
- 当 $18 \leqslant t<25$ 时，为标准。
- 当 $25 \leqslant t<27$ 时，为偏胖。
- 当 $t \geqslant 27$ 时，为肥胖。

程序运行效果如图 3-4 所示。

（1）首先在 Windows 窗体中添加 5 个 Label、两个 TextBox 和 1 个 Button 控件。各控件的主要属性设置如表 3-2 所示。

图 3-4　运行效果

表 3-2　　　　　　　　　　　　　　　需要修改的属性项

控件	属性	属性设置	控件	属性	属性设置
Label1	Text	身高：	Labe4	Text	kg
Label2	Text	m	TextBox1	Name	txtHeight
Label3	Text	体重：	TextBox2	Name	txtWeight
Label5	Text	""	Button1	Name	btnOk
	Name	lblShow		Text	确定

（2）在窗体设计区中双击"btnOk"按钮控件，系统自动为按钮添加"Click"事件及对应的事件方法。然后在源代码视图中编辑如下代码。

```csharp
using System;
using System.Windows.Forms;
public partial class Test3_2 : Form
{
    private void btnOk_Click(object sender, EventArgs e)
    {
        double h, w, t;
        h = Convert.ToDouble(txtHeight.Text);
        w = Convert.ToDouble(txtWeight.Text);
        t = w / (h * h);
        if (t < 18)
            lblShow.Text = "您的身材偏瘦!";
        else if (t >= 18 && t < 25)
            lblShow.Text = "您的身材全完标准!";
        else if(t>=25&&t<27)
            lblShow.Text = "您的身材偏胖!";
        else
            lblShow.Text = "您的身材有点肥胖!";
    }
}
```

3.1.3　switch 语句

当判断的条件较多，不止一两个分支时，也可使用 switch 语句。switch 语句专用于实现多分支结构，其语法更简洁，能处理复杂的条件判断。

switch 语句的一般格式如下。

```
switch(表达式)
{
    case 常量 1:
            语句块 1;
            break;
    case 常量 2:
            语句块 2;
            break;
    ......
    case 常量 n:
            语句块 n;
            break;
    default: 语句块 n+1;
            break;
}
```

其中，switch 中的表达式通常是整型、字符型或字符串表达式，不能是关系表达式或逻辑表达式；case 后面的各常量值不允许相同，其类型必须与表达式的值类型一致。

switch 语句的执行过程为：首先计算 switch 语句中表达式的值，再依次与每一个 case 后面的常量比较；当表达式的值与某个常量相等时，则执行该 case 后面的语句块；在执行 break 语句之后跳出 switch 结构，继续执行 switch 之后的语句，如图 3-5 所示；如果所有常量都不等于 switch 中表达式的值，则执行 default 之后的语句块；如果没有 default 子句，则执行 switch 语句后面的语句。

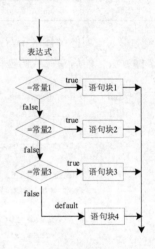

图 3-5　switch 语句

可见，switch 语句中的 case 只是用来寻找分支的入口。程序在执行时一旦锁定某个分支，就执行该分支中的语句块，直到遇到 break 语句或到达 switch 结构的末尾为止。

因为 C# 不支持从一个 case 显式贯穿到另一个 case，所以在每一个 case 块的后面都必须有一个 break 语句，但是当 case 子句中没有代码时例外。注意，default 子句也需要 break 语句。

例如，已知整数 a，b（$b \neq 0$），设 x 为实数，计算如下分段函数。

$$y=\begin{cases} a+bx & 0.5 \leqslant x < 1.5 \\ a-bx & 1.5 \leqslant x < 2.5 \\ a \times bx & 2.5 \leqslant x < 3.5 \\ a/bx & 3.5 \leqslant x < 4.5 \end{cases}$$

使用 switch 语句求函数值的代码如下。

```
switch ((int)(x+0.5))
{
    case 1: y=a+b*x;  break;
    case 2: y=a-b*x;  break;
    case 3: y=a*b*x;  break;
    case 4: y=a/(b*x); break;
    default: Console.WriteLine("x 值无效!"); break;
}
```

【实例 3-3】创建一个 Windows 应用程序，输入学生的成绩（百分制），输出相应的等级（优、良、中、及格、不及格）。使用 switch 语句来计算不同等级。等级的标准如下。

$$\begin{cases} 90 \leqslant score \leqslant 100 & \text{优} \\ 80 \leqslant score < 90 & \text{良} \\ 70 \leqslant score < 80 & \text{中} \\ 60 \leqslant score < 70 & \text{及格} \\ 0 \leqslant score < 60 & \text{不及格} \end{cases}$$

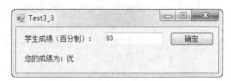

图 3-6　运行效果

运行效果如图 3-6 所示。

（1）首先在 Windows 窗体中添加两个 Label、1 个 TextBox 和 1 个 Button 控件。各控件的主要属性设置如表 3-3 所示。

表 3-3　　　　　　　　　　　　　　　需要修改的属性项

控件	属性	属性设置	控件	属性	属性设置
Label1	Text	学生成绩（百分制）：	Button1	Name	btnOk
Label2	Text	""		Text	确定
	Name	lblShow	TextBox		

（2）在窗体设计区中双击"btnOk"按钮控件，系统自动为按钮添加"Click"事件及对应的事件方法，然后在源代码视图中编辑如下代码。

```csharp
using System;
using System.Windows.Forms;
public partial class Test3_3 : Form
{
    private void button1_Click(object sender, EventArgs e)
    {
        double score = Convert.ToDouble(txtScore.Text);
        switch ((int)(score / 10))
        {
            case 10:
            case 9:
                lblShow.Text = "您的成绩为:优"; break;
            case 8:
                lblShow.Text = "您的成绩为:良";break;
            case 7:
                lblShow.Text = "您的成绩为:中";break;
            case 6:
                lblShow.Text = "您的成绩为:及格";break;
            default:
                lblShow.Text = "您的成绩为:不及格";break;
        }
    }
}
```

【分析】因为 switch 只能做等值判断，而百分制分数是一个区间，所以使用"(int)(score / 10)"，只取其百位和十位，取值只有 0～10，11 个整数。这样就可以以等值判断的方式使用 switch 进行分支判断了。另外，注意 case 后的语句结束后都必须有 break 子句，当 case 后没有语句时，break 可以省略。这样就可以产生贯穿效果。如当分数为 100 分时，程序流程会从"case 10:"贯穿到"case

9:"，输出"您的成绩为：优"。

　　switch 和多分支 if 结构都可以实现多分支结构，但在 switch 只能处理等值（==）的条件判断，且条件是整型变量、字符变量或字符串类型的等值判断。而多分支 if 结构特别适合某个变量处于某个区间时的情况。如上例的等级判断可以用多分支 if 结构来实现，具体如下。

```
if (score >= 90) lblShow.Text = "您的成绩为:优";
else if (score >= 80 && score < 90) lblShow.Text = "您的成绩为:良";
else if (score >= 70 && score < 80) lblShow.Text = "您的成绩为:中";
else if (score >= 60 && score < 70) lblShow.Text = "您的成绩为:及格";
else lblShow.Text = "您的成绩为:不及格";
```

3.1.4　分支语句的嵌套

　　无论是 if 语句，还是 switch 语句，其中的语句块可以是任何语句，包括 if 或 switch 语句。如果一个 if 语句或 switch 语句包含了另一个 if 或 switch 语句，则称之为嵌套的分支语句。

　　对于嵌套的 if 语句，从上到下，else 子句只与最近的尚未配对的 if 配对。为方便阅读和理解 if 和 else 的配对关系，要注意采用缩进格式书写代码或添加花括号{}。具体实例如下。

```
if (x % 2 == 0)         //①
    if (x % 3 == 0)     //②
        Console.WriteLine("x 是能被 6 整除的偶数");
    else                //③
        Console.WriteLine("x 是不能被 6 整除的偶数");
else                    //④
    Console.WriteLine("x 是一个奇数");
```

　　其中，③号子句与最近的②号子句构建 else 与 if 配对，而④号只能与①号配对。

　　【实例 3-4】创建一个 Windows 应用程序，输入机票原价、出行的月份和需要的舱位，输出实际机票价格，假定的机票打折的规则如下。

　　● 5 月~10 月为旺季，头等舱打 9 折，经济舱打 7.5 折。

　　● 其他时间为淡季，头等舱打 6 折，经济舱打 3 折。

　　运行效果如图 3-7 所示。

　　（1）首先在 Windows 窗体中添加 5 个 Label、3 个 TextBox 和 1 个 Button 控件。各控件的主要属性设置如表 3-4 所示。

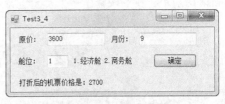

图 3-7　运行效果

表 3-4　　　　　　　　　　　　需要修改的属性项

控件	属性	属性设置	控件	属性	属性设置
Label1	Text	原价:	TextBox1	Name	txtMoney
Label2	Text	月份	TextBox2	Name	txtMonth
Label3	Text	舱位:	TextBox3	Name	txtSeat
Labe4	Text	1.经济舱 2.商务舱	Button1	Name	btnOk
Label5	Text	""			
	Name	lblShow		Text	确定

（2）在窗体设计区中双击"btnOk"按钮控件，系统自动为按钮添加"Click"事件及对应的事件方法。然后，在源代码视图中编辑如下代码。

```
using System;
using System.Windows.Forms;
public partial class Test3_4 : Form
{
    private void btnOk_Click(object sender, EventArgs e)
    {
        double money = Convert.ToDouble(txtMoney.Text);
        int month = Convert.ToInt32(txtMonth.Text);
        int seat=Convert.ToInt32(txtSeat.Text);
        if (month >= 5 && month <= 10)
        {
            if (seat == 1)  money *= 0.75;
            else  money *= 0.9;
        }
        else
        {
        switch (seat)
        {
            case 1:
                money *= 0.3;break;
            case 2:
                money *= 0.6;break;
        }
        }
        lblShow.Text = "打折后的机票价格是:" + money;
    }
}
```

【分析】显然该程序需要两次判断：首先判断是旺季还是淡季，再判断头等舱还是经济舱。为了说明嵌套的内容，在外层 if 的语句中，嵌套了一个 if…else 语句，用于判断舱位，而在外层的 else 语句中，我们嵌套了一个 switch 语句，实现相同的功能。

3.2 C#程序的循环语句

循环结构是程序设计的基本结构之一，其特点是：在给定条件成立时，反复执行某语句块，直到条件不成立为止。给定的条件称为循环条件，反复执行的语句块称为循环体。如图 3-6 所示。

C#语言提供了多种循环语句，可以组成各种不同形式的循环结构，包括：while 语句、do-while、for 语句、foreach 语句。本节将分别作相关介绍。

3.2.1 while 语句

while 语句表达的逻辑含义是：当逻辑条件成立时，重复执行某些语句，直到条件不成立时终止，从而不再循环。因此，在循环次数不固定时，while 语句是理想的选择。while 语句的一般形式如下。

```
while(表达式)
{
```

语句块;
}

其中，表达式必须是布尔型表达式，用来检测循环条件是否成立，语句块为循环体。

while 语句执行过程如下：首先计算表达式，当表达式的值为 true 时，执行一次循环体中的语句，重复上述操作到表达式的值为 false 时退出循环，如图 3-8 所示；如果表达式的值在开始时就为 false，那么不执行循环体语句直接退出循环。因此，while 语句的特点是：先判断表达式，后执行循环体。

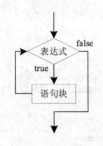

图 3-8　while 语句的执行过程

while 语句在实际应用中，应该按照这样的思路进行设计：为了保证循环能正常进行，首先应在 while 语句之前增加一个控制循环的变量，并指定其初始值（当然这个初始值应该符合循环的条件，即代入 while 语句中的表达式后，表达式的值为 true）；然后，在循环体中增加一条改变该变量值的语句，循环体每重复执行一次，其值就增加或减少一次。经过若干次循环后，其值将不符合循环条件，从而循环终止。

【实例 3-5】创建一个 Windows 应用程序，输入 n，求 $\sum_{i=1}^{n} i$，即求 $1+2+3+\cdots+n$。运行效果如图 3-9 所示

（1）首先在 Windows 窗体中添加两个 Label、1 个 TextBox 和 1 个 Button 控件。各控件的主要属性设置如表 3-5 所示。

图 3-9　运行效果

表 3-5　　　　　　　　　　　　　　　　需要修改的属性项

控件	属性	属性设置	控件	属性	属性设置
Label1	Text	n:	TextBox1	Name	txtNum
Label2	Text	""	Button1	Name	btnAddk
	Name	lblShow		Text	确定

（2）在窗体设计区中双击"btnAdd"按钮控件，系统自动为按钮添加"Click"事件及对应的事件方法。然后，在源代码视图中编辑如下代码。

```
using System;
using System.Windows.Forms;
public partial class Test3_4 : Form
{
    private void btnAdd_Click(object sender, EventArgs e)
    {
        int n = Convert.ToInt32(txtNum.Text);
        int i = 1;                  //为循环变量赋初值
        int sum = 0;
        while (i <= n)              //循环条件
        {                          //循环体
            sum += i;
            i++;                    //改变循环变量的值
        }
        lblShow.Text = "1+2+…+" + n + "=" + sum;
    }
}
```

【分析】

很明显，这是一个典型的需要反复累加计算的数学问题，需使用循环结构来解决。首先设置一个循环控制变量 i，初始值为 1；再设置一个变量 sum 以保存累加和，初始值为 0；每循环一次，先检查循环控制变量 i 的值是否小于 *n*，如果是，则执行 sum=sum+i 和 i++一次，前者表示把变量 i 的值累加到 sum 变量中，后者表示把 i 的值增加 1，如果不是，则跳出循环。最后，输出 sum 变量的值。

3.2.2　do…while 语句

do…while 语句的特点是先执行循环体，然后判断循环条件是否成立，其一般形式如下。

```
do
{
    语句块;
}
while (表达式);
```

其中，语句块为循环体，表达式必须是布尔型表达式，用来检测循环条件是否成立。

do…while 语句执行过程如下：首先执行一次循环体，然后再计算表达式，如果表达式的值为 true，则再执行一次循环体，重复上述操作，直到表达式的值为 false 时退出循环，如图 3-10 所示，如果条件在开始时就为 false，那么执行一次循环体语句后退出循环。

图 3-10　do…while 语句的执行过程

可见，while 语句与 do…while 语句的区别在于，前者循环体执行的次数可能是 0 次，而后循环体执行的次数至少是 1 次。

【实例 3-6】创建一个 Windows 应用程序，输入 *n*，求 *n*!，即 $1 \times 2 \times 3 \times \cdots \times n$。运行效果如图 3-11 所示。

（1）首先在 Windows 窗体中添加两个 Label、1 个 TextBox 和 1 个 Button 控件。各控件的主要属性设置如表 3-6 所示。

图 3-11　运行效果

表 3-6　　　　　　　　　　　　　　　需要修改的属性项

控件	属性	属性设置	控件	属性	属性设置
Label1	Text	n:	TextBox1	Name	txtNum
Label2	Text	""	Button1	Name	btnFactorial
	Name	lblShow		Text	确定

（2）在窗体设计区中双击"btnFactorial"按钮控件，系统自动为按钮添加"Click"事件及对应的事件方法。然后，在源代码视图中编辑如下代码。

```csharp
using System;
using System.Windows.Forms;
public partial class Test3_4 : Form
{
    private void btnFactorial_Click(object sender, EventArgs e)
    {
        int n = Convert.ToInt32(txtNum.Text);
        int i = 1;              //为循环变量赋初值
```

```
        int sum = 1;              //注意初值为1,而不是0
        do
        {                         //循环体
            sum *= i;
            i++;                  //改变循环变量的值
        }while (i <= n);          //循环条件
        lblShow.Text = "1*2*…*" + n + "=" + sum;
    }
}
```

【分析】这是一个需要反复累乘计算的数学问题。和例 3-5 一样，先设置一个循环控制变量 i，初始值为 1；再设置一个变量 sum 以保存累乘值，初始值为 1；用 do-while 循环，先把变量 i 的值累乘到 sum 变量中（sum *= i;)，再把 i 的值增加 1（i++;)，再检查循环控制变量 i 的值是否小于等于 n，如果是，则循环执行循环体语句，如果不是，则跳出循环。之后，输出 sum 变量的值。

3.2.3　for 语句

for 语句与 while 语句、do…while 语句一样，可以循环重复执行一个语句或语句块，直到指定的表达式计算为 false 值。for 语句的一般形式如下。

for(表达式 1；表达式 2；表达式 3)
{
　　语句块；
}

其中，表达式 1 为赋值表达式，通常用来声明并初始化循环控制变量；表达式 2 为布尔型的表达式，用来检测循环条件是否成立；表达式 3 为赋值表达式，用来更新循环控制变量的值，以保证循环能正常终止。

【注意】循环控制变量可显式定义其数据类型，也可以使用保留字 var 进行隐式声明。

for 语句的执行过程（如图 3-12 所示）详细如下。

（1）首先计算表达式 1，为循环控制变量赋初值。

（2）然后计算表达式 2，检查循环控制条件，若表达式 2 的值为 true，则执行一次循环体语句，若为 false，终止循环。

（3）执行完一次循环体语句后，计算表达式 3，对控制变量进行增量或减量操作，再重复第（2）步操作。

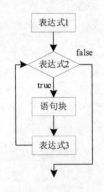

图 3-12　for 语句的执行过程

例如，计算 1+2+3+…+100，可以用如下 for 语句。

```
int sum=0;
for(var i=1;i<=100;i++) sum += i;    //var 表示隐式声明变量i,可替换为int
```

【注意】for 语句 3 个表达式允许省略，通常有以下几种变化形式。

（1）省略表达式 1。此时应在 for 语句前面给循环控制变量赋初始值。具体实例如下。

```
var i=1;
for(;i<=100;i++) sum += i;
```

（2）省略表达式 3。此时应在 for 语句的循环体中改变循环控制变量，否则容易造成死循环。具体实例如下。

```
for(var i=1;i<=100;)
```

```
    {
        Sum += i;
        ++i;
    }
```

（3）省略所有三个表达式。当 for 语句中没有表达式 2 时，编译程序将解释为表达式 2 为 true，循环将无限进行下去。如下语句便是死循环。

```
for(;;){ }
```

应用程序不应出现死循环，循环体内应有语句使循环能退出。

for 语句中可使用逗号表达式，使用两个或多个循环变量来控制循环，具体实例如下。

```
for(i=0,j=n;i<=j;i++,j--){}
```

上述语句中，表达式 1 和表达式 3 均为逗号表达式，表达式 1 为 i、j 赋初值，表达式 3 对 i 增加 1、对 j 减小 1，当 i 大于 j 时，循环结束。

【实例 3-7】一个百万富翁遇到一个陌生人，陌生人找他谈一个换钱的计划。该项计划如下：我每天给你十万元，而你第一天只需给我一分钱，第二天我仍给你十万元，你给我二分钱，第三天我仍给你十万元，你给我四分钱，……，你每天给我的钱是前一天的两倍，直到满一个月（30 天）。百万富翁很高兴，欣然接受了这个契约。请编写一个程序计算这一个月中陌生人给了百万富翁多少钱，百万富翁给陌生人多少钱。

【分析】设第 i 天百万富翁给陌生人的钱为 t_i，则 $t_1=0.01$ 元，由题意可得，$t_i=t_{i-1}\times 2$。设第 i 天后百万富翁给陌生人的钱总数为 $s1_i$，则 $s1_1=t_1=0.01$，$s1_i=s1_{i-1}+t_i$。设第 i 天后陌生人给百万富翁的钱总数为 $s2_i$，则 $s2_1=100000$，$s2_i=s2_{i-1}+100\,000$。显然，这是一个循环过程。

```
using System;
using System.Windows.Forms;
public partial class Test3_6 : Form
{
    private void btnOK_Click(object sender, EventArgs e)
    {
        int i;
        double t,s1, s2;
        s1 = t = 0.01;              //百万富翁第一天给陌生人的钱为 1 分
        s2 = 100000;                //陌生人第一天给百万富翁的钱为十万元
        for (i = 2; i <= 30; i++)
        {
            t = t * 2;              //百万富翁第 i 天给陌生人的钱
            s1 = s1 + t;            //百万富翁第 i 天后共给陌生人的钱
            s2 = s2 + 100000;       //陌生人第 i 天后共给百万富翁的钱
        }
        lblShow.Text =String.Format("百万富翁给陌生人{0:N2}元。\n
                                    陌生人给百万富翁{1:N2}元。",s1,s2);
    }
}
```

该程序的运行结果如图 3-13 所示。

【说明】String.Format()方法可以指定字符串的输出格式，例如 "{1:N2}"。其中，"1" 表示索引（在本例中代表第 2 个输出变量 s2），"N2" 表示输出带 2 位小数的数字且整数每 3 位用逗号间隔，如果参数不足 2 位小数，则自动补充显示 0。

图 3-13　运行结果

3.2.4　foreach 语句

C# 的 foreach 语句提供了一种简单明了的方法来循环访问数组或集合的元素，又称迭代器。foreach 语句的一般形式如下。

```
foreach(类型 循环变量 in 表达式)
{
    语句块;
}
```

其中，表达式一般是一个数组名或集合名；循环变量的类型必须与表达式的数据类型一致。foreach 语言的执行过程如下。

（1）自动指向数组或集合中的第一个元素。

（2）判断该元素是否存在，如果不存在，则结束循环。

（3）把该元素的值赋给循环变量。

（4）执行循环体语句块。

（5）自动指向下一个元素，之后从第（2）开始重复执行。

【实例 3-8】创建一个 Windows 应用程序，统计从键盘输入一行字符中英文字母的个数。该程序运行效果如图 3-14 所示。

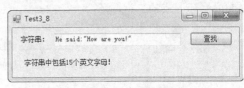

图 3-14　运行效果

【分析】字符串可以理解为 0 个或多个字符的集合，字符串中的每一个元素为一个字符。可以使用 foreach 语句遍历字符串中的每一个字符，判断该字符是否是英文字母的表达式为：ch >= 'a' && ch <= 'z' || ch >= 'A' && ch <= 'Z'。

（1）首先在 Windows 窗体中添加两个 Label、1 个 TextBox 和 1 个 Button 控件。各控件的主要属性设置如表 3-7 所示。

表 3-7　　　　　　　　　　　　　　　需要修改的属性项

控件	属性	属性设置	控件	属性	属性设置
Label1	Text	字符串：	TextBox1	Name	txtString
Label2	Text	""	Button1	Name	btnOk
	Name	lblShow		Text	查找

（2）在窗体设计区中双击"btnOk"按钮控件，系统自动为按钮添加"Click"事件及对应的事件方法。然后，在源代码视图中编辑如下代码。

```csharp
using System;
using System.Windows.Forms;
public partial class Test3_8 : Form
{
    private void button1_Click(object sender, EventArgs e)
    {
        string str = txtString.Text;
        int count=0;
        foreach (char ch in str)
        {
            if (ch >= 'a' && ch <= 'z' || ch >= 'A' && ch <= 'Z')
                count++;
```

```
    }
    lblShow.Text = string.Format("字符串中包括{0}个英文字母!", count);
    }
```

【注意】

（1）foreach 语句总是遍历整个集合。如果只需要遍历集合的特定部分（例如前半部分），或者需要绕过特定元素（例如，只遍历索引为偶数的元素），那么最好使用 for 语句。

（2）foreach 语句总是从集合中的第一个元素遍历到最后一个元素。如果需要反向遍历，那么最好使用 for 语句。

（3）如果循环体需要知道元素索引，而不仅仅是元素值，那么必须使用 for 语句。

（4）如果需要修改数组元素，那么必须使用 for 语句。这是因为 foreach 语句读出的元素变量是一个只读变量，不能对该变量进行修改。

3.2.5 循环语句的嵌套

一个循环语句的内部可以包含另一个循环语句，这样的结构称为循环嵌套，以上介绍的各种循环均可相互嵌套，循环语句中嵌套了几层循环结构就称为几重循环，下列的示例表示了 for 和 while 嵌套形成的二重循环。

```
int i, j;
for (i = 0; i < 10; i++)
{
    j = 0;
    while (j < 10)
    {
        Console.WriteLine ("i={0}, j={1}", i, j);
        j++;
    }
}
```
（内循环 外循环）

C#没有严格规定多重循环的层数，但为了便于理解程序逻辑，建议循环嵌套不要超过 3 层。

【注意】循环嵌套时，要保证内层循环必须完全包含于外层循环之内，不允许循环结构交叉，因此一定要注意各循环语句的花括号的配对关系。

【实例 3-9】创建一个 Windows 应用程序，输入三角形行数，打印如图 3-15 所示的等腰三角形。

【分析】设行号为 i（第一行为 i=1，最后一行 i=n，共 n 行）。分析该图形可知，第 i 行的星号个数为 2*i-1，而每行星号前的空格数为 n-i，可以用一个循环嵌套，最外层的循环控制行数，而内层是两个并列的循环，第一个循环打印空格，第二个循环打印星号。

图 3-15　运行效果

（1）首先在 Windows 窗体中添加 2 个 Label、1 个 TextBox 和 1 个 Button 控件。各控件的主要属性设置如表 3-8 所示。

表 3-8　　　　　　　　　　　　　　　需要修改的属性项

控件	属性	属性设置	控件	属性	属性设置
Label1	Text	三角形行数：	TextBox1	Name	txtNum
Label2	Text	""	Button1	Name	btnOk
	Name	lblShow		Text	打印

（2）在窗体设计区中双击"btnOk"按钮控件，系统自动为按钮添加"Click"事件及对应的事件方法。然后，在源代码视图中编辑如下代码。

```
using System;
using System.Windows.Forms;
public partial class Test3_9 : Form
{
    private void btnOk _Click(object sender, EventArgs e)
    {
        int n = Convert.ToInt32(txtNum.Text);
        StringBuilder sb = new StringBuilder();
        int i,j;
        for (i = 1; i <= n; i++)                  //i 代表三角形的行号
        {
            for (j = 1; j <= n - i; j++)          //每行先打印 n-i 个空白字符
            {
                sb.Append(" ");
            }
            for (j = 1; j <= 2 * i - 1; j++)      //再打印 2*i-1 个*号
            {
                sb.Append("*");
            }
            sb.Append("\n");                      //每行结束后,打印换行符
        }
        lblShow.Text = sb.ToString();
    }
}
```

3.3　跳 转 语 句

前面我们讨论的循环语句，都是以某个布尔型表达式的结果作为循环条件，当表达式的值为 false 时，就结束循环。但有时，我们希望在还未达到条件为假之前提前跳出循环。这就需要执行流程转移控制语句控制流程转移。C#提供的跳转语句主要有：break 语句和 continue 语句。本节将详细介绍它们的使用方法。

3.3.1　break 语句

break 语句既可用于 switch 语句，也可用于循环语句。break 语句用于 switch 语句时，表示跳转出 switch 语句；用于循环语句时，表示提前终止循环。在循环结构中，break 语句可与 if 语句配合使用，通常先用 if 语句判断条件是否成立，如果成立，则用 break 语句来终止循环，跳转出循环结构。

需要注意的是，break 语句只能终止直接包含它的那条循环语句。如果 break 被包含在嵌套循环的内层，那么它不能终止外层循环。

【实例 3-10】创建一个 Windows 程序，先输入一个整数，判断该数是否是一个质数。

【分析】质数是除了 1 和本身外没有因子的数，例如 3、17、41 等。要确定一个数 n 是否为质数，就可以通过测试 n 有没有因子来确定。如果有，则不是质数；反之则是。最直接的方式就是

让 n 一个个地去除以 2 到 $\sqrt{n}$ 之间的所有整数，只要其中一个能被整除，那么 n 肯定不是质数；如果所有的都不能被整除，则 n 一定是质数。这里的循环结束条件有两个，一个是除数大于了 $\sqrt{n}$，这个可以作为循环条件。另一个则是能被 2 到 $\sqrt{n}$ 中的某个数整除。这可以用 break 语句实现。

（1）首先在 Windows 窗体中添加两个 Label、1 个 TextBox 和 1 个 Button 控件。各控件的主要属性设置如表 3-9 所示。

表 3-9　　　　　　　　　　　　　　　　需要修改的属性项

控件	属性	属性设置	控件	属性	属性设置
Label1	Text	Num：	TextBox1	Name	txtNum
Label2	Text	""	Button1	Name	btnOk
	Name	lblShow		Text	判断质数

（2）在窗体设计区中双击"btnOk"按钮控件，系统自动为按钮添加"Click"事件及对应的事件方法。然后，在源代码视图中编辑如下代码。

```
using System;
using System.Windows.Forms;
public partial class Test3_10 : Form
{
    private void btnOk_Click(object sender, EventArgs e)
    {
        int n = Convert.ToInt32(txtNum.Text);
        int flag = 1;
        for (int i = 2; i <= Math.Sqrt(n); i++)      //Math.Sqrt(n):求 n 的平方根
        {
            if (n % i == 0)
            {
                flag = 0;                //通过 flag 的值确定,确定是否执行了 if 语句
                break;                   //当 n 能被某个数整除时,n 一定不是质数,循环中断。
            }
        }
        if (flag == 1) lblShow.Text = n + "是一个质数";
        else lblShow.Text = n + "不是一个质数";
    }
}
```

该程序的运行效果如图 3-16 所示。

图 3-16　运行效果

3.3.2　continue 语句

continue 语句只能用于循环结构。与 break 语句不同的是，continue 语句不是用来终止并跳出循环结构的，而是忽略 continue 后面的语句，直接进入本循环结构的下一次循环操作。在 while 和 do…while 循环结构中，continue 立即转去检测循环控制表达式，以判定是否继续进行循环；在

for 语句中，则立即转向计算表达式 3，以改变循环控制变量，再判定表达式 2，以确定是否继续循环。图 3-17 展示了 break 语句和 continue 语句在 for 循环结构中的区别。

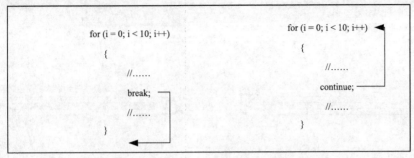

图 3-17　break 和 continue 在 for 语句中的区别

【实例 3-11】创建一个 Windows 应用程序，过滤连续重复输入的字符。

（1）首先在 Windows 窗体中添加两个 Label、1 个 TextBox 和 1 个 Button 控件。各控件的主要属性设置如表 3-10 所示。

表 3-10　　　　　　　　　　　　　　　需要修改的属性项

控件	属性	属性设置	控件	属性	属性设置
Label1	Text	字符串：	TextBox1	Name	txtSource
Label2	Text	""	Button1	Name	btnFilter
	Name	lblShow		Text	过滤重复字符

（2）在窗体设计区中双击"btnFilter"按钮控件，系统自动为按钮添加"Click"事件及对应的事件方法，然后在源代码视图中编辑如下代码。

```
using System;
using System.Windows.Forms;
public partial class Test3_11 : Form
{
    private void btnFilter_Click(object sender, EventArgs e)
    {
        char ch_old, ch_new;
        ch_old = txtSource.Text[0];
        lblShow.Text = "过滤连续的重复字符后:"+ch_old;
        for (int i = 1; i < txtSource.Text.Length; i++)
        {
            ch_new = (char)txtSource.Text[i];
            if (ch_new == ch_old) continue;
            lblShow.Text += ch_new.ToString();
            ch_old = ch_new;
        }
    }
}
```

该程序的运行效果如图 3-18 所示。

【分析】用变量 ch_new 来表示当前读入的字符，用变量 ch_old 表示在 ch_new 之前读入的字符，如果两个相邻的字符不相等，则将 ch_new 加入过滤后的字符串，并将 ch_new 赋值给 ch_old；否则，跳过循环体中后面的语句，再去读新的字符。

图 3-18　运行效果

习　　题

1. 单项选择题

（1）一年中的 12 个月，每个月的中文对应一个数字，如"一月"对应 1，"二月"对应 2。现在输入一个整数，希望能输出数字对应的中文，例如输入 1，输出"一月"。使用下面的哪种代码结构最适合？（　　　）

    A. 单一的 if 结构　　　　　　　　　　B. 嵌套的 if 结构

    C. switch 结构　　　　　　　　　　　D. 嵌套的 if…else 结构

（2）下列结构图对应于哪种结构（A 是程序段，P 是条件）？（　　　）

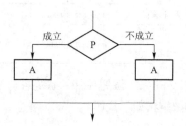

    A. while 循环结构　　　　　　　　　　B. do…while 循环结构

    C. if…else… 选择结构　　　　　　　　D. switch…case…选择结构

（3）下列关于 switch…case…和 if…else…的描述中，哪个选项是错误的?（　　　）

    A. switch…case…和 if…else…都是非常重要的条件语句。

    B. 当程序中只需要进行两个选择，一般采用 if…else…语句。

    C. 当程序中有两个以上的选择要选时，可以采用 switch…case…语句。

    D. 在程序中 switch…case…语句可以代替 if…else…语句。

（4）下列关于语句 switch（表达式）和 case 表达式描述中，错误的选项是（　　　）。

    A. default 关键字是不可以省略的

    B. case 后面的表达式是常量表达式

    C. break 关键字可用于跳出 switch 语句

    D. switch 后面的表达式是控制表达式

（5）实现从 1 到 10 的累加，并得出结果。

```
int count = 0;
_____
{
    count += i;
}
```

应该在空白处添加下面哪段代码？（　　　）

A. for（int i = 0; i < 10; i++）　　　　B. for（int i = 0; i <= 9; i++）

C. for（int i = 1; i <= 10; i++）　　　D. for（int i = 1; i < 10; i++）

（6）分析下列程序代码。

```
using System;
class Program
{
    static void Main(string[] args)
    {
        string testString = "Visual Studio 2010";
        string newString = string.Empty;
        foreach (char ch in testString)
        {
            if (ch == 'i' || ch == 'u')
                continue;
            newString += ch.ToString();
        }
        Console.WriteLine(newString);
    }
}
```

哪项的输出是正确的？（　　　）

A. iu ui　　　　　　　　　　　　　B. V

C. Vsal Stdo 2010　　　　　　　　D. Visual Studio 2010

（7）分析下列程序代码。

```
using System;
public class Program
{
    static void Main(string[] args)
    {
        for (int i = 1; i<=16;i++)
        {
            if(i%4==0)
                Console.WriteLine(i.ToString()+" ");
        }
    }
}
```

哪项的输出是正确的？（　　　）

A. 1 2 3 5 6 7 9 10 11 13 14 15　　　B. 4 16

C. 4 8 12 16　　　　　　　　　　　D. 1 2 3 4 5 6…　…14 15 16

（8）实现一个有多路分支的控制表达式，最适合的方法是使用（　　　）语句。

A. if…else…语句　　　　　　　　B. switch…case…语句

C. for 语句　　　　　　　　　　　D. foreach 语句

（9）关于如下程序结构的描述中，哪一项是正确的？（　　　）

```
for(; ;)
{
    循环体;
}
```

A. 执行循环体一次　　　　　　　　B. 程序不符合语法要求

C. 一直执行循环体，即死循　　　　　D. 不执行循环体

（10）分析下列程序段。

```
using System;
class Program
{
    static void Main(string[] args)
    {
        int i = 0, sum = 0;
        do
        {
            sum++;
        }
        while (i > 0);
        Console.WriteLine("sum = {0}", sum);
    }
}
```

程序运行的输出结果是什么？（　　　　）

A. sum = 0　　　　B. sum = 1　　　　C. sum = 2　　　　D. sum = 3

2. 多项选择题

（1）计算机程序总是由若干条语句组成的，组成程序的常用结构分别是（　　　　）。

A. 跳转结构　　　B. 循环结构　　　C. 分支结构　　　D. 顺序结构

（2）switch()语句中的控制表达式可以是下面哪几种类型？（　　　　）

A. char 类型　　　B. string 类型　　　C. int 类型　　　D. enum 类型

3. 程序设计题

（1）编程实现用户输入一个字符，判断字符是数字、大写字母、小写字母还是其他字符。

（2）输入三角形的三条边 a、b、c，判断它们能否构成三角形，若能构成三角形，指出是何种三角形（等腰三角形、直角三角形、一般三角形）。

（3）学校有近千名学生，在操场上排队，5 人一行余 2 人，7 人一行余 3 人，3 人一行余 1 人。要求编写一个程序求该校的学生人数。

（4）编写一个程序求 $S=a+aa+aaa+\cdots+aa\cdots a$（$n$ 个 a）之值，其中 a 是一个数字。例如 $2+22+222+2222+22222$（此时 $n=5$），注意，a 的值和 n 的值都由用户输入。

（5）求 $1-\dfrac{1}{2}+\dfrac{2}{3}-\dfrac{3}{4}+\dfrac{4}{5}+\cdots+(-1)^{i}\times\dfrac{i}{i+1}+\cdots+(-1)^{n}\times\dfrac{n}{n+1}$（$i=1,2,3,\cdots,n$）的值。要求：$n$ 值由用户输入。

（6）10 个同学排成一个首尾相连的圈，先给每位同学从 1 到 10 编号，然后依次报数（1，2，3），报到 3 的同学退出，直到只剩 1 个同学为止。请求出最后剩下的这个同学的编号是多少。

实验 3

一、实验目的

（1）理解分支和循环的逻辑意义。

（2）掌握 C# 的 if、switch 分支语句的使用方法。

（3）掌握 C#的 while、do/while、for、foreach 等循环语句的使用方法。

二、实验要求

（1）熟悉 VS2017 的基本操作方法。

（2）认真阅读本章相关内容，尤其是案例。

（3）实验前进行程序设计，完成源程序的编写任务。

（4）反复操作，直到不需要参考教材、能熟练操作为止。

三、实验步骤

（1）有如下函数。

$$y = \begin{cases} x & (x < 1) \\ 2x - 1 & (1 \leqslant x < 10) \\ 3x - 11 & (x \geqslant 10) \end{cases}$$

设计一个 Windows 应用程序，输入 x，输出 y 值。（分析：用 if···else if···else 结构）。如图 3-19 所示，输入 x：3，单击"计算"按钮，输出 y：5。

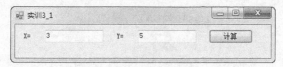

图 3-19　运行效果

核心代码如下。

```
double x = Convert. ToDouble (txtX.Text);
double y;
if (x < 1)
    y = x;
else if (x >= 1 && x < 10)
    y = 2 * x - 1;
else
    y=3*x-11;
txtY.Text=y.ToString();
```

（2）设计一个 Windows 应用程序，输入一个正整数，逆序打印出每一个位数。如图 3-20 所示。

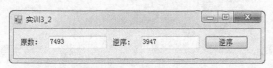

图 3-20　运行效果

如输入原数 7493，单击"逆序"按钮，输出 3947（逆序）。

【注意】如果输入 7490，应输出 947。

【分析】a%10 将求出个位数，a/10 将使位数下降一位，如 567/10=56。如果是由用户输入一个任意位数的正整数，需要用循环完成上述问题。

核心代码如下。

```
int num = Convert.ToInt32(txtOriginal.Text);
int turnNum=0;
```

```
while (num > 0)
{
    turnNum =turnNum*10+num % 10;
    num=num/10;
}
txtTurn.Text = turnNum.ToString();
```

（3）一个数如果恰好等于它的因子之和，这个数就称为完数。例如 6 的因子为 1、2、3，而
6=1+2+3，因此 6 是完数。编程找出 1 000 之内的所有完数，当单击"查找"按钮时，按下面格式
输出所有的完数和其因子："6 是一个完数：6=1+2+3"。如图 3-21 所示。

图 3-21　运行效果

【分析】将该整除从 1 到该数的一半，能被整除的，都是它的因子。

核心代码如下。

```
StringBuilder sb = new StringBuilder();
int i, j, sum;
for (i = 2; i < 1000; i++)
{
    sum = 0;
    for (j = 1; j <= i / 2; j++)
    {
        if (i % j == 0) sum += j;
    }
    if (sum == i)
    {
        sb.Append(i + "是一个完数:" + i + "=1");
        for (j = 2; j <= i / 2; j++)
        {
            if (i % j == 0) sb.Append("+"+j);
        }
        sb.Append("\n");
    }
}
lblShow.Text = sb.ToString();
```

四、实验总结

　　写出实验报告（报告内容包括实验内容、任务分析、算法设计、源程序、实验体会等），并记
录实验过程中的疑难点。

第4章
面向对象程序设计入门

总体要求

- 理解面向对象的基本概念，正确区分类和对象，对象的声明和对象的创建。
- 掌握类的定义与使用方法，正确定义类的数据成员、属性和方法。
- 理解类的可访问性、正确使用访问修饰符控制对类成员的访问。
- 掌握类的方法的定义、调用与重载，理解方法的参数传递的工作机制。
- 理解值类型和引用类型的区别。
- 理解构造函数与析构函数的作用，掌握其使用方法。

学习重点

- C#中类的定义、类的数据成员、属性和方法。
- 类的构造函数。
- 方法的重载和参数传递。

面向对象方法是软件工程、程序设计的主要方向，也是最有效、最实用和最流行的软件开发方法之一。C#是完全面向对象（Object Oriented，OO）的程序设计语言，具有面向对象程序设计方法的所有特征。面向对象的程序设计代表了一种全新的程序设计思路。与传统的面向过程开发方法不同，面向对象的程序设计和问题求解更符合人们的思维习惯。C#通过类、对象、继承、多态等机制形成一个完整的面向对象的编程体系。

4.1 面向对象的基本概念

面向对象的程序设计思路和人们日常生活中处理问题的思路是相似的。客观世界是由成千上万个对象组成，他们之间通过一定的方法相互联系。例如，一辆汽车是由发动机、底盘、车身和轮子等多个对象组成的。当人们生产汽车时，可以分别设计和制造发动机、底盘、车身和轮子，最后把它们组装在一起。在组装时，各部分之间有一定的联系，以便协调工作。如驾驶员踩下油门，就能调节油路，控制发动机的转速，驱动车轮转动。对于驾驶员来说，对汽车的结构不需详细了解，只要给它一个命令或通知，它能按规定完成任务。这就是把对象"封装"起来，各自相对独立，互不干扰。

面向对象方法的基本思想就是从所要解决的问题本身出发，尽可能运用人类的思维方式（如分析、抽象、分类、继承等），以现实世界中的事物为中心思考问题、认识问题，并根据这些事物的本质特征，把它们抽象表示为系统中的对象，作为系统的基本构成单位。这时的程序设计者的任务包括两个方面：一是设计对象；二是在此基础上，通知有关对象完成所需的任务。

4.1.1 对象

客观世界中任何一个事物都可以看成一个对象（object）。对象可以是自然物体（如汽车、房屋、狗），也可以是社会生活中一种逻辑结构（如班级、部门、组织），甚至一篇文章、一个图形、一项计划等。对象是构成系统的基本单位，在实际社会生活中，人们都是在不同的对象中活动的。例如，学生在一个班级中进行上课、开会、文体活动等。而在我们解决学生成绩管理问题时，首先要描述的对象就是在各系各专业各班级的每一个人。要想将每个学生都纳入成绩管理，就需要从成绩管理这个角度分析并描述每一个学生的特征和行为。学生，首先具有一个姓名（用于区别其他人），其次具有性别、年龄、专业、班级等体现自身状态的特征（在面向对象的概念中称为属性）；再次，还具有一些技能（在面向对象的概念中称为服务或方法），如懂计算机操作、会英语、有组织协调能力等。

任何一个对象都应当具有这两个要素，即属性（attribute）和行为（behavior）。一个对象往往由一组属性和一组行为构成。比如，一辆汽车是一个对象，其属性是生产厂家、品牌、型号、颜色、价格等，它的行为是它的功能，如发动、停止、加速等。一般来说，凡是具备属性和行为这两个要素的，都可以作为对象，

对象是问题域中某些事物的一个抽象，反映事物在系统中需要保存的必要信息和发挥的作用，是包含一些特殊属性（数据）和服务（行为方法）的封装实体。具体来说，对象应有唯一的名称，有一系列状态（表示为数据），有表示对象行为的一系列行为（方法）。简言之，对象与属性、行为的关系可用如下等式表示。

对象 = 属性 + 行为（方法、操作）

例如，若有一名学生叫令狐冲，则在学生成绩管理系统中，可以用图4-1描述这个对象。

```
对象名：令狐冲
对象属性（数据）：
    学号：1040610421
    成绩：87
    专业：计算机应用技术
对象行为（方法）：
    回答相关信息
    获得成绩
    参加学习和考试
```

图4-1 对象的描述

4.1.2 事件与方法

事件（Event）又称为消息（Message），表示向对象发出的服务请求。方法（Method）表示对象能完成的服务或执行的操作功能。

在一个系统中的多个对象之间通过一定的渠道相互联系，要使某一个对象实现某一种行为或操作，应当向该对象传送相应的消息。例如想让汽车行驶，必须由人去踩油门，向汽车发出相应的信号。对象之间就是这样通过发送和接收消息互相联系的。

例如，教师风清扬要求学生令狐冲在2011年12月参加C#程序设计的考试。对象"风清扬"向对象"令狐冲"安排考试科目（在面向对象的中称为发出了服务请求或发生了系统事件），而对象"令狐冲"在学校中的主要职责就是学习并参加考试（在面向对象中称为方法或服务）。令狐冲的考试活动不会自动发生，必须有人事前组织和安排，一旦安排了考试，那么通常令狐冲的考试活动就会进行。

再例如，在数据库操作中，要删除记录可以选择"删除记录"命令。在这里，删除记录是数据表所提供的一个方法（或一个操作），而单击"删除记录"命令是用户向系统发出的一个请求（从系统角度来讲，称为一个事件）。单击事件一旦发生，系统响应请求时必然产生"删除记录"这个

动作。

　　因此，在面向对象的概念中，一个对象可以有多个方法，提供多种服务，完成多种操作功能。但这些方法只有在另外一个对象向该对象发出请求之后（发生事件）才会被执行。

4.1.3　类与对象

　　普通逻辑意义上的类是现实世界中各种实体的抽象概念，而对象是现实生活中的一个个实体。例如，现实世界中的汽车、摩托车、自行车等实体就是对象，而交通工具则是这些对象的抽象，交通工具就是一个类。

　　在上面提到的学生"令狐冲"，我们把他称为学生成绩管理中的一个被管理对象。实际上，在学校中，学生并不只有"令狐冲"一个人。我们可以把他们归为一类有相同属性和行为的人进行研究，最终实现共同管理。

　　在面向对象的概念中，类（Class）表示具有相同属性和行为的一组对象的集合，为该类的所有对象提供统一的抽象描述。相同的属性是指定义的形式相同，不是指属性值相同。例如，学生是一个类，其包括了所有类似于令狐冲这样的学生，可以进行如图 4-2 所示的描述。

```
类名: 学生
属性（数据）:
    学号
    成绩
    专业
行为（方法）:
    回答相关信息
    获得成绩
    参加学习和考试
```

图 4-2　类的描述

　　类是对相似对象的抽象，而对象是该类的一个特例，类与对象的关系是抽象与具体的关系。例如，令狐冲是学生，学生是一个类，令狐冲作为一个具体的对象，是学生类的一个实例。

4.1.4　抽象、封装、继承与多态

　　面向对象的程序最基本的特征是抽象性、封装性、继承性和多态性。

1.　抽象

　　抽象（abstraction）是处理事物复杂性的方法，只关注与当前目标有关的方面，而忽略与当前目标无关的那些方面。例如，在学生成绩管理中，张三、李四、王五作为学生，我们只关心他们和成绩管理有关的属性和行为，如学号、姓名、成绩、专业等特性。抽象的过程是将有关事物的共性归纳、集中的过程。例如，凡是有轮子、能滚动并前进的陆地交通工具可被统称为"车"，而其中用汽油发动机驱动的可被抽象为"汽车"，用马拉的可被抽象为"马车"。

　　抽象表达了同一类事物的本质，如果你会使用自己家里的电视机，在别人家里看到即便是不同的牌子的电视机，你也能对它进行操作，因为它具有所有电视机所共有的特征。C#中的数据类型就是对一系列具体的数据的抽象，例如，int 是对所有整数的抽象，double 是对所有双精度浮点型数的抽象。

　　前面提到的类就是抽取出相似对象的属性和行为的共同特征，形成的一种数据类型。类是对象的抽象，同一类中的对象将会拥有相同的特征（属性）和行为（方法）。例如，令狐冲和杨过都是学生，应该都具有学号、姓名、成绩、专业等属性。对象是类的实列，或者说是类的具体表现形式。每个具体的对象的属性值不一定相同，如令狐冲的成绩是 87，杨过的成绩是 63。

2.　封装和信息隐藏

　　封装（encapsulation）有两个方面的含义：一是将有关的数据和操作代码封装在一个对象中，形成一个基本单位，各个对象之间相对独立，互不干扰；二是将对象中某些部分对外隐藏，即隐

藏其内部细节，只留下少量接口，以便与外界联系，接收外界的消息。这种对外界隐藏的做法称为信息隐藏（information hiding）。信息隐藏还有利于数据安全，防止无关的人了解和修改数据。

封装把对象的全部属性和全部行为结合在一起形成一个不可分割的独立单位。而通过信息隐蔽技术，用户只能见到对象封装界面上的信息，对象内部对用户是隐蔽的。

例如，一台电视机就是一个封装体。从设计者的角度来讲，不仅需要考虑内部的各种元器件，还要考虑主机板、显像管等元器件的连接与组装；从使用者的角度来讲，只关心其型号、颜色、重量等属性，只关心电源开关按钮、音量开关、调频按钮、视频输入输出接口等用起来是否方便，根本不用关心其内部构造。

因此，封装的目的在于将对象的使用者与设计者分开，使用者不必了解对象行为的具体实现，只需要用设计者提供的消息接口来访问该对象。

3. 继承

汽车制造厂要生产新型号的汽车，如果全部从头开始设计，将耗费大力的人力、物力和财力。但如果选择已有的某一型号的汽车为基础，再增加一些新的功能，就能快速研发出新型号的汽车。这是提高生产效率的常用方法。

如果在软件开发中已建立了一个名为 A 的类，又想建立一个名为 B 的类，而后者与前者内容基本相同，只是在前者基础上增加一些新的属性和行为，显然不必再从头设计一个新类。这时，只需在 A 类的基础上增加一些新的内容即可。而 B 类的对象拥有 A 类的全部属性与方法，称作 B 类对 A 类的继承。在 B 类中不必重新定义已在 A 类中定义过的属性和方法。这种特性在面向对象中称作对象的继承性。继承在 C#中称为派生，其中，A 类称为基类或父类，B 类称为派生类或子类。

例如，灵长类动物包括人类和大猩猩，那么灵长类动物就称为基类或父类，具有的属性包括手和脚（其他动物类称为前肢和后肢），具有的服务是抓取东西（其他动物类不具备），人类作为特殊的灵长类高级动物，除了继承灵长类动物的所有属性和服务外，还具有特殊的服务——创造工具；大猩猩类也作为特殊的灵长类动物，则继承了灵长类动物的所有属性和服务。三者之间的关系如图 4-3 所示。

继承机制的优势在于降低了软件开发的复杂性和费用，使软件系统易于扩充，大大缩短了软件开发周期，对于大型软件的开发具有重要的意义。

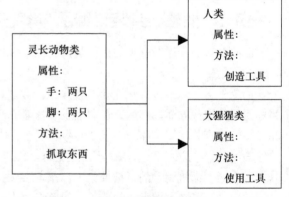

图 4-3　类的继承性

4. 多态

多态性（polymorphism）是指在基类中定义的属性或方法被派生类继承后，可以具有不同的数据类型或表现出不同的行为。不同对象对同一消息会做出不同的响应。比如，张三、李四和王五是分别是属于三个班的三个学生，在听到上课铃声后，他们会分别走进 3 个不同的教室。再如，"启动"是所有交通工具都具有的操作，但不同的具体交通工具其"启动"操作的具体实现是不同的，如汽车的启动是"发动机点火，启动引擎"，启动轮船时要"起锚"，气球飞艇启动是"充气，解缆"。为了实现多态性，需要在派生类中更改从基类中自动继承来的数据类型或方法。这种为了替换基类的部分内容而在派生类中重新进行定义的操作，在面向对象的概念中称为覆盖。这样一来，不同类的对象可以响应同名的消息（方法）来完成特定的功能，但其具体的实现方法却可以不同。

多态性的优势在于使软件开发更加方便，增加程序的可读性。

4.2　类的定义与使用

C#是强类型化的程序设计语言。所谓强类型化是指任何变量在使用之前必须指定其数据类型。例如，在进行数值计算时，声明变量 x 为 int 或 float 类型；当需要处理学生信息管理问题时，声明变量 o 为 Student 类型。此时，对于 int、float 等来说，它们都是 C#内置（即自带）的数据类型，而 Student 类型是 C#不自带的。对于这种不自带的类型，在使用之前必须预先定义。

4.2.1　类的声明

在 C#中，使用保留字 class 定义的数据类型称为自定义类（简称类）。一般形式如下。

```
[访问修饰符] class 类名[:基类]
{
    类的成员；
}
```

其中，访问修饰符用来限制类的作用范围或访问级别，可省略；类名是一个合法的 C#标识符，推荐使用 Pascal 命名规范，Pascal 命名规范要求构成标识符的每个单词的首字母要大写。基类表示以此为基础定义一个新类，可以省略。类的成员放在花括号中，构成类的主体，用来定义类的属性和行为。类的成员包括常量、字段、属性、索引器、方法、事件、构造函数等。

一个完整的类的示例如下。

```
public class Book
{
    //定义类的数据成员
    public string title;
    public double price;
    //定义类的方法成员
    public string GetMessage()
    {
        return string.Format("书名:{0},价格:{1}元。", title, price);
    }
}
```

4.2.2　类的实例化

定义类之后，可以用它声明对象，然后再通过这个对象来访问其数据或调用其方法。

（1）对象的声明与创建

声明对象的格式与声明普通的变量类似，其语法格式如下。

```
类名　对象名
```

具体实例如下。

```
Book book1;    //声明一个 Book 对象 book1
```

在 C#中，声明一个对象就是声明一个变量。这并不意味着在程序运行时该变量就获得了内存空间。为此，还需要用"new"关键字把对象实例化。所谓实例化就是为对象分配足够内存空间以保存其数据信息。对象实例化的一般格式如下。

　　对象名=**new** 类名();

具体实例如下。

```
book1= new Book();    //为 book1 分配内存空间
```

也可以在声明对象同时实例化对象。语法格式如下。

　　类名　对象名=**new** 类名();

具体实例如下。

```
Book book2 = new Book();     //声明同时创建对象
```

（2）类成员的访问

类成员有两种访问方式：一种是在类的内部访问，另一种是在类的外部访问。

在类的内部访问类的成员，表示一个类成员要使用当前类中的其他成员，可以直接使用成员名称，有时为了避免引起混淆，也可采用如下形式。

　　this.类成员

其中，this 表示当前对象，是 C#的关键字。相关实例如下。

```
public class Book
{
    public string title;
    public double price;
    public string GetMessage()
    {
        return string.Format("书名:{0},价格:{1}岁。", this.title, this.price);
    }
}
```

在类的外部访问类的成员，需要通过对象名来访问，包括读取或修改数据成员的值、调用方法成员等。使用对象访问类成员的一般形式如下。

　　对象名.类成员

其中，小数点"."是一个运算符，表示引用某个对象的成员，可简单理解为"的"。

例如，创建 Book 类的对象 book1 并实例化之后，为其数据成员赋值，并调用方法 GetMessage 返回对象信息的语句如下。

```
book1.title = "Visual C#.NET 程序设计教程";
book1.price = 32;
book1.GetMessage();
```

【注意】在访问类成员时，一定要先实例化对象。如果对象 book1 未实例化而直接访问其成员，编译时将出现"使用了未赋值的局部变量'book1'"的错误。

【实例 4-1】定义 Book 类并实例化类的对象。

（1）在 Windows 窗体中添加一个名为 lblShow 的 Label 控件。

（2）在源代码视图中编辑如下代码。

```
using System;
using System.Windows.Forms;
public partial class Test4_1 : Form
{
    private void Test4_1_Load(object sender, EventArgs e)
    {
        Book book1;                      //声明一个 Book 对象 book1
```

```
            book1 = new Book();                          //实例化 book1，为 book1 分配内存空间
            Book book2 = new Book();                      //声明同时创建对象
            book1.title = "Visual C#.NET 程序设计教程";    //修改对象的数据成员的值
            book1.price = 32;
            string strMsg=book1.GetMessage();             //调用对象的方法成员
            lblShow.Text = strMsg;
            book2.title = "数据结构";                      //修改对象的数据成员的值
            book2.price = 28;
            lblShow.Text += "\n\n" + book2.GetMessage();  //调用对象的方法成员
        }
    }
public class Book
{
    //定义类的数据成员
    public string title;
    public double price;
    //定义类的方法成员
    public string GetMessage()
    {
        return string.Format("书名:{0},价格:{1}元。", this.title, this.price);
    }
}
```

该程序的运行效果如图 4-4 所示。

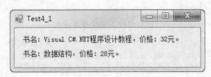

图 4-4　运行效果

4.2.3　类的可访问性

为了控制类和类成员的作用范围或访问级别，C#提供了访问修饰符，用于限制对类和类成员的访问。这些访问修饰符包括 public、private、internal、protected、protected internal，详细情况如表 4-1 所示。

表 4-1　　　　　　　　　　　　　　　C#中访问修饰符

声明	含义
public	表示公共成员，访问不受限制
private	表示私有成员，访问仅限于该类内部
internal	表示内部成员，访问仅限于当前程序集
protected	表示受保护的成员，访问仅限于该类及其派生类
protected internal	访问仅限于该类或当前程序集的派生类

在使用访问修饰符来定义命名空间、结构和类及其成员时，开发人员要注意以下几点。

（1）一个成员或类型只能有一个访问修饰符，使用 protected internal 组合时除外。

（2）命名空间上不允许使用访问修饰符，命名空间没有访问限制。

（3）如果未指定访问修饰符，则使用默认的可访问性，类的成员默认为 private。

（4）第一级类型①的可访问性只能是 internal 或 public，默认可访问性是 internal。

为了增强类的安全性和灵活性，一个好的面向对象设计需要使用良好的数据封装和隐藏设计。所以，将类的所有数据成员全部设计为 private，然后通过属性或方法来存取这些数据，不失为一种好的策略。通过数据封装，一方面更容易控制数据，并根据用户的需求来提供数据服务；另一方面更容易修改代码，并且修改代码后不影响数据的结构和用户的使用。

【注意】访问修饰符只是控制外部对类成员的访问，而类的内部对自己成员的访问不受其限制，即在类的内部可以访问所有的类成员。

4.2.4 值类型与引用类型

C#将数据类型分为值类型（value type）和引用类型（reference type）。

1. 值类型

值类型变量直接包含其本身的数据值，前面提到的简单类型（int、bool、char、float、double、decimal）、结构类型（struct）、枚举类型（enum）等都是值类型。值类型变量的定义语句在执行时，系统直接为它分配内存空间，可以直接赋值和使用。如 int x;x=100;在内存中的分配情况如图 4-5 所示。

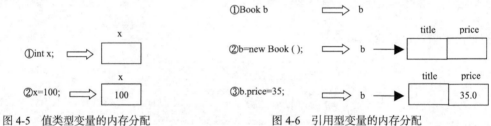

图 4-5　值类型变量的内存分配　　　　　图 4-6　引用型变量的内存分配

2. 引用类型

与值类型不同，引用类型变量本身并不包含数据，只是存储数据的引用，数据保存在其他位置。所谓"引用"实质上就是 C 语言的指针，就是数据在内存中的首地址。在 C#中，数组、字符串、类和后面要介绍的接口、委托等都属于引用类型。引用型变量在定义时并不会分配空间，只是在对其实例化时才真正分配存储空间，其内存分配情况如图 4-6 所示。

值类型变量和引用型变量在很多操作上是不同的，图 4-7 和图 4-8 展示了两者在赋值操作上的不同之处。

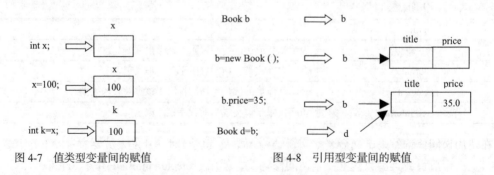

图 4-7　值类型变量间的赋值　　　　　图 4-8　引用型变量间的赋值

---

① 第一级类型是指不嵌套在其他类型中的类型。

用变量 x 为变量 k 赋值,是将 x 所在内存的值复制给 k;而用对象 b 为 d 赋值,则是将 b 对象的引用复制给了 d(注:C#语言中的"引用"相当于 C 语言中的指针)。如执行 k=50 之后,k 的值为 50,x 的值仍为 100,而执行 b.price=20 之后,b 和 d 的 price 的值将同时变为 20.0,因为它们实际上是同一内存空间,改变了 b 的数据值也就改变了 d 的数据值,反之亦然。

3. 装箱和折箱

对于值类型来说,可以通过隐式转换方式或显式转换方式进行数据转换;对于引用类型来说,C#同样允许将任何类型的数据转换为对象,或者将任何类型的对象转换为与之兼容的数据类型。

C#把值类型转换为对象的操作称为装箱,而把对象转换为兼容的值类型的操作称为拆箱。C#的这种装箱与拆箱操作类似于收发邮政包裹,发送包裹之前先装箱打包,收到包裹后再拆箱解包。

装箱意味着把一个值类型的数据转换为一个对象类型的数据,装箱过程是隐式转换过程,由系统自动完成,C#的 Object 类是所有类的基类,因此,可以将一个值类型变量直接赋值给 Object 对象。具体实例如下。

```
int a= 56;
object box = a;          //表示先创建一个对象类型变量box,然后再把值类型变量 a 的值复制给它
```

拆箱意味着把一个对象类型数据转换为一个值类型数据,拆箱过程必须是显式转换过程。拆箱时先检查对象所引用的数据的类型,确保拆箱前后的数据类型相同,再复制出一个值类型数据。具体实例如下。

```
int a= 56;
object box = a;          //装箱正确
int b = box;             //拆箱错误,拆箱操作只能显示转换
int c = (int)box;        //拆箱正确
long c = (long)box;      //拆箱错误,拆箱前后的数据类型应相同
```

4.3 类的成员及其定义

类的成员包括类的常量、字段、属性、索引器、方法、事件、构造函数等。本节重点介绍类的字段、属性、方法与构造函数的基本使用方法。

4.3.1 常量与字段

1. 常量

常量的值是固定不变的。在第 2 章介绍了常量的概念,并列举了各种类型的常量。不过第 2 章所列举的常量与数学中的常数概念相似,而类的常量成员是一种符号常量。符号常量是由用户根据需要自行创建的常量,在程序设计过程中可能需要反复使用到某个数据,比如,圆周率 3.1415926,如果在代码中反复书写,不仅麻烦而且容易出现书写错误。此时,可考虑将其声明为一个符号常量,用户定义符号常量使用 const 关键字。在定义时,必须指定名称和值,其一般形式如下。

[访问修饰符] **const** 数据类型 常量名=常量的值;

其中,访问修饰符用来控制常量的访问权限,可省略。具体实例如下。

```
public const double pi=3.1415926;
```

上述语句表示声明了一个双精度浮点型的常量 pi，其值为 3.1415926，即用 pi 代表圆周率。C#允许使用一条语句同时声明多个常量，具体实例如下。

```
public const double pi = 3.1415926, earthRadius = 6371.004;
```

2. 字段

字段表示类的成员变量，字段的值代表某个对象的数据状态。不同的对象，数据状态不同，意味着各字段的值也不同。声明字段的方法与定义普通变量的方法相同，其一般格式如下。

[访问修饰符]数据类型 字段名;

其中，访问修饰符用来控制字段的访问权限，可省略。实例如下。

```
public double price;
```

【注意】

（1）字段不能使用 var 定义。

（2）通过关键字 readonly，可以定义只读字段。例如，在 Phone 中增加一个表示国际号码的只读字段的代码如下。

```
class Phone
{
    public readonly string InternationalCode = "+86";
    public string telephone;
    //……   其余代码
}
```

有关只读字段的详细说明请扫描下列二维码参考相关资料。

4.3.2　属性

为了增强类的安全性和灵活性，C#利用属性来读取、修改或计算字段的值，增强某些字段的读写操作控制，或验证数据的正确性。例如，在对 price 赋值时，先检查是否大于 0。

在 C#中，定义属性一般形式如下。

[访问修饰符]数据类型 属性名
{
    get
    {
        //获取属性的代码,用 return 返回值
    }
    set
    {
        //设置属性的代码,用 value 赋值
    }
}

例如，以下代码是商品类的定义。

```
public class Goods
{
    private string name;        //字段成员
    private decimal cost;       //字段成员

    public string Name          //属性成员
    {
        get {
            return name;
        }
        set {
            name = value;
        }
    }

    public decimal Price        //属性成员
    {
        get {
            return cost;
        }
        set {
            cost = value;
        }
    }
}
```

在定义属性时，可根据实际需要省略一个访问器：如果属性是只读的，则省略 set 访问器；如果属性是只写的，则省略 get 访问器；但不能同时省略这两个访问器。

从 C# 7.0 开始，若属性的 get 访问器只包含 return 语句，则可以使用 "=>" 直接定义返回值表达式。同样，若 set 访问器仅仅简单使用 value 赋值，则也可以使用 "=>" 指定 value 赋值表达式。对于只读属性，则省略 get，直接使用 "=>" 定义返回值表达式。

例如，上例商品类的两个属性可以采用以下定义。

```
public class Goods
{
    private string name;         //商品名称
    private decimal cost;        //商品单价

    public string Name
    {
        get => name;
        set => name = value;
    }

    public decimal Price
    {
        get => cost;
        set => cost = value;
    }
}
```

【注意】当属性访问器不需要任何其他逻辑时，从 C# 3.0 开始支持自动实现的属性，利用此特点不仅使属性声明更加简洁，还使属性独立于字段，实现特定操作。

例如，下列代语中 Name 属性和 CustomerID 属性都是自动实现的属性，提供独立于字段的读写操作。

```
class Customer
{
    //自动实现属性访问器
    public string Name { get; set; }
    public int CustomerID { get; set; }

    //构造函数
    public Customer(string name, int ID)
    {
        Name = name;
        CustomerID = ID;
    }
    //方法成员
    public string GetContactInfo() {return "联系方式信息";}

    //.. 添加其他成员
}
```

在 C# 6 和更高版本中，我们甚至可以像字段一样初始化自动实现属性，具体实例如下。

```
public string FirstName { get; set; } = "老罗";
```

【实例 4-2】定义类的数据成员及属性。

（1）在 Windows 窗体中添加两个 Label 控件、1 个 TextBox 控件和 1 个 Button 控件，并根据表 4-2 设置相应属性项。

表 4-2 需要修改的属性项

控件	属性	属性设置	控件	属性	属性设置
Label1	Text	半径：	TextBox1	Name	txtR
Button1	Name	btnOk	Label2	Name	lblShow
	Text	计算		Text	""

（2）在窗体设计区中双击"btnOk"按钮控件，系统自动为该按钮添加"Click"事件及对应的事件方法，然后在源代码视图中编辑如下代码。

```
using System;
using System.Windows.Forms;
public partial class Test4_2 : Form
{
    private void btnOk_Click(object sender, EventArgs e)
    {
        Circle circle = new Circle();
        circle.Radius = Convert.ToDouble(txtR.Text);//将文本框中的字符串转换成 double 类型
        lblShow.Text = string.Format("半径为{0}的圆的面积为:{1:N2}", circle.Radius,
circle.Area);
    }
}
class Circle
{
    const double pi = 3.1415926;
    private double radius;
```

```
public double Radius              //可读、写属性
{
    get => radius;
    set {
        if (value < 0) radius = 0;
        else radius = value;
    }
}
public double Area  => pi * Radius * Radius;  //只读属性,可省略 get
}
```

该程序的运行效果如图 4-9 所示。

图 4-9　运行效果

4.3.3　方法

方法是把一些相关语句组织在一起,用于解决某一特定问题的语句块。方法描述了对象的行为,是类中执行数据计算或进行其他操作的重要成员。C#中的方法必须放在类定义中声明。也就是说,方法必须是某一个类的方法。一个方法的使用过程分声明与调用两个环节。

1. 方法的声明

声明方法的一般形式如下。

[访问修饰符] 返回值类型　方法名　([参数列表])
{
　　语句;
　　……
　　[return 返回值;]
}

(1)访问修饰符控制方法的访问级别,可用于方法的修饰符包括 public、protected、private 等;访问修饰符是可选的,默认情况下为 private。

(2)方法的返回类型用于指定由该方法计算和返回的值的类型,可以是任何合法的数据类型,包括值类型和引用类型。如果一个方法不返回一个值,则返回值类型使用 void 关键字来表示。

(3)方法名必须符合 C#的命名规范,与变量名的命名规则相同。

(4)参数列表是方法可以接受的输入数据,当方法不需要参数时,可省略参数列表,但不能省略圆括号;当参数不止一个时,需要使用逗号分隔,同时每一个参数都必须声明数据类型,即使这些参数的数据类型相同也不例外。

(5)花括号中的内容为方法的主体,由若干条语句组成,每一条语句都必须使用分号结尾。当方法结束时如果需要返回操作结果,则使用 return 语句返回,并且返回的值的类型要与返回值的类型相匹配。如果使用 void 标记方法为无返回值的方法,可省略 return 语句。实例如下。

```
public int Add(int a, int b)
{
    int x = a + b;
```

```
        return x;
    }
```

在该方法的第 1 行中，public 表示访问修饰符，int 为返回值的类型，Add 为方法的名称，其后有两个整型参数 a 和 b。第 3、4 行是方法的主体，每条语句由分号结尾，第 4 行返回计算结果。

2. 方法的调用

一个方法一旦在某个类中声明，就可由其他方法调用，调用者既可以是同一个类中的方法，也可以是其他类中的方法。如果调用者是同一个类的方法，则可以直接调用。如果调用者是其他类中的方法，则需要通过类的实例来引用，但静态方法例外，静态方法通过类名直接调用（静态方法将在下一章进行介绍）。

（1）在同一个类的内部调用方法

语法格式如下。

方法名（参数列表）

具体实例如下。

```
class Calculate
{
    public int Add(int a, int b)
    {
        return a + b;
    }
    public string Display(int x, int y)
    {
        return string.Format("{0}+{1}={2}", x, y, Add(x, y));   ///调用自身类的 Add 方法
    }
}
```

Add 方法和 Display 方法同在一个类中，Display 方法可以直接调用 Add 方法，具体如下。

```
return string.Format("{0}+{1}={2}", x, y, Add(x, y));
```

（2）在类的外部调用方法

需要通过类声明的对象调用该方法，其格式如下。

对象名.方法名(参数列表)

具体实例如下。

```
class Calculate
{
    public int Add (int a, int b)
    {
        return a + b;
    }
}
class Use
{
    public string Display(int x, int y)
    {
        Calculate cal = new Calculate ();                         //先创建类的对象
        return string.Format("{0}+{1}={2}", x, y, cal. Add (x, y)); //调用其他类的 Add 方法。
    }
}
```

Display 方法和 Add 方法不在一个类中，需要先创建类对象，然后使用"对象名.方法名（参

数列表)"的方式调用，如"cal. Add (x, y);"。

类的方法被调用时，有以下几种使用方式。

（1）作为一条独立的语句使用

```
Calculate cal = new Calculate ();
cal. Add (5,6);
```

其中，"cal. Add（5,6）;"是一条独立的方法调用语句。

（2）作为表达式的一部分

```
Calculate cal = new Calculate ();
int x=3* cal. Add (5, 6);
```

其中，cal. Add（5,6）参与赋值运算，其实质是把对象 cal 的 Add 方法返回的值作为操作数参与乘法运算，x 的运算结果应该是 33。

（3）作为另一个方法的参数来使用

```
Calculate cal = new Calculate ();
int x=cal. Add (cal. Add (5, 6), 12);
```

其中，cal. Add(5, 6)就是作参数使用。该语句的含义是用 Add(5, 6)方法的返回值 11 做 sum 的第 1 个参数，12 做为第 2 个参数传入 Add 进行计算，x 的运算结果应该是 23。

4.3.4　构造函数

在建立一个对象时，常常需要某些初始化工作，例如对数据成员赋初值。C#提供了构造函数（constructor）来处理对象的初始化。

构造函数是类中的一种特殊的方法，其一般形式如下。

public 构造函数名([参数列表])
{
　　[语句;]
}

与普通方法相比，构造函数有两个特别要求，一是构造函数的名称必须和类名相同，二是构造函数不允许有返回类型（包括 void 类型）。

其中，构造函数的参数列表可省略，也可以不包含任何语句。不包含任何参数和语句的构造函数称为默认构造函数。如果没有定义构造函数，编译器将自动生成默认构造函数由。默认构造函数的形式如下。

public 构造函数名(){ }

如果只有默认的构造函数，在创建对象时，系统将不同类型的数据成员初始化为相应的默认值。例如，int 被初始化为 0，bool 被初始化为 false。

例如，在实例 4-1 中的 Book 类没有定义构造函数，则执行"Book b = new Book();"时，将调用默认构造函数，其成员 title 将被赋值为 null，price 为 0。可以重新定义默认构造函数，具体如下。

```
public Book()
{
    title= "图书名";
    price= 10;
}
```

执行"Book b = new Book();"时，其成员 title 将被赋值为"图书名"，price 为"20"。

如果用户希望不同的对象拥有不同的值，可以使用带参数的构造函数。这样在初始化对象时，就可以传入不同的数据完成对象的初始化。具体实例如下。

```
public Book(string title, int price)
{
    this.title = title;
    this.price = price;
}
```

此时可以通过执行"Book b = new Book（"Visual C#.NET 程序设计教程",32）;"来完成对象的初始化，其成员 title 将被赋值为"Visual C#.NET 程序设计教程"，price 为"32"。可以看出，new 关键字后面实际是对构造函数的调用。

4.3.5　析构函数

在 C#程序运行时，.NET 的 CLR 负责为每个变量分配内存空间，程序运行结束后回收其内存空间。为了提高内存的使用效率，.NET 的 CLR 分别使用"栈"和"堆"的两种不同的内存管理机制来管理值类型变量和引用型变量（即对象）。"栈"和"堆"的区别就如同厨房碗柜与堆放杂物的仓库。"栈"严格按照"先进后出"的规则为值类型变量分配内存空间；而"堆"容许杂乱地堆放对象，更灵活地使用内存空间。

针对值类型变量，当方法被执行时内部值类型变量通过入栈操作而自动获得内存，当方法结束时则通过执行出栈操作而自动释放内存。而针对引用型变量，只要遇到 new 操作，.NET 的 CLR 就从堆中分配内存给它。当方法结束时，它所占用的内存并不会立即自动从堆中释放，而是由.NET 的 CLR 的垃圾回收器来回收。垃圾回收器没有预定的工作模式，其工作时间间隔是不可预知的，垃圾回收器的优化引擎能根据分配情况确定回收的最佳时机。

一个对象的完整生命周期包括以下几个过程。

（1）使用 new 运算符创建对象并要求获得内存。

（2）对象初始化，包括对象的数据成员的初始化。

（3）使用对象，包括访问对象的数据成员、调用对象的方法成员。

（4）释放对象所占用的资源，如关闭磁盘文件、网络连接等。

（5）释放对象，回收内存（由垃圾回收器自动完成）。

其中，第 2 阶段可通过调用对象的构造函数来完成，第 4 阶段可通过析构函数来完成。

析构函数主要用来回收对象所占用的资源，是以在类名前面加"～"的方式来命名的。在对象销毁之前，.NET 的 CLR 会自动调用析构函数并使用垃圾回收器回收对象所占用的内存空间。

析构函数的一般形式如下。

```
～函数名()
{
    语句;
}
```

在默认情况下，编译器自动生成空的析构函数，因此 C#不允许定义空的析构函数。由于析构函数性能较差，并不推荐使用。如果需要尽快关闭和释放所占用的资源，应实现一个强制回收方法，一般称为 Close()或 Dispose()。

C#类的析构函数具有如下特点。

（1）不能在结构中定义析构函数，只能对类使用析构函数。

（2）一个类只能有一个析构函数。

（3）无法继承或重载析构函数。

（4）析构函数既没有修饰符，也没有参数。

（5）在析构函数被调用时，.NET 的公共语言运行时自动添加对基类 Object.Finalize 方法的调用，以清理现场，因此在析构函数中不能包含对 Object.Finalize 方法的调用。

4.4　方法的参数传递

在声明方法时，所定义的参数是形式参数（简称形参）。这些参数的值由调用方负责为其传递，调用方传递的是实际数据，称为实际参数（简称实参）。调用方必须严格按照被调用的方法所定义的参数类型和顺序指定实参。在调用方法时，参数传递就是将实参传递给形参的过程。

方法的参数传递按性质可分为按值传参与按引用传参。

4.4.1　按值传参

按值传参时，把实参变量的值赋给相对应的形参变量，即被调用的方法所接收到的只是实参数据值的一个副本。当在方法内部更改了形参变量的数据值时，不会影响实参变量的值，即实参变量和形参变量是两个不相同的变量，它们具有各自的内存地址和数据值。因此，实参变量的值传递给形参变量时是一种单向值传递。

值类型的参数在传递时默认为按值传参。string 和 object 虽然是引用型数据，但从表现形式来看，其具有按值传参的效果。

【实例 4-3】用值传参进行参数值交换。

（1）在 Windows 窗体中添加 3 个 Label 控件、两个 TextBox 控件和 1 个 Button 控件，并按表 4-3 所示内容设置相应属性项。

表 4-3　　　　　　　　　　　　　需要修改的属性项

控件	属性	属性设置	控件	属性	属性设置
Label1	Text	参数（x）：	Label3	Name	lblShow
Label2	Text	参数（y）：		Text	""
TextBox1	Name	txtOp1	Button1	Name	btnOk
TextBox2	Name	txtOp2		Text	调用方法

（2）在窗体设计区中双击"btnOk"按钮控件，系统自动为该按钮添加"Click"事件及对应的事件方法，然后在源代码视图中编辑如下代码。

```
using System;
using System.Windows.Forms;
public partial class Test4_3 : Form
{
    private void btnOk_Click(object sender, EventArgs e)
    {
    Swaper s = new Swaper();                //创建对象
    int a = Convert.ToInt32(txtOp1.Text);
    int b = Convert.ToInt32(txtOp2.Text);
    lblShow.Text = string.Format("主调方法:交换之前:a={0},b={1}", a, b);//显示调用前实参值
```

```
        lblShow.Text+=s.Swap(a, b);                                //调用并传递参数
        //显示调用后实参值
        lblShow.Text += string.Format("\n\n 主调方法:调用之后:a={0},b={1}", a, b);
        txtOp1.Text=a.ToString();    //把调用后的实参的值重新赋值到文本框中
        txtOp2.Text=b.ToString();
    }
}
class Swaper
{
    public string Swap(int x, int y)                              //被调方法,其中 x 和 y 是形参
    {
        //方法执行前实参值
        string str = string.Format("\n\n 被调方法:交换之前:x={0},y={1}", x, y);
        int temp;
        temp = x;
        x = y;
        y = temp;
        //方法执行后实参值
        str+=string.Format("\n\n 被调方法:交换之后:x={0},y={1}", x, y);
        return str;
    }
}
```

运行该程序，效果如图 4-10 所示。

该程序中，Test4_3 类的 btnOk_Click 方法是调用方，
Swaper 类的 Swap 方法是被调用方。当 btnOk_Click 方
法调用 Swap 方法时，必须按 Swap 的形参列表指定实参，
包括参数的个数、类型顺序均要一致。btnOk_Click 方法中
的 a 和 b 是整型实参，Swap 方法的 x 和 y 是整型形参。实
参 a 的值传递给形参 x，实参 b 的值传递给形参 y，由于他
们是单向的值传递，所以当 Swap 方法通过 3 条赋值语句

图 4-10　运行效果

交换了 x 和 y 的值时，不影响 a 和 b 的值。方法调用过程中形参和实参的变化情况如图 4-11 所示。

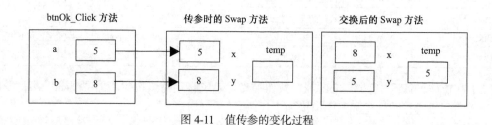

图 4-11　值传参的变化过程

4.4.2　按引用传参

方法只能返回一个值，但在实际应用中常常需要方法能够返回多个值或修改传入的参数值并
返回。如果需要完成以上任务，只用 return 语句是无法做到的。这时可以使用按引用传递参数的
方式来实现。

在传递引用型参数时，调用方将把实参变量的引用赋给相对应的形参变量。实参变量的引用
代表数据值的内存地址。因此，形参变量和实参变量将指向同一个引用。如果在方法内部更改了

形参变量所引用的数据值，则同时也修改了实参变量所引用的数据值。

当值类型和 string 类型参数要按引用方式传参时，可以通过 ref 关键字来声明引用参数。这时，无论是形参还是实参，只要希望传递数据的引用，就必须添加 ref 关键字。

【实例 4-4】用引用传参进行参数值交换。

（1）将【实例 4-3】Swap 方法声明改为引用型参数，具体如下。

```
public string Swap(ref int x,ref int y)
```

（2）将【实例 4-3】Swap 方法调用改为引用型传参，具体如下。

```
lblShow.Text = s.Swap(ref a, ref b);
```

运行该程序，运行效果如图 4-12 所示。

该程序中，无论是实参 a 和 b，还是形参 x 和 y，都添加了 ref 关键字，因此，a 和 x 指向的是同一个内存地址，b 和 y 指向的是同一个内存地址，一旦改变形参 x 和 y 的值，实参 a 和 b 的值也会改变。方法调用过程中形参和实参的变化情况如图 4-13 所示。

图 4-12　运行效果

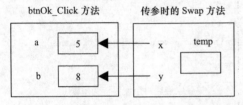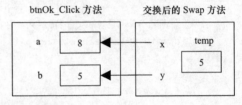

图 4-13　引用传参的变化过程

4.4.3　输出参数

方法中的 return 语句只能返回一个运算结果，虽然也可以使用引用型参数返回计算结果，但用 ref 修饰的参数在传参前要求先初始化实参。但有时候参数在传参前无法确定其值，其值应由方法调用结束后返回，在传参前确定其值是没有意义的。这时可以使用输出参数，输出参数不需要对实参进行初始化。它专门用于把方法中的数据通过形参返回给实参，但不会将实参的值传递给形参。一个方法中可允许有多个输出参数。

C#通过 out 关键字来声明输出参数，无论是形参还是实参，只要是输出参数，都必须添加 out 关键字。

【实例 4-5】用输出参数求文件路径中的目录和文件名。

（1）在 Windows 窗体中添加 3 个 Label 控件、3 个 TextBox 控件和 1 个 Button 控件，并根据表 4-4 设置相应属性项。

表 4-4　　　　　　　　　　　　　　需要修改的属性项

控件	属性	属性设置	控件	属性	属性设置
Label1	Text	文件路径：	TextBox1	Name	txtPath
Label2	Text	文件目录：	TextBox3	Name	txtFilename
Label3	Text	文件名：		ReadOnly	True
TextBox2	Name	txtDir	Button1	Name	btnOk
	ReadOnly	True		Text	分析

（2）在窗体设计区中双击"btnOk"按钮控件，系统自动为该按钮添加"Click"事件及对应的事件方法，然后在源代码视图中编辑如下代码。

```
using System;
using System.Windows.Forms;
public partial class Test4_5 : Form
{
    private void btnOk_Click(object sender, EventArgs e)
    {
        Analyzer a = new Analyzer();               //创建对象
        string path = txtPath.Text;
        string dir, file;
        a.SplitPath(path, out dir, out file);      //调用方法,dir 和 file 为输出参数
        txtDir.Text = dir;//显示文件目录
        txtFilename.Text = file;//显示文件名
    }
}
class Analyzer
{
    //从文件路径中分离目录和文件名,定义了两个输出参数
    public void SplitPath(string path, out string dir, out string filename)
    {
        int i;
        i = path.LastIndexOf('\\');                //获取最后一个反斜杠的位置
        dir = path.Substring(0, i);                //最后一个反斜杠前的字符串是文件目录
        filename = path.Substring(i + 1);          //最后一个反斜杠后的字符串是文件名
    }
}
```

该程序中,形参 dir 和 filename 是输出型参数,实参 dir 和 file 分别接收形式参数 dir 和 filename 的输出。程序的运行效果如图 4-14 所示。

用 ref 和 out 修饰的参数都是引用型传参方式,在方法体内对参数的修改和赋值都会被保留到实参中,但两者在使用上是有一定的区别的,具体如下。

（1）用 ref 修饰的参数,在传参前必须对实参明确赋初值。

（2）用 out 修饰的参数,在传参前不需要赋初值,但在方法内部必须赋值后才能使用,且在方法结束前,必须对该参数赋值。

图 4-14　输出参数运行效果

4.4.4　引用类型的参数传递

引用类型的参数总是按引用传递的,所以引用类型的参数传递不需要使用 ref 或 out 关键字（string 除外）。引用类型参数的传递,实际上是将实参对数据的引用复制给了形参。所以形参与实参共同指向同一个内存区域。

【实例 4-6】用引用类型数据的传参修改对象值。

（1）在 Windows 窗体中添加 4 个 Label 控件、4 个 TextBox 控件和 1 个 Button 控件,并根据表 4-5 设置相应属性项。

表 4-5　　　　　　　　　　　　　　需要修改的属性项

控件	属性	属性设置	控件	属性	属性设置
Label1	Text	书名 1:	TextBox2	Name	txtPrice
Label2	Text	价格 1:		ReadOnly	True
Label3	Text	书名 2:	TextBox3	Name	txtTitleNew
Label4	Text	价格 2:	TextBox4	Name	txtPriceNew
TextBox1	Name	txtTitle	Button1	Name	btnOk
	ReadOnly	True		Text	确定

（2）在窗体设计区中双击窗体的空白区域，系统自动为该窗体添加 "Load" 事件及对应的事件方法，回到窗体设计区，双击 "btnOk" 按钮控件，系统自动为该按钮添加 "Click" 事件及对应的事件方法，然后在源代码视图中编辑如下代码。

```
using System;
using System.Windows.Forms;
public partial class Test4_6 : Form
{
    Book book;                              //声明一个 Book 的对象 book 做为 Test4_6 类的成员
    private void Test4_6_Load(object sender, EventArgs e)
    {
        book = new Book();                  //实例化 book 对象
        book.title = "Visual C#.NET 程序设计教程"; book.price = 32;    //对象赋初值
        txtTitle.Text = book.title;         //显示 book 的字段值
        txtPrice.Text = book.price.ToString();
    }
    private void btnOk_Click(object sender, EventArgs e)
    {
        MidBook(book);                      //调用 MidBook 方法, book 做为实参传入
        txtTitle.Text = book.title;         //显示调用 MidBook 方法后的 book 字段值
        txtPrice.Text = book.price.ToString();
    }
    public void MidBook(Book newBook)
    {
        newBook.title = txtTitleNew.Text;   //修改传入的参数 newBook 对象的值
        newBook.price = Convert.ToInt32(txtPriceNew.Text);
    }
}
public class Book
{
    public string title;
    public double price;
}
```

当程序加载时，先执行 Test4_6_Load 方法，对 book 对象初始化并显示在界面上，如图 4-15 所示。在书名 2 和价格 2 的文本框输入数据，单击 "确定" 按钮后，执行 btnOk_Click 方法。该方法调用 MidBook 方法，并传入 book 做为实数。实参 book 和形参 newBook 是类 Book 的对象。传参后，newBook 并未获得新的内存空间，而是和 book 共用同一空间。当 MidBook 方法对 newBook 的字段值改变的时候，book 的字段值也随之改变，所以在调用结束后，再次显示 book 的字段值，可以看到已经发生了变化。如图 4-16 所示。

图 4-15　程序初始运行效果　　　　　图 4-16　输入数据，单击"确定"后的运行效果

4.4.5　数组型参数

数组也是引用类型数据。把数组作为参数传递时，也是引用传参。但把数组作为参数，有两种使用形式：一种是在形参数组前不添加 params 修饰符，另一种是在形参数组前添加 params 修饰符。不添加 params 修饰符时，所对应的实参必须是一个数组名；添加 params 修饰符时，所对应的实参可以是数组名，也可以是数组元素值的列表。此时，系统将自动把各种元素值组织到一个数组中。无论采用哪一种形式，形参数组都不能定义数组的长度。

【实例 4-7】使用不添加 params 的数组传参求数组中的最大值，使用添加 params 修饰符的数组传参求数组中的最小值。

（1）在 Windows 窗体中添加 2 个 Label 控件、2 个 TextBox 控件和 1 个 Button 控件，并根据表 4-6 设置相应属性项。

表 4-6　　　　　　　　　　　　　　需要修改的属性项

控件	属性	属性设置	控件	属性	属性设置
Label1	Text	数组传参求最大值：	TextBox2	Name	txtMaxP
Label2	Text	带 params 修饰符传参求最小值：	Button1	Name	btnOk
TextBox1	Name	txtMax		Text	确定

（2）在窗体设计区中双击"btnOk"按钮控件，系统自动为该按钮添加"Click"事件及对应的事件方法，然后，在源代码视图中编辑如下代码。

```
using System;
using System.Windows.Forms;
public partial class Test4_7: Form
{
    private void btnOk _Click(object sender, EventArgs e)
    {
        MaxMin m = new MaxMin();                        //创建对象
        int[] a = new int[] { 4, 7, 1, 3, 2, 8, 6, 5 };
        int max = m.Max(a);                             //调用方法,实参为已初始化的数组
        txtMax.Text = max.ToString();
        int min = m.Min(4, 7, 1, 3, 2, 8, 6, 5);        //调用方法,实参为数据列表
        txtMaxP.Text = min.ToString();
    }
}
class MaxMin
{
    //求最大数,形参为普通数组,实参必须为数组
    public int Max(int[] numbers)
    {
        int k = 0;
```

```
//求最大数的索引
for (int i = 0; i < numbers.Length; i++)
{
    if (numbers[k] < numbers[i])
        k = i;
}
return numbers[k];
}
//求最小数，形参为 params 数组，实参可使用数据列表
public int Min(params int[] numbers)
{
    int k = 0;
    //求最小数的索引
    for (int i = 0; i < numbers.Length; i++)
    {
        if (numbers[k] > numbers[i])
            k = i;
    }
    return numbers[k];
}
}
```

程序的运行效果如图 4-17 所示。

该程序中，MaxMin 类的 Max 方法的形参数组没有添加修饰符 params，在调用时对应的实参必须为已初始化的数组对象；而 Min 方法的形参数组添加了修饰符 params，在调用时对应的实参可以是数据列表，但必须保证列表中数据的类型与形参数组的数据类型一致。

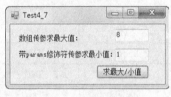

图 4-17　运行效果

在使用 params 修饰符时，要注意以下几点。

（1）params 关键字可以修饰任何类型的参数。

（2）params 关键字只能修饰一维数组。

（3）不能仅基于 params 关键字来重载方法（关于方法重载，将在下一小节进行讨论）。

（4）不允许对 params 数组使用 ref 或 out 关键字。

（5）params 数组必须是最后一个参数（即每个方法只能有一个 params 数组）。

4.5　方法的重载

4.5.1　方法的重载

编程时，一般是一个方法对应一种功能，但有时需要实现同一类功能，只是有些细节不同。例如希望从几个数中找出其中的最大者，而每次数据个数或类型不同，如两个整数，两个双精度数、3 个整数或一个整型数组作为参数。这时，我们可以设计出 4 个不同名的方法，具体形式如下。

```
public int MaxIntTwo(int a, int b) { }
public double MaxDouble(double a, double b) { }
public int MaxIntThree(int a, int b, int c) { }
```

```
public int MaxArray(int[] a) { }
```

这种以不同名称的方式虽然达到了要求，但是调用方需记住不同的方法名，显然不是很方便。在 C#中，允许用同一方法名定义多个方法。这些方法的参数个数或参数类型不同。这就是方法的重载（function overloading）。

方法重载有以下两点要求。

（1）重载的方法名称必须相同。

（2）重载方法的形参个数或类型必须不同，否则将出现一个"已定义了一个具有相同参数类型的成员"错误提示。

例如，上面 4 个方法通过重载来实现，代码如下。

```
public int Max(int a, int b) { }
public double Max(double a, double b) { }
public int Max(int a, int b, int c) { }
public int Max(int[] a) { }
```

在调用具有重载的方法时，系统会根据参数的类型或个数确定最匹配的方法被调用。

【实例 4-8】利用方法重载实现从两个整数、两个双精度数、3 个整数中求最大值。

（1）在 Windows 窗体中添加 4 个 Label 控件、3 个 TextBox 控件和 3 个 Button 控件，并根据表 4-7 设置相应属性项。

表 4-7　　　　　　　　　　　　　　　需要修改的属性项

控件	属性	属性设置	控件	属性	属性设置
Label1	Text	数据 1：	TextBox3	Name	txtOp3
Label2	Text	数据 2：	Button1	Name	btnTwoInt
Label3	Text	数据 3：		Text	两个整数
Label4	Name	lblShow	Button2	Name	bntDouble
	Text	""		Text	两个双精度浮点数
TextBox1	Name	txtOp1	Button3	Name	bntThreeInt
TextBox2	Name	txtOp2		Text	三个整数

（2）在窗体设计区中分别双击"btnTwoInt""bntDouble"和"bntThreeInt"按钮控件，系统自动为这些按钮添加"Click"事件及对应的事件方法，然后在源代码视图中编辑如下代码。

```
using System;
using System.Windows.Forms;
public partial class Test4_8 : Form
{
    private void btnTwoInt_Click(object sender, EventArgs e)
    {
        int a = Convert.ToInt32(txtOp1.Text);
        int b = Convert.ToInt32(txtOp2.Text);
        Maxer M=new Maxer();
        lblShow.Text = "最大值:" + M.Max(a, b);
    }
    private void bntDouble_Click(object sender, EventArgs e)
    {
        double a = Convert.ToDouble(txtOp1.Text);
        double b = Convert.ToDouble(txtOp2.Text);
        Maxer m = new Maxer();
        lblShow.Text = "最大值:" + m.Max(a, b);
```

```
    }
    private void bntThreeInt_Click(object sender, EventArgs e)
    {
        int a = Convert.ToInt32(txtOp1.Text);
        int b = Convert.ToInt32(txtOp2.Text);
        int c = Convert.ToInt32(txtOp3.Text);
        Maxer m = new Maxer();
        lblShow.Text = "最大值:" + m.Max(a, b,c);
    }
}
class Maxer
{
    public int Max(int a, int b)            //求两个整数的最大值
    { return a > b ? a : b; }
    public double Max(double a, double b)   //求两个双精度浮点数的最大值
    {return a > b ? a : b; }
    public int Max(int a, int b, int c)     //求三个整数的最大值
    {
        int max = a;
        if (max < b) max = b;
        if (max < c) max = c;
        return max;
    }
}
```

由于使用了方法重载,所以程序会根据调用时传递的实参类型而自动选择相应的方法来实现求最大值。当程序在运行时输入如图 4-18 所示数据,单击"三个整数"按钮将调用方法 int Max(int a, int b, int c),最大值是 16,而单击"两个整数"按钮将调用方法 int Max(int a, int b),可求出最大值是 9。

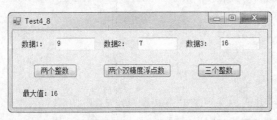

图 4-18　运行效果

4.5.2　构造函数的重载

构造函数重载与方法一样可以重载。在一个类中,可以定义多个构造函数,以提供不同的初始化方法,满足创建对象时的不同需要。例如,在创建一个 Book 对象时,只想指定 title 的值,而 price 默认为 10,可以声明以下构造函数。

```
public Book(string title)
{
    this.title = title;
    this.price =10;
}
```

该构造函数和 public Book(string title, int price)构造函数相比,参数的个数不同,是一个合法的构造函数。此时,可以使用一个实参来构造对象,相关实例如下。

```
Book book = new Book ("数据结构");
```

由于 public Book（string title）和 public Book（string title, int price）两个构造函数的功能相似，所以可以使用 this 关键字从一个构造函数中调用另一个构造函数。相关实例如下。

```
public Book(string title) : this(title, 10) { }
```

此时，执行"Book book = new Book（"数据结构"）;"时，将"数据结构"和"10"作为实参，调用 public Book（string title, int price）构造函数，完成对象的实例化。

【实例 4-9】利用构造函数重载实现不同对象的实例化。

（1）首先在 Windows 窗体中添加 3 个 Label 控件、两个 TextBox 控件和 1 个 Button 控件，并根据表 4-8 设置相应属性项。

表 4-8   需要修改的属性项

控件	属性	属性设置	控件	属性	属性设置
Label1	Text	书名：	TextBox2	Name	txtPrice
Label2	Text	价格：		Text	""
Button1	Name	btnOk	Label3	Name	lblShow
	Text	创建对象		AutoSize	false
TextBox1	Name	txtTitle		BorderStyle	Fixed3D

（2）在窗体设计区中分别双击"btnOk"按钮控件，系统自动为该按钮添加"Click"事件及对应的事件方法，然后在源代码视图中编辑如下代码。

```csharp
using System;
using System.Windows.Forms;
public partial class Test4_9 : Form
{
    private void btnOk_Click(object sender, EventArgs e)
    {
        Book book;
        if (txtPrice.Text == "")
        {
            if (txtTitle.Text == "")
            {
                lblShow.Text = "调用无参构造函数(默认构造函数):";
                book = new Book();
            }
            else
            {
                lblShow.Text = "调用有一个参数的构造函数:";
                book = new Book(txtTitle.Text);
            }
        }
        else
        {
            double price=Convert.ToDouble(txtPrice.Text);
            lblShow.Text = "调用有两个参数的构造函数:";
            book = new Book(txtTitle.Text, price);
        }
        lblShow.Text+= "\n"+book.GetMessage();
    }
}
```

```
public class Book
{
    //定义类的数据成员
    private string title;
    private double price;
    //定义类的构造方法
    public Book():this("无名",20){ }
    public Book(string title, double price)
    {
        this.title = title;
        this.price = price;
    }
    public Book(string title) : this(title, 20) { }
    public string GetMessage()          //定义类的成员方法
    {
        return string.Format("书名:{0}\n价格:{1}元。", this.title, this.price);
    }
}
```

　　类 Book 有三个重载的构造函数，分别是无参构造函数（默认构造函数）、有一个参数的构造函数、有两个参数的构造函数，其中，前两个构造函数使用了 this 关键字调用了第三个构造函数。系统根据在创建对象时传递的实参类型和个数确定调用哪一个构造函数。程序的运行效果分别如图 4-19、图 4-20 和图 4-21 所示。

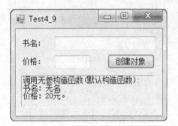
图 4-19　调用默认构造函数

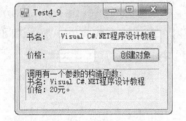
图 4-20　调用有一个参数的构造函数

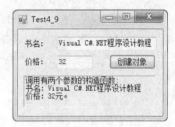
图 4-21　调用有两个参数的构造函数

　　需要注意的是，一旦声明了带参数的构造函数，系统将不再提供默认的构造函数。这样在创建对象时，必须按声明的构造函数的参数给出实际参数，否则将产生编译错误。如想要使用无参的构造函数创建对象，必须自己定义默认构造函数。如果上例中没有如下语句，则"book = new Book();"在编译时将出现错误。

```
public Book():this("无名",20){ }
```

习　　题

1. 判断题

（1）在面向对象的开发中，对象就是对现实世界中事物的抽象。

（2）计算机编程中主要有两种抽象形式：过程抽象和数据抽象，其中，面向对象的编程主要采用过程抽象的方法。

（3）面向对象将数据和对数据的操作作为一个相互依赖、不可分割的整体，采用了数据抽象和信息隐蔽技术。

（4）类和对象的区别就是：类是对象的实例，而对象则是类的抽象。

（5）属性就是实体特征的抽象，比如，对象猫可以有重量，身长等属性。

2. 单项选择题

（1）封装是指使用的数据类型将数据和基于数据的（　　）包装在一起，封装的主要目的就是达到接口和（　　）的分离？

    A. 操作，实现   B. 接口，实现

    C. 操作，数据   D. 接口，操作

（2）场景"司令员发号，高个子男人拿起枪射击"经过合理的抽象后，类是（　　），事件是（　　），属性是（　　），方法是（　　）。

    A. 个子、发号、射击、人   B. 人、发号、个子、射击

    C. 射击、人、发号、个子   D. 发号、射击、人、个子

（3）C# 中 TestClass 为一自定义类，其中有以下属性定义。

```
public void Property{…}
```

使用以下语句创建了该类的对象，并使变量 obj 引用该对象。

```
TestClass obj=new TestClass();
```

那么，可通过什么方式访问类 TestClass 的 Property 属性？（　　）

    A. MyClass.Progerty;   B. obj:: Property;

    C. obj. Property;   D. obj. Property();

（4）在 C# 的类结构中，class 关键字前面的关键字是表示访问级别，下面哪个关键字的访问级别是表示只有在同一个程序集内，内部类型或成员才是可访问的？（　　）

    A. public   B. private   C. internal   D. protected

（5）分析下列程序。

```
public class class4
{
    private string _sData = "";
    public string sData{set{_sData = value;}}
}
```

在 Main 函数中，在成功创建该类的对象 obj 后，下列哪个语句是合法的？（　　）

    A. obj.sData = "It is funny!";   B. Console.WriteLine（obj.sData）;

    C. obj._sData = 100;   D. obj.set（obj.sData）;

（6）以下类 MyClass 的属性 count 属于（　　）属性。

```
class MyClass{
    int i;
    int count{ get{ return i; }}
}
```

    A. 只读   B. 只写   C. 可读写   D. 不可读不可写

（7）关于重载，以下叙述错误的是（　　）。

    A. 重载是指在类的内部存在若干个方法名称一致但是参数列表不同的方法

    B. 重载是指创建多个名称相同的方法，其中每个方法都在某些方面具有唯一性，以便编译器能够正确区别它们

    C. 重载构造函数的方式与重载方法的方式相同

D. 方法的重载允许两个方法的名称和参数列表相同，而返回类型不同

（8）下面有关 C#中方法的参数描述正确的是（　　　）。

    A. 利用值类型参数调用方法时，对形参的修改会反映到实参上去

    B. 输出型参数（out）的实参在传递给形参前，不需要明确赋值

    C. 引用型参数（ref）不另外开辟新的内存区域。这一点是它与输出型参数（out）的不同之处

    D. 使用 params 做数组参数的关键字时，params 数组可以不是最后一个参数

（9）C#中 MyClass 为一自定义类，其中有以下方法定义。

```
public void Hello(){... }
```

使用以下语句创建了该类的对象，并使变量 obj 引用该对象。

```
MyClass obj = new MyClass();
```

那么，可如何访问类 MyClass 的 Hello 方法？（　　　）

    A. obj.Hello();   B. obj::Hello();

    C. MyClass.Hello();   D. MyClass::Hello();

（10）分析下列代码段。

```
class test{
    private int z;
    private int returnInt()
    {return z;}
}
```

上述代码运行后变量返回的结果是什么？（　　　）

    A. 0   B. NULL   C. Undefined   D. 无法编译通过

（11）下面关于 C#中类的构造函数描述正确的是（　　　）。

    A. 为了增强类的封装性，构造函数一般被声明成 private 型

    B. 构造函数如同方法一样，需要调用才能执行其功能

    C. 与方法不同的是，构造函数只有 void 这一种返回类型

    D. 在类中可以重载构造函数，C#会根据参数匹配原则来选择执行合适的构造函数

（12）下列关于构造函数的描述中，哪个选项是正确的？（　　　）

    A. 构造函数必须与类名相同   B. 构造函数不可以用 private 修饰

    C. 构造函数不能带参数   D. 构造函数可以声明返回类型

3. 多项选择题

（1）对场景"猫大叫，老鼠逃跑，主人惊醒"进行合理的抽象后，以下哪些选项可以定义为对象？（　　　）

    A. 大叫   B. 老鼠   C. 主人   D. 猫

（2）下面哪几项是面向对象程序设计的重要特征？（　　　）

    A. 封装   B. 抽象   C. 继承   D. 多态

（3）下列关于访问级别关键字的描述中，哪些选项是正确的?（　　　）

    A. public 是最高访问级别，对所有类都可见

    B. private 仅仅在声明他们的类中可以访问

    C. internal 表示在同一解决方案内可访问

    D. protected 受保护成员仅在它的类中可访问，派生类中不可访问。

（4）下列关于"方法重载"的描述中，哪些选项是正确的？（　　　）

    A. 方法重载即"同样的方法名但传递的参数不同"

    B. 方法 ConsoleW（int_value）是方法 ConsoleW（string_value）的重载

    C. 构造函数不可以重载

    D. 方法重载可以扩充现有类的功能

（5）下列关于构造函数的描述中，哪些选项是正确的？（　　　）

    A. 类中可以不定义任何构造函数　　　　B. 构造函数无法重载

    C. 构造函数中不能使用 return 关键字　　D. 构造函数的名字必须与类名相同

实验 4

一、实验目的

（1）理解面向对象的概念，掌握 C#的定义类和创建对象的方法。

（2）区分类的不同数据成员，包括常量、字段和属性的定义方法，并学会控制其可访问性。

（3）掌握类的方法成员的声明与调用，理解各种参数在方法中的意义及使用。

（4）理解构造函数和析构函数的作用机制。

二、实验要求

（1）熟悉 VS2017 的基本操作方法。

（2）认真阅读本章相关内容，尤其是案例。

（3）实验前进行程序设计，完成源程序的编写任务。

（4）反复操作，直到不需要参考教材、能熟练操作为止。

三、实验步骤

（1）设计一个简单的 Windows 应用程序，输入联系人的姓名、电话和 Email，单击"添加"按钮，显示该联系人的相应信息，如图 4-22 所示。

要求定义一个 AddressBook 类，包括以下内容。

① 3 个私有字段表示姓名、电话和 Email。

② 一个构造函数通过传入的参数对联系人信息初始化。

③ 一个只读属性对姓名读取。

图 4-22　运行效果

④ 两个可读写属性对电话和 Email 进行读写，当用户没有输入电话或 Email 时，读出的值为"未输入"。

⑤ 一个方法对该联系人的相应信息进行显示。

核心代码如下。

```
class AddressBook
{
    private string name;
    private string phone;
```

```
    private string email;
    public AddressBook(string name, string phone, string email)
    {
        this.name = name;
        this.phone = phone;
        this.email = email;
    }
    public string Name
    {
        get { return name; }
    }
    public string Phone
    {
        get
        {
            if (phone == null) return "未输入";
            else return phone;
        }
        set
        {
            phone =value;
        }
    }
……//对 email 的读写操作省略
    public string GetMessage()
    {
        return string.Format("姓名:{0}\n 电话:{1}\nEmail:{2}", Name, Phone, Email);
    }
}
```

（2）自定义一个时间类。该类包含小时、分、秒字段与属性，具有将秒增加 1 秒的方法，如图 4-23 所示。

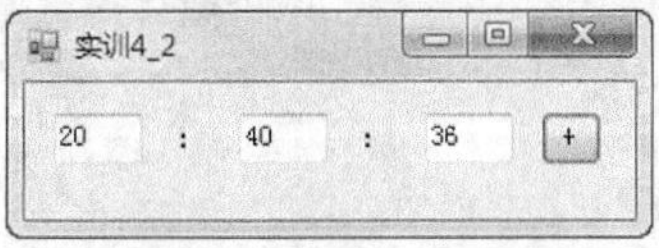

要求定义一个 Time 类，包括以下内容。

① 3 个私有字段，表示时、分、秒。

② 两个构造函数，一个通过传入的参数对时间初始化，另一个获取系统当前的时间。

图 4-23　运行效果

③ 3 个只读属性对时、分、秒的读取。

④ 一个方法用于对秒增加 1 秒（注意 60 进位的问题）。

核心代码如下。

```
class Time
{
    ……
    public Time()
    {
        hour = System.DateTime.Now.Hour;        //获取系统当前的小时
        minute = System.DateTime.Now.Minute;    //获取系统当前的分钟
        second = System.DateTime.Now.Second;    //获取系统当前的秒
    }
    public Time(int h, int m, int s)
    {
        hour = h; minute = m; second = s;
```

```
    }
    ......
    public void AddSecond()
    {
        second++;
        if (second >= 60){
            second = second % 60;
            minute++;
        }
        if (minute >= 60) {
            minute = minute % 60;
            hour++;
        }
    }
}
```

（3）设计一个 Windows 应用程序，模拟一个简单的银行账户管理系统。完成"创建账户""取款""存款"和"查询余额"的模拟操作。程序功能如下。

① 当单击"创建账户"按钮时，显示如图 4-24 所示信息，其中，卡号为随机生成的一个在 100 000～499 999 的一个值，余额初始化为 100 元。

② 在"取款"文本框中输入取款金额后，单击"取款"按钮，显示如图 4-25 所示的信息。如果没有创建账户或没有输入取款金额而单击"取款"按钮或余额不足时，需要给出适当提示。

③ 在"存款"文本框中输入存款金额后，单击"存款"按钮，显示如图 4-26 所示的信息，如果没有创建账户或没有输入存款金额而单击"存款"按钮时，需要给出适当提示。

④ 当单击"查询余额"按钮时，显示如图 4-27 所示的信息。

图 4-24　"创建账户"运行效果

图 4-25 "取款"运行效果

图 4-26　"存款"运行效果

图 4-27 "查询余额"运行效果

"账户类"的核心代码如下。

```
//创建一个账户类,设计其成员变量、属性和方法
public class Account
{
    private int creditNo;
    private decimal balance;
    public Account()
    {
```

```
        Random r = new Random();
        creditNo = r.Next(100000, 500000);//产生一个 100000 到 500000 的随机数
        balance = 100;
    }
    public decimal Balance
    {
        get {  return this.balance; }
    }
    public int CreditNo
    {
        get{ return this.creditNo; }
    }
    public bool WithDraw(decimal money, out string message)
    {
        if (money < 0)
        {
            message = "操作失败!\n 输入金额不正确!";
            return false;
        }
        else if (balance >= money)
        {
            balance -= money;
            message = "操作成功!\n 取款" + money + "元";
            return true;
        }
        else
        {
            message = "操作失败!\n 余额不足!";
            return false;
        }
    }
}
    ……//存款操作省略
}
```

"窗体程序设计"的核心代码如下。

```
public partial class Exp4_3 : Form
{
    Account account;//定义一个账户类对象
    private void btnCrtSavingAc_Click(object sender, EventArgs e)
    {
        account = new Account();//实例化储蓄卡用户账户
    string message = String.Format("创建户账户成功,用户卡号为:{0}", account.CreditNo);
        lblShow.Text = "\n" + message + "\n";
    }
    private void btnWithDraw_Click(object sender, EventArgs e)//取款
    {
        string message;
        if (account == null)
            message = "请先创建账户!";
        else if (txtWithDraw.Text == "")
            message = "请输入取款金额!";
        else
        {
            decimal money = decimal.Parse(txtWithDraw.Text);
```

```
                account.WithDraw(money, out message);
            }
            lblShow.Text = "\n" + message + "\n";
        }
        ……//存款操作和显示余额操作省略
    }
```

四、实验总结

写出实验报告（报告内容包括实验内容、任务分析、算法设计、源程序、实验体会等），并记录实验过程中的疑难点。

第5章
面向对象的高级程序设计

总体要求

- 掌握静态类与静态类成员的定义与使用。
- 理解类的继承性与多态性，掌握其应用方法。
- 理解抽象类、接口的概念，掌握它们的定义及使用方法。
- 理解嵌套类、分部类和命名空间的概念，掌握它们的使用方法。

学习重点

- 静态成员与静态类。
- 类的继承性与多态性。
- 抽象类与接口定义与使用。

5.1　静态成员与静态类

前面提到的每个对象都分别有自己的数据成员。不同对象的数据成员的值彼此互不相干。本节将介绍对象的静态成员与静态类。

5.1.1　静态成员

静态成员通过 static 关键字来标识，可以是静态方法、字段、属性或事件。

静态成员与非静态成员的不同在于：静态成员属于类，而不属于类的实例，因此需要通过类而不是通过类的实例来访问；而非静态成员则总是与特定的实例（对象）相联系。

在实际应用中，当类的成员所引用或操作的信息是属于类而不属于类的实例时，就应该设置为静态成员。例如，统计同类对象的数量，就可使用静态字段和静态方法来实现。

【实例 5-1】利用静态成员统计图书数量。

（1）在 Windows 窗体中添加 4 个 Label 控件、两个 TextBox 控件、1 个 ComboBox 和两个 Button 控件，并根据表 5-1 设置相应属性项。

（2）单击"cbbType"的属性"Items"旁边的按钮，在弹出的"字符串集合编辑器"中输入"计算机"和"小说"两行文字。有关 ComboBox 的详细使用请参见本书 Windows 窗体程序设计一章。

表 5-1 需要修改的属性项

控件	属性	属性设置	控件	属性	属性设置
Label1	Text	书名：	TextBox1	Name	txtTitle
Label2	Text	类别：	TextBox2	Name	txtPrice.Text
Label3	Text	价格：	ComboBox1	Name	cbbType
Label4	Text	""	Button1	Name	btnAdd
	Name	lblShow		Text	添加
	AutoSize	false	Button2	Name	bntCount
	BorderStyle	Fixed3D		Text	统计

（3）在窗体设计区中分别双击"btnAdd"和"bntCount"按钮控件，系统自动为这两个按钮添加"Click"事件及对应的事件方法。在源代码视图中编辑如下代码。

```csharp
using System;
using System.Windows.Forms;
public partial class Test5_1 : Form
{
    Books[] bs = new Books[5]; //创建 Books 型的数组对象,用来记录 5 本图书的信息
    private void btnAdd_Click(object sender, EventArgs e)
    {
        //cbbType.SelectedIndex 表示组合框中选择的项的索引,第一项的索引为 0
        Type type = cbbType.SelectedIndex==0?Type.Computer:Type.Novel;
        double price = Convert.ToDouble(txtPrice.Text);
        //用 Books.count 获到当前的图书数目,以此做为索引号,并创建一个新的 Books 对象
        bs[Books.count] = new Books(txtTitle.Text, type, price);
        Books.count++;       //图书数量增加一个
        lblShow.Text = string.Format("添加成功:{0}本书", Books.count);
    }
    private void btnCount_Click(object sender, EventArgs e)
    {
        lblShow.Text = string.Format("\n 计算机类图书总数:{0}", Books.NumberComputers());
        lblShow.Text += string.Format("\n 小说类图书总数:{0}", Books.NumberNovels);
        lblShow.Text += string.Format("\n 图书名单如下:\n");
        foreach (Books b in bs)
        {
            if(b!=null) lblShow.Text += string.Format("{0}  ", b.title);
        }
    }
}
public enum Type { Computer, Novel };
public class Books
{
    //私有静态字段,分别统计计算机类和小说类的书目数量
    private static int computer, novel;
    public static int count; //公共静态字段,统计总图书数量
    //公共字段,描述书目信息
    public string title;
    public Type type;
```

```
public double price;
//构造函数,用来初始化对象
public Books(string title, Type type, double price)
{
    this.title = title;  this.type = type;  this.price = price;
    if (type == Type.Computer) computer++;
    if (type == Type.Novel) novel++;
}
//静态方法,返回计算机类图书数量
public static int NumberComputers()
{
    return computer;
}
//静态方法属性,返回小说类图书数量
public static int NumberNovels
{
    get { return novel; }
}
}
```

本例中，类 Books 包含了两个私有静态字段 computer 和 novel、1 个公共静态方法 NumberComputers 和 1 个公共静态属性 NumberNovels。它们分别用来记录或返回计算机类和小说类的图书数量。另外，还有一个公共静态字段 count 用来统计图书总数。

运行程序时，首先依次输入以下数据：("Visual C#.NET 程序设计教程", "计算机", 32)("数据结构", "计算机", 28)("三国演义", "小说", 36)("红楼梦", "小说", 49)("C 程序设计", "计算机", 29)。注意，每输入一组数据后需要单击"添加"按钮。然后单击"统计"按钮，程序的运行效果如图 5-1 所示。

在使用静态成员时，要注意以下几点。

（1）静态成员属于类，只能通过类名引用，而不能通过对象名引用，如 Books.count。因此，C# 中表示当前实例的关键字 this 不能在静态方法中使用。

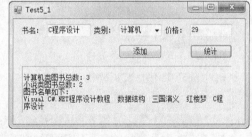

图 5-1 静态成员运行效果

（2）静态数据成员在所有对象之外单独开辟空间，只要在类中定义了静态数据成员，即使不定义对象，也可以被引用。如果在实例 5_1 中，不添加对象，则直接单击"统计"按钮后，将显示"计算机类图书总数：0 及"小说类图书总数：0"。

（3）我们把非静态方法也叫实例方法。在实例方法中，可以直接访问实例成员和实例方法，也可以直接访问静态成员和静态方法。但在静态方法中，只能访问静态成员，不可以直接访问实例成员，也不能直接调用实例方法。

5.1.2 静态构造函数

类的构造函数也可以是静态的。静态构造函数不是为了创建对象而设计的，而是用来初始化类，只有非静态的构造函数才用来创建对象（用于创建对象的构造函数称为实例构造函数）。由于静态构造函数并不对类的特定实例进行操作，所以也称为全局或共享构造函数。

在 C#应用程序中，不能直接调用静态构造函数。静态构造函数在类的第一个实例创建之前或者调用类的任何静态方法之前执行，而且最多执行一次。因此，静态构造函数适合于对类的静态数据成员进行初始化。

静态构造函数可以与实例构造函数共存，其一般形式如下。

```
static 静态构造函数名()
{
    //语句;
}
```

其中，静态构造函数名与类名相同，声明静态构造函数时不能带访问修饰符（如 public），并且不能有任何参数列表和返回值。

例如，我们可以在实例 5-1 的基础上增加如下静态构造函数。

```
//静态构造函数,用来初始化静态成员
static Books()
{
    computer= 3;
    novel = 2;
}
```

这样，在计算机类和文学类的图书数量初始时就为 3 本和 2 本，再按上例中的数据输入后，计算机类图书增加 3 本，共 6 本，而文学类图书增加两本，共 4 本。

5.1.3 静态类

静态类使用 static 关键字来声明，以指示它仅包含静态成员，不能使用 new 关键字创建静态类的实例。在实际应用中，当类中的成员不与特定对象关联的时候，就可以把它创建为静态类。

静态类有以下特点。
（1）静态类仅包含静态成员。
（2）静态类不能被实例化。
（3）静态类是密封的。
（4）静态类不能包含实例构造函数。

由于静态类是密封的，所以不能被继承。静态类不能包含实例构造函数，但仍可声明静态构造函数，以分配初始值或设置某个静态状态。有关密封和继承的介绍，请继续阅读后文。

静态类的优点如下。
（1）编译器能够自动执行检查，以确保不添加实例成员。
（2）静态类能够使程序的实现更简单、迅速，因为不必创建对象就能调用其方法。

5.2 类的继承性与多态性

类的继承性是指在进行类定义时不需要重新定义类就可以包含另一个类定义的数据成员、属性、方法等。也就是说，C#允许创建一个通用类，然后从通用类派生出更多的特殊类。通用类称为基类或父类，特殊类称为派生类或子类，派生类继承基类的属性和方法。本节将详细介绍类的继承性和多态性的相关内容。

5.2.1　类的继承性

当一个类是从另一个类派生出来时，该类就具有了基类中的所有成员。这样，在基类中已书写的代码，就不需要在派生类定义中重写，在定义派生类时，只需对添加的成员进行定义即可。可见，继承性使已有的程序设计具有了可扩展性，既提高了代码的重用性，又提高了程序设计的效率。类的继承性为面向对象程序设计构建一个分层类结构体系创造了条件，而.NET 框架类库就是一个庞大的分层类结构体系。Object 类是一个最上层的基类，其他所有类都是由 Object 类继承而来。即使用户自定义的类没有指定继承关系，系统仍然将该类作为 Object 类的派生类。

在 C#中，类的继承遵循以下原则。

（1）派生类只能从一个类中继承，即单继承。

（2）派生类自然继承基类的成员，但不能继承基类的构造函数。

（3）类的继承可以传递，例如，假设类 C 继承于类 B，类 B 又继承于类 A，那么 C 类即具有类 B 和类 A 的成员，可以认为类 A 是类 C 的祖先类。

1. 派生类的声明

在 C#中，派生类可以拥有自己的成员，也可以隐式地从它的基类继承所有成员，包括方法、字段、属性和事件，但私有成员、构造函数和析构函数等除外。另外，派生类只能从一个类中继承，即单继承。

C#中声明派生类的一般形式如下。

```
[访问修饰符] class 类名[:基类名]
{
    类的成员;
}
```

具体实例如下。

```
public class Student                    //这是一个基类
{
    protected string name;              //基类的数据成员
    protected int age;
    public  string Study()              //基类的方法
    {
        return string.Format("Student({0}):我今年{0}岁,我正在学习!", name,age);
    }
}
public class Undergraduate : Student    //这是一个派生类
{
    private string subject;             //派生类数据成员
    public string GetMessage()          //派生类方法
    {
     return string.Format("Undergraduate({0}):我今年{1}岁,我的专业是{2}!", name, age,
subject);
    }
}
```

其中，Undergraduate 类继承了 Student 类的所有成员，包括字段成员（name 和 age）、方法成员（Study），同时 Undergraduate 类也扩展了 Student 类，具有 Student 类没有的字段成员（type）和方法成员（GetMessage）。

基类在定义数据成员 name 和 age 时，使用了访问修饰符 protected，而如果使用 private 修饰符，则只能由所属类的成员才能访问，无法在派生中被访问。使用 public 修饰符虽然可以在派生中被访问，但同时也能在类外被访问。而由 protected 声明的成员，可以由所属类或派生自所属类的成员访问，所以通常用 protected 修饰符限定基类成员。这样既保证了类的成员不能在外部被直接访问，又允许其派生类成员访问。

2. 构造函数的调用

在 C#中，派生类不能继承其基类的构造函数，但是，在创建对象时，会调用构造函数，并为对象分配内存并初始化对象的数据。创建派生类对象时，为完成其基类部分的成员初始化，会调用基类的构造函数。调用构造函数的顺序是先调用基类构造函数，再调用派生类的构造函数，以完成数据成员分配内存空间并进行初始化的工作。

类的继承可以传递。例如，假设类 C 继承于类 B，类 B 又继承于类 A，那么 C 类就有了类 B 和类 A 的成员，可以认为类 A 是类 C 的祖先类。在这种情况下，构造函数的调用次序按由高到低顺序依次调用，即先调用 A 的构造函数，再调用 B 的构造函数。最后调用 C 的构造函数。

【实例 5-2】派生类的构造函数调用情况演示。

（1）首先在 Windows 窗体中添加 1 个 Label 控件、1 个 Button 控件，并根据表 5-2 设置相应属性项。

表 5-2   需要修改的属性项

控件	属性	属性设置	控件	属性	属性设置
Label1	Name	lblShow	Button1	Name	BtnCreate
	AutoSize	false		Text	创建对象并调用方法
	BorderStyle	Fixed3D			

（2）在窗体设计区中双击"btnCreate"按钮控件，系统自动为两个按钮分别添加"Click"事件及对应的事件方法，然后，读者可在源代码视图中编辑如下代码。

```
using System;
using System.Windows.Forms;
public partial class Test5_2 : Form
{
    private void btnCreate_Click(object sender, EventArgs e)
    {
        Undergraduate u = new Undergraduate();
        lblShow.Text = u.GetMessage();
        lblShow.Text += "\n\n" + u.Study();
    }
}
public class Student                //这是一个基类
{
    protected string name;          //基类的数据成员
    protected int age;
    public Student()                //基类的构造函数
    {
        this.name = "无名";
        this.age = 0;
    }
    public string Study()           //基类的方法
```

```
    {
        return string.Format("Student({0}):我今年{1}岁,我正在学习!", name, age);
    }
}
public class Undergraduate : Student        //这是一个派生类
{
    private string subject;                 //派生类数据成员
    public Undergraduate()                  //派生类的构造函数
    {
        subject = "未知";
    }
    public string GetMessage()              //派生类方法
    {
     return string.Format("Undergraduate({0}):我今年{1}岁,我的专业是{2}!", name, age, subject);
    }
}
```

　　单击"创建对象并调用方法"按钮后，Undergraduate 对象 u 将实例化。这将先调用基类的构造函数，将 name 赋值为"无名"，age 赋值为"0"，然后再调用派生类的构造函数，将 subject 赋值为"未知"，运行效果如图 5-2 所示。这里可以看出，Undergraduate 类的对象 u 除了拥有自己类的方法 GetMessage() 外，还拥有其基类的方法 Study()。

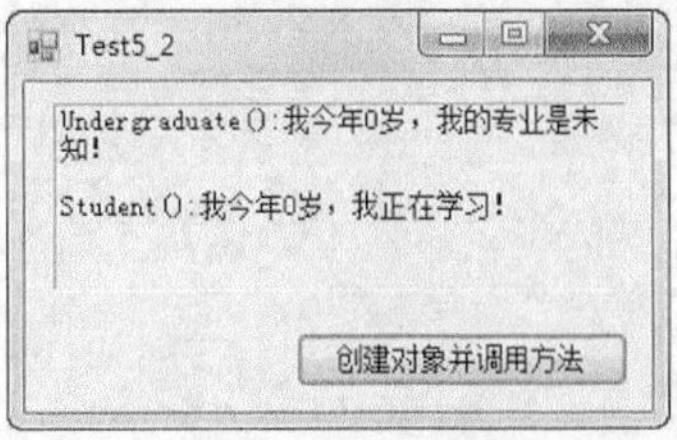

图 5-2　运行效果

　　而如果把基类的构造函数 public Student() 改为如下形式，则编译时会出现"Student 不包含采用 0 个参数的构造函数"的错误。

```
public Student(string name, int age)
{
    this.name = name;
    this.age = age;
}
```

　　上述形式错误的原因是：当创建派生类对象时，系统默认调用基类的默认构造函数（即无参构造函数），而当基类没有默认构造函数或想调用基类的带参的构造函数时，需要使用 base 关键字，其格式如下。

```
public 派生类构造函数名(形参列表):base(向基类构造函数传递的形参列表){}
```

　　【实例 5-3】调用基类带参数的构造函数演示。

　　（1）首先在 Windows 窗体中添加 3 个 Label 控件、3 个 TextBox 控件和 1 个 Button 控件，并根据表 5-3 设置相应属性项。

表 5-3　　　　　　　　　　　　　　需要修改的属性项

控件	属性	属性设置	控件	属性	属性设置
Label1	Text	姓名：	Label3	Text	专业：
Label2	Text	年龄：	TextBox1	Name	txtName
Label4	Text	""	TextBox2	Name	txtAge
	Name	lblShow	TextBox3	Name	txtSubject
	AutoSize	false	Button1	Name	btnCreate
	BorderStyle	Fixed3D		Text	创建对象并调用方法

107

（2）在窗体设计区中双击"btnCreate"按钮控件，系统自动为该按钮添加"Click"事件及对应的事件方法。然后，在源代码视图中编辑如下代码。

```csharp
using System;
using System.Windows.Forms;
public partial class Test5_3 : Form
{
    private void btnCreate_Click(object sender, EventArgs e)
    {
        Undergraduate u;
        if (txtName.Text == "")  u = new Undergraduate();
        else
        {
            int age = Convert.ToInt32(txtAge.Text);
            u = new Undergraduate(txtName.Text, age, txtSubject.Text);
        }
        lblShow.Text = u.GetMessage();
        lblShow.Text += "\n\n" + u.Study();
    }
}
public class Student                        //这是一个基类
{
    protected string name;                  //基类的数据成员
    protected int age;
    public Student(string name, int age)    //基类带参构造函数
    {
        this.name = name;
        this.age = age;
    }
    public string Study()                   //基类的方法
    {
        return string.Format("Student({0}):我今年{1}岁,我正在学习!", name, age);
    }
}
public class Undergraduate : Student        //这是一个派生类
{
    private string subject;                 //派生类数据成员
    public Undergraduate(): base("无名", 0)  //派生类的默认构造函数
    {
        subject = "未知";
    }
    //派生类的带参构造函数
    public Undergraduate(string name, int age, string subject):base(name, age)
    {
        this.subject = subject;
    }
    public string GetMessage()              //派生类方法
    {
        return string.Format("Undergraduate({0}):我今年{1}岁,我的专业是{2}!", name, age,
subject);
    }
}
```

在这里，派生类 Undergraduate 的构造函数就是通过使用 base 关键字来调用基类 Student 的构造函数，并通过基类的构造函数对继承的字段进行初始化，而派生类的构造函数只负责对自己扩展的字段进行初始化。运行效果如图 5-3 所示。

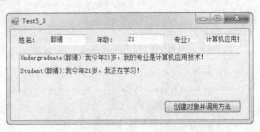

图 5-3　调用基类带参构造函数运行效果

3. 密封类

为了阻止一个类的代码被其他类继承，可以使用密封类。因为在.NET 中，加载密封类时将对密封类的方法调用进行优化，所以使用密封类可以提高应用程序的可靠性和性能。另外，软件开发者通过使用密封类还可以把自己的知识产权保护起来，避免被他人盗用。

在 C#中，添加关键字 sealed 可以声明密封类。

例如，在实例 5-2 中，如果在声明 Student 类时添加关键字 sealed，则 Undergraduate 类就无法继承 Student 类，其所有代码都需要重写。

```
public sealed class Student              //这是一个密封类
{
    ...
}
```

5.2.2　类的多态性

多态性是面向对象程序设计的一个重要特征。多态的意思是一种事物有多种形态。当我们向一个打印机（基类）发送一个打印信号时，我们也许并不知道这个打印机是黑白打印机（子类）还是彩色打印机（子类），但无论是什么打印机，都会正确打印，只不过黑白打印机打印的内容是黑白的，而彩色打印机打印的内容是彩色的。这种不同对象对同一方法执行的结果不一样的现象就是多态的体现。

当派生类从基类继承时，它会获得基类的所有方法、字段、属性和事件。派生类允许扩展基类的成员，也可以重写基类的方法成员，以更改基类的数据和行为。为了使用派生类能更改基类的数据和行为，C#提供了两种选择：一是使用新的派生成员替换基成员，二是重写虚拟的基成员。

1. 使用 new 关键字重新定义类的成员

使用 new 关键字来定义与基类中同名的成员，即可替换基类的成员。如果基类定义了一个方法、字段或属性，则 new 关键字用于在派生类中创建该方法、字段或属性的新定义。new 关键字应放置在要替换的类成员的数据类型之前。相关实例代码如下。

```
public class Student                     //这是一个基类
{
    public string name;                  //基类的数据成员
    protected int age;
    public string Study()                //基类的方法
    {
        return string.Format("Student({0}):我正在学习!", name);
    }
}
public class Undergraduate : Student      //这是一个派生类
{
    public new string Study()            //派生类覆盖基类方法
```

```
        {
            return string.Format("Undergraduate({0}):我正在学习专业知识!", name);
        }
    }
```

其中，派生类 Undergraduate 的方法 Study 替换了基类 Student 的方法 Study。

如果执行以下语句，则调用的是新的类成员方法，而不是基类成员方法。

```
Undergraduate u = new Undergraduate ();
u.name = "郭靖";
lblShow.Text =u. Study ();
```

执行上述语句后的最终输出为以下字符串。

```
Undergraduate(郭靖):我正在学习专业知识!
```

这种在基类中被替换的成员称为隐藏成员。如果将派生类的实例强制转换为基类的实例，则仍然可以调用隐藏成员。具体实例如下。

```
Undergraduate u = new Undergraduate ();
u.name = "郭靖";
lblShow.Text = ((Student)u). Study ();
```

上述代码中，派生类 Undergraduate 的对象 u 首先被强制转换为基类 Student 对象，然后再调用方法 Study，显然调用的是基类的方法。因此，最终会输出以下字符串。

```
Student(郭靖):我正在学习!
```

需要说明的时，这种使用 new 关键字在派生类中声明与基类同名方法的方法，并不是继承的多态性。从上例可以看出，程序并不能正确区别对象的类型（是基类还是派生类）。u 是一个 Undergraduate 对象，但调用的却是基类的方法。原因是基类中的同名方法没有声明为虚方法。

2. 用 virtual 和 override 关键字定义类成员

要实现继承的多态性，在类定义时，首先在基类中用 virtual 关键字标识虚拟成员，然后在派生类中用 override 关键将基类的虚拟成员覆盖掉。

基类中的声明格式如下。

```
public virtual 方法名称([参数列表]){ }
```

派生类的声明格式如下。

```
public override 方法名称([参数列表]){ }
```

其中，基类与派生类中的方法名称与参数列表必须完全一致。

【实例 5-4】虚方法演示。

（1）在 Windows 窗体中添加 4 个 Label 控件、3 个 TextBox 控件和两个 Button 控件，并根据表 5-4 设置相应属性项。

表 5-4　　　　　　　　　　　　　　需要修改的属性项

控件	属性	属性设置	控件	属性	属性设置
Label1	Text	姓名：	TextBox1	Name	txtName
Label2	Text	年龄：	TextBox2	Name	txtAge
Label3	Text	品种：	TextBox3	Name	txtSubject
Label4	Text	""	Button1	Name	btnCtBase
	Name	lblShow		Text	创建基类对象并调用方法
	AutoSize	false	Button2	Name	btnCtChild_
	BorderStyle	Fixed3D		Text	创建子类对象并调用方法

（2）在窗体设计区中分别双击"btnCtBase"和"btnCtChild"按钮控件，系统自动为两个按钮添加"Click"事件及对应的事件方法，然后在源代码视图中编辑如下代码。

```
using System;
using System.Windows.Forms;
public partial class Test5_4 : Form
{
    private void btnCtBase_Click(object sender, EventArgs e)
    {
        int age = Convert.ToInt32(txtAge.Text);
        Student s = new Student(txtName.Text, age);
        StudentStudy(s);
    }
    private void btnCtChild_Click(object sender, EventArgs e)
    {
        int age = Convert.ToInt32(txtAge.Text);
        Undergraduate d = new Undergraduate(txtName.Text, age, txtSubject.Text);
        StudentStudy(d);
    }
    private void StudentStudy(Student stu)
    {
        lblShow.Text = stu.Study();
    }
}
public class Student                        //这是一个基类
{
    protected string name;                  //基类的数据成员
    protected int age;
    public Student(string name, int age)    //基类带参构造函数
    {
        this.name = name;
        this.age = age;
    }
    public virtual string Study()           //基类的方法
    {
        return string.Format("Student({0}):我今年{1}岁,我正在学习!", name, age);
    }
}
public class Undergraduate : Student        //这是一个派生类
{
    private string subject;                 //派生类数据成员
    //派生类的带参构造函数
    public Undergraduate(string name, int age, string subject) : base(name, age)
    {
        this.subject = subject;
    }
    public override string Study()          //派生类重载基类方法
    {
        return string.Format("Undergraduate({0}):我今年{1}岁,我正在学习{2}专业!",
                    name, age, subject);
    }
}
```

上述代码中，基类 Student 的 Study 方法就被声明为虚拟方法，而派生类 Undergraduate 的 Study 方法重载了它。在上述程序中定义了一个方法：private void StudentStudy（Student stu）。该方法以 Student 类型的对象引用作为形参。该方法在程序运行时，可以接收 Student 类型的对象作为实参，也可以接收其子类对象做为实参，并根据接收的不同对象类型调用相应类的方法，从而实现多态性。运行时，如果单击"创建基类对象并调用方法"按钮，则以基类对象作为实参，将调用基类的 Study 方法。运行效果如图 5-4 所示。

如果单击"创建子类对象并调用方法"按钮，则以子类对象做为实参，将调用子类的 Study 方法。运行效果如图 5-5 所示。

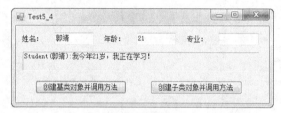
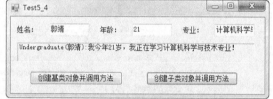

图 5-4　创建基类对象并调用方法运行效果　　图 5-5　创建子类对象并调用方法运行效果

在 C#中，基类对象可以引用派生类对象（但不允许派生类对象引用基类对象）。这样，一个基类对象名称既可以指向基类对象，也可以指向派生对象。当实现了多态性后，当基类对象执行一个基类与派生类都具有的同名方法调用时，程序可以根据对象的类型不同（基类还是派生类）进行正确的调用。

使用 virtual 和 override 时要注意以下几点。

（1）字段不能是虚拟的，只有方法、属性、事件和索引器才可以是虚拟的。

（2）使用 virtual 修饰符后，不允许再使用 static、abstract 或 override 修饰符。

（3）派生类对象即使被强制转换为基类对象，所引用的仍然是派生类的成员。

（4）派生类可以通过密封来停止虚拟继承，此时派生类的成员使用 sealed override 声明。

3. 调用基类方法

当派生类重载或覆盖基类方法后，如果想调用基类的同名方法，可以使用 base 关键字。比如，在 Undergraduate 类的 Study 方法中，希望使用基类的 Study 方法，可以使用如下方法。

```
public override void Study ()
{
    base. Study ();
}
```

5.3　抽　象　类

虽然可以通过 virtual 关键字在基类中定义虚方法，通过 override 关键字在派生类中覆盖基类的定义，从而实现多态，但有时基类的虚方法无法实现具体的功能，比如，基类几何形状的体积计算不可能有具体的方法，只有计算具体的某一几何形状体积才有具体的方法；球体子类有计算方法，圆柱体子类有计算方法，圆锥体子类有计算方法。对于这种基类不能提供实现，由其子类提供实现的方法，被定义为抽象方法。

5.3.1　抽象类及其抽象成员

1. 抽象方法

抽象方法是指在基类的定义中，不包含任何实现代码的方法，实际上就是一个不具有任何具体功能的方法。这样的方法唯一的作用就是让派生类重写。相对而言，这种包含了抽象方法的类就称为抽象类。注意，在抽象类中，也可以声明非抽象方法。

在 C#中，抽象类和抽象方法使用关键字 abstract 声明，一般形式如下。

```
public abstract class 抽象类名
{
    [访问修饰符] abstract 返回值类型 方法名([参数列表]);
}
```

例如，下面定义了一个几何体抽象类。

```
public abstract class Shape
{
    protected double radius;
    public Shape(double r){ radius = r; }        //构造函数
    public abstract double Cubage();             //声明抽象方法
}
```

声明抽象方法时，抽象方法没有方法体，只在方法声明后跟一个分号，如上例中的 Cubage 方法。而一旦一个类包含一个抽象方法，该类就必须定义成为一个抽象类，如果将上例中类定义中的 abstract 删除，则在编译时将出现 "Cubage()是抽象的，但它包含在非抽象 Shape 中"的提示。

抽象类是用来作为基类的，不能直接实例化。比如，语句 "Shape s = new Shape(5);" 在编译时将出现 "无法创建抽象类 Shape 的实例"的错误。同时，抽象类不能是密封或静态的，只能用 abstract 关键字来标识。抽象类的用途是提供多个派生类可共享的基类的公共定义。例如，类库可以定义一个作为多个函数的参数的抽象类，并要求程序员使用该类通过创建派生类来提供自己的类实现。

2. 抽象属性

抽象类中也可以有抽象属性。类的属性成员添加了 abstract 关键字后，就成了抽象属性。抽象属性不提供属性访问器的实现，它只声明该类支持的属性，而将访问器的实现留给派生类。抽象属性同样可以是只读的、只写的或可读写的属性。一般形式如下。

```
public abstract 返回值类型 属性名
{
    get;
    set;
}
```

抽象类可以包含抽象的成员，如抽象属性和抽象方法，也可以包含非抽象的成员，甚至还可以包含虚方法。需要注意的是，抽象成员必须在抽象类中声明，但抽象类不要求必须包含抽象成员。

5.3.2　重载抽象方法

抽象类中的抽象方法和抽象属性都没有提供实现，所以当定义抽象类的派生类时，派生类必须重载基类的抽象方法和抽象属性（如果派生类没有进行重载，则派生类也必须声明为抽象类，即在类定义前加上 abstract。这一点是与虚方法不同的，因为对于基类的虚方法，其派生类可以不重载。重载抽象类的方法和属性必须使用 override 关键字。重载抽象方法的格式如下。

`public override 方法名称([参数列表]){ }`

其中，方法名称和参数列表必须与抽象类中的抽象方法完全一致。

【实例 5-5】抽象方法和抽象类演示。

（1）在 Windows 窗体中添加 3 个 Label 控件、两个 TextBox 控件和 3 个 Button 控件，并根据表 5-5 设置相应属性项。

表 5-5 　　　　　　　　　　需要修改的属性项

控件	属性	属性设置	控件	属性	属性设置
Label1	Text	半径：	TextBox2	Name	txtHigh
Label2	Text	高：	Button1	Name	btnGlobe
	Text	""		Text	圆球
Label3	Name	lblShow	Button2	Name	btnCone
	AutoSize	false		Text	圆锥
	BorderStyle	Fixed3D	Button3	Name	btnCylinder_
TextBox1	Name	txtRadius		Text	圆柱

（2）在窗体设计区中分别双击"btnGlobe""btnCone"和"btnCylinder"按钮控件，系统自动为 3 个按钮分别添加"Click"事件及对应的事件方法，然后在源代码视图中编辑如下代码。

```
using System;
using System.Windows.Forms;
public partial class Test5_5 : Form
{
    private void Display(Shape s)                        //显示传入图形的体积
    {
        lblShow.Text = "体积为:" + s.Cubage();
    }
    private void btnGlobe_Click(object sender, EventArgs e)  //创建圆球对象,计算圆球体积
    {
        double r=Convert.ToDouble(txtRadius.Text);
        Globe g = new Globe(r);
        Display(g);
    }
    private void btnCone_Click(object sender, EventArgs e)   //创建圆锥对象,计算圆锥体积
    {
        double r = Convert.ToDouble(txtRadius.Text);
        double h = Convert.ToDouble(txtHigh.Text);
        Cone co = new Cone(r,h);
        Display(co);
    }
    private void btnCylinder_Click(object sender, EventArgs e)   //创建圆柱对象,计算圆
柱体积
    {
        double r = Convert.ToDouble(txtRadius.Text);
        double h = Convert.ToDouble(txtHigh.Text);
        Cylinder cy = new Cylinder(r, h);
        Display(cy);
```

```
    }
}
public abstract class Shape                      //定义抽象几何形状类
{
    protected double radius;
    public Shape(double r){ radius = r; }        //构造函数
    public abstract double Cubage();             //声明抽象方法
}
public  class Globe : Shape                      //定义派生类 Globe(圆球体)
{
    public Globe(double r) : base(r) { }         //构造函数
    public override double Cubage()              //重写抽象方法
    {
        return 3.14 * radius * radius * radius * 4.0 / 3; ;
    }
}
public class Cone : Shape                        //定义派生类 Cone(圆锥体)
{
    private double high;
    public Cone(double r, double h) : base(r) { high = h; }      //构造函数
    public override double  Cubage()             //重写抽象方法
    {
        return 3.14 * radius * radius * high/3;
    }
}
public class Cylinder : Shape                    //定义派生类 Cylinder(圆柱体)
{
    private double high;
    public Cylinder(double r, double h) : base(r) { high = h; }  //构造函数
    public override double Cubage()              //重写抽象方法
    {
        return 3.14 * radius * radius * high;
    }
}
```

其中，基类 Shape 的 Cubage 方法为抽象方法，所以 Shape 也定义为抽象类，而派生类 Globe、Cone 和 Cylinder 分别重写了 Cubage 方法。当单击"圆球""圆锥"或"圆柱"按钮时，将分别创建 Globe、Cone 或 Cylinder 对象，并将其作为实参传给 Display 方法，以显示不同几何形状的体积。图 5-6 为单击"圆锥"按钮时的运行效果。

图 5-6　单击"圆锥"按钮时的运行效果

5.4　接　　口

在现实生活中，我们常常需要一些规范和标准，这样，汽车轮胎坏了，只需更换一个同样规格的轮胎，计算机的硬盘要升级，只需买一个相同接口的硬盘即可更换，同样任何支持 USB 的设备，如移动硬盘、MP3、手机等都可以插入计算机的 USB 接口，即可进行数据传输。这些都是由于存在统一的规范和标准。在软件开发领域，能不能也制定一个规范和标准，使程序也可以互相

替换呢？通过定义接口就能实现。

在 C#中，接口（interface）是一种数据类型，属于引用类型，可以拥有方法、属性、事件和索引器。接口本身不提供它所定义的成员的实现，接口只指定实现该接口的类或结构必须提供的成员。实现某接口的类必须遵守该接口定义的协定，即必须提供接口成员的实现。

5.4.1　接口的声明

在 C#中，声明接口使用 interface 关键字，一般形式如下。

```
[访问修饰符] interface 接口名[ ：基接口列表]
{
    //接口成员
}
```

其中，访问修饰符包括 public 和 internal，默认为 public，可以省略，但注意不能使用 protected 和 private 等；接口名的命名规则与类名的命名规则相同，为了与类相区别，建议使用大写字母 I 打头。接口支持多重继续，一个接口也可以从多个基接口派生。

接口成员可以是属性、方法、索引器和事件，不能包含字段、构造函数等。接口成员默认访问修饰符是 public，不需要添加任何访问修饰符。下面的示例定义了一个 USB 的接口。该接口包含了一个 TransData 方法签名和一个获得最大传输速率的只读属性。

```
interface IUSB
{
    int MaxSpeed { get; }
    string TransData(string from, string to);
}
```

5.4.2　接口的实现

接口主要用来定义一个规则，让企业内部或行业内部的软件开发人员按标准去实现应用程序的功能。继承接口的类或结构必须实现接口中的所有成员。接口的继承与类的相似。例如，要实现上面的 IUSB 接口，可使用如下代码。

```
public class Mp3 : IUSB
{
    public int MaxSpeed
    {
        get { return 480; }
    }
    public string TransData(string from, string to)
    {
        return string.Format("数据转输:从{0}到{1}",from,to);
    }
}
```

上述代码中，Mp3 类实现了 IUSB 规定的 TransData 方法和 MaxSpeed 属性，而如果删除 TransData 方法的实现，编译时将出现 "Mp3 不实现接口成员 IUSB.TransData（string，string）" 的错误。

5.4.3　接口多重继承与实现

接口也可以继承其他接口,可以从多个接口继承,基接口名之间用逗号分隔。如下例中的 IMp3

即继承了 IUSB 和 IBluetooth 两个接口，同时也定义了一个用于播放 mp3 文件的方法。

```
interface IUSB
{
    int MaxSpeed { get; }
    string TransData(string from, string to);
}
interface IBluetooth
{
    int MaxSpeed { get; }
    string TransData(string from, string to);
}
interface IMp3: IUSB, IBluetooth
{
    string Play(string mp3);
}
```

C#不允许多重类继承，但是允许多重接口实现。这意味着一个类可以实现多个接口。如果一个手机类既支持 USB，也支持蓝牙，我们就应该同时实现 IUSB 和 IBluetooth 接口，在继承时，两个接口之间用逗号分隔，其类的头部如下所示。

```
public class Mobile : IUSB, IBluetooth
```

如果类 Mobile 是类 phone 的派生类，也可以同时继承 phone 类。但要注意，基类必须基接口的前面，相代实例代码如下。

```
public class Mobile : Phone, IUSB, IBluetooth
```

当多个接口中存在同名的成员时，为了区分是从哪个接口继承来的，C#建议显式实现接口成员，即使用接口名称和一个句点命名该成员。显式实现的成员不能带任何访问修饰符，也不能通过类的实例来引用或调用，必须通过所属的接口来引用或调用。

例如，上例中的 IUSB 和 IBluetooth 有同名的 TransData 方法和 MaxSpeed 属性，这时必须显式实现，代码如下。

```
public abstract class Phone                        //抽象基类
{
    public abstract string Call(string name);      //抽象方法
}
public class Mobile : Phone,IUSB, IBluetooth
{
    int IUSB.MaxSpeed                              //显式实现 IUSB 的 MaxSpeed 属性
    {
        get { return 480; }
    }
    string IUSB.TransData(string from, string to)  //显式实现 IUSB 的 TransData 方法
    {
        return string.Format("USB 数据转输:从{0}到{1}", from, to);
    }
    int IBluetooth.MaxSpeed      //显式实现 IBluetooth 的 MaxSpeed 属性
    {
        get { return 64; }
    }
    string IBluetooth.TransData(string from, string to)      //显式实现 IBluetooth 的
TransData 方法
    {
        return string.Format("Bluetooth 数据转输:从{0}到{1}", from, to);
```

```
    }
    public override string Call(string name)
    {
        return string.Format("和{0}通话中....",name);
    }
}
```

5.4.4   接口的使用

1. 访问接口成员的两种方式

在一个类实现了接口后，我们就可以通过类的实例访问接口的成员。具体实例如下。

```
Mp3 m = new Mp3();
lblShow.Text=m.TransData("计算机","MP3 设备");
```

也可以把类的实例先转换成接口类型再访问成员。具体实例如下。

```
Mp3 m = new Mp3();
IUSB iu = (IUSB)m;
lblShow.Text = iu.TransData("计算机", "MP3 设备");
```

【注意】不能直接实例化接口，如 "IUSB iu = new IUSB();" 是错误的。但可以通过将实现接口的对象转换为接口类型从而创建接口的实例。当显式接口实现时，只能通过接口来访问其成员。

2. 接口的安全测试

上例中，我们能够成功的将 m 转换成 IUSB 是因为我们知道 Mp3 实现了 IUSB 接口，但是，在很多情况下，我们无法预知对象是否支持某个接口。如果我们执行下面的代码，在运行时，就会出现一个异常，因为 Mp3 并没有实现 IBluetooth 接口，转换是不合法的。

```
IBluetooth  iu = (IBluetooth)m;
```

在实际工作中，我们需要知道对象是否支持某一接口，从而调用相应的方法。在 C#中，有两种方式实现这个要求。第一种方式是使用 is 操作符。is 操作符的形式如下。

表达式 is 类型

当表达式（必须是引用类型）可以安全地转换为"类型"时，结果为 true，否则为 false。下面的示例说明了 is 操作符的用法。

```
Mp3 m = new Mp3();
if (m is IUSB) //能安全转换,表达式为 true,下面语句将执行
{
    IUSB iu = (IUSB)m;
    lblShow.Text = iu.TransData("计算机", "MP3 设备");
}
if (m is IBluetooth)   //不能安全转换,表达式为假,下面语句将不会执行
{
    IBluetooth ib = (IBluetooth)m;
    lblShow.Text = ib.TransData("计算机", "蓝牙设备");
}
```

另一种方法是使用 as 操作符。as 操作符将 is 和转换操作结合起来，首先测试转换是否合法，若合法，则进行转换；若转换不合法，则返回 null。as 操作符的形式如下。

表达式 as 类型

下面示例说明了 as 操作符的用法。

```
Mp3 m = new Mp3();
IUSB iu = m as IUSB;
if (iu!=null)  //能安全转换,表达式为 true,下面语句将执行
```

```
{
    lblShow.Text = iu.TransData("计算机", "MP3 设备");
}
IBluetooth ib = m as IBluetooth;
if (ib!=null)    //不能安全转换,表达式为假,下面语句将不会执行
{
    lblShow.Text = ib.TransData("计算机", "蓝牙设备");
}
```

is 和 as 操作符也可测试对象是否属于所属类型和转换为所属类型，如下例所示。

```
Mobile mob = new Mobile();
if (mob is Phone)
{
    Phone phi = (Phone)mob;
}
Phone pha = mob as Phone;
```

上述代码中，Mobile 是 Phone 的派生类，我们可以利用 is 来判断 mob 是否是 Phone。由于有继承关系，mob 既是一个 Mobile，也是一个 Phone，所以这个转换将成功。另外，我们也可以使用 as 直接将 mob 转换为 Phone 的一个引用。

下面的实例完整地演示了接口的声明、实现和访问。

【实例 5-6】接口演示。

（1）在 Windows 窗体中添加 1 个 Label 控件和两个 Button 控件，并根据表 5-6 设置相应属性项。

表 5-6　　　　　　　　　　　　　　　需要修改的属性项

控件	属性	属性设置	控件	属性	属性设置
Label1	Text	""	Button1	Name	btnMp3
	Name	lblShow		Text	MP3
	AutoSize	false	Button2	Name	btnMobile
	BorderStyle	Fixed3D		Text	手机

（2）在窗体设计区中分别双击"btnMp3"和"btnMobile"按钮控件，系统自动为两个按钮分别添加"Click"事件及对应的事件方法，然后在源代码视图中编辑如下代码。

```
using System;
using System.Windows.Forms;
public partial class Text5_6 : Form
{
    private void btnMp3_Click(object sender, EventArgs e)
    {
        Mp3 m = new Mp3();
        if (m is IUSB)   //使用 is 进行判断,是否能安全转换
        {
            IUSB iu = (IUSB)m;
            lblShow.Text = iu.TransData("计算机", "MP3 设备");
        }
    }
    private void btnMobile_Click(object sender, EventArgs e)
    {
        Mobile mob = new Mobile();
        IUSB iu = mob as IUSB;       //使用 as 进行转换
```

```
            if (iu != null) lblShow.Text = iu.TransData("计算机", "手机");
            IBluetooth ib = mob as IBluetooth;    //使用 as 进行转换
            if (ib != null) lblShow.Text += "\n" + ib.TransData("手机", "计算机");
            lblShow.Text+="\n"+mob.Call("父亲");   //调用重写抽象方法后的方法
        }
    }
    interface IUSB                                        //定义 IUSB 接口
    {
        int MaxSpeed { get; }
        string TransData(string from, string to);
    }
    interface IBluetooth                                  //定义 IBluetooth 接口
    {
        int MaxSpeed { get; }
        string TransData(string from, string to);
    }
    public class Mp3 : IUSB                                //类 Mp3 实现 IUSB 接口
    {
        public int MaxSpeed
        {
            get { return 480; }
        }
        public string TransData(string from, string to)
        {
            return string.Format("数据转输:从{0}到{1}", from, to);
        }
    }

    public abstract class Phone                           //抽象基类
    {
        public abstract string Call(string name);         //抽象方法
    }
    / Mobile 类继承 Phone 类,同时实现 IUsb, IBluetooth 接口
    public class Mobile : Phone,IUsb, IBluetooth
    {
        int IUSB.MaxSpeed                                 //显式接口实现
        {
            get { return 480; }
        }
        string IUSB.TransData(string from, string to)     //显式接口实现
        {
            return string.Format("USB 数据转输:从{0}到{1}", from, to);
        }
        int IBluetooth.MaxSpeed                           //显式接口实现
        {
            get { return 64; }
        }
        string IBluetooth.TransData(string from, string to)  //显式接口实现
        {
            return string.Format("Bluetooth 数据转输:从{0}到{1}", from, to);
        }
        public override string Call(string name)          //重写基类抽象方法
```

```
    {
        return string.Format("和{0}通话中....",name);
    }
}
```

首先该程序声明了两个接口即 IUSB 和 IBluetooth，然后声明了 Mp3 类来实现 IUSB 接口，声明了抽象类 Phone，声明了类 Mobile 继承 Phone 并实现 IUSB 和 IBluetooth 接口。由于 IUSB 和 IBluetooth 都包含了同名的方法 TransData 和属性 MaxSpeed，因此 Mobile 类用接口名作为标签分别显式声明它们。最后，"MP3"的按钮事件方法中，采用 MP3 类的对象访问 IUSB 的成员。在"手机"按钮事件方法中，将 Mobile 对象转换成对应的接口类型，然后通过接口引用访问了 IUSB 和 IBluetooth 的方法。程序运行效果如图 5-7 和图 5-8 所示 。

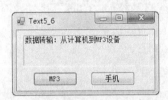
图 5-7　单击"MP3"按钮时的运行效果

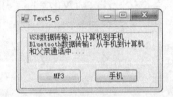
图 5-8　单击"手机"按钮时的运行效果

5.4.5　抽象类与接口的比较

抽象类是一种不能实例化的类，抽象类可以包含抽象成员，也可以包含非抽象成员，即抽象类可以是完全实现的，也可以是部分实现的，或者完全不实现的。抽象类可以用来封装所有派生类的通用功能。

与抽象类不同，接口顶多像一个完全没有实现的且只包含抽象成员的抽象类，其更多地用来制定程序设计开发规范。接口的代码实现由开发者完成。例如，有关 XML 文档的处理，万维网联盟（World Wide Web Consortium，W3C）就制定了一个 DOM（Document Object Model，文档对象模型）规范，而具体的代码实现由诸如 Microsoft、Sun 等公司实现。

C#规定一个类只能从一个基类派生，但允许从多个接口派生。

抽象类为管理组件的版本提供了一个简单易行的方法。通过更新基类，所有派生类都将自动进行相应改动。而接口在创建后就不能再更改，如果需要修改接口，就必须创建新的接口。

5.5　嵌套类、分部类与命名空间

5.5.1　嵌套类

在类的内部或结构的内部定义的类型称为嵌套类型，又称内部类型。不论是类还是结构，嵌套类型均默认为 private。嵌套类型也可以设置为 public、internal、protected 或 protected internal。嵌套类型通常需要实例化为对象之后，才能引用其成员，其使用方法与类的普通成员使用基本相同。

【实例 5-7】使用嵌套类计算长方形面积。

（1）在 Windows 窗体中添加 5 个 Label 控件、4 个 TextBox 控件和 1 个 Button 控件，并根据表 5-7 设置相应属性项。

表 5-7　　　　　　　　　　　　　　　　需要修改的属性项

控件	属性	属性设置	控件	属性	属性设置
Label1	Text	左上角（X）：	Label4	Text	右下角（Y）：
Label2	Text	左上角（Y）：	TextBox1	Name	txtLx
Label3	Text	右下角（X）：	TextBox2	Name	txtLy
Label5	Text	""	TextBox3	Name	txtRx
	Name	lblShow	TextBox4	Name	txtRy
	AutoSize	false	Button1	Text	""
	BorderStyle	Fixed3D		Name	btnCalculate

（2）在窗体设计区中双击"btnCalculate"按钮控件，系统自动添加"Click"事件及对应的事件方法，然后在源代码视图中编辑如下代码。

```csharp
using System;
using System.Windows.Forms;
public partial class Test5_7 : Form
{
    private void btnCalculate_Click(object sender, EventArgs e)
    {
        int x1, x2, y1, y2;
        x1 = Convert.ToInt32(txtLx.Text);
        x2 = Convert.ToInt32(txtRx.Text);
        y1 = Convert.ToInt32(txtLy.Text);
        y2 = Convert.ToInt32(txtRy.Text);
        Rectangle ra = new Rectangle(x1, y1, x2, y2);
        lblShow.Text = string.Format("长方形的面积为:{0}.",ra.Area);
    }
}
class Rectangle
{
    private Point topLeft;
    private Point bottomRight;
    public Rectangle(int lx, int ly, int rx, int ry)
    {
        topLeft = new Point(lx, ly);            //嵌套类实例化
        bottomRight = new Point(rx, ry);        //嵌套类实例化
    }
    class Point                                 //嵌套类,默认为 private,只能被包含类使用
    {
        int x;
        int y;
        public Point(int x, int y)
        {
            this.x = x;
            this.y = y;
        }
        public int X
        {
            get { return x; }
        }
        public int Y
        {
```

```
        get { return y; }
      }
    }
    public int Area
    {
      get
      {
        return (bottomRight.X - topLeft.X) * (bottomRight.Y - topLeft.Y);
      }
    }
  }
```

该程序中，嵌套类 Point 是类 Rectangle 的私有成员，只能在 Rectangle 类中使用，不能在其他类中使用。该程序的运行效果如图 5-9 所示。

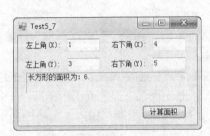

图 5-9 　嵌套类示例运行效果

5.5.2 　分部类

分部类允许将类、结构或接口的定义拆分到两个或多个源文件中，让每个源文件只包含类型定义的一部分，编译时编译器自动把所有部分组合起来进行编译。

有了分部类，一个类的源代码可以分布于多个独立文件中。这样，在处理大型项目时，过去很多只能由一个人进行的编程任务，现在可以由多个人同时进行，大大加快了程序设计的工作进度。

有了分部类，使用自动生成的源代码时，无需重新创建源文件便可将代码添加到类中。事实上，当创建 Windows 应用程序或 Web 应用程序时，就是在 Visual Studio 自动生成源代码的基础之上专注于项目的业务处理，编译时 Visual Studio 会自动把编写的代码与自动生成的代码进行合并编译。

若要定义分部类，需要使用 partial 关键字修饰符。相关代码实例如下。

```
//Test1.cs
public partial class Test            //这是一个分部类
{
  public string Fun1()
  {
    return "这是第 1 部分";
  }
}
//Test2.cs
using System;
public partial class Test            //这是一个分部类
{
  public void Fun2()
```

```
    {
        Console.WriteLine("这是第 2 部分");
    }
}
```

上述代码中，Test1.cs 和 Test2.cs 中的类 Test 是分部类，在同一个应用程序项目中，编译时将被合并为一个完整的类。如下列代码中的对 Test 对象的方法 Fun1 和 Fun2 的调用。

```
Test t = new Test();
Console.WriteLine(t.Fun1());
t.Fun2();
```

【注意】

处理分部类的定义时需遵循以下几个规则。

（1）同一类型的各个部分的所有分部类的定义都必须使用 partial 进行修饰。各个部分必须具有相同的可访问性，如 public、private 等。

（2）如果将任意部分声明为抽象的，则整个类型都被视为抽象的。如果将任意部分声明为密封的，则整个类型都被视为密封的。

（3）partial 修饰符只能出现在紧靠关键字 class、struct 或 interface 前面的位置。

（4）分部类的各部分或者各个源文件都可以独立引用类库，且坚持"谁使用谁负责添加引用"的原则。例如，上例中 Test1.cs 没有使用类库，则不添加类库的引用，而 Test2.cs 调用了方法 Console.WriteLine，则必须使用 using System 以添加系统类库的引用。

（5）分部类的定义中允许使用嵌套的分部类，具体实例如下。

```
partial class A
{
    partial class B { }
}
partial class A
{
    partial class B { }
}
```

上述代码中，A 和 B 都是分部类，但 B 嵌套在 A 中。

（6）同一类型的各个部分的所有分部类都必须在同一程序集或同一模块（.exe 或 .dll 文件）中进行定义，即分部定义不能跨越多个模块。

5.5.3 命名空间

大型软件项目开放过程中，当多个程序员共同参与开发时，这些程序员有可能以同样的名字来创建类。例如，一个程序员把人事部门经理类命名为 Manager，而另一个程序员把技术部的经理类也命名为 Manager，因此最终无法集成项目。命名空间可将相互关联的类组织起来，形成一个逻辑上相关联的层次结构，命名空间既可以对内组织应用程序，也可对外避免命名冲突。

1. .NET Framework 的常用命名空间

.NET Framework 是由许多命名空间组成的。.NET 就是利用这些命名空间来管理庞大的类库。例如，命名空间 System.Web.UI.WebControls 就提供了用来创建 Web 网页的所有可用类，包括文本框（TextBox）、命令按钮（Button）、标签（Lable）和列表框（ListBox）等；而 System.Windows.Forms 则提供了用于创建基于 Windows 的应用程序的所有可用类，同样包括文本框、命令按钮和标签等。

表 5-8 列出了.NET Framework 中常用的命名空间。

表 5-8　　　　　　　　　　　　　　.NET Framework 常用的命名空间

命名空间	描述
System	提供用于定义常用值类型、引用数据类型、事件和事件处理程序、接口、属性和处理异常的基础类
System.IO	提供用于对数据流和文件进行读写的类
System.Data	提供用于数据访问的类
System.Drawing	提供用于处理图形的类
System.NET	提供用于网络通信的有关类
System.Text	提供用于处理不同字符编码间转换的类
System.Web	提供用于创建 Web 应用程序的类
System.Windows.Forms	提供用于创建 Windows 应用程序的类
System.Xml	提供用于处理 XML 文档的类

2. 自定义命名空间

在 C#程序中，使用关键字 namespace 就可以定义自己的命名空间，一般形式如下。

```
namespace 命名空间名
{
//类型的声明
}
```

其中，命名空间名必须遵守 C#的命名规范，命名空间内一般由若干个类型组成，例如声明枚举型、结构型、接口和类等。具体实例如下。

```
namespace CompanyName
{
    public class Customer () { }
}
```

另外，命名空间也可以嵌套，即在一个命名空间中再定义一个命名空间。具体实例如下。

```
namespace CompanyName
{
    namespace Sales
    {
        public class Customer () { }
    }
}
```

命名空间也可以用"."标记分隔定义命名空间。这样就可以直接定义一个嵌套的命名空间。具体实例如下。

```
namespace CompanyName.Sales
{
    public class Customer () { }
}
```

3. 引用命名空间中的类

引用命名空间中的类有两种方法。

一是采用完全限定名来引用，实例如下。

```
CompanyName.Sales.Customer  cust=new CompanyName.Sales.Customer();
```

就是通过完全限定名来引用命名空间 CompanyName.Sales，并使用该命名空间中 Customer 类的构造函数创建一个新对象。

二是首先通过 using 关键字导入命名空间，再直接引用。实例如下。

```
using CompanyName.Sales;
Customer  cust=new Customer();
```

也就是先通过 using 关键字导入命名空间，再直接引用。

命名空间允许嵌套，所包含层次的数量没有限制，因此，如果采用完全限定名来引用命名空间中的类，则程序的可读性将大大下降。在实际编程中，建议采用第二种方法来引用命名空间，相应的 using 语句一般放在 .cs 源文件的顶部。

习　题

1. 判断题

（1）当创建派生类对象时，先执行基类的构造函数，后执行派生类的构造函数。

（2）派生类可以继承基类的成员以及方法的实现；派生的接口继承了父接口的成员方法，并且也继承父接口方法的实现。

（3）如果基类没有默认的构造函数，那么其派生类的构造函数必须通过 base 关键字来调用基类的构造函数。

（4）抽象类中必须包含抽象成员，抽象成员可以不一定包含在抽象类中。

（5）基类的派生非抽象类必须为基类中的抽象方法提供实现。

（6）基类中对抽象方法不提供实现，但是在基类的派生中必须为该抽象方法提供实现。

（7）派生类可以同时继承一个基类和多个接口，代码可以按照如下形式编写。

```
public class EditBox: Control ; IControl ; IDataBound{…}
```

（8）当重写虚方法时，重写方法必须与被重写虚方法具有相同的方法名。

2. 单项选择题

（1）C#中声明一个命名空间的关键字是（　　）。

    A．namespace   B．nameplace   C．this   D．as

（2）下列关于继承说法中，（　　）选项是正确的。

    A．继承是指派生类可以获取其基类特征的能力

    B．继承最主要的优点是提高代码性能

    C．派生类可以继承多个基类的方法和属性

    D．派生类必须通过 base 关键字调用基类的构造函数

（3）（　　）关键字可以用来访问当前对象的基类对象。

    A．object   B．this   C．as   D．base

（4）下列关于继承的说法中，（　　）选项是不正确的。

    A．继承是指派生类可以获取其基类特征的能力

    B．在派生类中重写基类方法必须使用 override 关键字

    C．抽象类可以作为基类，所以不可以直接实例化，也不可以被密封

    D．类可以继承多个接口，接口只能继承一个接口

（5）下列关于 C#面向对象应用的描述中，（　　）选项是正确的。

    A．派生类是基类的扩展，派生类可以添加新的成员，也可以去掉已经继承的成员

    B．abstract 方法的声明必须同时实现

  C.　声明为 sealed 的类不能被继承

  D.　接口像类一样，可以定义并实现方法

（6）下面关于密封类和密封方法的说法正确的是（　　　）。

  A.　密封类是抽象类的一种特例，唯一的区别是：定义密封类时要使用 sealed 修饰符

  B.　密封类不允许被继承，因而不能由密封类派生出其他类

  C.　如同抽象方法只能定义在抽象类中一样，密封方法也只能定义在密封类中

  D.　由于密封方法也被视作一种虚方法，因而在定义密封方法时必须带上 virtual 修饰符

（7）下面是一个派生类的定义语句。

```
public class car: vehicle{
 private string model="L";
private int wheelNo=4;}
```

  请选择针对该定义的正确说法（　　　）。

  A.　vehicle 类是 car 类的一个特例，因而它可以被继承

  B.　car 类是父类，vehicle 类是子类

  C.　在 car 类中定义的成员 model 和 wheelNo 会删除 vehicle 类中同名的成员

  D.　car 类是 vehicle 类的一个特例，其可以继承 vehicle 类中除构造函数和析构函数以外的所有成员

（8）已知类 Base、MyClass 的定义如下。

```
class Base{
    public void Hello(){
        System.Console.WriteLine("Hello in Base!");
}}
class Derived : Base{
    public void Hello(){
        System.Console.WriteLine("Hello in Derived!");
}}
```

  则下列语句在控制台中的输出结果为（　　　）。

```
Derived x = new Derived();
x.Hello();
```

  A.　Hello in Base!　　　　　　　　B.　Hello in Derived!

  C.　Hello in Base!　　　　　　　　D.　Hello in Derived!

   Hello in Derived!　　　　　　　　Hello in Base!

（9）对下面的代码，（　　　）段描述是错误的。

```
public class Door{}
public class House{
    public House (){
        Door door = new Door();}}
```

  A.　Door 是一个类

  B.　House 是一个从 Door 继承的类

  C.　House 的构造函数中声明了一个名为 door 的变量

  D.　door 是一个对象

（10）下面的代码使用了面向对象的（　　　）特性。

```
public class A{
    public void DoSomething(){}
```

```
}
public class B : A{
new public void DoSomething(){
base.DoSomething();}
}
```

    A. 继承性   B. 多态性   C. 封装性   D. 关联性

（11）下列关于抽象方法和抽象类的描述中，（   ）选项是不正确的。

    A. 抽象方法是没有实现的空方法

    B. 抽象类必须包括抽象成员

    C. 抽象类可以作为基类，所以不能直接实例化，也不可以被密封

    D. 当派生类从抽象类中继承抽象方法时，派生类必须重写该抽象方法。

（12）下列关于多态的说法中，（   ）是正确的。

    A. 虚方法是实现多态的唯一手段

    B. 重写虚方法时，可以为虚方法指定别称

    C. 多态性是指以相似的手段来处理不相同的派生类

    D. 抽象类中不可以包含虚方法

（13）下列关于 C#关键字使用的描述中，（   ）选项是错误的。

    A. 在派生类中重写基类方法必须使用 override 关键字

    B. 在派生类中访问基非默认构造函数必须通过 base 关键字

    C. 虚方法的定义必须要用到 virtual 关键字

    D. as 关键字只能用于接口的强制转换

（14）下列关于接口的说法中，（   ）选项是错误的。

    A. 一个类可以有多个基类和多个基接口

    B. 抽象类和接口都不能被实例化

    C. 抽象类自身可以定义成员而接口不可以

    D. 类不可以多重继承而接口可以

实验 5

一、实验目的

（1）区别静态类与非静态类，掌握静态字段、静态方法和静态构造函数的定义方法。

（2）理解类的继承性与多态性，掌握其应用方法。

（3）理解抽象类、接口的概念，掌握抽象类与接口的定义及使用方法。

（4）理解分部类和命名空间的概念，掌握分部类和命名空间的使用方法。

二、实验要求

（1）熟悉 VS2017 的基本操作方法。

（2）认真阅读本章相关内容，尤其是案例。

（3）实验前进行程序设计，完成源程序的编写任务。

（4）反复操作，直到不需要参考教材、能熟练操作为止。

三、实验步骤

（1）设计一个 Windows 应用程序，在该程序中首先构造一个学生基本类，再分别构造小学生、中学生、大学生等派生类，当输入相关数据，单击不同的按钮（"小学生""中学生""大学生"）将分别创建不同的学生对象，并输入当前的学生总人数，该学生的姓名学生类型和平均成绩，如图 5-10 所示。要求如下。

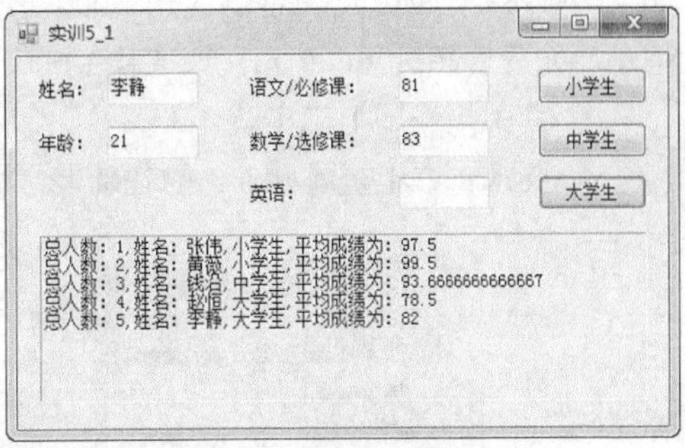

① 每个学生都有的字段为：姓名、年龄。

② 小学生的字段还有语文、数学，用来表示这两科的成绩。

图 5-10 运行效果

③ 中学生在②基础上多了英语成绩。

④ 大学生只有必修课和选修课两项成绩。

⑤ 学生类具有方法来统计自己的总成绩并输出。

⑥ 通过静态成员自动记录学生总人数。

⑦ 成员初始化能过构造函数完成。

核心代码如下。

```
//抽象基类
public abstract class Student
{
    protected string name;
    protected int age;
    public static int number;
    public Student(string name, int age)
    {
        this.name = name;
        this.age = age;
        number++;
    }
    public string Name { get { return name; } }
    public abstract double Average();
}
//派生子类:小学生类
public class Pupil : Student
{
    protected double chinese;
    protected double math;
    public Pupil(string name, int age, double chinese, double math) :base(name, age)
    {
        this.chinese = chinese;
        this.math = math;

    }
    public override double Average()
    {
        return (chinese + math)/2;
    }
}
```

（2）完善实验 4 设计的银行账户管理系统，增加一个 VIP 账户的管理。程序功能如下。

① 当单击"创建 VIP 账户"按钮时，显示如图 5-11 所示的信息，其中卡号为随机生成的一个在 500 000 到 999 999 之间的一个值，余额初始化为 10 000 元。

② 在"取款"文本框中输入取款金额后，单击"取款"按钮，显示如图 5-12 所示的信息。如果余额不足，VIP 用户可以透支 1 000 元，如取款 800，而余额是 400，则显示如图 5-13 所示的信息。如透支超过 1 000 元，如取款 1 600，而余额是 400，则显示如图 5-14 所示的信息。

③ 其中操作同上机实验 4-3。

④ 要求：在上机实验 4-3 的基础上，通过继承和多态实现上述操作。

图 5-11　"创建账户"运行效果

图 5-12 "取款"运行效果

图 5-13　"透支取款"运行效果

图 5-14 "余额不足"运行效果

Account 类的核心代码如下。

```
//改写 Account 类的 WithDraw 为虚方法
public virtual bool WithDraw(decimal money, out string message)
{
    ......
}
//改写成员字段的属性
protected int creditNo;
protected decimal balance;
```

派生子类 VIP 账户类的核心代码如下。

```
public class VipAccount : Account
{
public VipAccount()
{
    Random r = new Random();
    creditNo = r.Next(500000, 1000000);
    balance = 10000;
}
public override bool WithDraw(decimal money, out string message)
{
```

```
if (money < 0)
{
    message = "操作失败!\n 输入金额不正确!";
    return false;
}
else if (balance >= money)
{
    balance -= money;
    message = "操作成功!\n 取款" + money + "元";
    return true;
}
else if (balance + 1000 > money)
{
    balance -= money;
    message = "操作成功!\n 取款" + money + "元,透支"+(-balance)+"元";
    return true;
}
else
{
    message = "操作失败!\n 余额不足!";
    return false;
}
}
}
```

"创建 VIP 账户"按钮的核心代码。

```
private void btnCrtVipAc_Click(object sender, EventArgs e)
{
    account = new VipAccount();//实例化 VIP 用户账户
    int accountNo = account.CreditNo;
    string message = String.Format("创建 VIP 账户成功,用户卡号为:{0}", accountNo);
    lblShow.Text = "\n" + message + "\n";
}
```

（3）声明一个接口 IPlayer，包含 5 个接口方法：播放、停止、暂停、上一首和下一首。设计一个 Windows 应用程序，在该程序中定义一个 MP3 播放器类和一个 AVI 播放器类，以实现该接口，最后创建相应类的实例测试程序。图 5-15 所示为单击"MP3"按钮后，再单击"播放"按钮的效果。如果单击"AVI"按钮后，再单击"播放"按钮则应显示"正在播放 AVI 视频!"。

图 5-15　运行效果

核心代码如下。

```
interface IPlayer    //接口定义
{
    string Play();//播放
    string Stop();//停止
    string Pause();//暂停
```

131

```
        string Pre();//上一首
        string Next();//下一首
    }
```

类 MP3 的实现接口 Iplayer 的核心代码如下。

```
public class MP3 : IPlayer
{
    public string Play(){
        return "正在播放 MP3 歌曲!";
    }
    public string Stop(){
        return "停止播放 MP3 歌曲!";
    }
    public string Pause(){
        return "暂停播放 MP3 歌曲!";
    }
    public string Pre(){
        return "播放上一首 MP3 歌曲!";
    }
    public string Next(){
        return "播放下一首 MP3 歌曲!";
    }
}
```

窗体类声明对象的代码如下。

```
IPlayer iplayer;
MP3 mp3;
AVI avi;
```

单击"MP3"按钮后，实例化对象并转换为接口的引用的代码如下。

```
mp3 = new MP3();
iplayer = (IPlayer)mp3;
```

单击"播放"按钮后显示播放内容的代码如下。

```
lblShow.Text=iplayer.Play();
```

四、实验总结

写出实验报告（报告内容包括实验内容、任务分析、算法设计、源程序、实验体会等），并记录实验过程中的疑难点。

第6章
集合、索引器与泛型

总体要求
- 了解.NET 类库中的集合类，初步掌握常用集合的创建和操作方法。
- 理解索引器的概念，能区别索引器与属性，掌握索引器的定义与使用。
- 了解泛型的相关概念，初步掌握泛型接口、泛型类、泛型属性和泛型方法的使用方法。

学习重点
- 集合、索引器、泛型的定义与使用。

6.1 集　　合

　　数组是一种非常有用的数据结构，但是数组也具有很多的局限性：首先，数组元素的数据类型必须是相同的；其次，在创建数组时必须指定元素的个数，一旦创建，其大小就固定，试图调整其大小是比较困难的。在实际应用中，我们往往无法事先确定数据元素的个数：可能需要添加新元素，也可能要求删除某些已有元素。此时，如果使用数组显然将不太方便。为此，C#提供了集合，以增强数据组织和管理的灵活性。本节将详细介绍集合的使用方法。

6.1.1　集合概述

　　集合是通过高度结构化的方式存储任意对象的类。与无法动态调整大小的数组相比，集合不仅能随意调整大小，而且对存储或检索数据元素提供了更多支持。集合可以把一组类似的对象组合在一起。例如，由于 Object 是所有数据类型的基类，所以任何类型的对象（包括任何值类型或引用类型数据）都可被组合到一个 Object 类型的集合中，利用 foreach 语句即可遍历访问其中的每一个对象。当然，对于一个 Object 类型的集合来说，可能需要单独对各元素执行附加的处理，例如，装箱、拆箱或转换等。

　　对象类型的集合位于 System.Collections 命名空间；集合类的功能是通过实现 System.Collections 命名空间中的接口而获得的。与集合相关的主要接口如表 6-1 所示。

　　我们可以通过该命名空间直接在程序设计中使用.NET Framework 提供的实现这些接口的集合类，也可以通过继承这些接口来创建自己的集合类，以管理更复杂的数据。

　　.NET Framework 提供的常用集合包括数组、列表、哈希表、字典、队列和堆栈等基本类型，还包括有序列表、双向链表和有序字典等派生集合类型。表 6-2 列出了常用的集合类。

表 6-1　　　　　　　　　　　　System.Collection 命名空间中的部分接口

接口	作用
IEnumerable	枚举接口，用于选代访问集合中的元素
ICollecion	集合接口，继承自 IEnumerable，提供集合运算的常用功能，例如获取集合元素个数、复制集合元素到数组中等
IList	列表接口，继承自 IEnumerable 和 ICollecion，针对列表项目提供相关操作
IDictionary	字典接口，继承自 IEnumerable 和 ICollecion，类似于 IList，但允许通过键值而不是索引访问列表

表 6-2　　　　　　　　　　　　常用的集合类

集合	含义	集合	含义
Array	数组	Queue	队列
List	列表	Stack	栈
ArrayList	动态数组	SortedList	有序键/值对列表
Hashtable	哈希表	LinkedList	双向链表
Dictionary	字典（键/值对集合）	SortedDictionary	有序字典

另外，.NET Framework 也提供了一些专用集合用于处理特定的数据类型，包括 StringCollection、StringDictionary 和 NameValueCollection 等，其中，StringCollection 是字符串集合，由若干个字符串组成。字符串集合与字符串数组的区别在于，字符串集合提供了大量的可直接调用的方法，包括 Add（添加字符串）、Clear（清空集合）、Contains（是否包含特定字符串）、IndexOf（搜索特定字符串）、Insert（插入字符串）和 Remove（移除特定字符串）等。

6.1.2　ArrayList

ArrayList 是一个可动态调整长度的集合，其不限制元素的个数和数据类型，允许把任意类型的数据保存到 ArrayList 集合中。数组类 Array 与动态数组类 ArrayList 的主要区别如下。

（1）Array 的大小是固定的，而 ArrayList 的大小可根据需要自动扩充。

（2）在 Array 中一次只能获取或设置一个元素的值，而在 ArrayList 中允许添加、插入或移除某一范围的元素。

（3）Array 的下限可以自定义，而 ArrayList 的下限始终为零。

（4）Array 可以有多个维度，而 ArrayList 始终只是一维的。

（5）Array 位于 System 命名空间中，ArrayList 位于 System.Collections 命名空间中。

1. ArrayList 的初始化

ArrayList 有三个重载构造函数，其重载列表如表 6-3 所示。

表 6-3　　　　　　　　　　　　ArrayList 的构造函数重载列表

名称	说明
ArrayList()	创建一个具有默认初始容量的 ArrayList 类的实例
ArrayList（ICollection）	创建一个 ArrayList 类的实例，同时从指定集合复制元素，并设置其初始容量为所复制的元素个数
ArrayList（int）	根据指定的初始容量值来创建一个 ArrayList 类的实例

【注意】新创建的 ArrayList 实例的容量并不是固定的。添加元素时，其容量将自动增大。

创建动态数组对象的一般形式如下。

```
ArrayList 列表对象名 = new ArrayList([参数]);
```

相关实例如下。

```
ArrayList books = new ArrayList();        //创建一个拥有默认初始容量的 ArrayList 集合
ArrayList books = new ArrayList(5);       //创建一个容量为 5 的 ArrayList 集合
```

ArrayList 类提供了对集合元素的常用操作，包括添加、删除、清空、插入、排序和反序以及压缩列表等操作方法，分别为 Add、Remove、Clear、Insert、Sort、Reverse 和 TrimToSize，其中，压缩列表方法 TrimToSize 表示把集合大小重新设置为元素的实际个数。

2. ArrayList 中添加元素

ArrayList 使用 Add 方法可以在集合的结尾处添加一个对象。Add 方法的原型如下。

```
int Add(Object value)        //添加一个对象到集合的末尾
```

该方法将 value 所代表的元素添加到集合中并返回其索引值。另外，如果集合容量不足以添加新的对象，则会自动重新分配动态数组增加集合的容量，并在添加新元素之前将现有元素复制到新数组中。我们可以使用 Count 属性获取 ArrayList 中实际包含的元素数。具体实例如下。

```
ArrayList books = new ArrayList();   //创建一个拥有默认初始容量的 ArrayList 集合
Book x = new Book("Visual C#.NET 程序设计教程", 32);   //创建一个 Book 对象
books.Add(x);                //往 books 集合添加对象 x
```

3. 访问 ArrayList 中的元素

ArrayList 集合可以通过索引来访问其中的元素，其形式如下。

```
(类型) ArrayList[index]      //按指定索引(下标)取得对象
```

下面的实例通过索引访问上面添加的 Book 对象，并调用其 GetMessage 方法。

```
Book a = (Book) books [0];
x. GetMessage ();
```

需要注意的是，由于 ArrayList 中可以添加 Object 类型的对象，在添加时，相当于一次装箱操作，所以在访问时，需要一次需要类型转换，把 Object 类型的对象转换成指定类型。这相当于一次折箱。

4. 删除 ArrayList 中的元素

ArrayList 可以通过 Remove、RemoveAt 和 Clear 方法来删除 ArrayList 的元素，其形式如下。

```
void Remove( Object obj       //删除指定对象名的对象
void RemoveAt(int index)      //删除指定索引的对象
void Clear()                  //清除集合内的所有元素
```

下面的实例展示了通过指定对象删除对象和通过索引删除对象的方法。

```
books.Remove(x);             //通过指定对象删除对象
books.RemoveAt(1);           //通过索引删除第 2 个(索引为 1)对象
```

需要注意的是，ArrayList 会动态调整索引，即在删除一个元素后，该元素后面元素的索引值会自动减少 1。相关实例如下。

```
Book bk1 = new Book("Visual C#.NET 程序设计教程", 32); //创建一个 Book 对象
Book bk2 = new Book("数据结构", 28); //创建一个 Book 对象
Book bk3 = new Book("大学计算机应用基础", 32); //创建一个 Book 对象
books.Add(bk1);   //在 ArrayList 集合 books 中添加该对象
books.Add(bk2);   //在 ArrayList 集合 books 中添加该对象
```

```
books.Add(bk3);          //在 ArrayList 集合 books 中添加该对象
books.RemoveAt(1);       //通过索引删除对象("数据结构")
books.RemoveAt(1);       //通过索引删除对象("大学计算机应用基础")
```

上面代码依次在 ArrayList 集中添加了"Visual C#.NET 程序设计教程""数据结构""大学计算机应用基础"三本书，执行"books. RemoveAt（1）;"后删除了索引为 1 的图书即"数据结构"后，"大学计算机应用基础"的索引调整为 1，所以再次执行"books.RemoveAt（1）;"后，将删除"大学计算机应用基础"，而如再执行"books.RemoveAt（1）;"将出现"索引超出范围"的异常，因为此时集合中只有一本书"Visual C#.NET 程序设计教程"，索引号为 0。

5. 向 ArrayList 中插入元素

可以使用 Insert 方法将元素插入到 ArrayList 的指定索引处，其形式如下。

void Insert(int index, Object value)   //元素插入到将集合中的指定索引处

在插入后，ArrayList 会自动调整索引，在插入元素后面的元素的索引值会自动增加。下面代码说明了将 x 插入到 books 中索引为 1 的位置的方法。

```
books.Insert(1,x);
```

6. 遍历 ArrayList 中的元素

ArrayList 可以使用和数组类似的方式对集合中的元素进行遍历，相关实例如下。

```
for (int i = 0; i < AlBooks.Count; i++)
{
    Book t = (Book)books[i];
    lblShow.Text += "\n" + t.GetMessage();
}
```

也可以用 foreach 方式进行遍历，相关实例如下。

```
foreach (object x in books)
{
    Book t = (Book)x;
    lblShow.Text += "\n" + t.GetMessage();
}
```

下面的示例完整地展示了 ArrayList 的使用方法。

【实例 6-1】利用 ArrayList 进行集合的增、删、插入和遍历。

（1）在 Windows 窗体中添加 4 个 Label 控件、3 个 TextBox 控件 4 个 Button 控件，并根据表 6-4 设置相应属性项。

表 6-4   需要修改的属性项

控件	属性	属性设置	控件	属性	属性设置
Label1	Text	书名：	TextBox3	Name	txtIndex
Label2	Text	价格：	Button1	Name	btnAdd
Label3	Text	索引：		Text	添加到末尾
Label4	Text	""	Button2	Name	btnInsert_
	Name	lblShow		Text	插入到
	AutoSize	false	Button3	Name	btnDelete_
	BorderStyle	Fixed3D		Text	删除
TextBox1	Name	txtTitle	Button4	Name	btnForeach
TextBox2	Name	txtPrice		Text	遍历

（2）在窗体设计区中分别双击"btnAdd""btnInsert""btnDelete"和"btnForeach"按钮控件，系统自动分别为按钮添加"Click"事件及对应的事件方法，然后在源代码视图中编辑如下代码。

```csharp
using System;
using System.Windows.Forms;
using System.Collections;              //注意对命名空间的引用
public partial class Test6_1 : Form
{
    ArrayList books = new ArrayList();   //创建一个拥有默认初始容量的 ArrayList 集合
    private void btnAdd_Click(object sender, EventArgs e)    //添加到集合的末尾
    {
        double price = Convert.ToDouble(txtPrice.Text);
        Book x = new Book(txtTitle.Text, price);
        books.Add(x);                //添加
        lblShow.Text="";
        display ();                  //遍历输出
    }
    private void display()          //遍历集合并输出
    {
        foreach (object x in books)
        {
            Book t = (Book)x;
            lblShow.Text += "\n" + t.GetMessage();
        }
    }
    private void btnForeach_Click(object sender, EventArgs e)       //遍历
    {
        lblShow.Text = "";
        display ();                 //遍历输出
    }
    private void btnInsert_Click(object sender, EventArgs e)        //插入到指定的索引处
    {
        double price = Convert.ToDouble(txtPrice.Text);
        int index = Convert.ToInt32(txtIndex.Text);
        Book x = new Book(txtTitle.Text, price);
        books.Insert(index, x); //插入
        lblShow.Text = "";
        display ();                 //遍历输出
    }
    private void btnDelete_Click(object sender, EventArgs e)        //删除指定索引的元素
    {
        int index = Convert.ToInt32(txtIndex.Text);
        books.RemoveAt(index); //删除
        lblShow.Text = "";
        display ();                 //遍历输出
    }
}
public class Book
{
    private string title;
    private double price;
    public Book(string title, double price)
    {
```

```
        this.title = title;
        this.price = price;
    }
    public string GetMessage()
    {
        return string.Format("书名:{0}\n 价格:{1}元。", this.title, this.price);
    }
}
```

当输入书名和价格，单击"添加到末尾"按钮后，程序将根据输入的图书信息创建一个 Book 对象并添加到集合 books 中，并依次显示集合中的图书信息。连续输入三本图书信息后的运行效果如图 6-1 所示。也可以在索引框中输入索引值，单击"插入到"按钮，可根据输入的图书信息创建一个 Book 对象并插入到集合指定索引值位置；单击"删除"按钮，可将指定索引处的对象从集合中删除。单击"遍历"按钮，可将集合中的图书信息依次输出。

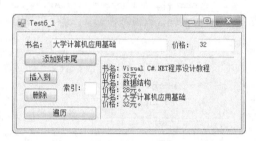

图 6-1　运行效果

6.1.3　哈希表

哈希表（Hashtable）又称散列表。Hashtable 类是 System.Collections 命名空间的类，是一种由键/值（key-value）对组成的集合。在使用哈希表保存集合元素时，首先要根据键自动计算哈希代码，以确定该元素的保存位置，再把元素的值放入相应的存储位置中。查找时，再次通过键计算哈希代码，然后到相应的存储位置中搜索。这样将大大减少为查找一个元素进行比较的次数。

创建哈希表对象的一般形式如下。

Hashtable 哈希表名 = new Hashtable([哈希表长度][,增长因子]);

其中，如果不指定哈希表长度，则默认容量为 0，当向哈希表添加元素时，其长度可根据需要自动增加。增长因子表示每调整一次增加容量多少倍，默认的增长因子为 1.0。

下面的代码创建了一个拥有默认初始容量和增长因子的 Hashtable 集合。

```
Hashtable books = new Hashtable();
```

Hashtable 类提供了哈希表常用操作方法，包括在哈希表中添加数据、移除数据、清空哈希表和检查是否包含某个数据等，方法名分别为 Add、Remove、Clear 和 Contains，其中，Add 方法需要两个参数，一个是键，一个是值。下列代码说明了如何向哈希表添加元素。

```
Book x=new Book(1001,"Visual C#.NET 程序设计教程",32);  //创建一个 Book 对象
books.Add(1001, x);  //将一个键为 1001 的 Book 对象添加到哈希表中
```

Remove 方法只需要一个键名参数。下列代码表示将键值为 1003 的元素删除。

```
books.Remove(1003);
```

而获取哈希表的元素时，需要根据键去索引，并且和 ArrayList 一样，需要类型转换。下面的代码说明了如何根据键获取对应的值，即 Book 对象。

```
Book bk=(book)
books[1001];    //通过 key 获取元素
```

【实例 6-2】利用 Hashtable 进行集合的增、删和遍历，实现实例 6-1 相似的功能。

（1）在 Windows 窗体中添加 5 个 Label 控件、4 个 TextBox 控件和两个 Button 控件，并根据表 6-5 设置相应属性项。

表 6-5   需要修改的属性项

控件	属性	属性设置	控件	属性	属性设置
Label1	Text	编号：	TextBox1	Name	txtBookId
Label2	Text	书名：	TextBox2	Name	txtTitle
Label3	Text	价格：	TextBox3	Name	txtPrice
Label4	Text	索引：	TextBox4	Name	txtKey
Label5	Text	""	Button1	Name	btnAdd
	Name	lblShow		Text	添加
	AutoSize	false	Button2	Name	btnDelete_
	BorderStyle	Fixed3D		Text	删除

（2）在窗体设计区中分别双击"btnAdd"和"btnDelete"按钮控件，系统自动分别为两个按钮添加"Click"事件及对应的事件方法，然后在源代码视图中编辑如下代码。

```csharp
using System;
using System.Windows.Forms;
using System.Collections;    //注意对命名空间的引用
public partial class Test6_2 : Form
{
    Hashtable books = new Hashtable();  //创建拥有默认初始容量、增长因子的 Hashtable 集合
    private void btnAdd_Click(object sender, EventArgs e)
    {
        int bookId = Convert.ToInt32(txtBookId.Text);
        double price = Convert.ToDouble(txtPrice.Text);
        Book x = new Book(bookId, txtTitle.Text, price);
        books.Add(bookId, x);//添加
        lblShow.Text = "";
        display();//显示集合元素
    }
    private void display()
    {
        foreach (object mykey in books.Keys)
        {
            int bookId = (int)mykey;
            Book bk = (Book)books[bookId];
            lblShow.Text += bk.GetMessage();
        }
    }
    private void btnForeach_Click(object sender, EventArgs e)
    {
        lblShow.Text = "";
        display();
    }
    private void btnDelete_Click(object sender, EventArgs e)
    {
        int key = Convert.ToInt32(txtKey.Text);
        books.Remove(key);//删除
        lblShow.Text = "";
        display();//遍历
    }
}
```

```
    }
public class Book
{
    private int bookId;
    private string title;
    private double price;
    public Book(int bookId,string title, double price)
    {
        this.bookId = bookId;
        this.title = title;
        this.price = price;
    }
    public string GetMessage()
    {
        return string.Format("编号:{0}\n 书名:{1} 价格:{2}元\n", this.bookId,this.title,
this.price);
    }
}
```

当输入图书编号、书名和价格并单击"添加"按钮后，程序将根据输入的图书信息创建一个 Book 对象并添加到集合 books 中，同时依次显示集合中的图书信息。连续输入三本图书信息后的运行效果如图 6-2 所示。也可以在"键"文本框中输入键值，再单击"删除"按钮，可将指定键值的对象从集合中删除。

图 6-2　Hashtable 运行效果

在遍历中，可以通过 foreach 遍历 Keys（键集），也可以通过 foreach 遍历 Values（值集），相关实例如下。

```
foreach (object myvalue in books.Values)
{
    Book bk = (Book)myvalue;
    lblShow.Text += bk.GetMessage();
}
```

6.1.4　栈和队列

1. 栈

栈（Stack）类实现了先进后出的数据结构。这种数据结构在插入或删除对象时，只能在栈顶插入或删除。

创建栈对象的一般形式如下。

Stack 栈名 = new Stack();

Stack 类提供了栈常用操作方法，包括在栈顶添加数据、移除栈顶数据、返回栈顶数据、清空栈和检查是否包含某个数据等，方法名分别为 Push、Pop、Peek、Clear 和 Contains，其中，Push 和 Pop 每操作一次只能添加或删除一个数据，相关实例如下。

```
Stack s = new Stack();
s.Push("Visual C#.NET 程序设计教程");
s.Push("数据结构");
Console.WriteLine(s.Pop());
Console.WriteLine(s.Pop());
```

上述代码先创建一个栈对象 s，然后将字符串"Visual C#.NET 程序设计教程""数据结构"

添加到栈中，然后再将它们从栈中返回并删除。因此，最终程序的输出结果应是："数据结构""Visual C#.NET 程序设计教程"。

2. 队列

队列（Queue）类实现了先进先出的数据结构。这种数据结构把对象放进一个等待队列中，当插入或删除对象时，对象从队列的一端插入，从另外一端移除。

队列可以用于顺序处理对象，因此队列可以按照对象插入的顺序来存储。

创建队列对象的一般形式如下。

```
Queue 队列名 = new Queue([队列长度] [,增长因子]);
```

其中，队列长度默认为 32，即允许队列最多存储 32 个对象。由于调整队列的大小需要付出一定的性能代价，所以建议在构造队列时指定队列的长度。增长因子默认为 2.0，即每当队列容量不足时，队列长度调整为原来的 2 倍，可重新设置增长因子的大小。

例如，"Queue q = new Queue（50,3.0f）;"表示创建队列 q，初始长度为 50，可容纳 50 个对象，当容量不足时把队列长度调整为原来的 3 倍。

Queue 类提供了队列常用操作方法，包括往队尾添加数据、移除队头数据、返回队头数据、清空队列和检查是否包含某个数据等，方法名分别为 Enqueue、Dequeue、Peek、Clear 和 Contains，其中，Enqueue 和 Dequeue 每操作一次只能添加或删除一个数据。

```
Queue q = new Queue(20,3.0f);
q.Enqueue("Visual C#.NET 程序设计教程");    //进队
q.Enqueue("数据结构");                      //进队
Console.WriteLine(q.Dequeue());            //出队
Console.WriteLine(q.Dequeue());            //出队
```

上述代码表示先在队列中添加了两个字符串，然后重复调用 Dequeue 方法，按先进先出顺序返回并输出这两个字符串，程序的输出结果应是："Visual C#.NET 程序设计教程""数据结构"。

6.2 索 引 器

有时候，我们在访问类中的一个集合时，会希望类就像一个数组一样通过索引来访问。例如，我们定义一个书架类 BookStack 和对象 bookstack，其中包含许多图书 Book。这些图书存放在一个一维数组 books 中。我们访问 bookstack 中的第一本图书的方法是 "bookstack. books [0];"，但如果能用一个索引访问 books 数组（如：bookstack [0]），将非常方便。在 C#中，索引器满足这种诉求。索引器（indexer）也是类的一种成员，其使得对象可以像数组一样被索引，使程序看起来更为直观，更容易编写。本节将详细介绍索引器的相关内容。

6.2.1 索引器的定义与使用

1. 索引器的定义

C#中的类成员可以是任意类型，包括数组或集合。当一个类包含了数组或集合成员时，索引器将大大简化对数组或集合成员的存取操作。

定义索引器的方式与定义属性有些类似，其一般形式如下。

```
[修饰符]数据类型 this[索引类型 index]
{
```

```
    get
    {
        //返回 index 指向的元素值
    }
    set
    {
        //为 index 指向的元素赋值
    }
}
```

其中，修饰符包括 public、protected、private 等；数据类型是表示将要存取的数组或集合元素的类型；索引类型表示该索引器使用哪一种类型的索引来存取数组或集合元素，可以是整数，也可以是其他类型，如字符串；this 表示操作本对象的数组或集合成员，可以简单把它理解成索引器的名字，因此索引器不能具有用户定义的名称。和属性一样，索引器中包括 get 和 set 访问器，用来控制索引器的可读/写、只读或只写。

下面的示例定义了一个定义图书类。

```
class Book      //定义一个图书类
{
    string _title;
    public Book(string title)
    {
        this._title = title;
    }
    public string Title  => _title;   //只读属性,返回图书名称
}
```

然后使用如下代码定义一个书架类。该类包含一个 Book 型的数组成员。

```
class BookStack                     //定义一个书架类
{
    Book[] books;                   //该数组用于存放照片
    public BookStack(int capacity)  //构造函数,指定 books 数组的大小
    {
        books = new Book[capacity];
    }
}
```

在书架类中，添加一个索引器并指定索引参数类别为 int，就可以简化数组成员的访问。代码如下。

```
public Book this[int index]             //带有 int 参数的 Book 读/写索引器
{
    get
    {
        if (index < 0 || index >= books.Length) //验证索引范围
        {
            return null;                //使用 null 指示失败
        }
        return books[index];            //对于有效索引,返回请求的图书
    }
    set
    {
        if (index < 0 || index >= books.Length)
        {
```

```
            return;
        }
        books[index] = value;
    }
}
```

索引器支持重载。我们还可以定义一个带有 string 参数的只读索引器，代码如下。

```
public Book this[string title]        //带有 string 参数的 Book 只读索引器
{
    get
    {
        foreach (Book p in books)      //遍历数组中的所有图书
        {
            if (p.Title == title)      //将图书的名称与索引器参数进行比较
                return p;
        }
        return null;                   //使用 null 指示失败
    }
}
```

【注意】C# 7 允许通过=>引入表达式主体来简化索引器的定义。例如，在上面例子中，如果不需要检查 index 参数值的有效性，则该索引器可以采用如下形式进行定义。

```
public Book this[int index]           //带有 int 参数的 Book 读/写索引器
{
    get => books[index];              //返回指定索引的图书
    set => books[index] = value;
}
```

当索引器为只读索引时，C#允许使用=>引入表达式主体来省略 get。相关代码实例如下。

```
public Book this[int index] => books[index];            //只读索引器,返回定索引的图书
```

2. 索引器的使用

使用索引器可以存取类的实例的数组成员，操作方法与数组相似，一般形式如下。

对象名[索引]

其中，索引的数据类型必须与索引器的索引类型相同。

例如，要使用上例定义的索引器，可先创建一个对象 bookstack，再通过索引来引用该对象中的数组元素，其代码如下。

```
BookStack  bookstack  =  new  BookStack (3);            //创建一个容量为 3 的书架
Book  x = new Book ("Visual C#.NET 程序设计教程");       //创建 3 本图书
Book  y = new Book ("数据结构");
Book  z = new Book ("大学计算机应用基础");
bookstack[0] = x;                      //向书架添加图书
bookstack[1] = y;
bookstack[2] = z;
Book  a = bookstack [2];               //按索引检索
Console.WriteLine(a.Title);
Book  b = bookstack ["数据结构"];       //按名称检索
Console.WriteLine(b.Title);
```

【实例 6-3】利用前面定义的索引器进行图书的添加和查询。

（1）首先在 Windows 窗体中添加 3 个 Label 控件、两个 TextBox 控件和 3 个 Button 控件，并

根据表 6-6 设置相应属性项。

表 6-6　　　　　　　　　　　需要修改的属性项

控件	属性	属性设置	控件	属性	属性设置
Label1	Text	书名：	TextBox2	Name	txtIndex
Label2	Text	本：	Button1	Name	btnAdd
Label3	Text	""		Text	添加到
	Name	lblShow	Button2	Name	btnShow
	AutoSize	false		Text	显示第
	BorderStyle	Fixed3D	Button3	Name	btnSelect _
TextBox1	Name	txtTitle		Text	按书名查找

（2）在窗体设计区中分别双击"btnAdd""btnShow"和"btnSelect"按钮控件，系统自动为按钮分别添加"Click"事件及对应的事件方法，然后在源代码视图中编辑如下代码。

```csharp
using System;
using System.Windows.Forms;
public partial class Test6_3 : Form
{
    BookStack bookstack = new BookStack(3);            //创建一个容量为 3 的书架
    private void btnAdd_Click(object sender, EventArgs e)
    {
        int index = Convert.ToInt32(txtIndex.Text)-1;   //索引从 0 开始
        Book book = new Book(txtTitle.Text);            //创建 1 本图书
        bookstack[index] = book;                        //向书架添加图书
        lblShow.Text = string.Format("图书添加成功!");
    }
    private void btnShow_Click(object sender, EventArgs e)
    {
        int index = Convert.ToInt32(txtIndex.Text)-1;
        Book book = bookstack[index];                   //按索引检索
        if (book != null)
            lblShow.Text = string.Format("第{0}本图书的书名是:{1}", index+1, book.Title);
        else lblShow.Text = string.Format("没有第{0}本书!", index+1);
    }
    private void btnSelect_Click(object sender, EventArgs e)
    {
        Book book = bookstack[txtTitle.Text];           //按名称检索
        if (book != null)
            lblShow.Text = string.Format("找到书名为:{0} 的图书!", book.Title);
        else lblShow.Text = string.Format("没有找到书名为:{0} 的图书!", txtTitle.Text);
    }
}
// Book 类的定义 (略,具体见前面示例)
// BookStack 类的定义 (略,具体见前面示例)
```

上述程序首先创建了一个容量为 3 的书架对象 bookstack。当我们在"书名"文本框中输入"Visual C#.NET 程序设计教程"，并在后面的文本框中输入"1"时，单击"添加到"按钮，程序将创建一个 Book 对象，并通过索引器添加到 bookstack 的 books 数组索引为 0 的位置。再依次输入 "数据结构""大学计算机应用基础"，并同时在后面的文本框中输入 "2""3"，单击 "添加到" 按钮，可完成 bookstack 的 books 数组的初始化。如果输入 "Visual C#.NET 程序设计教程"，再单击 "按书名查找" 按钮，则可查找图书。运行效果如图 6-3 所示。如果输入要访问的图书编号并单击 "显示第" 按钮，则可以索引指定的图书。

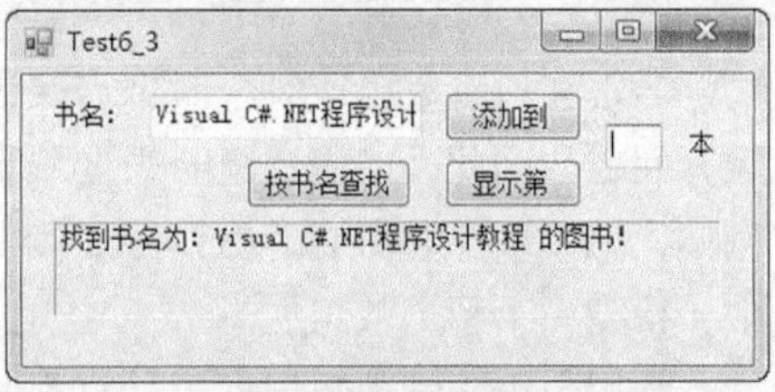

图 6-3　索引器运行效果

3. 接口中的索引器

在接口中也可以声明索引器。接口索引器与类索引器的区别主要表现在两个方面：一是接口索引器不使用修饰符；二是接口索引器只包含访问器 get 或 set，没有实现语句。访问器的用途是指示索引器是可读写、只读还是只写的，如果是可读写的，访问器 get 和 set 均不能省略；如果是只读的，省略 set 访问器；如果是只写的，省略 get 访问器。相关实例如下。

```
public interface IAddress
{
    string this[int index] { get; set; }      //声明索引器
    string Address { get; set; }              //声明属性
    string Answer();                          //声明方法
}
```

上述代码所声明的接口 IAdress 包含 3 个成员，分别为一个索引器、一个属性和一个方法，其中，索引器是可读写的。

6.2.2　索引器与属性的比较

索引器与属性都是类的成员，语法上非常类似。索引器一般用在自定义的集合类中。开发人员通过使用索引器来操作集合对象就如同使用数组一样简单；而属性可用于任何自定义类，其增强了类的字段成员的灵活性。表 6-7 列出了索引器与属性的主要区别。

表 6-7　索引器与属性的区别

属性	索引器
通常用于获取或设置成员字段的值	通常用于获取或设置数组或集合成员中的指定索引的元素值
允许调用方法，如同公共数据成员	允许调用对象上的方法，如同对象是一个数组
可通过简单的名称进行访问	可通过索引器进行访问
可以为静态成员或实例成员	必须为实例成员
属性的 get 访问器没有参数	索引器的 get 访问器具有与索引器相同的形参表
属性的 set 访问器包含隐式 value 参数	除了值参数外，索引器的 set 访问器还具有与索引器相同的形参表

6.3　泛　　型

泛型类型是一种编程范式，其通过将数据的类型参数化实现类的抽象描述，从而实现更为灵活的代码复用。泛型赋予了代码更强的安全性、更好的可复用性、更高的效率和更清晰的约束。

本节将介绍泛型的基本使用方法。

6.3.1　泛型概述

通常在讨论数组或集合时都需要预设一个前提，即到底要解决的是整数、小数还是字符串的运算问题。因此，使用数组时需要预先确定数组的类型，然后再把相同类型的数据放入数组中。例如，把 100 个整数存入数组中，得到一个整型数组，而把 100 个自定义的 Book 对象存入数组中，得到一个图书数组。

利用数组来管理数据，虽然直观、容易理解，但存在很大的局限性，仍然需要重复编写几乎完全相同的代码来完成排序和查找操作。为此，C#提供了一种更加抽象的数据类型——泛型，以克服数组的不足。当利用泛型来声明这样一个更抽象的数据类型之后，再也不需要针对诸如整数、小数、字符、字符串等数据重复编写几乎完全相同的代码。

泛型的基本用法如下：首先声明这种泛型数据类型，声明时不用指定要处理的数据的类型，只讨论抽象的数据操作，如排序、查找等。在实际引用这种泛型数据类型时，先确定要处理的数据类型，再执行相应的操作。

泛型的另一个优点是"类型安全"，上面提到的集合类是没有类型化的，以 ArrayList 为例，继承自 System.Object 的任何对象都可以存储在 ArrayList 中。下面的例子在 ArrayList 类型的集合中添加一个整数、一个字符串和一个 Book 类型的对象。

```
ArrayList list = new ArrayList();
list.Add(38);
list.Add("罗福强");
list.Add(new Book("Visual C#.NET 程序设计教程",32));
```

如果这个集合使用下面的 foreach 语句遍历，而该 foreach 语句将每个元素转换成 int 进行遍历，则编译器会让这段代码编译通过。但并不是集合中的所有元素都可以转换为 int，所以会出现一个运行异常，具体如下。

```
foreach (object o in list)
{
    Console.WriteLine((int)o);
}
```

而采用泛型，可以较早地检查出放入集合中的元素是否是预定的类型，以保证类型安全。

NET Framework 在 System.Collections.Generic 和 System.Collections.ObjectMode 命名空间中就提供了大量的泛型集合类，如 List、Queue、Stack、Dictionary 等。这些集合类基本上都提供了增加、删除、清除、排序和返回集合元素值的操作方法。这些操作方法对任意类型的数据都有效。

6.3.2　泛型集合

泛型最常见的用途是创建集合类。泛型集合可以约束集合内的元素类型。典型泛型集合包括 List<T>、Dictionary<K,V>等，其中，<T>、<K,V>表示该集合中的元素的数据类型。

1. List<T>

列表 List<T>是动态数组 ArrayList 的泛型等效类，是强类型化的列表。在使用 List<T>时，必须明确指定列表元素的数据类型。创建一个列表对象的格式如下。

List<元素类型> 对象名 = new List<元素类型>();

在使用 List<T>时，要注意引入命名空间：System.Collections.Generic。下例创建一个泛型集合，并指定该集合中只能存放 Book 类型的元素。

```
List<Book> books = new List< Book >();
```

List<T>与 ArrayList 的使用方法相似。下例创建两个 Book 并添加到 books 泛型集合中。

```
Book a = new Book ("Visual C#.NET 程序设计教程", 32);    //创建一个 Book 对象
Book b = new Book("数据结构",28);            //创建一个 Book 对象
books.Add(a );                    //添加到泛型集合
books.Add(b );                    //添加到泛型集合
```

而如果执行 "books.Add（114）;"，则将出现编译错误，因为在该泛型集合中只允许放入 Book 类型的元素。在访问泛型集合的元素时，因为是强类型的集合，所以无需类型转换，例如下面代码说明了通过索引访问元素和通过 foreach 遍历集合时都不需类型转换。

```
Book a = books[0];                //使用索引访问,无需类型转换
lblShow.Text = a.GetMessage ();
foreach (Book book in books)
{
    lblShow.Text = book.GetMessage ();    //遍历时不需要类型转换
}
```

和 ArrayList 一样，List<T>也可以使用 RemoveAt 利用索引删除指定索引的元素。

```
books.RemoveAt(0);                //利用索引删除
```

可以看出，访问 List<T> 与 ArrayList 的对比，两者都可以用相同的方法添加对象，都可以通过索引访问集合的元素和删除元素，但是，ArrayList 对象中可以添加任何类型的对象，而 List<T>在添加元素时要对添加的类型严格检查。另外，在访问集合元素时，ArrayList 集合需要装箱、拆箱才能访问，而 List<T>无需装箱、拆箱可以直接访问。

2. Dictionary<K,V>

字典 Dictionary 是键和值的集合，其实质上仍然是一个哈希表，只是在使用时要指定键和值的类型，其中的<K,V>约束集合中元素类型，和 List<T>相同。Dictionary<K,V>集合在编译时要检查类型约束，访问集合中的元素时也无需装箱、拆箱操作。

创建一个字典对象的格式如下。

Dictionary<键类型,值类型> 对象名 = new Dictionary<键类型,值类型>();

下例创建一个 Dictionary<K,V>，并指定该集合中的 Key 存储 int 类型，value 存储 Book 类型。

```
Dictionary<int, Book> dicBook =new Dictionary<int, Book>();
```

Dictionary<K,V>与 Hashtable 的使用方法相似。下例创建两个 Book 并添加到 dicBook 泛型集合中。

```
Book a = new Book(1001,"Visual C#.NET 程序设计教程", 32);    //创建一个 Book 对象
Book b = new Book(1002,"数据结构", 32);    //创建一个 Book 对象
dicBook.Add(1001, a );                //添加到 dicBook 泛型集合
dicBook.Add(1002, b );                //添加到 dicBook 泛型集合
```

在访问泛型集合的元素时，无需类型转换，如下列代码说明了通过 Key 访问元素和通过 foreach 遍历集合时都不需类型转换。

```
Book x = dicBook[101];                //通过 Key 获取元素,无需类型转换
lblShow.Text = x .GetMessage ();
foreach (Book book in dicBook.Values)    //遍历 Values
{
```

```
        lblShow.Text = book.GetMessage ();    //遍历时不需要类型转换
    }
```

与 Hashtable 相同，Dictionary<K,V>也可以使用 Remove 方法利用 Key 删除指定元素。相关代码实例如下。

```
dicBook.Remove(1001);                        //通过 Key 删除元素
```

6.3.3　自定义泛型

我们也可以自定义泛型，包括定义泛型类、泛型方法和泛型接口等。

1. 泛型类

当某类的操作不针对特定或具体的数据类型时，我们可以把它声明为泛型类。泛型类最常用于集合，如链接列表、哈希表、堆栈、队列和树等。

定义泛型类的一般形式如下。

[访问修饰符] class 泛型类名<类型参数列表> **[类型参数约束]**

```
{
    //类的成员
}
```

其中，"访问修饰符"包括 public 和 internal 等；"类型参数列表"指定一个或多个类型参数，参数之间使用逗号分隔；"类型参数约束"用来限定泛型类所要处理的数据类型。相关实例如下。

```
public class Person<T>
{
    ......
}
```

上述代码中，T 是类型参数。T 可以是任意标识符，只要遵循通常的 C#命名规则即可，例如不以数字开头等。

一个泛型类允许包含多个类型参数并用逗号间隔，相关代码实例如下。

```
public class Person<T1,T2,T3>
{
    ......
}
```

你可以把类型参数简单理解成临时的数据类型，可以像使用 int、string 等类型那样使用它们，可以用作字段、属性的数据类型，也可以用作方法的参数或返回值类型。相关代码实例如下。

```
public class Person<T1, T2>    //声明了 2 个类型参数
{
    T1 t1;                     //使用类型参数 T1 定义字段 t1
    T2 t2;
    public Person(T1 x, T2 y)  //2 个类型参数用来定义构造函数的形参变量
    {
        t1 = x;
        t2 = y;
    }
    public string ShowMessage ()
    {
        return string.Format("{0}:{1}", t1, t2);
```

```
    }
}
```

使用泛型类时必须明确指定参数类型，如下面的代码所示。

```
Person<int, string> student = new Person<int, string>(1001, "郭靖");
lblShow.Text += "\n" + student. ShowMessage ();
Person<string, string> teacher = new Person<string, string>("教授", "洪七公");
lblShow.Text += "\n" + teacher. ShowMessage ();
```

在定义泛型类时，有时需要限制只有某种类型才能用作类型参数。这时，可以使用 where 关键字来进行约束。相关代码实例如下。

```
public class Student{}
public class Person <T> where T : Student
{
}
```

上述代码中，Person 类为一个泛型类，尖括号中的 T 即为类型参数，并使用 where 关键字对它进行约束，表示这是一个与 Student 有关的泛型类，只有 Student 及其派生类可以作为类型参数，而其他类无法作为其类型参数。

在 C#中，一共有 5 类约束，分别如下。

（1）where T : struct：类型参数必须是值类型。

（2）where T : class：类型参数必须是引用类型，包括任何类、接口、委托或数组类型。

（3）where T : new()：类型参数必须具有无参数的公共构造函数。当与其他约束一起使用时，new()约束必须最后指定。

（4）where T : <base class name>：类型参数必须是指定的基类及其派生类。

（5）where T : <interface name>：类型参数必须是指定的接口。

与普通类型相同，泛型类支持类的继承性。具体实例如下。

```
public class Teenager <T> : Person <T>     //定义泛型派生类 Teenager
{
}
```

【注意】当基类是受约束的泛型类时，其派生类也将受相同约束，是不能"解除约束"的，就如同奴隶社会一样一旦为奴，其子子孙孙也为奴。因此，在此例中派生类 Teenager 的类型参数 T 也将自动约束为 Student。

【注意】在创建泛型类时，要注意以下几个问题。

（1）将哪些类型通用化为类型参数？一般规则是：能够参数化的类型越多，代码就越灵活，重用性就越好，但太多的通用化会使其他开发人员难以阅读或理解代码。

（2）如果存在约束，应对类型参数应用什么约束？一般规则是：应用尽可能最多的约束，但仍能够处理需要处理的类型。例如，如果知道泛型类仅用于引用类型，则应用类约束。这可以防止泛型类被意外地用于值类型，并允许对 T 使用 as 运算符以及检查空值。

（3）是否将泛型行为分解为基类和子类？由于泛型类可以作为基类使用，其注意事项与非泛型类相同。

（4）是否实现一个或多个泛型接口？

【实例 6-4】泛型类的定义和使用演示。

（1）在 Windows 窗体中添加两个 Label 控件、1 个 TextBox 控件和 4 个 Button 控件，并根据表 6-8 设置相应属性项。

表 6-8 需要修改的属性项

控件	属性	属性设置	控件	属性	属性设置
Label1	Text	""	Button2	Name	btnUndergraduate
	Name	lblShow		Text	添加大学生
	AutoSize	false	Button3	Name	btnPostgraduate
	BorderStyle	Fixed3D		Text	添加研究生
Label2	Text	姓名：	Button4	Name	btnStudy
Button1	Name	btnPupil		Text	学习
	Text	添加小学生	TextBox1	Name	txtName

（2）在窗体设计区中分别双击"btnDog""btnSmallDog""btnCat"和"btnFeed"按钮控件，系统自动为按钮分别添加"Click"事件及对应的事件方法。然后，在源代码视图中编辑如下代码。

```csharp
using System;
using System.Windows.Forms;
using System.Collections.Generic;
public partial class Test6_4 : Form
{
    Person<Student> stu = new Person<Student>();
    private void btnPupil_Click(object sender, EventArgs e)
    {
        stu.Students.Add(new Pupil(txtName.Text));
        lblShow.Text += string.Format("\n 添加小学生:{0}成功",txtName.Text);
    }
    private void btnUndergraduate_Click(object sender, EventArgs e)
    {
        stu.Students.Add(new Undergraduate(txtName.Text));
        lblShow.Text += string.Format("\n 添加大学生:{0}成功", txtName.Text);
    }
    private void btnPostgraduate_Click(object sender, EventArgs e)
    {
        stu.Students.Add(new Postgraduate(txtName.Text));
        lblShow.Text += string.Format("\n 添加研究生:{0}成功", txtName.Text);
    }
    private void btnStudy_Click(object sender, EventArgs e)
    {
        lblShow.Text = stu.StudyTo();
    }
}
public abstract class Student
{
    protected string name;
    public Student(string name)
    {
        this.name = name;
    }
    public abstract string Study();
}
public class Undergraduate : Student                //大学生类
{
```

```
        public Undergraduate(string name) : base(name) { }
        public override string Study()
        {
            return string.Format("{0}:我是大学生,我在学习专业知识!",name);
        }
    }
    public class Pupil : Student        //小学生类
    {
        public Pupil(string name) : base(name) { }
        public override string Study()
        {
            return string.Format("{0}:我是小学生:我在学习基础知识!", name);
        }
    }
    public class Postgraduate : Undergraduate        //研究生类
    {
        public Postgraduate(string name) : base(name) { }
        public override string Study()
        {
            return string.Format("{0}:我是研究生:我在做科学研究!", name);
        }
    }
    public class Person<T> where T : Student
    {
        private List<T> stus = new List<T>();
        public List<T> Students => stus;        //泛型的只读属性,此处省略 get 访问器
        public string StudyTo()
        {
            string msg=string.Empty;
            foreach (T stu in stus)
            {    msg+="\n"+stu.Study();    }
            return msg;
        }
    }
```

该程序中，首先定义了一个抽象基类 Student，然后定义了两个派生类，分别为 Undergraduate 和 Pupil，并从 Undergraduate 派生出 Postgraduate 类。子类重写了基类的 Study 方法。之后定义了一个泛型类 Person<T>。该泛型类中包含一个 List<T> 的泛型集合，用来存放 Student 对象，一个只读属性，返回泛型集合 stus，以及一个方法，用来对 List<T> 集合中的每个成员调用一次 Study 方法。在声明该泛型类时，使用 where 关键字对类型参数 T 进行了约束，表示该集合只能存取 Student 对象或派生类对象。

在 Test6_4 类中，先使用泛型类创建一个 stu 对象，当我们在名字文本框中输入学生的姓名后，可以单击"添加小学生""添加大学生"或"添加研究生"按钮，把对应的实例添加到 stu 的泛型集合中。最后，我们单击"学习"按钮，程序将依次显示每位学生的名字和他们学习内容。该程序的运行效果如图 6-4 所示。

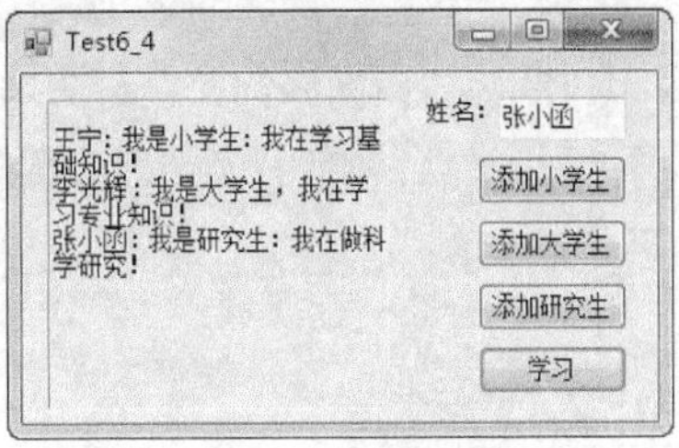

图 6-4　实例 6-4 的运行效果

2. 泛型方法

泛型方法是在泛型类或泛型接口中使用类型参数声明的方法，其一般形式如下。

[访问修饰符]返回值类型 方法名<类型参数列表>(形式参数列表)
```
{
    //语句
}
```

其中，类型参数列表与其所属的泛型类的类型参数列表相同。

下面的方法是用户交换两个相同类型的变量的引用。

```
void Swap<T>(ref T t1, ref T t2)
{
    T temp;
    temp = t1; t1 = t2; t2 = temp;
}
```

上述代码声明了一个泛型方法，返回值类型为 void，方法名为 Swap，类型参数列表只有一个 T。下面的代码展示了如何调用该方法。

```
int a = 5, b = 8;
Swap<int>(ref a, ref b);
```

3. 泛型接口

泛型接口通常用来为泛型集合类或者表示集合元素的泛型类定义接口。对于泛型类来说，从泛型接口派生可以避免值类型的装箱和拆箱操作。.NET Framework 类库定义了若干个新的泛型接口，在 System.Collections.Generic 命名空间中的泛型集合类（如 List 和 Dictionary）都是从这些泛型接口派生的。表 6-9 列举了.NET Framework 2.0 中常用的泛型接口。

表 6-9　　　　　　　　　　　　　常用的泛型接口

接口	说明
ICollection	定义操作泛型集合的方法
IComparer	定义比较两个对象的方法
IDictionary	表示键/值对的泛型集合
IEnumerable	公开枚举数，该枚举数支持在指定类型的集合上进行简单的迭代
IEnumerator	支持在泛型集合上进行简单的迭代
IEqualityComparer	定义方法，以支持对象的相等比较
IList	表示可按照索引单独访问的一组对象

C#允许自定义泛型接口，一般形式如下。

[访问修饰符] interface 接口名<类型参数列表>
```
{
    //接口成员
}
```

其中，"访问修饰符"可省略；"类型参数列表"表示尚未确定的数据类型，类似于方法中的形参列表，当具有多个类型参数时使用逗号分隔。泛型接口也可以使用类型约束。相关代码实例如下。

```
interface IDate<T>
{
}
```

上述代码声明了一个名为 IData 的泛型接口，它包含一个类型参数 T。

习　　题

1. 判断题

（1）可以把任意类型的数据保存到 ArrayList 集合中。

（2）执行程序"ArrayList aList= new ArrayList(5);"后，集合 aList 只能存放 5 个元素。

（3）访问 ArrayList 集合中的元素时，必须先进行强制类型转换。

（4）用 foreach 对 Hashtable 进行遍历，只能遍历 Keys（键集），通过键访问值，不能直接遍历 Values（值集）。

（5）设计索引器时，不能自定义索引器的名称。

（6）在接口中不能声明索引器。

（7）定义 List<T>对象时，必须指定 T 的类型。

（8）泛型类可以在其定义中包含任意多个类型，它们用逗号分隔开，具体如下。

```
public class Person<T1,T2,T3>{ ……}
```

2. 单项选择题

（1）下面哪一个选项不是数组类 Array 与动态数组类 ArrayList 的区别？（　　）

    A. Array 的大小是固定的，而 ArrayList 的大小可根据需要自动扩充

    B. 在 Array 中一次只能获取或设置一个元素的值，而在 ArrayList 中允许添加、插入或移除某一范围的元素

    C. Array 始终只是一维的，而 ArrayList 可以具有多个维度

    D. Array 位于 System 命名空间中，ArrayList 位于 System.Collections 命名空间中

（2）将一个 ArrayList 集合中的所有元素都删除的方法是（　　）。

    A. Remove()　　　　　　　　　　B. RemoveAt()

    C. RemoveAll()　　　　　　　　　D. Clear()

（3）在一个包含 3 个元素的 ArrayList 集合中，删除两个元素，再添加 3 个元素，则最后一个元素的索引值为（　　）。

    A. 6　　　　　　　B. 5　　　　　　C. 4　　　　　　　　D. 3

（4）下面哪个选项将元素 obj 插入到 ArrayList 集合对象 al 索引值有 5 的地方？（　　）

    A. al.Insert (5,obj);　　　　　　　B. ArrayList.Insert (5,obj);

    C. ArrayList.Add (5,obj);　　　　　D. al.Add (5,obj);

（5）对下列程序表述不正确的是（　　）。

```
public string this[int index]{ get{…} }
```

    A. 这是一个只读索引器；

    B. 索引器的返回值是字符串；

    C. 索引器的参数是 int 类型；

    D. 该索引器的调用形式是:this[0];

（6）下列关于 ArrayList 与 List<T>的区别的叙述，不正确的是（　　）。

    A. ArrayList 中可以添加任何类型的对象，而 List<T>只能添加指定类型的对象

    B. ArrayList 和 List<T>都需要强制转换后才能访问集合元素

C. ArrayList 和 List<T>添加元素的方法相同

D. ArrayList 和 List<T>都可以通过索引访问集合的元素和删除元素

（7）下面关于 Hashtable 与 Dictionary<K,V>的区别的叙述，正确的是（　　）。

A. Hashtable 和 Dictionary<K,V>中都可以添加任何类型的对象

B. Hashtable 和 Dictionary<K,V>都需要强制转换后才能访问集合元素

C. 在定义 Hashtable 对象时，无需指定键、值的类型，而定义 Dictionary<K,V>对象时，必须指定键、值的类型

D. Hashtable 和 Dictionary<K,V>都可以使用 Remove 方法利用 Key 删除指定元素

（8）对下列程序段描述正确的是（　　）。

```
public class Person <T> where T : Student{  }
```

A. Person 类必须从 Student 类中派生

B. 只有 Student 和派生子类可以作为 Person 类的类型参数

C. 只有 Student 类可以作为 Person 类的类型参数

D. Student 类必须从 Person 类中派生

实验 6

一、实验目的

（1）初步掌握常用集合的创建和操作方法。

（2）初步掌握索引器的定义与使用。

（3）初步掌握泛型接口、泛型类、泛型属性和泛型方法的使用。

二、实验要求

（1）熟悉 VS2017 的基本操作方法。

（2）认真阅读本章相关内容，尤其是案例。

（3）实验前进行程序设计，完成源程序的编写任务。

（4）反复操作，直到不需要参考教材、能熟练操作为止。

三、实验步骤

（1）设计一个 Windows 应用程序，定义一个 Teacher 类，包含姓名和职称两个字段和一个输出自己信息的方法，并用 ArrayList 实现与实例 6-1 相同的功能。

（2）设计一个 Windows 应用程序，定义一个 Student 类，包含学号和姓名两个字段，并定义一个班级类 ClassList。该类包括一个 Student 集合，使用索引器访问该集合，实现与实例 6-3 类似的功能。

（3）设计一个 Windows 应用程序，要求如下。

① 构造一个产品基类。

② 分别定义家电、日用百货、衣服等派生类，要求具有不同的特征和行为。

③ 定义一个泛型货架类，约束参数类型为产品类。该泛型的货架类包括一个泛型集合，用于

存放各种产品对象，并包含一个方法用于输出每个产品的相关信息

④ 仿照实例 6-4，定义泛型的货架类对象，完成对产品的添加和信息的输出。

四、实验总结

写出实验报告（报告内容包括：实验内容、任务分析、算法设计、源程序、实验体会等），并记录实验过程中的疑难点。

第7章
程序调试与异常处理

总体要求

- 了解程序错误的 3 种类型。
- 熟练运用 VS2017 的调试器调试程序错误。
- 了解异常和异常处理的概念。
- 学会使用 try-catch-finally 及 throw 语句来捕获和处理异常。

学习重点

- 调试程序错误的方法。
- try-catch-finally 结构及其使用方法。

本章主要讲述在 VS2017 中调试 C#程序，以及使用 try-catch-finally 及 throw 语句捕获和处理异常的方法。

7.1 程 序 错 误

在软件开发过程中，程序难免出错，无论多么资深的程序员，也无法保证程序没有任何错误。因此，排除程序的错误是必不可少的工作。Visual Studio.NET 2017 提供了完善的程序错误调试功能，可以帮助程序员快速地发现和定位程序中的错误。

7.1.1 程序错误分类

在编写程序时，我们经常会遇到各种各样的错误。这些错误中有些容易发现和解决，有些则比较隐蔽甚至很难发现。C#程序错误总体上可以归纳为 3 类：语法错误、逻辑错误和运行时错误。

1. 语法错误

语法错误是指不符合 C#语法规则的程序错误。例如，变量名的拼写错误、数据类型错误、标点符号的丢失、括号不匹配等。语法错误是 3 类程序错误中最容易发现也是最容易解决的一类错误，发生在源代码的编写过程中。在 VS2017 中，源代码编辑器能自动识别语法错误，并用红色波浪线标记错误。只要将鼠标停留在带有此标记的代码上，就会显示出其错误信息，同时显示在错误列表窗口中。如图 7-1 所示，方法 int Factorial（int n）的方法体中没有返回值，同时，result 和 i 未赋值就直接使用，类似的错误都称为语法错误。

其实，语法错误是可以避免的。VS2017 提供了强大的智能感知技术，要尽量利用该技术辅助书写源程序，不但可提高录入速度，还可以避免语法错误。例如，当输入了"Convert."时，系统会自动显示 Convert 类的所有成员方法，通过光标移动键查找并定位于某个方法，按空格键，即可完成相关诸如“Convert.ToInt32”之类的录入操作。

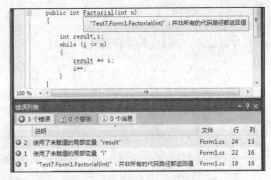

public int Factorial(int n)
{
"Test7.Form1.Factorial(int)"：并非所有的代码路径都返回值
int result,i;
while (i <= n)
{
result *= i;
i++;
}
}
100 %
错误列表
3 个错误
0 个警告
0 个消息
说明
文件
行
列
2 使用了未赋值的局部变量 "result" Form1.cs 24 13
1 使用了未赋值的局部变量 "i" Form1.cs 22 16
3 "Test7.Form1.Factorial(int)"：并非所有的代码路径都返回值 Form1.cs 18 16
图 7-1 语法错误

2. 逻辑错误

逻辑错误通常不会引起程序本身的运行异常。因为分析和设计不充分，造成程序算法有缺陷或完全错误。这样根据错误的算法书写程序，自然不会获得预期的运行结果。因此，逻辑错误的实质是算法错误，是最不容易发现的，也是最难解决的，必须重新检查程序的流程是否正确以及算法是否与要求相符，有时可能需要逐步地调试分析，甚至还要适当地添加专门的调试分析代码来查找其出错的原因和位置。

逻辑错误无法依靠.NET 编译器进行检查，只有依靠程序设计员认真、不懈地努力才能解决。正因如此，寻找新算法、排除逻辑错误才是广大程序设计员的价值所在。

3. 运行时错误

运行时错误是指在应用程序试图执行系统无法执行的操作时产生的错误，也就是我们所说的系统报错。这类错误编译器是无法自动检查出来的，通常需要对输入的代码进行手动检查并更正。

【实例 7-1】设计一个 Windows 程序，求每一奇数位数组元素前、后 2 个元素之和，并保存在该元素中。

【分析】假设 a 是一维数组，要求当 i 为奇数时，执行 a[i] = a[i-1] + a[i+1]。为此，可使用 for 语句来循环处理。核心代码如下。

```
for (int i = 1; i < a.Length; i+=2)
{
    a[i] = a[i - 1] + a[i + 1];
}
```

上述代码算法很简单，编译时也不会报错，但运行时会出现错误，如图 7-2 所示。

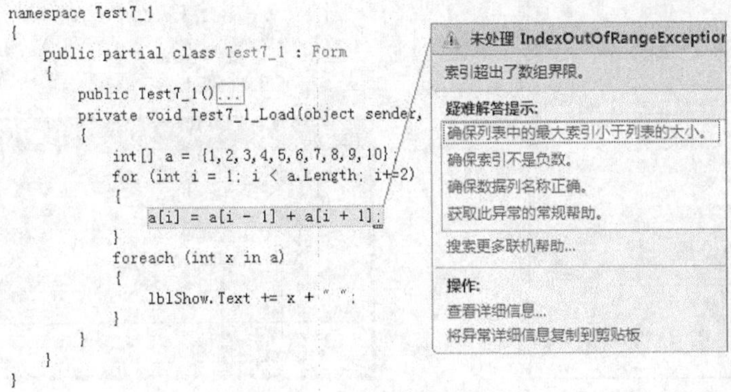

namespace Test7_1
{
public partial class Test7_1 : Form
{
public Test7_1()...
private void Test7_1_Load(object sender,
{
int[] a = {1,2,3,4,5,6,7,8,9,10};
for (int i = 1; i < a.Length; i+=2)
{
a[i] = a[i - 1] + a[i + 1];
}
foreach (int x in a)
{
lblShow.Text += x + " ";
}
}
}
}
未处理 IndexOutOfRangeExceptio
索引超出了数组界限。
疑难解答提示:
确保列表中的最大索引小于列表的大小。
确保索引不是负数。
确保数据列名称正确。
获取此异常的常规帮助。
搜索更多联机帮助...
操作:
查看详细信息...
将异常详细信息复制到剪贴板
图 7-2 运行期错误

显然，错误原因是索引超过数组界限，例如，当 i 指向最后一个数组元素 a[9]时，a[i+1]即 a[10]越界。为此，可对 for 语句作如下修改。

```
for (int i = 1; i < a.Length-1; i+=2)
```

可见，编程思路不严密会造成运行时错误。初学者只有通过大量地、不懈地编程练习，才能

有效避免这类问题。

7.1.2 调试程序错误

为了帮助开发人员更快地发现程序错误和更好地排除错误，VS2017 提供了功能强大的调试器。通过该调试器来调试程序，开发人员可以监察程序运行的具体情况，分析各变量、对象在运行期间的值和属性等。

1. VS2017 的调试方式

VS2017 提供多种调试方式，包括逐语句方式、逐过程方式和断点方式等。

其中，逐语句方式和逐过程方式都是逐行执行程序代码，所不同的是，当遇到方法调用时，前者将进入方法体内继续逐行执行，而后者不会进入方法体内跟踪方法本身的代码。所以如果在调试的过程中想避免执行方法体内的代码，就可以使用逐过程方式；相反，如果想查看方法体代码是否出错，就得使用逐语句方式。

在 VS2017 中，选择"调试"菜单的"逐语句"命令（如图 7-3 所示）或者按<F11>，可启用逐语句方式，连续按<F11>可跟踪每一条语句的执行。而选择"调试"菜单的"逐过程"命令或者按<F10>，可启用逐过程方式。

在使用逐语句方式进入方法体时，如果开发人员想立即回到调用方法的代码处，可选择"调试"菜单的"跳出"命令或者按<Shift>+<F11>组合键。

在调试过程中，开发人员若想要结束调试，则可选择"调试"菜单的"终止调试"命令或按<Shift>+<F5>组合键。

为了让开发人员更好地观察运行期的变量和对象的值，VS2017 还提供了监视窗口、自动窗口和局部变量窗口，以辅助开发人员更快地发现错误。在调试过程中，右击变量名，在快捷菜单中选择"添加监视"命令，即可将一个变量添加到监视窗口进行单独观察。

例如，图 7-4 展示了在以逐语句方式调试程序时监视实例 7-1 的数组 a 的情况，其中，灰底部分代表当前正在执行的代码行，监视窗口显示了数组 a 各元素的详细信息。

图 7-3 "调试"菜单

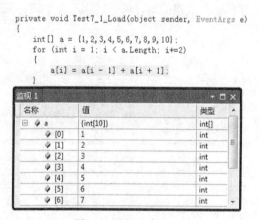

图 7-4 监视程序的运行

2. VS2017 的断点方式

通过逐行执行程序来寻找错误，效果确实很棒。但是，对于较大规模的程序或者已经知道错误范围的程序，使用逐语句方式或逐过程方式，都是没有必要的，而可使用断点方式调试程序。

断点是一个标志，其通知调试器应该在某处中断应用程序并暂停执行。与逐行执行不同的是，断点方式可以让程序一直执行，直到遇到断点才开始调试。显然，这将大大加快调试过程。VS2017允许在源程序中设置多个断点。

设置断点的操作方法如下：右击想要设置断点的代码行，选择"断点"→"插入断点"命令即可；也可以单击源代码行左边的灰色区域；或者将插入点定位于想以设置断点的代码行，再按<F9>。如图 7-5 所示，断点以红色圆点标示，并且该行代码也高亮显示。

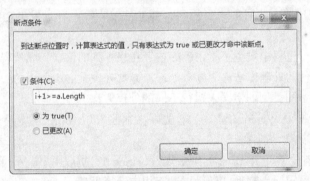

图 7-5　设置断点

【注意】设置断点后，再次单击该断点，或再次按<F9>，将删除该断点。

按上述方法设置的断点，默认情况下是无条件中断的，但有时我们不仅需要在某处中断，还要在满足一定条件的前提下才发生中断。此时，可通过修改断点来设置中断条件。

为断点设置中断条件的操作方法如下。

首先右击断点，选择"断点"→"条件"命令，出现"断点条件"对话框，然后输入断点条件，单击"确定"铵钮。

例如，针对图 7-5 的断点，可设置断点条件为"i+3>=a.Length"，如图 7-6 所示。

图 7-6　设置断点条件

设置断点之后，选择"调试"→"启用调试"菜单命令，或按<F5>即可进入调试过程。

3. 人工寻找逻辑错误

在众多的程序错误中，有些错误是很难发现的，尤其是逻辑错误，即便是功能强大的调试器也显得无能为力。这时可以适当地加入一些人工操作，以便快速地找到错误。常见的方法有如下两种。

（1）注释可能出错的代码。这是一种比较有效地寻找错误的策略。如果注释掉部分代码后，程序就能正常运行，那么就能肯定该代码出错了；反之，错误应该在别处。

（2）适当地添加一些输出语句，再观察是否成功显示输出信息，即可判断包含该输出语句的分支和循环结构是否有逻辑错误，从而进一步分析错误的原因。相关实例如下。

```
private void btnSearch_Click(object sender, EventArgs e)
{
    int k = -1;
    for (int i = 1; i < x.Length; i++)
    {
        if (x[i] == txtSearch.Text)
        {
            k = i;
            lblShow.Text = "一切正常";    //添加输出语句，用于检测程序错误
        }
        else if (String.IsNullOrEmpty(x[i]))
        {
            lblShow.Text = "检索失败，终止循环！";
            break;
        }
    }
    if(k!=-1)
        lblShow.Text = "检索成功，索引号为：" + k;
}
```

7.2　程序的异常处理

程序中的语法错误可以由编译器编译时发现，逻辑错误只要程序员遵循规范的开发方法，配合细心地调试，问题大多可以迎刃而解，但运行时错误往往只在运行期间发生。通过 C#的异常处理机制，开发人员可以对可能发生错误的地方采取预防措施，并编写相应的代码来处理可能致命的错误。本节将主要介绍在 C#中异常处理的一般机制和基本语法。

7.2.1　异常的概念

一个优秀的程序员在编写程序时，不仅要关心代码正常的控制流程，同时也要把握好系统可能随时发生的不可预期的事件。它们可能来自系统本身，如内存不够、磁盘出错、网络连接中断、数据库无法使用等；也可能来自用户，如非法输入等。一旦发生这些事件，程序都将无法正常运行。

异常是指程序运行过程中发生了不正确的或者意想不到的错误，而使得程序无法继续执行下去的情况。对这些事件的处理方法称为异常处理。异常处理是必不可少的，其不仅可以避免程序发生崩溃，还可根据不同类型的错误来执行不同的处理方法。

【实例 7-2】设计一个 Windows 程序，首先在文本框（TextBox）中输入一个整数，然后单击按钮（Button），计算该数的阶乘。

【分析】编程时，首先通过 TextBox 的 Text 属性（string 型）提取用户输入，再使用 Convert.ToInt32 类的方法将文本字符串转换为整型，最后再进行相应计算处理。

主要源代码如下。

```
public int Factorial(int n)
{
    int result = 1, i = 1;
    while (i <= n)
    {
        result *= i;
        i++;
    }
    return result;
}
private void btnCalculate_Click(object sender, EventArgs e)
{
```

```
    int n = Convert.ToInt32(txtNum.Text);
    int result = Factorial(n);
    txtResult.Text = result.ToString();
}
```

上述代码无论是语法还是程序逻辑，均没有错误。但是，如果用户在输入整数时，用英文单词或汉字来表示数字，则会出现异常，如图 7-7 所示。

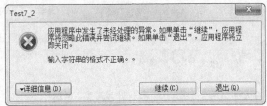

图 7-7　出现异常

在本例中，造成异常的原因是：TextBox 控件本身不具备限制用户输入的功能，设计人员又按常规进行设计，这样当用户不按常规输入数据时，系统自然出现异常。

当程序遇到异常情况时，它会抛出一个异常，而当异常被抛出时，当前程序将终止。所以，如果开发人员不想让程序因出现异常而被系统中断或退出的话，就必须让开发的程序捕获这些异常并做相应的处理。

7.2.2　异常类

在 C#中，所有的的异常必须用一个 System.Exception 类或其派生类的实例表示。类 System.Exception 是所有异常的基类。该类有一个只读属性 Message。该属性包含一个可以被读取的异常信息的描述。表 7-1 给出了 C#中较常见的异常类。

表 7-1　　　　　　　　　　　　　　　常用系统异常类

异常类	说明
AccessViolationException	在试图读写受保护的内存时引发的异常
ApplicationException	发生非致命应用程序错误时引发的异常
ArithmeticException	因算术运算、类型转换或转换操作时引发的异常
DivideByZeroException	试图用零除整数值或十进制数值时引发的异常
FieldAccessException	试图非法访问类中的私有字段或受保护字段时引发的异常
IndexOutofRangeException	试图访问索引超出数组界限的数值时引发的异常
InvalidCastException	因无效类型转换或显示转换引发的异常
NotSupportedException	当调用的方法不受支持时引发的异常
NullReferenceException	尝试取消引用空对象时引发的异常
OutOfMemoryExcepiton	没有足够的内存继续执行应用程序时引发的异常
OverFlowException	在选中的上下文所执行的操作导致溢出时引发的异常
FileLoadException	当找到托管程序集却不能加载它时引发的异常
FileNotFoundException	尝试访问磁盘上不存在的文件时引发的异常

要想捕获异常，必须把可能产生异常的语句放在 try 语句中。try 语句提供了一种在语句执行过程中捕获异常的机制。在 C#中，有如下三种形式的 try 语句。

（1）后跟一个或多个 catch 块语句的 try 块语句。

（2）后跟一个 finally 块语句的 try 块语句。

（3）后跟一个或多个 catch 块语句和一个 finally 块语句的 try 块语句。

7.2.3 try-catch 语句

要处理捕获的异常，try 语句后必须跟有 catch 语句。try-catch 语句的一般格式如下。

```
try
{
    语句块 1        //可能引发异常的代码
}
cacth（异常类型 1 异常对象 1）    //捕获异常类 1 对象
{
    语句块 2        //实现异常处理
}
cacth（异常类型 2 异常对象 2）    //捕获异常类 2 对象
{
    语句块 3        //实现异常处理
}
```

try-catch 语句的逻辑含义为：当 try 语句块中有异常发生时，程序首先创建一个包含异常信息的异常对象，然后从上向下依次搜索是否有与该异常对象匹配的 catch 代码块，如果找到了匹配的代码块，那么控制就会转移到 catch 块并执行该 catch 块中的语句，实现异常处理；如果未发生异常，则跳过 catch 子句，继续执行 try-catch 之后的语句。

【实例 7-3】修改实例 7-2，添加异常处理功能。

可用 try-catch 来处理，主要代码如下。

```
private void btnCalculate_Click(object sender, EventArgs e)
{
    try
    {
        int n = Convert.ToInt32(txtNum.Text);
        int result = Factorial(n);
        txtResult.Text = result.ToString();
    }
    catch (Exception ex)
    {
        lblShow.Text = ex.Message;
    }
}
```

运行上述代码，输入与例 7-2 同样的数据后，程序不但不再出现中断和系统报错，而且还能输出异常信息，如图 7-8 所示。

使用 catch 语句块时，需要注意以下几点。

（1）当 catch 语句中指定一个异常类型时，此类型必须为 System.Exception 或者其派生子类。

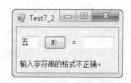

图 7-8 异常处理示例

（2）当 catch 语句中同时指定了异常类型和异常对象时，该对象代表当前正在被处理的异常，可以在 catch 语句块内部使用该对象，但不能赋值。

（3）可以有一个或多个 catch 块，但由于 catch 语句是依照它们出现的次序被检查，进而确定由哪一个 catch 来处理异常，所以，如果某一 catch 语句指定的类型同它之前的 catch 语句指定的类型一致或者由此类型派生而来，则会出现错误。

（4）catch 后面可以既没有指定的异常类型，也可以没有指定的异常对象名。此 catch 语句称为通用 catch 语句。一个 try 块只能存在一条通用 catch 语句，而且该 catch 语句必须是 try 块中的最后一条 catch 语句。通用的 catch 语句格式如下。

```
catch{…}
```

它等价于下面的 catch 语句。

```
catch(System.Exception){…}
```

（5）try 和 catch 后的一对 "{}" 是必须的，即使代码块中只有一条语句。

当用户在文本框中输入非整型数字时，产生的是 "FormatException" 异常；当用户在文本框中输入一个较大的整数时，会产生一个 "OverflowException" 异常。我们可以用两个 catch 块分别捕获这两个异常，并用一个 Exception 捕获其余异常。注意，该通用 catch 块一定要放在最后。代码如下所示。

```
private void btnCalculate_Click(object sender, EventArgs e)
{
    try
    {
        int n = Convert.ToInt32(txtNum.Text);
        int result = Factorial(n);
        txtResult.Text = result.ToString();
    }
    catch (FormatException ex)
    {
        lblShow.Text = ex.Message;
    }
    catch (OverflowException ex)
    {
        lblShow.Text = ex.Message;
    }
    catch(Exception ex)
    {
        lblShow.Text = ex.Message;
    }
}
```

7.2.4　finally 语句

在 try-catch 语句中，只有捕获到了异常，才会执行 cacth 子句中的代码。但还有一些比较特殊的操作，比如文件的关闭、网络连接的断开以及数据库操作中锁的释放等，应该是无论是否发生异常都必须执行，否则会造成系统资源的占用和不必要的浪费。类似这些无论是否捕捉到异常都必须执行的代码，可用 finally 关键字定义。finally 语句常常与 try-cacth 语句搭配使用，其完整格式如下。

```
try
{
    语句块 1          //可能引发异常的代码
}
cacth （异常对象）   //捕获异常类对象
{
    语句块 2          //实现异常处理
}
```

```
finally
{
    语句块 3            //无论是否异常，都作最后处理
}
```

【实例 7-4】设计一个 Windows 应用程序，用于捕获创建新文件时因该文件已经存在而引发的异常，并且最后无论是否捕获到异常都要关闭文件。

主要源代码如下。

```
using System;
using System.Windows.Forms;
using System.IO;
public partial class Test7_4 : Form
{
    private void Test7_4_Load(object sender, EventArgs e)
    {
        StreamReader  sr = null;
        try
        {
            sr = new StreamReader(new FileStream(@"D:\test7_4.txt",FileMode.Open));
            lblShow.Text = sr.ReadLine();
        }
        catch (FileNotFoundException ex)
        {
            lblShow.Text = ex.Message;
        }
        catch (Exception ex)
        {
            lblShow.Text = ex.Message;
        }
        finally    //无论是否捕获到异常，都必须执行
        {
            lblShow.Text += "\n 执行 finally 语句。";
            if (sr != null) sr.Close();
        }
    }
}
```

该程序的运行结果如图 7-9 所示，因为在 D 盘中不存在 test7_4.txt 文件，因此将产生一个 FileNotFoundException 异常。同时，还显示了 "执行 finally 语句"。这表明程序执行了 finally 语句，关闭了文件。

使用 finally 语句块时，需要注意以下几点。

（1）finally 语句块中不允许出现 return 语句。

（2）可以省略 catch 块，保留下的 try…finally 结构不对异常进行处理。

图 7-9　实例 7-4 运行结果

7.2.5　throw 语句与抛出异常

前面所捕获到的异常，都是当遇到错误时，系统自己报错，自动通知运行环境异常的发生。但是有时还可以在代码中手动地告知运行环境在什么时候发生了什么异常。C#提供的 throw 语句可手动抛出一个异常，使用格式如下。

throw [异常对象]　　　//提供有关抛出的异常信息

当省略异常对象时，该语句只能用在 catch 语句中，用于再次引发异常处理。

当 throw 语句带有异常对象时，则抛出指定的异常类，并显示异常的相关信息。该异常既可以是预定义的异常类，也可以是自定义的异常类。用户自定义的异常类应该从 ApplicationException 派生。

【实例 7-5】自定义一个异常类 EmailErrorExcetion，设计一个 windows 程序。用于检测输入的 Email 是否正确。如果不正确，则抛出一个 EmailErrorExcetion 异常，并进行异常处理。

（1）首先在 Windows 窗体中添加两个 Label 控件、1 个 TextBox 控件和 1 个 Button 控件，并根据表 7-2 设置相应属性项。

表 7-2　　　　　　　　　　　　　　　需要修改的属性项

控件	属性	属性设置	控件	属性	属性设置
Label1	Text	Email:	TextBox1	Name	txtEmail
Label2	Text	""	Button1	Name	btnCheckEmail
	Name	lblShow		Text	检测

（2）在源代码视图中编辑如下代码，自定义一个异常类 EmailErrorExcetion。

```
public class EmailErrorExcetion : ApplicationException
{
    public EmailErrorExcetion() { }
    public EmailErrorExcetion(string message) : base(message){ }
    public EmailErrorExcetion(string message, System.Exception innerException)
                : base(message, innerException) { }
    public override string Message//Message 属性的重载
    {
        get
        {
            return "Email 格式不正确:" + base.Message;
        }
    }
}
```

（3）在源代码视图中编辑如下代码，定义一个 SaveEmail 类，用于检查 Email 是否正确。如果不正确，则抛出一个 EmailErrorExcetion 异常。

```
public class SaveEmail
{
    public bool CheckEmail(string email)
    {
        string[] strSign=email.Split('@');
        //如果输入的 Email 不是被 "@" 字符分割成两段,则抛出 Email 错误异常
        if(strSign.Length !=2||strSign[0].Length==0||strSign[1].Length==0)
        {
            throw new EmailErrorExcetion("@符号不正确!");
        }
        else
        {
            int index=strSign[1].IndexOf(".");
            //查找被 "@" 字符分成的两段的后一段中 "." 字符的位置,没有 "."
            //或者 "." 字符是第一个或最后一个字符,则抛出 EmailErrorException 异常
            if(index<=0||index>=strSign[1].Length-1)
```

```
        {
            throw new EmailErrorExcetion(".符号不正确");
        }
    }
    return true;
}
}
```

（4）在窗体设计区中分别双击"btnCheckEmail"按钮控件，系统为按钮添加"Click"事件及对应的事件方法，然后在源代码视图中编辑如下代码。

```
public partial class Test7_5 : Form
{
    private void btnCheckEmail_Click(object sender, EventArgs e)
    {
        SaveEmail saveEmail = new SaveEmail();
        try
        {
            if (saveEmail.CheckEmail(txtEmail.Text))
            {
                lblShow.Text="检查成功";
            }
        }
        catch (EmailErrorExcetion ex)
        {
            lblShow.Text = ex.Message;
        }
    }
}
```

该程序的运行效果如图 7-10 所示。

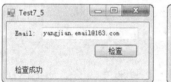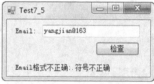

图 7-10　自定义异常处理

习　题

1. 判断题

（1）C#的异常处理机制中 try 块和 catch 块都是必不可少的，finally 块是可以省略的。

（2）try 块是不可以实现嵌套的，但是一个 try 块可以对应多个 catch 块。

（3）如果在 try 块之后没有任何 catch 块，那么 finally 块也是可选的。

2. 单项选择题

（1）在 Visual Studio 2017 中，假设你正在单步调试某个应用程序。程序从入口开始，调用某个私有方法将产生异常。现在代码运行到如下图所示位置，应该使用下面哪种方式进一步调试？（　　）

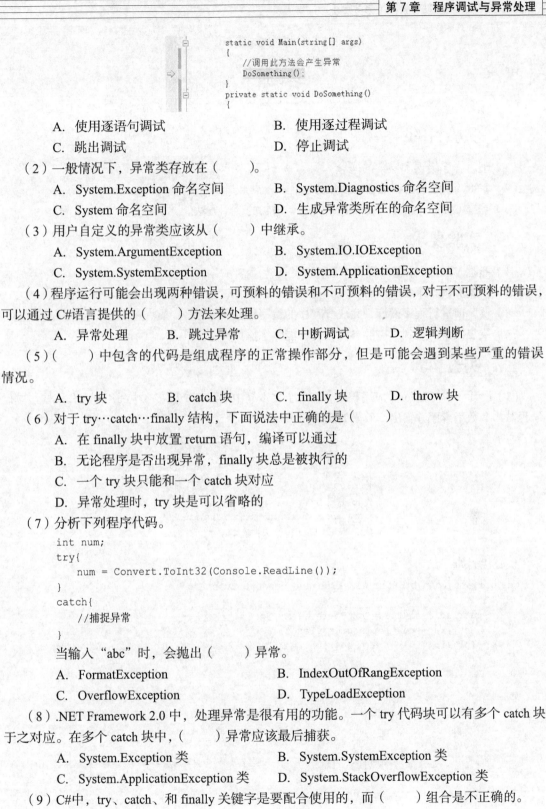

```
static void Main(string[] args)
{
    //调用此方法会产生异常
    DoSomething();
}
private static void DoSomething()
{
```

    A．使用逐语句调试　　　　　　　　　　B．使用逐过程调试

    C．跳出调试　　　　　　　　　　　　　D．停止调试

（2）一般情况下，异常类存放在（　　　　）。

    A．System.Exception 命名空间　　　　B．System.Diagnostics 命名空间

    C．System 命名空间　　　　　　　　　D．生成异常类所在的命名空间

（3）用户自定义的异常类应该从（　　　）中继承。

    A．System.ArgumentException　　　　B．System.IO.IOException

    C．System.SystemException　　　　　D．System.ApplicationException

（4）程序运行可能会出现两种错误，可预料的错误和不可预料的错误，对于不可预料的错误，可以通过 C#语言提供的（　　　）方法来处理。

    A．异常处理　　　B．跳过异常　　　C．中断调试　　　D．逻辑判断

（5）（　　　）中包含的代码是组成程序的正常操作部分，但是可能会遇到某些严重的错误情况。

    A．try 块　　　　　　B．catch 块　　　　C．finally 块　　　　D．throw 块

（6）对于 try…catch…finally 结构，下面说法中正确的是（　　　）

    A．在 finally 块中放置 return 语句，编译可以通过

    B．无论程序是否出现异常，finally 块总是被执行的

    C．一个 try 块只能和一个 catch 块对应

    D．异常处理时，try 块是可以省略的

（7）分析下列程序代码。

```
int num;
try{
    num = Convert.ToInt32(Console.ReadLine());
}
catch{
    //捕捉异常
}
```

当输入 "abc" 时，会抛出（　　　）异常。

    A．FormatException　　　　　　　　　B．IndexOutOfRangException

    C．OverflowException　　　　　　　　D．TypeLoadException

（8）.NET Framework 2.0 中，处理异常是很有用的功能。一个 try 代码块可以有多个 catch 块于之对应。在多个 catch 块中，（　　　）异常应该最后捕获。

    A．System.Exception 类　　　　　　　B．System.SystemException 类

    C．System.ApplicationException 类　　D．System.StackOverflowException 类

（9）C#中，try、catch、和 finally 关键字是要配合使用的，而（　　　）组合是不正确的。

    A．try…finally　　　　　　　　　　　B．try…catch

    C．catch…finally　　　　　　　　　　D．try…catch…finally

实验 7

一、实验目的

（1）理解程序错误和异常的概念。

（2）掌握 VS2017 的调试器的使用方法。

（3）掌握 C#的 try-catch、finally 和 throw 语句的使用方法。

二、实验要求

（1）熟悉 VS2017 的基本操作方法。

（2）认真阅读本章相关内容，尤其是案例。

（3）实验前进行程序设计，完成源程序的编写任务。

（4）反复操作，直到不需要参考教材、能熟练操作为止。

三、实验步骤

（1）设计一个 Windows 应用程序，在一个文本框中输入 *n* 个数字，中间用逗号作间隔，然后编程对几个数字排序并输出，效果如图 7-11 所示。

图 7-11　运行效果

核心代码如下。

```
private void btnSort_Click(object sender, EventArgs e)
{
    string[] sources= txtSource.Text.Split(',');
    int[] a = new int[sources.Length];
    for (int i = 0; i < sources.Length; i++)
    {
        a[i] = Convert.ToInt32(sources[i]);
    }
    for (int i = 1; i <= a.Length; i++)
    {
        for (int j = 1; j <= a.Length - i; j++)
        {
            if (a[j - 1] > a[j])
            {
                int t = a[j - 1]; a[j - 1] = a[j]; a[j] = t;
            }
        }
    }
    foreach (int t in a)
```

```
        {
            lblShow.Text += String.Format("{0,-4:D}", t);
        }
    }
}
```

（2）按<F11>启用逐语句方式跟踪每一条语句的执行情况，在调试过程中将数组 a 添加到监视窗口。注意，观察各数组元素的变化过程。

（3）设置"for (int i = 1; i <= a.Length; i++)"语句为断点，然后按<F5>启用调试器。当程序中断运行时，将数组 sources 添加到监视窗口，观察各数组元素的值。

（4）上述代码在用户不按规定输入数据时会发生异常。修改源代码，使用 try-catch 语句添加异常处理功能。

需要修改的源代码如下。

```
try
{
    for (int i = 0; i < sources.Length; i++)
    {
        a[i] = Convert.ToInt32(sources[i]);
    }
}
catch (Exception ex)
{
    lblShow.Text = ex.Message;
}
```

（5）然后输入数据"5,6,3,7,9,2,1,4,8"，单击"排序"按钮，注意观察异常信息，分析错误的原因。

四、实验总结

写出实验报告（报告内容包括：实验内容、任务分析、算法设计、源程序、实验体会等），并记录实验过程中的疑难点。

第8章
基于事件驱动的程序设计技术

总体要求
- 了解事件源、侦听器、事件处理程序、事件接收器等基本概念。
- 掌握委托的声明、实例化和使用方法，了解多路广播及其应用。
- 掌握事件的声明、预订和引用，熟悉事件数据类的使用方法。
- 了解 Windows 应用程序的工作机制，了解 Windows 窗体和控件的常用事件，理解事件和事件方法之间的关系。

学习重点
- 委托的声明、实例化与使用。
- 事件的声明、预订和引用。

基于事件驱动的程序设计是目前主流的程序设计方法。它是 Windows 应用程序设计和 Web 应用程序设计的基础。但长期以来，基于事件驱动模型都被广大初学者视为难以理解的内容。为此，本章将形象、直观、系统地阐述基于事件驱动的程序设计方法及其应用。

8.1 基于事件的编程思想

在现实生活中，事件是一个日常用语。人们每天都会耳闻目睹各种各样的事件，有的让人快乐，有的让人痛苦，有的让人震惊。例如，火灾、洪灾、泥石流等事件是人人都不愿意看到的，但又是时常发生而不得不面对的。为了将危害降到最低，国家成立了专门的机构来处理这些突发事件。在事件没有发生时，这些机构会预先制定各种防灾救灾的应对方案；在事件发生时，这些机构就会迅速开展救灾工作。

为了有效地防范灾害，相关机构总是从 3 个方面入手：一是制定完善的事件处置程序，二是构建有效的报警系统，三是迅速分析查找事件源并启动处理程序。事件处置程序体现了突发事件的防范措施，包括人员组织、物质准备、设备配置等。报警系统保证发生突发事件时相关信息能迅速传递给相关机构。事件源是引发灾害的根源，只有找到了灾害的源头才能进行有效的处理。

可见，突发事件的处理机制应该是：首先事件源触发某个灾害事件（如天燃气泄漏引发火灾），然后是报警系统发送消息给相关部门（人工电话报警或自动报警，只是不同的报警形式），之后相关机构在收到消息后启动事件处置程序，迅速开展行动。这种事件处理机制被称为事件驱动模型。

　　由于事件驱动模型在社会生活中无处不在，所以计算机高级程序设计语言很自然地把它引入到程序设计之中，从而形成了基于事件驱动的程序设计方法。

　　早期的程序设计语言（如 C 语言）采用过程驱动模型，把一个程序划分为若干个更小的子程序或函数，通过子程序调用或函数调用最终形成一个有机的整体。各语句之间的关系可归结为顺序、分支和循环。不过，一个程序无论包含多少个分支或循环，总体上仍是一个顺序结构，从上到下地执行。因此，对于初学者来说，一旦习惯了结构化的程序设计方法，学习事件驱动模型时都会感到不适应。

　　为了提高程序设计的效率，目前几乎所有的软件开发工具都支持可视化设计。尽管如此，大多数的初学者仍然按部就班地从结构化编程开始，并为之付出大量的时间和精力，等到学习可视化编程时只能"体验体验"了。因此，很多人对可视化编程的认识非常浅显，认为能够使用拖放方式完成一个界面设计就是可视化设计的全部，而没有去认真理解可视化编程背后的实质是事件驱动模型。

　　其实，事件驱动的程序设计并不难理解，其过程与防灾救灾是相通的。完整的事件处理系统必须包含以下三大组成要素。

　　（1）事件源：指能触发事件的对象，有时又称为事件的发送者或事件的发布者。

　　（2）侦听器：指能接收到事件消息的对象，Windows 提供了基础的事件侦听服务。

　　（3）事件处理程序：在事件发生时能对事件进行有效处理，又称事件方法或事件函数。包含事件处理程序的对象称为事件的接收者，有时又称事件的订阅者。

　　基于.NET 的 Windows 应用程序和 Web 应用程序都是基于事件驱动的，当且仅当事件的发布者触发了事件时，事件的接收者才执行事件处理程序。因此，事件处理程序不是顺序执行的。

　　Windows 应用程序或 Web 应用程序的每一个窗体及控件都有一个预定义的事件集。其中，每一个事件都同某个事件处理程序对应。在程序运行时，Windows 系统内置的侦听器会自动监听每一个事件，而事件一旦触发就会通过事件接收者执行事件处理程序，完成事件的处理，如图 8-1 所示。

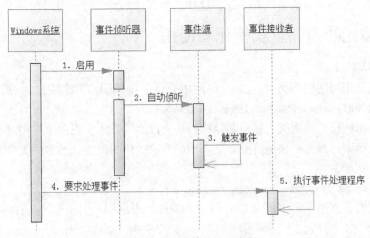

图 8-1　单个事件的处理流程

　　为了确保事件处理程序被执行，在程序设计时必须预先将一个事件处理与事件源对象联系起来。这个操作称为事件的绑定。C#通过委托来绑定事件。本章将详细介绍有关委托与事件绑定的内容。

8.2 委　托

　　一个完整的 C#程序代码至少包含在一个类中，而类的主要代码由若干方法组成，遵照"方法名(形参列表)"的基本格式。一个方法可以调用另外一个方法，从而使整个程序形成一个有机整体。显然，这种方法调用是根据程序逻辑预先设计的，一经设计不再更改。但有时希望根据当前程序运行状态，动态地改变要调用的方法，特别在事件系统中，必须根据当前突发事件，动态地调用事件处理程序（即方法）。为此，C#提供委托调用机制。本节将详细介绍委托的概念及其应用。

8.2.1　委托概述

　　委托（delegate）是一种动态调用方法的类型，其与类、接口和数组相同，属于引用型。

　　在 C#程序中，开发人员可以声明委托类型、创建委托的实例（即委托对象）、把方法封装于委托对象之中。这样通过该对象就可以调用方法了。一个完整的方法具有名字、返回值和参数列表，用来引用方法的委托也必须具有同样的参数和返回值。

　　因为 C#允许把任何具有相同签名（相同的返回值类型和参数）的方法分配给委托变量，所以可通过编程的方式来动态更改方法调用。因此，委托是实现动态调用方法的最佳办法，也是 C# 实现事件驱动的编程模型的主要途径。

　　委托对象本质上代表了方法的引用（即内存地址）。在.NET Framework 中，委托具有以下特点。

　　（1）委托类似于 C++ 函数指针，但与指针不同的是，委托是完全面向对象的，是安全的数据类型。

　　（2）委托允许将方法作为参数进行传递。

　　（3）委托可用于定义回调方法。

　　（4）委托可以把多个方法链接在一起。这样，在事件触发时可同时启动多个事件处理程序。

8.2.2　委托的声明、实例化与使用

1. 委托的声明

　　委托是一种引用型的数据类型。在 C#中使用关键字 delegate 声明委托，一般形式如下。

[访问修饰符] delegate 返回值类型 委托名([参数列表]);

　　其中，访问修饰符与声明类、接口和结构的访问修饰符相同，返回值类型是指将要动态调用的方法的返回值类型；参数列表是将要动态调用的方法的形参列表，当方法无参数时，则省略参数列表。相关实例如下。

```
public delegate int Calculate(int x, int y);
```

　　上述代码就表示声明了一个名为 Calculate 的委托，可以用来引用任何具有两个 int 型的参数且返回值也是 int 型的方法。

　　在.NET Framework 中，自定义的委托自动从 Delegate 类派生。委托类型隐含为密封的，不能从委托类型派生任何类。

2. 委托的实例化

　　委托是一种特殊的数据类型，必须实例化之后才能用来调用方法。实例化委托的一般形式如下。

委托类型 委托变量名 **= new** 委托型构造函数 (委托要引用的方法名)

其中，委托类型必须事先使用 delegate 声明。

例如，假设有如下两个方法。

```
int Multiply (int x, int y)
{
    return x*y;
}
int Add(int x, int y)
{
    return x+y);
}
```

可使用上一例的 Calculate 委托来引用它们的语句，相关代码如下。

```
Calculate a = new Calculate(Multiply);
Calculate b = new Calculate(Add);
```

其中，a 和 b 为委托型的对象。

由于实例化委托实际上是创建了一个对象，所以委托对象可以参与赋值运算，甚至作为方法参数进行传递。

例如，委托对象 a 和 b 分别引用的方法是 Multiply 和 Add，如果要交换二者所引用的方法，则可执行以下语句。

```
Calculate t = a;
a = b;
b = t;
```

3. 使用委托

在实例化委托之后，就可以通过委托对象调用它所引用的方法。在使用委托对象调用所引用的方法时，必须保证参数的类型、个数、顺序和方法声明匹配。如下代码通过 Calculate 型的委托对象 calc 来调用方法 Multiply，实参为 3 和 6，因此最终返回并赋给变量 result 的值为 18。

```
Calculate calc = new Calculate(Multiply);
int result = calc(3,7);
```

8.2.3　委托与匿名函数

匿名函数是一个"内联"语句或表达式，可在需要委托类型的任何地方使用。可以使用匿名函数来初始化命名委托，或传递命名委托（而不是命名委托类型）作为方法参数。

C#支持以下两种匿名函数。

（1）匿名方法

从 C#2.0 开始，C#就引入了匿名方法的概念。它允许将代码块作为参数传递，以避免单独定义方法。使用匿名方法创建委托对象的一般形式如下。

委托类型 委托变量名 **= delegate**([参数列表]){代码块};

例如，下列代码就表示用匿名方法定义了一个 Calculate 型的委托对象 calc，用来计算 x 的 y 次方值。

```
Calculate calc = delegate(int x,int y){return (int)Math.Pow(x, y);};
```

（2）Lambda 表达式

Lambda 表达式是一种可用于创建委托类型的匿名函数。通过使用 lambda 表达式，可以写入作为参数传递或作为函数调用值返回的本地函数。

若要创建 Lambda 表达式，需要在 Lambda 运算符 => 左侧指定输入参数，然后在另一侧输入表达式或语句块。Lambda 表达式的一般形式如下。

委托类型 委托变量名 ＝（参数列表）＝> {表达式或语句块}；

其中，当匿名函数的参数只有 1 个时，可省略圆括号。

例如，在以下示例代码中，我们把 lambda 表达式分配给了委托类型。

```
delegate int MyDelegate (int i);          //声明委托类型 MyDelegate
static void Main(string[] args)
{
    MyDelegate  del = x => x * x;          //创建匿名函数并实例化委托
    int j = del(5); //j = 25
}
```

其中，"MyDelegate del ＝ x => x * x;" 相当于以下匿名方法代码。

```
MyDelegate  del = delegate(int x){return x*x;}
```

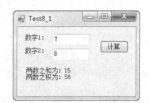

【**实例 8-1**】创建一个 Windows 程序，利用委托求两个数的和与乘积，效果如图 8-2 所示。

图 8-2 运行效果

（1）在 Windows 窗体中添加 3 个 Label 控件、两个 TextBox 控件和 1 个 Button 控件，并根据表 8-1 设置相应属性项。

表 8-1　　　　　　　　　　　　　需要修改的属性项

控件	属性	属性设置	控件	属性	属性设置
Label1	Text	数字 1:	TextBox1	Name	txtNum1
Label2	Text	数字 1:	TextBox2	Name	txtNum2
Label3	Name	lblShow	Button1	Name	btnOk
				Text	计算

（2）在源代码视图中编辑如下代码。

```
using System;
using System.Windows.Forms;
public delegate int Caculate(int x, int y);          //声明委托
public partial class Test8_1 : Form
{
    public Caculate handler;                          //定义委托型的字段
    private void btnOk_Click(object sender, EventArgs e)
    {
        int a = Convert.ToInt32(txtNum1.Text);
        int b = Convert.ToInt32(txtNum2.Text);
        handler = (x,y) => x+y;                       //创建委托对象同时封装匿名函数
        lblShow.Text = "两数之和为:" + handler(a, b);  //通过委托对象调用匿名函数
        handler = (x,y) => x * y;
        lblShow.Text += "\n 两数之积为:"  + handler(a, b);
    }
}
```

在本例中，首先声明了委托类型 Caculate，然后定义了委托型的字段变量 handler，之后利用 lambda 表达式定义匿名函数并实例化 handler，再通过 handler 来调用该方法，得到两数的和。最后以同样的方式得到两数的积。

【**注意**】由于使用 lambda 表达式实现委托，程序代码更加简洁和优雅，所以从 C# 3.0 起，

Lambda 表达式取代了匿名方法，成为编写内联代码的首选方式。

8.2.4　多路广播与委托的组合

在实例 8-1 中，每次委托调用都只是调用一个指定的方法。这种只引用一个方法的委托称为单路广播委托。实际上，C#允许使用一个委托对象来同时调用多个方法。当向委托添加更多的指向其他方法的引用时，这些引用将被存储在委托的调用列表中。这种委托就是多路广播委托。

C#的所有委托都是隐式的多路广播委托。向一个委托的调用列表添加多个方法引用，可通过该委托一次性调用所有的方法。这一过程称为多路广播。

实现多路广播的方法有以下两种。

（1）通过"+"运算符直接将两个同类型的委托对象组合起来。

下列代码通过委托对象 c1 就可以同时调用两个操作了。

```
Caculate c1 = (x, y) => x + y;
Caculate c2 = (x, y) => x * y;
c1 = c1 + c2;
```

【注意】一个委托对象只能返回一个值且只返回调用列表中最后一个方法的返回值，因此，为避免混淆，建议在使用多路广播时每个方法均用 void 定义。

（2）通过"+="运算符将新创建的委托对象添加到委托调用列表中。另外，还可以使用"-="运算符来移除调用列表中的委托对象。

下列代码中，两个匿名函数都列入了委托对象 a 的调用列表。

```
Calculate c = (x, y) => x + y;
a += (x, y) => x * y;
```

【实例 8-2】利用多路广播机制，修改实例 8-1 的代码。

主要修改 btnCalc_Click 方法的代码，修改后的代码如下。

```
private void btnCalc_Click(object sender, EventArgs e)
{
    int a = Convert.ToInt32(txtNum1.Text);
    int b = Convert.ToInt32(txtNum2.Text);
    handler = (x, y) => x + y;                  //使用多路广播机制来创建调用列表
    handler += (x, y) => x * y;
    lblShow.Text = "调用后的结果是:"+handler(a, b);   //一次性调用列表中的方法
}
```

在该程序中，连续使用"+="运算符将每次创建的匿名委托添加到调用列表中，handler 字段最终保存的是两个匿名函数的引用。当最后执行"handler（a, b）;"语句时，CLR 将按先后顺序执行这两个方法，但只有最后一个方法的返回值被返回。该程序的运行效果如图 8-3 所示。

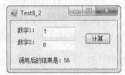

图 8-3　运行效果

8.3　事　件

基于事件驱动编程使用委托来绑定事件和事件方法。C#允许使用标准的 EventHandler 委托来声明标准事件，也允许先自定义委托，再声明自定义事件。本节将详细介绍相关内容。

8.3.1　声明事件

EventHandler 是一个预定义的委托，其定义了一个无返回值的方法。在.NET Framework 中，它的定义格式如下。

```
public delegate void EventHandler(Object sender,EventArgs e)
```

其中，第一个参数 sender，类型为 Object，表示事件发布者本身；第二个参数 e，用来传递事件的相关数据信息，数据类型为 EventArgs 及其派生类。

实际上，标准的 EventArgs 并不包含任何事件数据。因此，EventHandler 用来委托不生成数据的事件方法。如果事件要生成数据，则必须提供自定义事件数据类型。该类型从 EventArgs 派生，提供保存事件数据所需的全部字段或属性。这样发布者可以将特定的数据发送给接收者。

用标准的 EventHandler 委托可声明不包含数据的标准事件，一般形式如下。

```
public event EventHandler 事件名;
```

其中，事件名通常使用 on 作为前缀符。例如，下列代码就定义了一个名为 onClick 的事件。

```
public event EventHandler onClick;
```

要想生成包含数据的事件，必须先自定义事件数据类型，然后再声明事件。具体实现方法有以下两种。

（1）先自定义委托，再定义事件，一般形式如下。

```
public class 事件数据类型 : EventArgs { //封装数据信息}
public delegate 返回值类型 委托类型名(Object sender, 事件数据类型 e);
public event 委托类型名 事件名;
```

例如，假如在 Windows 窗口中有一张图片，如果希望把鼠标指针单击其中某个像点的坐标信息传递给单击事件方法，则可使用以下代码声明该事件。

```
public class ImageEventArgs : EventArgs
{
    public int x;
    public int y;
}
public delegate void ImageEventHangler(Object sender, ImageEventArgs e);
public event ImageEventHangler onClick;
```

（2）使用泛型 EventHandler 定义事件，一般形式如下。

```
public class 事件数据类型: EventArgs { //封装数据信息}
public event EventHandler<事件数据类型> 事件名
```

例如，在高温预警系统中，一般是根据温度值确定预警等级。这可采用事件驱动模型进行程序设计，其基本思想如下：当温度变化时，触发温度预警事件，系统接收到事件消息后启动事件处理程序，根据温度的高低，确定预警等级。为此，需要设计一个 TemperatureEventArgs 类，其在温度预警事件触发时封装并传递温度信息，代码如下。

```
//定义事件相关信息类
class TemperatureEventArgs : EventArgs
{
    int temperature;
    public TemperatureEventArgs(int temperature)    //声明构造函数
    {
        this.temperature = temperature;
    }
```

```
public int Temperature    //定义只读属性
{
    get { return temperature; }
}
}
```

另外，需要定义一个 TemperatureWarning 类，并在该类中声明一个温度预警的委托类型 TemperatureHandler，再用该委托类型声明一个温度预警事件 OnWarning，代码如下。

```
class TemperatureWarning
{
    //声明温度预警的委托类型
    public delegate void TemperatureHandler(object sender, TemperatureEventArgs e);
    public event TemperatureHandler OnWarning;    //声明温度预警事件
    //……
}
```

也可以使用泛型 EventHandler 定义温度预警事件 OnWarning。注意，使用泛型 EventHandler 必须指出事件数据类型。代码如下。

```
class TemperatureWarning
{
    public event EventHandler<TemperatureEventArgs> OnWarning;    //声明温度预警事件
    //……
}
```

8.3.2　订阅事件

声明事件的实质只是定义了一个委托型的变量，并不意味着能够成功触发事件，还需要完成如下工作：在事件的接收者中定义一个方法来响应这个事件；通过创建委托对象把事件与事件方法联系起来（又称绑定事件，或订阅事件）。负责绑定事件与事件方法的类就称为事件的订阅者。

预订事件的一般形式如下。

事件名 += **new** 事件委托类名**(事件方法)**；

例如，要想对温度的变化情况进行预警，可先创建一个 tw_OnWarning 方法。该方法根据温度高低，进行预警，然后把该方法和事件 OnWarning 绑定起来即可。这样，当温度预警事件触发时，该方法将被自动调用。绑定 OnWarning 事件代码如下。

```
TemperatureWarning tw=new TemperatureWarning();
tw.OnWarning += new TemperatureWarning.TemperatureHandler(tw_OnWarning); //订阅事件
```

如果使用泛型 EventHandler 定义的事件，则使用如下代码。

```
tw.OnWarning += new EventHandler<TemperatureEventArgs>(tw_OnWarning); //订阅事件
```

其中，"+=" 运算符把新创建的引用 tw_OnWarning 方法的委托对象与 OnWarning 事件绑定起来，也就完成了 TemperatureWarning 类的 OnWarning 事件的预订操作。

事件触发时，调用的 tw_OnWarning 方法签名如下。

```
private void tw_OnWarning(object sender, TemperatureEventArgs e;
```

【注意】在订阅事件时，开发人员要注意以下几点。

（1）订阅事件的操作由事件接收者类实现。

（2）每个事件可有多个处理程序，并按顺序调用。如果一个处理程序引发异常，还未调用的处理程序则没有机会接收事件。为此，建议事件处理程序迅速处理事件并避免引发异常。

（3）订阅事件时，必须创建一个与事件具有相同类型的委托对象，把事件方法作为委托目标，使用+=运算符把事件方法添加到源对象的事件之中。

(4)若要取消订阅事件,则可以使用-=运算符从源对象的事件中移除事件方法的委托。

8.3.3 触发事件

在完成事件的声明与预订之后,就可以引用事件了。引用事件又称触发事件或点火,而负责触发事件的类就称为事件的发布者。C#程序中,触发事件与委托调用相同,但要注意使用匹配的事件参数。事件一旦触发,相应的事件方法就会被调用。如果该事件没有任何处理程序,则该事件为空。

因此在触发事件之前,事件源应确保该事件不为空,以避免 NullReferenceException 异常,每个事件都可以分配多个事件方法。这种情况下,每个事件方法将被自动调用,且只能被调用一次。

例如,每当温度变化时,就会触发温度预警事件 OnWarning,从而调用 tw_OnWarning 方法进行温度预警。为此,可在 TemperatureWarning 类中声明一个开始监控温度的方法 Monitor 来触发温度预警事件。当然,在触发事件之前,必须提前把温度信息封装为 TemperatureEventArgs 事件参数,其源代码如下。

```
class TemperatureWarning
{
    //声明温度预警事件
    public event EventHandler<TemperatureEventArgs> OnWarning;
    //开始监控气温,同时发布事件
    public void Monitor(int tp)
    {
        TemperatureEventArgs e = new TemperatureEventArgs(tp);
        if (OnWarning != null)
        {
            OnWarning(this, e);
        }
    }
}
```

图 8-4 运行效果

【实例 8-3】创建一个 Windows 程序,利用事件驱动模型来解决温度预警问题,运行效果如图 8-4 所示。

(1)在 Windows 窗体中添加 3 个 Label 控件、1 个 TextBox 控件、1 个 Button 控件和 1 个 Timer 控件,并根据表 8-2 设置相应属性项。

表 8-2 需要添加的控件及其属性设置

控件	属性	属性设置	控件	属性	属性设置
Label1	Text	温度:		Text	""
Label2	Name	lblShow	Label3	Name	lblColor
Button1	Name	btnMonitor		AutoSize	false
	Text	监控		BorderStyle	Fixed3D
TextBox1	Name	txtTemp	Timer1	Interval	1000

(2)在源代码视图中编辑如下代码。

```
using System;
using System.Windows.Forms;
using System.Collections.Generic;
public partial class Test8_3 : Form
```

```
{
    Random r = new Random();//产生一个随机数生成器
    TemperatureWarning tw=new TemperatureWarning();    //创建温度警报器对象
    public Test8_3()
    {
        InitializeComponent();
        //第四步:订阅事件
        tw.OnWarning+=new TemperatureWarning.TemperatureHandler(tw_OnWarning);
    }
    private void btnMonitor_Click(object sender, EventArgs e)
    {
        timer1.Enabled = true;    //启动计时器,开始每 1 秒改变一次温度
    }
    //第三步:声明事件产生时调用的方法
    private void tw_OnWarning(object sender, TemperatureEventArgs e)
    {
        if (e.Temperature < 35)
        {
            lblShow.Text = "正常";
            lblColor.BackColor = Color.Blue;
        }
        else if (e.Temperature < 37)
        {
            lblShow.Text = "高温黄色预警!";
            lblColor.BackColor = Color.Yellow;
        }
        else if (e.Temperature < 40)
        {
            lblShow.Text = "高温橙色预警!";
            lblColor.BackColor = Color.Orange;
        }
        else
        {
            lblShow.Text = "高温红色预警!";
            lblColor.BackColor = Color.Red;
        }
    }
    //每隔 1 秒激发一次该方法,用来模拟温度值的改变
    private void timer1_Tick(object sender, EventArgs e)
    {
        int nowTemp;//现在的温度值
        if (txtTemp.Text == "") nowTemp = 35;
        else
            nowTemp = Convert.ToInt32(txtTemp.Text);
        int change = r.Next(-2, 3);//产生一个在-2 到 2 之间的随机数
        txtTemp.Text = (change + nowTemp).ToString();    //新的温度值
        //第五步:触发事件
        tw.Monitor(change + nowTemp);
    }
}
//第一步 定义事件相关信息类
class TemperatureEventArgs : EventArgs
```

```
{
    private int temperature;
    public TemperatureEventArgs(int temperature)//声明构造函数
    {
        this.temperature = temperature;
    }
    public int Temperature//定义只读属性
    {
        get { return temperature; }
    }
}
//第二步:定义事件警报器
class TemperatureWarning
{
    //2.1声明温度预警的委托类型
    public delegate void TemperatureHandler(object sender, TemperatureEventArgs e);
    //2.2声明温度预警事件
    public event TemperatureHandler OnWarning;
    //2.3开始监控气温,同时发布事件
    public void Monitor(int tp)
    {
        TemperatureEventArgs e = new TemperatureEventArgs(tp);
        if (OnWarning != null)
        {
            OnWarning(this, e);
        }
    }
}
```

其中，Random 类是伪随机数生成类。该类的 Next(minValue, maxValue)方法可以产生一个大于等于 minValue 并小于 maxValue 的随机整数。

Timer 控件是一个计时器控件，可以周期性的产生一个 Tick 事件，可以用该控件周期性的执行某些操作。当 Timer 控件的 Enable 属性设置为 "true" 时，可以启用该控件；设置为 false 时，关闭计时。Interval 属性是 Timer 控件的激发间隔，单位是毫秒。另外，一个事件方法只有订阅后才能生效，为此需要双击 Timer1 控件。在该控件 timer1_Tick 方法中写入代码，以触发事件并模拟温度的变化。

从上例中可以看到，采用基于事件驱动模型进行程序设计，其实现步骤包括以下 5 个步骤。

（1）定义事件相关信息类。

（2）在事件发布者类（事件源）中声明事件，并声明一个负责触发事件的方法。

（3）在事件接收者类中声明事件产生时调用的方法。

（4）在事件接收者类中订阅事件。

（5）在事件接收者类中触发事件。

8.4 基于事件的 Windows 编程

目前，Windows 操作系统仍然是计算机主流操作系统，而 Windows 操作系统支持基于事件的消息运行机制。本节将详细介绍 C#语言的基于事件的 Windows 编程方法。

8.4.1　Windows 应用程序概述

1. Windows 应用程序的工作机制

Windows 操作系统提供了两种事件模型，即"拉"模型和"推"模型。在"推"模型中，Windows 应用程序首先指示对哪些条件感兴趣，然后等待事件发生，一旦接收到事件消息就执行事件处理程序。在"拉"模型中，系统必须不停地轮询或监测资源或条件，以决定是否触发事件并执行事件处理程序。因此，"推"模型是被动地等待事件的发生，而"拉"模型是主动的询问事件是否发生。

事实上，Windows 操作系统本身就使用"拉"模型运行机制。它为每一个正在运行的应用程序建立消息队列。在事件发生时，它并不是将这个触发事件直接传送给应用程序，而是先将其翻译成一个 Windows 消息，再把这个消息加入消息队列中。应用程序通过消息循环从消息队列中接收消息，执行相应的事件处理程序。

在整个 Windows 应用系统中，生成事件的应用程序被称为事件源，接收通知或检查条件的应用程序称为事件接收器。事件源和事件接收器也可以位于同一个应用程序。在 Windows 系统中，事件接收器采用以下几种事件处理机制。

（1）轮询机制

在这种机制下，事件接收器定期询问事件源是否有它感兴趣的事件发生。这样，虽然可以获得事件，能解决问题，但是有以下两个弊端。

● 事件接收器不知道它所感兴趣的事件什么时候发生，所以必须频繁地访问事件源，以便第一时间内获得事件。通常事件的发生频率要比轮询的频率小得多，所以大部分资源都做了无用功，并且事件源每次也要响应询问，大大浪费了资源，降低了效率。

● 针对第一种情况，如果开发人员降低轮询的频率，以增加效率，和减少系统的负荷，那么新的问题就来了：随着访问频率的降低，事件发生的时间和事件接收器得知的时间将会越来越长。显然，这是很难让人接受的。

（2）回调函数机制

回调函数是最原始但很有效的机制。在这个机制里，事件源定义回调函数的模板（又称原型），事件接收器实现该函数的实际功能，并让事件源中的回调函数指针指向自己的实际函数。当事件源中的事件发生时，就调用回调函数的指针。这样事件接收器就最先得到了通知并进行处理。

（3）Microsoft .NET Framework 事件机制

.NET Framework 基于委托的事件模型是以回调函数机制为基础的。用委托代替函数指针，可降低编程的难度，同时，委托的类型是安全的。在运行期间，事件接收器实例化一个委托对象并把它传递给事件源。

2. Windows 应用程序项目的组织结构

在 VS2017 中，一旦创建了一个 Windows 应用程序项目，即可在解决方案资源管理器中看到如图 8-5 所示的组织结构。

事实上，无论采用哪一种事件处理机制，Windows 应用程序和控制台应用程序一样，必须从 Main 方法开始执行。在创建 Windows 应用程序时，VS2017 会自动生成 Program.cs 文件，并在该文件中会自动生成 Main 方法，也会根据程序设计员的操作自动更新 Main 方法中的语句。因此，程序设计员通常不需要在 Main 方法中添加任何代码。

图 8-5　Windows 应用程序项目的组织结构

以下是 Program.cs 文件的典型结构。

```
using System;
using System.Collections.Generic;
using System.Windows.Forms;

namespace test8_3
{
    static class Program
    {
        static void Main()
        {
            Application.EnableVisualStyles();          //启用程序的可视样式
            Application.SetCompatibleTextRenderingDefault(false);
            Application.Run(new MainForm());           //创建 Windows 窗体对象并显示,
                                                       //之后开始消息循环
        }
    }
}
```

在上述代码中，Main 函数有 3 条语句，前两个语句主要与程序的外观显示相关，不影响程序的执行流程，只有 Application.Run 函数起到关键作用。它将创建一个 Windows 窗体对象并显示，之后开始一个标准的消息循环，以便整个程序保持在运行状态而不结束。如果将第 3 句改为如下的句子，则运行时就会发现，窗体显示一下后立即消失，程序也运行结束。

```
MainForm frm = new MainForm ();
frm.Show();
```

由此可见，整个程序能够保持运行而不结束，主要是由于 Application.Run 的作用。Application.Run 在当前线程上开始一个标准的消息循环，从而使得窗体能够保持运行。

8.4.2　Windows 窗体与事件驱动编程

1. Windows 窗体概述

Windows 窗体体现了.NET Framework 的智能客户端技术。智能客户端是指易于部署和更新的图像丰富的应用程序，无论是否连接到 Internet，智能客户端都可以工作，并且可以用比传统的基于 Windows 的应用程序更安全的方式访问本地计算机上的资源。在使用类似 Visual Studio 2017 的开发环境时，可以创建 Windows 窗体智能客户端应用程序，以显示信息、请求用户输入以及通过网络与远程计算机通信。

一个 Windows 应用程序是由若干个 Windows 窗体组成的，从用户的角度来讲，窗体是显示信息的图形界面；从程序的角度上讲，窗体是 System.Windows.Forms 命名空间中 Form 类的派生类。通常，一个窗体包含了各种控件，如标签、文本框、按钮、下拉框、单选按钮等。控件是相对独立的用户界面元素，它既能显示数据或接收数据输入，又能响应用户操作（如单击鼠标或按下某个按键）。

例如，在本章的实例 8-3 中，该 Windows 应用程序由一个窗体组成，而该窗体的类名是 Test8_3，是基类 Form 的派生类。在该窗体中，一共有 6 个控件，包括 3 个标签、1 个文本框、1 个按钮和 1 个定时器，其中，文本框接收用户所输入的数据，按钮负责响应用户单击鼠标操作。当用户单击按钮时，系统将触发一个事件消息，并调用相应的事件方法（如 btnAdd_Click）。

在设计时，Windows 窗体有两种视图模式，分别为设计器视图（如图 8-6 所示）和源代码编辑视图（如图 8-7 所示）。设计器视图支持以拖曳方式从工具箱往 Windows 窗体添加控件，源代码编辑视图支持智能感知技术，可快速录入源代码。

在 Windows 窗体的源代码中，窗体类名之前带 partial 关键字。VS 2017 使用该关键字将同一个窗体的代码分离存放于两个文件中，一个文件存放由它自动生成的代码，文件的后缀名一般为 xxx.Designer.cs；另一个存放程序员自己编写的代码，后缀名一般为 xxx.cs。

其中，xxx. Designer.cs 的代码结构如下所示。

```
namespace test8_3
{
    partial class Test8_3
    {
        private System.ComponentModel.IContainer components = null;
        protected override void Dispose(bool disposing)   //清理所有正在使用的资源
        {
        if (disposing && (components != null))
        {
            components.Dispose();
        }
        base.Dispose(disposing);
        }

        #region Windows 窗体设计器生成的代码
        private void InitializeComponent()     //初始化各窗体功能
        {
            this.label1 = new System.Windows.Forms.Label();
            this.label2 = new System.Windows.Forms.Label();
            ……      //省略相似代码
            this.SuspendLayout();
            this.label1.Text = "姓名:";           //设置各控件的属性
            this.label2.Text = "性别:";
            ……      //省略相似代码

            this.Controls.Add(this.label2);
            this.Controls.Add(this.label1);
            ……      //省略相似代码
        }
        #endregion
        private System.Windows.Forms.Label label1;
        private System.Windows.Forms.Label label2;
```

```
        ……       //省略相似代码
    }
}
```

窗体文件的代码结构如下。

```
namespace test8_3
{
    public partial class Test8_3 : Form
    {
        public Test8_3()
        {
            InitializeComponent();
        }
        //…… 用户编写的代码
    }
}
```

图 8-6　窗体设计器窗口

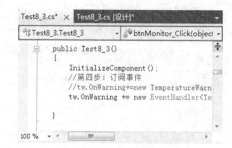

图 8-7　窗体代码编辑窗口

　　Windows 窗体的两个代码文件在编译时将自动合并。代码分离的好处是：程序员不必关心 VS2017 自动生成的那些代码，操作更加简洁方便。

2. Windows 窗体中的事件

　　Windows 应用程序在运行时，用户针对窗体或某个控件进行的任何键盘或鼠标操作，都会触发 Windows 系统的预定义事件。这些事件是多种多样的，往往因控件类型而异。

　　例如，按钮提供 Click 事件，文本框提供 TextChanged 事件，单选按钮或复选框提供 CheckedChanged 事件，组合框提供 SelectedIndexChanged 事件等。

　　当然，大多数的控件可能也拥有相同的事件。表 8-4 列出了 Windows 应用程序常用的事件。

3. 事件方法

　　从表 8-3 可知，Windows 窗体及其控件事件非常多，那么，设计程序时是不是需要为每一个事件编写相应的事件方法呢？当然，是完全没有必要的，通常根据需要求只编写其中几个事件方法。事件方法的基本格式如下。

```
private void 事件方法名(object sender, EventArgs e)
{
    //事件处理语句
}
```

　　其中，事件方法名一般按行业规范命名，C#建议使用 "控件名_事件名" 的命名格式。形参 sender 代表事件的发布者，常常是控件自身。形参 e 为事件参数对象，其包含了事件发布者要传递给事件接收者的详细数据。

表 8-3　　　　　　　　　　　　　　　　Windows 应用程序常用事件

事件	描述	事件	描述
Activated	使用代码激活或用户激活窗体时发生	TextChanged	Text 属性值更改时发生
Deactivated	窗体失去焦点并不再是活动窗体时发生	Enter	当控件成为活动控件时发生
Load	用户加载窗体时发生	Leave	当控件不再是活动控件时发生
FormClosing	关闭窗体时发生	CheckedChanged	Checked 属性值更改时发生
FormClosed	关闭窗体后发生	SelectedIndexChanged	SelectedIndex 属性值更改时发生
Click	单击控件时发生	Paint	控制需要重新绘制时发生
DoubleClick	双击控件时发生	KeyPress	按下并释放某键后发生
MouseDown	按下鼠标按钮时发生	KeyDown	首次按下某个键时发生
MouseEnter	鼠标进入控件的可见部分时发生	KeyUp	释放某个键时发生
MouseOver	鼠标指针移过控件时发生	SizeChanged	控件的大小改变时发生
MouseUp	释放鼠标按钮时发生	BackColorChanged	背景色更改时发生

4. 事件方法与窗体或控件的绑定

Windows 窗体中的事件从代码的角度来看，实质上是 Form 类或控件类的一个属性，其数据类型通常是 EventHandler。由于触发事件的实质是调用该委托所引用的事件方法，所以为了保证事件能够成功触发、完成事件处理，就必须将事件方法与表示 Form 类或控件类的事件属性联系起来。把事件方法与事件属性联系的操作称为事件绑定。

在设计 Windows 窗体时，因为已经确定了一个窗体所包含的所有构成元素（即控件），所以可以直接把一个事件方法与窗体或控件的事件属性绑定。此时，可利用 VS2017 自动生成事件和自动进行事件绑定的功能来实现，具体操作方法如下。

（1）切换到 VS2017 窗体设计视图。

（2）把控件从工具箱拖放到窗体的设计区域。

（3）右击目标控件（如一个按钮控件和一个文本框）并选择"属性"命令，以打开该控件的"属性"窗口。

（4）在"属性"窗口中单击事件按钮 ⚡，以打开事件属性列表。

（5）在事件属性列表中双击事件名（如双击 Click 事件）。

（6）之后，VS 2017 自动生成相应的事件方法，并自动把该事件方法与控件的相应事件绑定起来。

注意，刚生成的事件方法是不包含任何语句的空方法，需要自行完成代码的编写。

【实例 8-4】设计一个简单的 Windows 应用程序，实现以下功能：文本框默认显示提示文字"在此，请输入任意文字！"；进入该文本框时自动清除提示文字；之后由用户输入字符，每输入一个字符就在标签控件中显示一个字符；离开该文本框时显示"输入结束，您输入的文字是："，并显示所输入的文字，同时，文本框再次显示"在此，请输入任意文字！"。运行效果如图 8-8 所示。

（1）根据表 8-4 在 Windows 窗体中添加窗体控件。

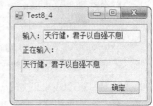

图 8-8　运行效果

表 8-4 需要添加的控件及其属性设置

控件	属性	属性设置	控件	属性	属性设置
Label1	Text	输入：		Name	lblTarget
Label2	Name	lblShow	Label3	AutoSize	false
	Text	末输入		BorderStyle	Fixed3D
TextBox1	Name	txtSource	Button1	Text	确定

（2）打开文本框 txtSource 的"属性"窗口，并切换到事件属性列表，如图 8-9 所示。

（3）在该事件属性列表中找到并双击 Enter 事件，之后 VS 2017 自动生成相应的事件方法 txtSource_Enter，同时自动完成事件绑定。

图 8-9 文本框控件的"属性"窗口

（4）在源代码视图中编写事件方法 txtSource_Enter，代码如下。

```
private void txtSource_Enter(object sender, EventArgs e)
{
    txtSource.Text = "";
    //订阅 txtSource 控件的 TextChanged 事件,并声明事件产生时调用的方法
    txtSource.TextChanged+=new EventHandler(txtSource_TextChanged);
}
```

（5）编写事件方法 txtSource_TextChanged，代码如下。

```
private void txtSource_TextChanged(object sender, EventArgs e)
{
    lblShow.Text = "正在输入:";
    lblTarget.Text = txtSource.Text;
}
```

（6）为文本框的 Leave 事件编写事件方法 txtSource_Leave，代码如下。

```
private void txtSource_Leave(object sender, EventArgs e)
{
    lblShow.Text = "输入结束,您输入的文字是:";
    //取消对 txtSource 控件的 TextChanged 事件的订阅
    txtSource.TextChanged -= new EventHandler(txtSource_TextChanged);
    txtSource.Text = "在此,请输入任意文字!";
}
```

【分析】控件事件的绑定的实质是利用事件方法构造一个 EventHandler 事件委托的对象，并将这个对象赋值给控件的事件属性。

该赋值语句的基本格式如下。

控件名.事件 += new EventHandler(事件方法);

例如，实例 8-4 中绑定文本框控件 txtSource 的 TextChanged 事件的语句如下。

txtSource.TextChanged+=new EventHandler(txtSource_TextChanged);

其实，通过事件属性列表绑定的事件，VS2017 也会为其自动生成同样的代码。完成上述操作后，在 VS2017 的解决方案资源管理器中打开窗体的设计文件（如果窗体的源代码文件为 Form1.cs，则其设计文件为 Form1.Designer.cs），就是可以发现 Enter 和 Leave 事件的绑定语句如下。

```
this.txtSource.Enter += new System.EventHandler(this.txtSource_Enter);
this.txtSource.Leave += new System.EventHandler(this.txtSource_Leave);
```

习　　题

1．判断题

（1）委托属于引用类型。

（2）使用委托对象调用方法时，必须保证参数的类型、个数、顺序和方法声明匹配。

（3）C#不允许使用一个委托对象来同时调用多个方法。

（4）当委托被调用时，委托列表中所有的方法被顺序调用一次。

（5）在 C#中，事件实际上就是一个委托类型的变量。

（6）事件定义后，一旦事件被触发，就会调用相应的事件处理程序。

2．单项选择题

（1）引用方法的委托与该方法必须有相同的是（　　　）

    A．名字、返回值和参数列表　　　　　　B．返回值和参数列表

    C．名字和返回值　　　　　　　　　　　D．参数列表

（2）下列语句声明了一个委托 ":public delegate int myCallBack (int x);"，则用该委托产生的回调方法的原型应该是（　　　）

    A．void myCallBack (int x)　　　　　　B．int receive (int num)

    C．string receive ((int x)　　　　　　　D．不确定的

（3）下列对于委托理解的描述中，（　　　）不正确的。

    A．用 delegate 关键字声明

    B．类似于函数的指针

    C．声明时必须和目标函数具有同样的签名

    D．委托是不安全的

（4）委托可以在运行时间接调用一个或多个方法。要定义一个名为 DoSomething 的委托，应该使用（　　　）。

    A．delegate DoSomething();　　　　　　B．delegate void DoSomething (int param);

    C．void delegate DoSomething();　　　　D．DoSomething (int param);

（5）下面程序运行后，r 的值是（　　　）。

```
delegate int Call(int a, int b);
static void Main(string[] args){
    Call obj;
    obj = new Call(Add);
    obj += new Call(Sub);
    int r = obj(5, 3);
}
static int Add(int a, int b){ return a + b; }
static int Sub(int a, int b){ return a - b; }
```

    A．2　　　　　　　　B．5　　　　　　　　C．52　　　　　　　　D．没有返回值

（6）在 C#中，注册事件的方法使用（　　　）运算符。

    A．+=　　　　　　　B．-　　　　　　　　C．+-　　　　　　　　D．+

实验 8

一、实验目的

（1）掌握事件的概念，理解事件处理的机制。

（2）掌握委托的声明、实例化与使用。

（3）理解事件驱动编程的思想，理解 Windows 应用程序事件驱动编程方法。

（4）掌握事件编程方法，包括事件的声明、预订和引用。

二、实验要求

（1）熟悉 VS2017 的基本操作方法。

（2）认真阅读本章相关内容，尤其是实例。

（3）实验前进行程序设计，完成源程序的编写任务。

（4）反复操作，直到不需要参考教材、能熟练操作为止。

三、实验步骤

1. 设计一个 Windows 应用程序，用委托实现一个简单的计算器，要求按按键的顺序进行计算，如按 "5+6*3=" 的顺序按键时，先计算 "5+6"，显示 11，然后计算 "11*3"，显示 33，效果如图 8-10 所示。

图 8-10　运行效果

（1）MyMath 类的核心代码如下。

```
class MyMath
{
    public int Add(int x, int y) { return x + y;}
    public int Mul(int x, int y) {return x * y; }
    public int Sub(int x, int y) {return x - y; }
    public int Div(int x, int y) {return x / y; }
}
```

（2）声明委托的代码如下。

```
public delegate int Caculate(int x, int y);    //声明委托
```

（3）定义窗体类的成员的代码如下。

```
public Caculate handler; //定义委托型的字段
MyMath math = new MyMath();
int operand1;//第 1 操作数
int operand2;//第 2 操作数
bool isContinue=true;//是否连续输入
```

（4）在事件属性列表将所有的数字按钮的 Click 事件关联到 btnNum_Click 方法，其中，btnNum_Click 的核心代码如下。

```
//数字按钮
private void btnNum_Click(object sender, EventArgs e)
{
    if (sender is Button)
```

```
    {
        Button btn = (Button)sender;
        if(isContinue)
            txtResult.Text += btn.Text;
        else
        {
            isContinue=true;//输入一个数字后,下一个数字为连续输入
            txtResult.Text=btn.Text;
        }
    }
}
```

（5）在事件属性列表将所有的运算符按钮的 Click 事件关联到 btnCalc_Click 方法，其中，btnCalc_Click 的核心代码如下。

```
//运算符
private void btnCalc_Click(object sender, EventArgs e)
{
    isContinue=false;       //点击运算符后,下一个数字不是连续输入
    if (handler == null)    //没有委托运算符时,为第1个操作数
    {
        operand1 = Convert.ToInt32(txtResult.Text);
    }
    else//将该运算符之前委托的运算先计算出来
    {
        operand2 = Convert.ToInt32(txtResult.Text);
        operand1 = handler(operand1, operand2);//运算结果作为下一次运算的第1操作数
        txtResult.Text = operand1.ToString();
    }
    if (sender is Button)
    {

        Button btn = (Button)sender;
        switch (btn.Text)//把该运算符对应的运算添加到委托中
        {
            case "+":
                handler += new Caculate(math.Add);break;
            case "-":
                handler += new Caculate(math.Sub); break;
            case "*":
                handler += new Caculate(math.Mul); break;
            case "/":
                handler += new Caculate(math.Div); break;
            case "=":
                handler = null;break;
        }
    }
}
```

2. 设计一个 Windows 应用程序，模拟股票交易。当该程序运行时，它将监视股票的当前价格，用户可以设置买入价格或卖出价格，然后通过单击"低于此价买入"按钮或"高于此价买出"按钮来下定单。如果价格降到买入价格以下，就购买股票并删除相应的订单，类似的，当价格上升到卖出价以上，就卖出这些股票并且删除相应定单。运行效果如图 8-11 所示。

图 8-11　运行效果

（1）定义事件相关信息类，其中，StockEventArgs 类的核心代码如下。

```
class StockEventArgs : EventArgs
{
    int stockPrice;
    public StockEventArgs(int stockPrice)//声明构造函数
    {
        this.stockPrice = stockPrice;
    }
    public int StockPrice//定义只读属性
    {
        get { return stockPrice; }
    }
}
```

（2）定义事件，其中，Stock 类的核心代码如下。

```
class Stock
{
    //声明事件
    public event EventHandler<StockEventArgs> OnStockChange;
    public event EventHandler<StockEventArgs> OnStockRise;
    public event EventHandler<StockEventArgs> OnStockFall;
    private int stockPrice;
    public Stock(int price)
    {
        stockPrice = price;
    }
    //股票价格改变时,触发事件
    public int Price
    {
        set
        {
            decimal oldPrice = stockPrice;
            stockPrice = value;
            if (OnStockChange != null && (oldPrice != value))
            {
                OnStockChange(this, new StockEventArgs(stockPrice));
            }
            if ((OnStockFall != null) && (oldPrice > value))
            {
                OnStockFall(this, new StockEventArgs(stockPrice));
            }
            else if ((OnStockRise != null) && (oldPrice < value))
```

```
            {
                OnStockRise(this, new StockEventArgs(stockPrice));
            }
        }
        get
        {
            return stockPrice;
        }
    }
}
```

（3）定义事件相关信息类，其中，StockEventArgs 类的核心代码如下。

```
public partial class Exp8_2 : Form
{
    private Stock myStock;
    Random r ;
    private EventHandler<StockEventArgs> myStock_OnStockFall;
    public Exp8_2()
    {
        InitializeComponent();
        int price = Convert.ToInt32(txtStartPrice.Text);
        myStock = new Stock(price);
        r = new Random();//产生一个随机数生成器
    }
    private void btnOpened_Click(object sender, EventArgs e)
    {
        myStock.OnStockChange += new EventHandler<StockEventArgs>(Change);//订阅事件
        timer1.Enabled = true;
    }
    private void btnBuying_Click(object sender, EventArgs e)
    {
        myStock.OnStockFall += new EventHandler<StockEventArgs>(Fall) ;//订阅事件
    }
    private void btnSelling_Click(object sender, EventArgs e)
    {
        myStock.OnStockRise+=new EventHandler<StockEventArgs>(Rise) ;//订阅事件
    }
    void Change(object sender, StockEventArgs e)
    {
        this.txtCurPrice.Text = myStock.Price.ToString();
        rtbMessages.AppendText( "\n当前股价:" + myStock.Price);
    }
    void Fall(object sender, StockEventArgs e)
    {
        int buy = Convert.ToInt32(txtBuy.Text);
        if (myStock.Price < buy)
        {
            rtbMessages.Text += "\n+买入,买入价:" + myStock.Price;
            myStock.OnStockFall -= new EventHandler<StockEventArgs>(Fall);
            txtBuy.Text = "";
        }
    }
    void Rise(object sender, StockEventArgs e)
    {
```

```
        int sell = Convert.ToInt32(txtSell.Text);
        if (myStock.Price > sell)
        {
            rtbMessages.Text += "\n-卖出,卖出价:" + myStock.Price;
            myStock.OnStockRise -= new EventHandler<StockEventArgs>(Rise);
            txtSell.Text = "";
        }
    }
    private void timer1_Tick(object sender, EventArgs e)
    {
        int nowPrice;//原来的股票价格
        if (txtCurPrice.Text == "") nowPrice = Convert.ToInt32(txtStartPrice.Text);
        else
            nowPrice = Convert.ToInt32(txtCurPrice.Text);
        int change = r.Next(-3, 4);//产生一个在-3到3之间的随机数
        //更改股票价格:触发事件
        myStock.Price = nowPrice + change;  //新的股票价格
    }
}
```

四、实验总结

写出实验报告（报告内容包括实验内容、任务分析、算法设计、源程序、实验体会等），并记录实验过程中的疑难点。

第9章
多线程和异步编程

总体要求

- 了解进程及线程的概念。
- 掌握使用 C#进行多线程的创建及简单控制。
- 掌握线程的同步策略。
- 了解线程池技术。
- 掌握异步编程的设计与实现技术。

学习重点

- 线程的启动、管理和终止。
- 线程安全的实现。
- 异步编程的实现方法。

多线程和异步编程能为大型复杂软件系统的开发带来便捷。本章从多线程的基本概念出发，涉及的内容包括：线程的概念、线程的使用方法、线程间的同步问题以及一些相关技术。此外，本章还讨论了异步编程问题。

9.1 多线程的概念

无论是在单处理器计算机还是在多处理器计算机上开发或使用应用程序，我们都希望应用程序能够为用户提供最好的响应性能，特别是用户同时运行多个应用程序时，应用程序能够充分应用处理器，快速响应用户的操作。要达到这一性能最有效的方式之一就是使用多线程技术。.NET 框架提供了强大的多线程处理功能。借助.NET 框架的类库与支持，C#能够充分实现和控制多线程的编程。

9.1.1 线程和进程

进程和线程是现代操作系统的重要概念。前者是应用程序的实例，一个正在运行的应用程序在操作系统中被视为一个进程。为了使多个任务互不干扰的运行，每个进程都拥有独立的虚拟地址空间、代码段、数据段及堆栈等。另外，进程还占了各种系统资源（如文件、窗体对象、环境变量等）。进程拥有自身独立的资源，进程之间相互隔离，互不干扰。

线程是操作系统分配处理器时间的基本单元。它也是一组指令的集合，可以在程序中独立执行，所以有时也被称为"轻量级进程"或"微进程"。一个进程可以包含一个或多个线程。线程共享其所属进程所拥有的资源，可以访问其所属进程的内存区域和代码段。同时，线程还拥有各自的局部变量和独立的栈空间。所有线程都允许并发地执行。每个进程至少有一个线程来执行它的代码。如果没有线程来执行，系统就会自动撤销该进程和它的地址空间。

线程总是在某个进程环境中创建，而且它的整个生存期都是在该进程中。因此，线程处理是指执行该线程的代码和对其数据进行操作。线程处理通常分为两大类：单线程处理和多线程处理。

单线程处理是指一个进程中只能有一个线程，其他进程必须等待当前线程执行结束后才能执行；其缺点在于系统完成一个很小的任务都必须耗费很长的时间。这就好比在一间只有一名收银员的超市中购物，只雇佣一个收银员对店主来说会比较省钱，当客流量较低时，这名收银员足以应付。但如果遇到节假日或者打折促销，等待付款的队伍就可能越排越长，顾客就会不高兴。这时所发生的正是操作系统中常见的瓶颈现象：大量的数据和过于狭窄的信息通道。这时，最好的解决方案就是雇佣更多的收银员，也就是"多线程"策略。

多线程处理是指一个进程被划分为多个线程，每个线程都可以并发地、独立地工作，从而最大限度地利用处理器和用户的时间，提高系统的效率。多线程的优点是处理速度快，同时降低了系统的负荷。但是，多线程的缺点也不容忽略，使用多线程的应用程序一般都比较复杂，有时甚至会使应用程序的运行速度变得缓慢，因为开发人员必须提供线程的同步（后面会详细讲述），以保证线程不会并发地请求相同的资源，导致竞争情况的发生。所以要合理地使用多线程处理技术。

9.1.2　线程的生命周期和状态

从线程被创建到被终止称为线程的生命周期。在线程被创建以后，该线程处于开始状态。一般情况下，线程会从开始状态转入就绪状态，只有处于就绪状态的线程才会被操作系统按照一定的调度算法进行调度，从而转入运行状态。而处于运行状态的线程也会在一定的时间被调度出运行状态而进入就绪状态，等待下次调度。另外，处于运行状态的线程可能因为等待某个资源，或被人为的设定进行休眠状态，直至需要的资源被释放或者是人为的休眠指令结束，就会转入就绪状态。另外，处于运行状态的线程会因指令执行完毕或被人为地终止而进入终止状态。线程的生命周期和状态如图 9-1 所示。

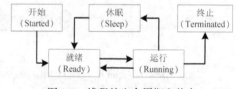

图 9-1　线程的生命周期和状态

9.1.3　线程的优先级

每个线程都被赋予了不同的优先级。线程调度算法会根据该线程的优先级进行调度。一般来说，优先级高的线程会被优先调度执行。只是不同的操作系统的线程调度算法可能不同。操作系统也可能会动态地更改线程的优级级。线程的优先级一般有五种，如表 9-1 所示。

表 9-1　　　　　　　　　　　　　线程的优先级

优先级	属性
最高（Highest）	具有该优先级的线程会最先被考虑调度执行
较高（Above Normal）	具有该优先级的线程会在最高优先级的线程之后、正常优先级的线程之前被考虑调度执行

优先级	属性
正常（Normal）	具有该优先级的线程会在较高优先级的线程之后、较低优先级的线程之前被考虑调度执行
较低（Below Normal）	具有该优先级的线程会在正常优先级的线程之后、最低优先级的线程之前被考虑调度执行
最低（Lowest）	具有该优先级的线程会最后被考虑调度执行

9.2　线程创建与控制

在学习多线程编程之前，首先必须学会基本的线程操作，即创建和控制单一的线程。本节将主要介绍如何通过.NET 的 System.Threading 命名空间提供的线程类来启动、管理线程。

9.2.1　创建和启动线程

在.NET 中，大多数情况下，用户都不需要自己明确地管理线程，因为 CLR 已经简化了大多数线程的有关任务，用户只需要利用 System.Threading 提供的大量线程编程类和接口来处理线程即可。该命名空间中的 Thread 类提供创建并控制线程、设置线程优先级并获取运行状态等功能。表 9-2 列出了 Thread 类的主要属性。

表 9-2　　　　　　　　　　　　　　　Thread 类的主要属性

属性名	说明
CurrentThread	获取当前正在运行的线程
IsAlive	获取当前线程的执行状态，= true 表示已启动并且正在执行，=false 表示已经被终止或中止
Name	获取或设置线程的名称（默认为 null）
Priority	获取或设置线程的调度优先级（默认为 ThreadPriority.Normal）
ThreadState	获取当前线程的状态

创建线程时，首先需要创建一个 Thread 类的对象。Thread 类的构造函数的参数是一个 ThreadStart 委托。该委托用来引用一个被作为新的线程执行的方法。然后，调用 Thread 对象的 Start()方法启动并执行新的线程。

【实例 9-1】设计一个 C#控制台应用程序，用于创建和启动一个线程。参考代码如下。

```
using System;
using System.Threading;    //注意对命名空间的引用
class Program
{
    static void Main(string[] args)
    {
        Thread a = new Thread(new ThreadStart(test)); //创建线程 a
        a.Name = "子线程 A";
        Thread b = new Thread(new ThreadStart(test)); //创建线程 b
        b.Name = "子线程 B";
```

```
        a.Start();          //启动线程 a
        b.Start();          //启动线程 b
    }
    static void test()      //线程调用的测试函数
    {
    int count = 0;
    for (; count < 5; count++){ }
    Console.WriteLine("{0}:已循环{1}次", Thread.CurrentThread.Name, count);
    }
    }
```

【分析】在本例中，首先在程序主函数中创建了两个线程 a 和 b，分别执行 a.Start()和 b.Start()语句，以使线程 a 和 b 处于运行状态。这样，操作系统就可以并发地调度相应的测试函数 test()，而不一定线程 a 和 b 创建或启动的先后顺序执行。这时，线程 b 可能会被优先处理，相应的运行的效果可能如图 9-2 所示。

图 9-2　程序执行的结果

9.2.2　控制线程

通常，当执行一个线程后，该线程会经历一个生命周期，即开始、就绪、运行、休眠、终止状态等。这些状态都可以通过线程的 ThreadState 属性来获取。表 9-3 列出了 ThreadState 属性的枚举值。

表 9-3　　　　　　　　　　　　　　ThreadState 的属性值

属性名	说明
Unstarted	未启动，还未在线程中调用 Start()方法
Running	激活，线程调用 Start()方法后
WaitSleepJoin	通过调用 Wait()、sleep()或 Join()方法来暂停线程
SuspendRequested	请求挂起状态
Suspended	处于挂起状态
AbortRequested	请求中止状态
Aborted	线程中止状态
stopped	线程停止状态

1. 暂停和恢复线程

启动线程后，有时需要将该线程暂停一段时间，以便操作系统处理其他线程。让线程暂停的方法一般有 3 种：Thread.Sleep()、Thread.Suspend()和 Thread.Join()。

（1）Thread.Sleep()

调用 Thread.Sleep()会立即将当前线程阻塞一段时间（该时间由 Sleep()方法的参数决定，单位是 ms），并将其时间片段的剩余部分提供给另一个线程。值的注意的是，一个线程不能对另一个线程调用 Sleep()方法。例如，要将当前线程挂起 3s 并调用 Sleep()静态方法的代码如下。

```
Thread.Sleep(3000);
```

当线程进入休眠时，它就显示为 WaitSleepJoin 状态。如果想使该线程在达到指定时间之前恢复，唯一的方法就是使用 Thread.Interrupt()方法（将在后续内容中详细讲述）。

（2）Thread.Suspend()

当线程对其自身调用 Thread.Suspend()方法时，该调用会阻塞该线程，直到该线程被另一线程恢复为止；而当线程是对另一线程调用 Thread.Suspend()时，该调用是一种使另一线程暂停的非阻塞调用，即无论 Thread.Suspend()调用多少次，只要调用一次 Thread.Resume()都会立即使另一线程脱离挂起状态而恢复，并重新执行。

与 Thread.Sleep()不同的是，Thread.Suspend()不会使线程立即停止执行。CLR 必须等待线程到达安全点后才挂起，如果线程尚未启动或已经停止，则不能将其挂起（关于安全点的问题，请查阅.NET Framework SDK 文档）。

（3）Thread.Join

与上述两种方法不同的是，Thread.Join()强制一个线程等待另一个线程而停止，即当调用 Join()方法时，正在运行的线程会进入 WaitSleepJoin 状态，直到调用 Join()方法的线程完成任务，等待的线程才会恢复到 Running 状态。所以，如果要想使一个线程依赖于另一个线程，就可以使用该方法。

2. 中断和终止线程

除了启动、暂停和恢复操作之外，.NET 还提供了终止/中断操作。中断操作由 Thread.Interrupt()方法提供；终止操作由 Thread.Abort()方法提供。

（1）中断线程

如果要使处于休眠状态的线程被唤醒，Interrupt()是最好的方法之一。它会中断处于休眠的线程，将其重新放回调度队列中。

当调用 Thread.Interrupt()时，会在目标线程中引发 ThreadInterruptedException 异常。线程应该捕获该异常，以便执行适当操作后继续运行该线程；如果未捕获忽略该异常，则 CLR 会捕获该异常而停止该线程。

【实例 9-2】设计一个 C#控制台应用程序，要求：当计数器达到 4、8 时，第 1 个线程（SleepThread）进入休眠状态；第 2 个线程（AwakeThread）一旦检查到第 1 个线程处于 WaitSleepJoin 状态，就立即中断第 1 个线程，将其放回队列中。完整代码如下。

```
using System;
using System.Threading;
class Test9_2
{
    public static Thread sleeper;
    public static Thread awaker;
    public void SleepThread()
    {
        for (int i = 1; i < 10; i++)
        {
            Console.Write(i + ",");
            if (i == 4 || i == 8)
            {
                Console.WriteLine("Thread is sleep at " + i);
                Thread.Sleep(20);  //暂停线程
            }
        }
    }
    public void AwakeThread()
    {
```

```
        for (char ch = 'A'; ch < 'K'; ch++)
        {
            Console.Write(ch + ",");
            if (sleeper.ThreadState == System.Threading.ThreadState.WaitSleepJoin)
            {
                Console.WriteLine("Thread is awake at " + ch);
                sleeper.Interrupt();              //中断线程
            }
        }
    }
    static void Main(string[] args)
    {
        Test9_2 mi = new Test9_2();
        sleeper = new Thread(new ThreadStart(mi.SleepThread));       //创建第 1 个线程
        awaker = new Thread(new ThreadStart(mi.AwakeThread));        //创建第 2 个线程
        sleeper.Start();              //启动第 1 个线程
        awaker.Start();               //启动第 2 个线程
    }
}
```

最终运行效果如图 9-3 所示。

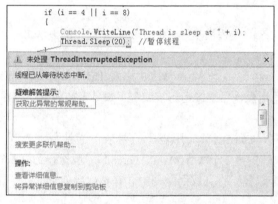

图 9-3　运行效果图

从图 9-3 可以看出，当调用 sleeper.Interrupt()中断线程时，触发了系统异常 ThreadInterruptedException，从而中止了程序的运行。所以为了使程序能正常运行，必须捕获该异常。修改 public void SleepThread()方法如下。

```
public void SleepThread()
{
    for (int i = 1; i < 10; i++)
    {
        Console.Write(i + ",");
        if (i == 4 || i == 8)
        {
            Console.WriteLine("Thread is sleep at " + i);
            try
            {
                Thread.Sleep(20);                        //暂停线程
            }
            catch (ThreadInterruptedException e)    //捕获中断异常
```

```
        {
            Console.WriteLine("Thread is interrupted");
        }
        }
    }
}
```

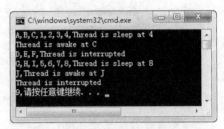

图 9-4　运行效果图

捕获异常后的运行效果如图 9-4 所示。

（2）终止线程

若因某种原因（比如线程执行了很长的时间或用户进行了取消操作等）要永久地终止一个线程，可以调用 Thread.Abort()方法。当调用 Abort()终止线程时，系统将该线程从任何状态中唤醒，并引发 ThreadAbortException 异常。

ThreadAbortException 是一个特殊的异常，也可以被捕获。如果有捕获代码，运行库将会执行 Catch 和 Finally 块，而且若 Finally 块中含有大量的计算，则会无限期延迟线程的终止；如果没有捕获代码，线程就会终止。

线程终止后，无法通过再次调用 Start()方法启动该线程。如果尝试重新启动该线程，就会引发运行库的 ThreadStateException 异常，而退出应用程序。

9.3　多线程的同步

前面介绍了什么是线程，以及线程在应用程序中扮演的重要角色和线程的基本操作。本节着重讨论有关线程的另一个重要问题——线程安全。在多线程编程中，当多个线程共享数据和资源时，根据主线程调度机制，线程将在没有警告的情况下中断和继续，因此多线程处理存在资源共享和同步问题。针对这些问题，.NET 提供了一种特殊的处理机制——多线程同步，即在任一时刻，只允许一个线程访问资源。这样开发人员就可以利用线程同步技术，对重要资源进行线程安全的访问。

9.3.1　线程安全

线程安全是指在多个线程并发使用某个对象时，该对象成员总是保持有效状态。常常表现为争用条件和死锁。

1. 争用条件

两个或多个线程同时访问同一数据或资源时会导致不符合要求或无法预期的结果。例如，有两个线程 A 和 B，A 线程要修改全局变量 x 的值，B 线程要读取 x 的值。假设线程 A 完成了任务，修改了 x 的值，线程 B 才读取 x。这是一种合理并符合要求的情况。但如果 A 还未完成赋值，B 就开始读取，这时就会产生 A、B 两个线程同时争夺变量 x 的现象，最终导致 B 读取一个错误的值。这就是争用条件。

2. 死锁

如果多个线程彼此等待对方释放其所占用的资源，则也会遇到线程安全问题。这种对线程执行的阻塞称为死锁。

例如，线程 A 为从账户 1 向账户 2 转账，先获取账户 1 的锁，然后准备获取账户 2 的锁，同时，线程 B 为从账户 2 向账户 1 转账，先获取账户 2 的锁，然后准备获取账户 1 的锁。在这种情况下，两个线程都因在等待对方已获取的锁而阻塞。由于两个线程都被阻塞，所以没有一个线程会释放另一个线程继续执行所需的锁，形成死锁。

为了防止在多线程编程中，因为共享资源而使线程无法正确执行，.NET Framework 提供了完善的线程同步策略来实现线程安全。

9.3.2　线程同步策略

.NET Framework 至少提供了 3 种同步策略来使对象能够具有线程安全性，能够同步访问实例方法、静态方法和实例字段。

1. 同步上下文

上下文是一组有序的属性或规则。这组属性或规则将类似的对象绑定在一起。同步上下文策略就是直接使用.NET 提供的 SynchronizationAttribute 类的构造函数对驻留在上下文中、符合上下文规则的对象启用简单的自动同步，确保同一时刻只有一个线程可以访问该对象。值的注意的是，该策略不处理静态字段和方法的同步。

可以使用 SynchronizationAttribute 属性，为 ContextBoundObject 的派生对象启用简单自动的同步，该属性为当前上下文和所有共享同一实例的上下文强行创建一个同步域。将该属性应用于某一个对象时，在共享该属性实例的所有上下文中只能有一个线程执行，多个线程可以访问方法和字段，但在任一时刻只允许一个线程访问。

【实例 9-3】设计一个 C#控制台应用程序，用两个线程对 Counter 类的字段 count 进行访问，一个用于读，另一个用于写。参考代码如下。

```csharp
using System;
using System.Threading;                     //注意对命名空间的引用
using System.Runtime.Remoting.Contexts;     //注意引用 Synchronization 命名空间
class Program
{
    static void Main(string[] args)
    {
        Counter c = new Counter ();
        Thread reader = new Thread(new ThreadStart(c.read)); //创建读线程
        reader.Name = "读线程";  //设置线程名
        Thread writer = new Thread(new ThreadStart(c.write));//创建写线程
        writer.Name = "写线程";  //设置线程名
        reader.Start();
        writer.Start();
    }
}
class Counter
{
    public int count = 42;
    public void read ()     //读取 count 的值
    {
        for (int i = 1; i <5; i++)
        {
            Console.WriteLine("{0}: count ={1}", Thread.CurrentThread.Name, n);
```

```
        }
    }
    public void write ()      //修改 count 的值
    {
        for (int i = 1; i < 5; i++)
        {
            count++;
            Console.WriteLine("{0}:Count={1}", Thread.CurrentThread.Name, n);
        }
    }
}
```

两个线程同时对 Counter 类的成员 count 进行读写操作，执行结果会比较混乱，如图 9-5 所示。为保证一个线程在操作该成员时，另一个线程不会对该成员进行操作，可以修改 Counter 类的定义，如下所示。

```
[Synchronization]
class Counter : ContextBoundObject
{
    //其余代码
}
```

修改后，程序的运行效果如图 9-6 所示。读线程在操作 count 时，写线程并未执行写操作，从而保证了线程的同步。

图 9-5　程序执行的结果

图 9-6　程序修改后的执行结果

使用同步上下文时，要注意，只有成员字段和成员方法被同步，而静态方法和字段不被保护，允许多个线程同时访问。

2. 同步代码区

该策略只对特定的代码区域进行同步操作。这些特定的代码区一般多为方法中重要的代码段。除了可以同步实例方法外，该策略还可以对静态方法实施同步。.NET 提供了很多类用于支持同步代码区。这里主要介绍 Monitor 类和 C#中的 Lock 关键字。

（1）Monitor 类

Monitor 类用于同步代码区，其思想是首先使用 Monitor.Enter()方法获得一个锁，然后使用 Monitor.Exit()方法释放该锁。一个线程一旦获得重要代码区的锁，其他线程只有等到该锁被释放后才能使用该代码区。这样就能通过同步最少量的代码，实现最大程度的并发。

【实例 9-4】修改实例 9-3，改用 Monitor 实现线程同步，只需要改写 Counter 类，代码如下。

```
class Counter
{
    public int count = 42;
```

```
public void read()              //读取 count 的值
{
    Monitor.Enter(this);        //加上 Monitor 锁
    Console.WriteLine("进入代码同步区域");
    for (int i = 1; i < 5; i++)
    {
        Console.WriteLine("{0}:Count={1}", Thread.CurrentThread.Name, count);
    }
    Console.WriteLine("退出代码同步区域");
    Monitor.Exit(this);         //释放 Monitor 锁
}
public void write ()            //修改 count 的值
{
    Monitor.Enter(this);        //加上 Monitor 锁
    Console.WriteLine("进入代码同步区域");
    for (int i = 1; i < 5; i++)
    {
        count++;
        Console.WriteLine("{0}:Count={1}", Thread.CurrentThread.Name, count);
    }
    Console.WriteLine("退出代码同步区域");
    Monitor.Exit(this);         //释放 Monitor 锁
}
}
```

　　修改后，程序的运行效果如图 9-7 所示。读线程先进入 Monitor 锁定的代码同步区域，当读线程释放了 Monitor 锁后，写线程才开始执行。

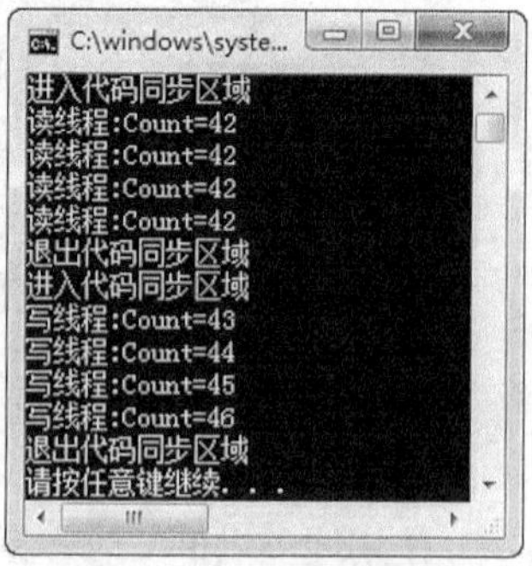

　　（2）C#中的 Lock 关键字

　　C#中使用 Lock 关键字同样可以获得一个 Monitor 锁。这时，只需要简单地用 Lock 语句将需要同步的代码括起来。这里，括号表示受保护代码的起始点和终止点。例如，上例代码可用 Lock 语句来实现，代码如下。

图 9-7　程序执行的结果

```
class Counter
{
    public int count = 42;
    public void read()              //读取 count 的值
    {
        lock (this)
        {
            Console.WriteLine("进入代码同步区域");
            for (int i = 1; i < 5; i++)
            {
                Console.WriteLine("{0}:Count={1}", Thread.CurrentThread.Name, count);
            }
            Console.WriteLine("退出代码同步区域");
        }
    }
    public void write()             //修改 count 的值
```

```
    {
        lock (this)
        {
            Console.WriteLine("进入代码同步区域");
            for (int i = 1; i < 5; i++)
            {
                count++;
                Console.WriteLine("{0}:Count={1}", Thread.CurrentThread.Name, count);
            }
            Console.WriteLine("退出代码同步区域");
        }
    }
}
```

3. 手工同步

.NET 还提供了几个手工同步的类，可以使用它们来创建自己的同步机制。手工同步一般用于以下情况：对多线程共享变量的同步访问、线程间或跨进程的同步、实现"单个写/多个读"的同步。

System.Threading 命名空间中常用的手工同步类有：Interlocked、Mutex 和 ReaderWriterLock。

（1）Interlocked 类

Interlocked 用于同步多个线程对共享变量的访问，提供了高性能的同步，可创建较高级别的同步机制。Interlocked 类的成员方法——CompareExchange()、Decrement()、Exchange()和 Increment()等提供一种简单的机制，用来同步对多个线程共享的变量的访问。

Interlocked 的 Increment 和 Decrement()方法以原子操作的形式递增或递减指定变量的值并存储结果；Exchange 以原子的方式交换指定变量的值；CompareExchange()方法为两个操作的组合，即先比较第一个和第三个参数的值是否相等，如果相等，将第二个参数的值存储在第一个变量中。

（2）Mutex 类

Mutex 提供了跨进程或线程的同步，类似于 Monitor 类。它只向一个线程授予对共享资源的独占访问权。如果一个线程获取了 Mutex 对象，其他想要获取该 Mutex 的线程就会被挂起，直到第一个线程释放该 Mutex 对象。

（3）ReaderWriterLock 类

ReaderWriterLock 类提供单个进程写和多个进程读的控制机制，其优点是资源开销非常低。该类有两个锁：读线程锁和写线程锁。当请求写线程锁后，在写线程取得访问权之前，不会接受任何新的读线程，从而实现多个线程在任何时刻执行读方法，或只允许单个线程在某一时刻执行写方法。

【实例 9-5】使用 ReaderWriterLock，模拟对某一资源的单写多读，其代码如下。

```
using System;
using System.Threading;        //注意对命名空间的引用
class Program
{
    static void Main(string[] args)
    {
        Resource r = new Resource();
        Thread t1 = new Thread(new ThreadStart(r.Write));//创建写线程 1
        Thread t2 = new Thread(new ThreadStart(r.Write));//创建写线程 2
        Thread t3 = new Thread(new ThreadStart(r.Read));//创建读线程 1
```

```
        Thread t4 = new Thread(new ThreadStart(r.Read));    //创建读线程2
        t1.Name = "写线程1"; t2.Name = "写线程2";
        t3.Name = "读线程1"; t4.Name = "读线程2";            //设置线程名
        t1.Start(); t3.Start(); t2.Start(); t4.Start();      //启动线程,顺序为:写读写读
    }
}
class Resource
{
    ReaderWriterLock rwl = new ReaderWriterLock();
    int count = 0;
    public void Read()                                       //读操作
    {
        rwl.AcquireReaderLock(Timeout.Infinite);             //请求读锁
        try
        {
          Console.WriteLine("+{0}进入读方法!count={1}", Thread.CurrentThread.Name,
count);
          Thread.Sleep(500);
        }
        finally
        {
            rwl.ReleaseReaderLock(); //释放读锁
            Console.WriteLine("-{0}离开读方法!", Thread.CurrentThread.Name);
        }
    }
    public void Write()                //写操作
    {
        rwl.AcquireWriterLock(Timeout.Infinite);//请求写锁
        try
        {
            count++;
            Console.WriteLine("+{0}进入写方法!count={1}",
                        Thread.CurrentThread.Name, count);
            Thread.Sleep(500);
        }
        finally
        {
            rwl.ReleaseWriterLock(); //释放写锁
            Console.WriteLine("-{0}离开写方法!", Thread.CurrentThread.Name);
        }
    }
}
```

该实例允许多个线程在任何时刻执行 Read()方法，但只允许在某一个时刻只有一个线程执行 Write()方法。程序运行效果如图 9-8 所示。写线程1执行 Write()方法时,其他写线程不能执行 Write() 方法，如写线程2，直到写线程1离开 Write()方法，释放了"写锁"后，才能执行 Write()方法。而读线程1和读线程2对 Read() 方法可在同进时行。

图 9-8　程序执行的结果

9.4 线 程 池

编写多线程应用程序的目的是尽可能充分利用计算机的处理器。然而对于某些生存期比较短暂的线程而言，如果仍采用每次完成一个任务时创建一个全新的线程，随后又删除该线程的做法，则极大地降低了处理器的效率。这时就需要对线程进行更多的控制，其中采用线程池管理就是一个非常有效的方法。

9.4.1 线程池管理

线程池管理是指在多线程应用程序的初始化过程中创建线程的集合，当需要线程时，为新任务重用这些线程，而不是重新创建。线程池中的每个线程都分派了一个任务，当完成任务时，该线程就返回线程池中等待下一次分派。

例如，Web 服务器就是一个多线程应用程序，可以同时响应多个客户请求。假设现有 10 个客户同时访问 Web 服务器，可以采用以下两种策略。

（1）普通线程管理

服务器先创建 1 个新线程来响应客户请求，然后在整个生存期内管理它们。在某个时刻，系统可能会耗尽所有资源。

（2）线程池管理

服务器首先在线程池中创建 10 个新线程用于等待，每当客户发出请求时，服务器直接将线程池中等待的线程分派给该客户，而不再为了创建线程而耗费时间。同时，服务器还可管理线程池中的线程数，如果太忙，还可以拒绝客户请求。

线程池管理使系统缩短了应用程序的响应时间，从而优化了对多线程的使用，提高了吞吐量，而且这种优化对应用程序而言是透明的。线程池还可以根据系统所有当前运行的进程优化线程的时间片，甚至允许启动多个线程，而不必为每个线程设置属性。

9.4.2 ThreadPool 类

System.Threading 命名空间提供了专门的 ThreadPool 类，用于创建和使用线程池。创建和使用线程池的最简单方法是：调用 ThreadPool 类的 QueueUserWorkItem()方法，并传递一个 WaitCallback 的委托，在其中封装要添加到队列中的方法。

【实例 9-6】设计一个 C#控制台应用程序，用 ThreadPool 类完成多线程编程。代码如下。

```
using System;
using System.Threading;
public class Test9_6
{
    public static void Main()
    {
        //将任务加入线程池的任务队列
        ThreadPool.QueueUserWorkItem(new WaitCallback(test));
        Console.WriteLine("Main thread does some work, then sleeps.");
        //主线程等待
        Thread.Sleep(1000);
        Console.WriteLine("Main thread exits.");
```

```
    }
    //测试线程
    static void test(Object stateInfo)
    {
        //线程函数向控制台输出
        Console.WriteLine("Hello from the thread pool.");
    }
}
```

运行结果如图 9-9 所示。

使用线程池向应用程序提供了一个由系统管理的多线程环境，从而使开发者可以把精力集中在应用程序任务上而不是线程管理上，借助线程池还能够提高应用程序效率。但要注意，在以下几种情况下不要使用线程池。

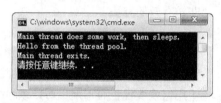

图 9-9　程序执行的结果

（1）任务需要一个特别的优先级。

（2）有些任务可能需要运行很长时间，从而阻塞其他任务。

（3）需要把线程放到一个单线程的单元中。

（4）需要通过一个稳定的标识和线程关联。

9.5　异　步　编　程

9.5.1　异步编程和多线程

传统应用程序在调用一个方法时，需要等待该方法执行完成并返回调用处，然后再继续执行调用处后面的语句，但如果调用的方法需要执行较长的时间，则程序将长时间的等待。如果希望在调用某一个方法时，能在该方法没有执行完成的时候继续执行其他代码，则需要异步编程。异步编程的基本思想是：向其他组件发出方法调用，并继续执行其他任务，而不用等待调用的操作完成。

在多线程编程中，每个线程同时执行各自的任务，开发者必须在应用程序中创建并管理这些线程。异步编程也可以达到多线程效果，不同的是异步编程不需要创建多个线程，只需在主线程中发出一个异步调用，而不需要等待异步调用返回即可继续执行其他操作。如果需要返回异步调用结果，则需通过回调、轮询等方式来获得。

所有的异步调用都是由主线程发起，且独立于主线程之外单独执行。这样不但达到了多线程的效果，而且还避免了多线程的同步问题。因此，使用异步编程来执行多个任务要更简便些。

9.5.2　异步编程模式

异步编程一般分有两个逻辑部分：客户端调用开始方法并提供参数，从而启动异步操作；客户端通过调用结束方法，来获取异步操作的结果。

1. 开始异步操作

调用方在调用开始方法时，除了提供必要的参数外，还可以提供一个可选的 AsyncCallback 委托，用来设置回调函数。开始方法会同步返回一个实现 IAsyncResult 接口的对象。调用方可以使用该接口的属性和方法来确定异步操作的状态或结果。

2. 获取异步操作的结果

当操作完成时，调用者可以通过下列四种方法之一来获取操作结果。

（1）回调函数，如果提供了可选的 AsyncCallback 委托，那么当操作完成时，自动引用并执行该回调函数。

（2）轮询，调用方可以轮询检查 IAsyncResult 接口的 IsCompleted 属性，来确定调用是否完成。

（3）调用结束方法，调用方可以通过调用结束方法来尝试结束调用，如果在操作完成之前调用，则自动等待。

（4）在 IAsyncResult.WaitHandle 属性上等待。

对于没有显式实现异步调用的方法，开发人员可以使用委托技术来获取操作结果。委托不但提供了对方法的封装，还提供了对方法进行异步调用的接口。编译器为每个委托类生成 BeginInvoke() 和 EndInvoke() 方法，用来实现异步调用。如果调用 BeginInvoke() 方法，则运行环境将对请求进行排队，并立即返回到调用方，来自线程池的某个线程将调用该方法，提交请求的原始线程将继续执行。

如果在 BeginInvoke() 方法中指定了回调方法，则当异步方法返回时，将调用该方法，而在回调中，使用 EndInvoke() 方法来获取返回值和输出参数。

【实例 9-7】设计一个 C#控制台应用程序，模拟异步调用并在调用完成时执行回调方法。参考代码如下。

```
using System;
using System.Threading;
public delegate string AsyncDelegate(int callTime);  //定义一个委托,用来提供异步调用的接口
class Test9_7
{
    static void Main(string[] args)
    {
        AsyncDemo ad = new AsyncDemo();
        AsyncDelegate dlgt = new AsyncDelegate(ad.test); //封装要异步调用的方法
        //开始异步调用(指定该方法的执行时间 3 秒),并指定回调方法
        IAsyncResult ar = dlgt.BeginInvoke(3000, new AsyncCallback(CallbackMethod),
dlgt);
        Console.WriteLine("主线程继续工作...");  //程序继续执行
        Thread.Sleep(1000);   //模拟主程序需要执行的时间(1 秒)
        Console.WriteLine("主线程工作完成,执行了 1 秒,等待异步调用完成....");
        Console.ReadKey();
    }
    static void CallbackMethod(IAsyncResult ar)   //异步调用结束后的回调方法
    {
        //从异步操作的状态中提取 AsyncDelegate 委托
        AsyncDelegate dlgt = (AsyncDelegate)ar.AsyncState;
        string result = dlgt.EndInvoke(ar);         //获取异步调用的结果
        Console.WriteLine("异步调用完成,{0}!",result);
    }
}
class AsyncDemo
```

```
{
    public string test(int callTime)        //异步调用的测试方法
    {
        Console.WriteLine("异步调用的方法开始...");
        Thread.Sleep(callTime);              //模拟该方法需要执行的时间(3秒)
        return "方法完成需要的时间是" + callTime / 1000 + "秒";
    }
}
```

此例中，回调方法为 CallbackMethod()。该方法返回值为 void，并有一个 IAsyncResult 类型的参数。System 命名空间定义了一个 AsyncCallback 委托类。该类与此方法签名匹配，因此无需声明新的委托类型。

运行结果如图 9-10 所示，从图中可以看到，该主线程调用 test()方法后，并没有待方法返回，而是继续向下执行，同时，异步调用的方法也开使了执行。由于主线程只需执行 1 秒而子线程需执行 3 秒，所以主线程先完成，两秒后异步调用结束。

图 9-10　程序执行的结果

如果没有在 BeginInvoke()方法中指定回调，则可以在提交请求的程序中使用其他异步设计模式技术。比如，若上例中的 BeginInvoke 调用改为如下代码，则可使用轮询方法获得操作结果。

```
IAsyncResult ar = dlgt.BeginInvoke(3000, null,null);
```

使用轮询的方式获取操作结果时，需对 main 函数作如下修改。

```
static void Main(string[] args)
{
    AsyncDemo ad = new AsyncDemo();
    AsyncDelegate dlgt = new AsyncDelegate(ad.TestMethod);  //封装要异步调用的方法
    //开始异步调用(指定该方法的执行时间为3秒),没有指定回调方法
    IAsyncResult ar = dlgt.BeginInvoke(3000, null,null);
    Console.WriteLine("主线程继续工作...");         //程序继续执行
    Thread.Sleep(1000);                            //模拟主程序需要执行的时间(1秒)
    Console.WriteLine("主线程工作完成,执行了1秒,等待异步调用完成....");
    while (!ar.IsCompleted)                         //轮询异步调用是否完成
    {
        Thread.Sleep(1000);                        //模拟主程序下次轮询的时间(1秒)
        Console.WriteLine("主线程工作完成,等待异步调用完成....");
    }
    string result = dlgt.EndInvoke(ar);            //调用结束方法,获取调用结果
    Console.WriteLine("异步调用完成,{0}!", result);
    Console.ReadKey();
}
```

运行结果如图 9-11 所示，从图中可以看到，该主线程调用 test()方法后，继续向下执行，同时，异步调用的方法也开始执行。由于主线程只需执行 1 秒，执行结束后，开始每隔 1 秒轮询异步调用是否完成，而异步调用需执行 3 秒，所以在两次轮询后异步调用结束。

在.NET Framework 中，异步编程是远程处理、网络通信、Web 访问、文件操作和 Microsoft 消息队列服务器（MSMQ）所支持的的一个特性。大部分的类除了提供一些同步的方法外，也提

供一个 BeginXXX() 方法用于开始异步调用, 并提供一个 EndXXX() 方法用于结束异步调用并获取返回值。

下例展示了如何使用 System.IO.Stream 类的方法从文件中读取字节序列的过程。System.IO.Stream 类的同步读取方法是 Read(), 异步读取方法是 BeginRead() 和 EndRead()。

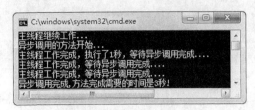

图 9-11　程序执行的结果

【实例 9-8】设计一个 C# 控制台应用程序, 使用 System.IO.Stream 类的异步调用方法, 对文件 "text.txt" 进行异步读操作。参考代码如下。

```csharp
using System;
using System.IO;
using System.Text;
using System.Threading;
class Test9_8
{
    static void Main(string[] args)
    {
        AsynchIOTester theApp=new AsynchIOTester("test.txt");   //实例化异步 I/O 测试器
        AsyncCallback myCallback = new AsyncCallback(OnReadDone);   //创建回调委托对象
        IAsyncResult ar = theApp.InputStream.BeginRead(            //开始异步读操作
            theApp.Buffer,                                //存放结果的缓存
            0,                                            //偏移值
            theApp.Buffer.Length,                         //缓冲大小
            myCallback,                                   //回调方法
            (object)theApp);                              //局部状态对象
        Console.WriteLine("+++++主线程继续工作...");          //程序继续执行
        Thread.Sleep(1000);                               //模拟主程序需要执行的时间(1秒)
        Console.WriteLine("\n\n+++++主线程工作完成,执行了1秒,等待异步调用完成……\n ");
        Console.ReadKey();
    }
    static void OnReadDone(IAsyncResult ar)               //回调方法
    {
        AsynchIOTester test = (AsynchIOTester)ar.AsyncState;   //获取局部状态对象
        int byteCount = test.InputStream.EndRead(ar);     //结束异步读操作,返回读取的字节数
        if (byteCount > 0)
        {
            Thread.Sleep(100);            //模拟下一次读取间隔 0.1 秒,以免较快读完
            //转换成指对编码的字符串
            string s = Encoding.GetEncoding("GB2312").GetString(test.Buffer, 0, byteCount);
            Console.Write(s);
            AsyncCallback myCallback = new AsyncCallback(OnReadDone);//创建回调委托对象
            //如果没有读完,再次异步调用 BeginRead
            test.InputStream.BeginRead(test.Buffer, 0, test.Buffer.Length, myCallback,
(object)test);
        }
    }
}
class AsynchIOTester                      //异步 I/O 测试器
{
    private Stream inputStream;           //输入流
```

```
    private byte[] buffer;                           //存入读入数据的缓冲区
    private string filename;
    public AsynchIOTester(string filename)          //构造函数
    {
        this.filename = filename;
        inputStream = File.OpenRead(filename);      //打开文件
        buffer = new byte[16];                      //分配缓冲
    }
    public byte[] Buffer
    {
        get {return buffer;}
    }
    public Stream InputStream
    {
        get{return inputStream;}
    }
}
```

【分析】主线程首先创建了一个 AsynchIOTester 异步 I/O 测试器对象（即 theApp）。该对象包括输入流、缓冲区等信息。程序可以在回调时获取它。然后，主线程申明了一个 AsyncCallback 类型的委托对象 myCallback，用于创建回调委托对象。该对象绑定了回调方法 OnReadDone()。接下来，调用 BeginRead() 方法，进行文件的异步读取。之后我们使用 Thread.Sleep（1000）来模拟需要执行的操作需耗时 1 秒。这时，异步调用已经开始。因为不希望一次异步调用就读完整个文件，因此将缓冲区设为 16 个字节。当读取完成时，CLR 将调用回调方法 OnReadDone()。在 OnReadDone() 方法中，我们首先用（AsynchIOTester）ar.AsyncState 获取调用开始时封装的异步 I/O 测试器对象，然后调用该对象下 InputStream 的 EndRead() 方法获取操作结果，并返回读取的字节数。如果字节数大于 0，将缓冲转换成字符串并输出，然后再次调用 BeginRead()，开始下一次异步读取。为避免因为较快读完，而无法验证是否进行了异步调用，我们使用 Thread.Sleep（100），使之在 0.1 秒后再进行下一次操作。运行结果如图 9-12 所示。

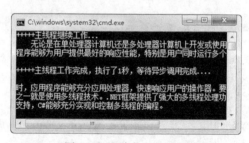

图 9-12　程序执行的结果

【注意】有关文件操作更详细的内容，请见本书后续章节。

习　题

1．判断题

（1）一个进程中只能有一个线程。

（2）一般来说，优先级高的线程会被优先调度执行。

（3）创建线程时，只要创建一个 Thread 类的对象，该线程就立即开始执行。

（4）可以在一线程中使用 Sleep 方法将另一个线程休眠一段时间。

（5）使用同步上下文时，同步区域内的所有方法和字段在同一时刻只能被一个线程访问。

（6）Monitor 和 Mutex 的作用是一样的。

（7）使用 ReaderWriterLock 类时，一但线程获得写锁后，不允许任何线程进行读写操作。

（8）使用线程池管理线程比自己管理线程将极大地提高处理器的效率。

2. 选择题

（1）一个 C#应用程序运行后，在系统中作为一个（　　）。

    A. 线程　　　　　　　　　　B. 进程

    C. 进程或线程　　　　　　　D. 不可预知

（2）下列关于线程生命周期的说法中，（　　）是不正确的。

    A. 线程可以从开始状态转入就绪状态

    B. 线程可以从就绪状态转入运行状态

    C. 线程可以从休眠状态转入运行状态

    D. 线程可以从运行状态转入休眠状态

（3）Thread 类的（　　）属性可以获取或设置线程的名称。

    A. Name　　　　　　　　　　B. Id

    C. Text　　　　　　　　　　D. CurrentThread

（4）若定义一个线程对象 myThread，并启动该线程，则下列选项中正确的是（　　）。

    A. Thread myThread = new Thread(); myThread. Start();

    B. Thread myThread = new Thread(new ThreadStart(Method)); myThread. Start();

    C. Thread myThread = new Thread(new ThreadStart(Method)); myThread. Run();

    D. Thread myThread = new Thread(); myThread. Run();

（5）一个线程如果调用了 Sleep()方法，下列方法可以唤醒它的是（　　）。

    A. Abort()方法　　　　　　　B. Join()方法

    C. Interrupt()方法　　　　　D. Suspend()方法

（6）设线程访问一种资源的逻辑均为：获得新资源的独占权，随后释放旧资源的独占权。已知资源 S 被线程 a 访问，资源 T 被线程 b 访问。当 a、b 希望互换访问资源时，会出现什么现象？（　　）

    A. 死锁　　　　　　　　　　B. 活锁

    C. 重入　　　　　　　　　　D. 争用条件

（7）在多线程编程中，（　　）不能用于同步静态方法

    A. 同步上下文　　　　　　　B. Monitor

    C. lock　　　　　　　　　　D. ReaderWriterLock

（8）在异步编程中，能用于获取异步操作结果的是（　　）。

    A. 在调用开始指定 AsyncCallback 委托

    B. 轮询返回的 IAysncResult 接口的 IsCompleted 属性

    C. 通过 IAysncResult 接口的 WaitHandle 属性来等待

    D. 以上三种都可以

实验 9

一、实验目的

（1）理解线程的概念。

（2）了解线程的状态和生命周期。

（3）掌握使用 Thread 类来创建线程的方法。

（4）理解线程同步的含义，掌握线程同步的方法。

二、实验要求

（1）熟悉 VS2017 的基本操作方法。

（2）认真阅读本章相关内容，尤其是案例。

（3）实验前进行程序设计，完成源程序的编写任务。

（4）反复操作，直到不需要参考教材、能熟练操作为止。

三、实验步骤

（1）设计一个能显示时间的 C#控制台应用程序。要求使用多线程技术，在子线程中每隔一秒中获取系统当前时间，并显示在控制台中，运行效果如图 9-13 所示。

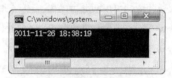

图 9-13　运行效果

核心代码如下。

```csharp
static void Main(string[] args)
{
    Thread timeThread = new Thread(new ThreadStart(GetTime));//创建线程
    timeThread.Start();//启动线程
}
static void GetTime()
{
    while (true)
    {
        Console.Clear();//清除控制台窗口信息
        Console.WriteLine(System.DateTime.Now.ToString());//读取系统时间并显示
        Thread.Sleep(1000); //1秒后再进行下一次循环
    }
}
```

（2）参照实例 9-8，编写一个 Windows 应用程序，用异步方式打开一个文件进行读取：在读取时，显示如图 9-14 所示的界面，当读取完成时，显示如图 9-15 所示的界面。

图 9-14　读取文件时的运行效果

图 9-15　读取完成时的运行效果

四、实验总结

写出实验报告（报告内容包括实验内容、任务分析、算法设计、源程序、实验体会等），并记录实验过程中的疑难点。

第 10 章
Windows 程序的界面设计

总体要求

- 掌握 Windows 窗体和控件的基本概念及常用属性。
- 掌握一些常用的 Windows 窗体控件的使用。
- 学会创建较为复杂的 Windows 应用程序。

学习重点

- Windows 窗体应用程序中窗体、控件、事件的基本概念。
- Windows 窗体控件的共同特性。
- 常用的 Windows 窗体控件的使用方法。

一个 Windows 应用程序是由若干个 Windows 窗体组成的。.NET Framework 为开发 Windows 应用程序提供了完整的框架。借助该框架以及 Visual Studio .NET 强大的可视化设计功能，开发人员可以快速设计 Windows 应用程序的用户界面。本章将全面介绍使用各种控件构造 Windows 窗体的方法。通过本章的学习，读者可以掌握 Windows 应用程序开发的基本流程和技巧，掌握常用控件的使用技巧。

10.1 窗体与控件概述

10.1.1 Windows 窗体

从用户的角度来讲，Windows 窗体是显示信息的图形界面；从程序的角度上讲，它是 System.Windows.Forms 命名空间中的 Form 类的派生类。一个 Windows 窗体包含了各种控件，如标签、文本框、按钮、下拉框、单选按钮等。这些控件是相对独立的用户界面元素，用来显示数据或接收数据输入，或者响应用户操作。在第 8 章，我们已经了解了 Windows 窗体的事件、事件方法，以及如何绑定事件方法等。下面重点介绍 Windows 窗体的成员。

1. 窗体的属性成员

Windows 窗体的属性决定了窗体的布局、样式、外观、行为、焦点、可访问性等，如图 10-1 所示。

（1）布局属性

Windows 窗体的布局属性主要包括以下几类。

- AutoScroll：指示当无法全部显示控件内容时是否自动显示滚动条，默认为 false。

图 10-1　窗体的属性

- AutoSize：指示当无法全部显示控件内容时是否自动调整窗体大小，默认为 false。
- Location：设置窗体显示时的左上角坐标，在程序中只能赋值为点对象，例如，form1. Location=new Point (x,y)。
- Size：设置窗体的初始大小，包括宽度 Width 和高度 Height。
- StartPosition：设置窗体显示时的初始位置，默认值为 WindowsDefaultLocation，当为 Manual 时，初始显示位置由 Location 属性指定。
- WindowsSate：窗体出现时初始状态，即正常 Normal、最小化 Minimized、最大化 Maximized （默认为 Normal）。

（2）样式属性

Windows 窗体的样式属性主要包括以下几类。

- ControlBox：指示是否显示位于窗口左角的控制菜单，默认为 true。
- Icon：设置窗体的图标（要在窗体标题栏显示图标，需将 ShowIcon 属性设置为 true）。
- MainMenuStrip：设置窗体的主菜单，在窗体中添加 MenuStrip 控件时，Visual Studio .NET 自动完成该属性设置。
- MaxmizeBox：设置窗体标题栏的右上角是否显示最大化按钮。
- MinmizeBox：设置窗体标题栏的右上角是否显示最小化按钮。
- Opacity：设置窗体控件的不透明度，默认为 100%。
- ShowInTaskBar：指示是否在 Widnows 系统的任务栏上显示窗体。
- TopMost：指示是否为最顶层的窗体。最顶层窗体始终显示在桌面上的最上层，即使该窗体不是活动窗体或前台窗体。

（3）外观属性

Windows 窗体的样式属性主要包括以下几类。

- BackColor：设置窗体的背景色。

● BackgroudImage：设置窗体的背景图。

● BackgroudImageLayout：设置背景图的显示布局，可设置为平铺 Tile、居中 Center、拉伸 Stretch 和放大 Zoom，默为 Tile。

● ForeColor：设置窗体文本的前景色。

● Font：设置窗体控件中文本的字体，包括字体名 Name、大小 Size、是否加粗 Bold、是否倾斜 Italic、是否显示下划线 UnderLine 等。

● FormBorderStyle：设置窗体的边框和标题栏的外观和行为，默认为 Sizable（表示可调节窗体大小），当为 FixedDialog 时，表示大小固定的对话框。

（4）其他重要属性

● Name：设置窗体的名称，该名称将成为程序中引用窗体对象的变量名。

● Text：设置在窗体标题栏上显示的文字。

● Tag：设置与窗体对象相关的由用户自定义的数据，通常用来跨窗体传递数据值。

● Enabled：指示窗体是否可使用。

● ContextMenuStrip：设置窗体的快捷菜单，需要先添加 ContextMenuStrip 控件时，然后才能设置该属性。

● AcceptButton：设置默认"接受"按钮，当用户按<Enter>键时，触发确认操作。

● CancelButton：设置默认"取消"按钮，当用户按<Esc>键时，触发取消操作。

有两种方法可以设置窗体的属性，一种是通过 Visual Studio .NET 的属性窗口设置，另一种是通过程序代码设置。例如，以下代码设置窗体出现在任务栏中且启动时位于屏幕正中央，窗体标题栏显示的文字为"窗体属性设置"，窗体为最顶端窗体并且窗体出现时的最初状态为最大化以及窗体的边框样式为固定的三维边框。

```
this.ShowInTaskbar = true;                              //设置窗体出现在任务栏中
this.StartPosition = FormStartPosition.CenterScreen;   //设置窗体启动时位于屏幕正中央
this.Text = "我的窗体";                                  //设置窗体标题栏显示的文字
this.TopMost = true;                                    //设置窗体为最顶端窗体
this.WindowState = FormWindowState.Maximized;          //设置窗体出现时的最初状态为最大化
this.FormBorderStyle = FormBorderStyle.Fixed3D;        //设置窗体的边框样式为固定的三维边框
```

2. 窗体的方法成员

Windows 窗体类提供了很多成员方法，其中比较常用方法如下。

● Activate()：激活窗体并使它成为焦点（即成为当前窗体）。

● ActivateMdiChild()：激活窗体的子窗体。

● Close()：关闭窗体，释放所有资源。如果该窗体是主窗体，则执行 Close()方法之后将结束程序的运行。

● Hide()：隐藏窗体，但不销毁窗体，也不释放资源，可使用 Show()方法重新显示。

● Show()：重新显示已隐藏的窗体。

● ShowDialog()：将窗体显示为模式对话框。

10.1.2　窗体的控件

1. .NET Framework 中的窗体控件

控件是窗体的组成元素，为用户提供特定的输入/输出功能。例如，按钮控件响应用户的单击鼠标操作，文本框控件接收用户的文本输入等。在.NET Framework 中，窗体控件几乎都派生于 System.Windows.Forms.Control 类。该类定义了控件的基本功能。

表 10-1 列出了一些常见的 Windows 控件。

表 10-1　　　　　　　　　　　　　　常见的 Windows 控件

功能	控件/组件	说明
文本编辑	TextBox	文本框
	RichTextBox	增强的文本框，使文本能够以纯文本或 RTF 格式显示
	MaskedTextBox	约束用户输入的格式
文本与图形显示	Lable	标签，显示用户无法直接编辑的文本
	ImageList	图像列表
	PictureBox	图像框，用来显示图片（如位图和图标）
	ProgressBar	进度条，向用户显示当前操作进度
	StatusStrip	状态栏，通常在窗体的底部显示应用程序的当前状态信息
	ScrollBar	滚动条，通常用于控制文档的滚动显示
列表与选择	CheckBox	复选框，表示一个可勾选的选项
	CheckedListBox	复选框列表，显示一组选项，每个选项代表一个复选框
	ComboBox	组合框，显示一个下拉式选项列表
	RadioButton	单选按钮
	ListBox	列表框，显示一个文本和图形列表
	ListView	列表视图，其中每个列表项可以是纯文本的选项，也可以是带图标的文本选项
	NumericUpDown	增减按钮，显示向上增加和向下减少的数值选择
	TreeView	树视图，显示一个可操作的层次结构视图
	DomainUpDown	文本上下滚动选择，由一个文本框和一对上下滚动按钮组成
	TrackBar	滑动条，允许用户通过沿标尺移动的滑块来设置标尺上的值
日期设置	DateTimePicker	显示一个图形日历以允许用户选择日期或时间
	MonthCalendar	显示一个图形日历以允许用户选择日期范围
对话框	ColorDialog	调色板，供用户选择颜色
	FontDialog	字体对话框，允许用户设置字体及其属性
	OpenFileDialog	打开文件对话框，供用户定位和选择文件
	PrintDialog	打印对话框，允许用户选择打印机完成打印并设置其属性
	PrintPreviewDialog	打印预览对话框，预览打印效果
	FolderBrowerDialog	文件夹浏览对话框，用来浏览、创建以及最终选择文件夹
	SaveFileDialog	保存文件对话框，实现文件保存

续表

功能	控件/组件	说明
命令和菜单	Button	按钮，用来确认、取消或执行当前操作
	ToolStrip	工具栏，用于创建自定义的工具栏
	MenuStrip	菜单栏，用于创建自定义的菜单栏
	ContextMenuStrip	快捷菜单，用于自定义上下文菜单
用户帮助	HelpProvider	助手，为控件提供弹出式帮助或联机帮助
	ToolTrip	当用户将指针停留在控件上时，提供一个弹出式窗口来显示该控件的用途的简短说明
容器控件	Panel	面板，用于将一组控件分组，实现诸如集中显示或隐藏的功能
	GroupBox	分组框，通常用来构造选项组
	TabControl	选项卡，提供一个选项卡以有效地组织和访问已分组对象
	SplitContainer	以可移动、可拆分的方式分隔两个面板
	TableLayoutPanel	网格布局面板，提供基于网格的动态布局功能
	FlowLayoutPanel	流式布局面板，提供沿水平或垂直方向动态布局功能

　　窗体控件的引用方法有两种，即静态引用和动态引用，其中，静态引用就是在设计窗体时直接从 Visual Stuodio .Net 的工具箱把控件拖放到窗体设计区中。前面大部分的实例都采用了静态引用。动态引用就是在源程序代码中通过控件类来创建控件对象，在完成对象属性设置后再将其添加到窗体中。第 1 章的实例 1-2 就展现了动态引用 Label 控件的编程方法。

2．控件的属性

　　每一个控件都有许多属性，每一个属性都代表一个特定数据信息。表 10-2 列出了常见的控件属性。

表 10-2　　　　　　　　　　　　　　Control 类常见的属性

属性名称	说明
Anchor	定义控件的锚点，即要绑定到容器的边缘。当控件锚定到某个边缘时，与指定边缘最接近的控件边缘与指定边缘之间的距离将保持不变
BackColor	控件的背景色
Bottom	底边距，即控件下边缘与其容器的工作区上边缘之间的距离（以像素为单位）
Dock	定义要绑定到容器的边框
Enabled	指示控件是否可用，即是否对用户交互做出响应
ForeColor	控件的前景色
Height	控件的高度
Left	左边距，控件左边缘与其容器的工作区左边缘之间的距离（以像素为单位）
Location	确定控件的左上角相对于其容器的左上角的坐标
Name	设置控件的名称，在程序中该名称成为一个变量名
Parent	控件的父容器
Right	右边距，控件右边缘与其容器的工作区左边缘之间的距离（以像素为单位）
Size	控件的高度和宽度

续表

属性名称	说明
TabIndex	控件的<Tab>键顺序
TabStop	指示用户能否使用<Tab>键将焦点放到该控件上
Text	设置或获取用户输入/输出的文本
Top	上边距，控件上边缘与其容器的工作区上边缘之间的距离（以像素为单位）
Visible	指示是否显示该控件
Width	控件的宽度

本章将通过设计一个学生成绩管理系统来展示 Windows 窗体及常用控件的使用方法。本系统的功能模块结构如图 10-2 所示。本章主要完成用户登录、学生管理和课程管理的界面设计，对数据库的连接和数据的管理将在下一章解决。

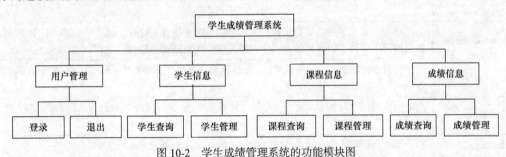

图 10-2　学生成绩管理系统的功能模块图

10.2　常用输入与输出控件

10.2.1　文本显示控件

在窗体中显示静态文本可使用 Label（标签）或 LinkLabel（超链接标签）控件，其中，LinkLabel 类似于 Label，但以超链接方式显示文本。

一般情况下，不需要为 Label 控件添加任何事件处理代码。LinkLabel 可用来设置超链接，当用户单击它时可以打开相应的网页。

除前面介绍的一些属性外，Label 常用的属性还有 BorderStyle 和 AutoSize，其中，AutoSize 的默认值为 true，表示将根据字号和内容自动调整标签大小。

BorderStyle 用来设置控件的边框样式，其值为 BorderStyle 枚举值。BorderStyle 枚举型有 3 个枚举值，分别为：None（无边框）、FixedSingle（单线型边框）和 Fixed3D（三维边框）。Label 控件的 BorderStyle 属性默认值为 None。图 10-3 显示了在 3 种取值下。Label 控件边框样式的外观。

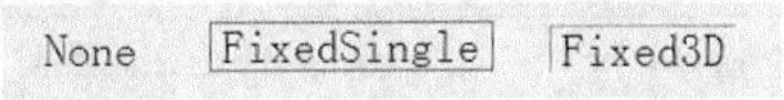

| None | FixedSingle | Fixed3D |

图 10-3　Label 控件的 BorderStyle 属性

10.2.2　文本编辑控件

在窗体中键盘输入功能是由 TextBox 或 RichTextBox 控件提供的。它们都派生于 TextBoxBase

类，而 TextBoxBase 派生于 Control 类。TextBoxBase 提供了在文本框中处理文本的基本功能，例如选择文本、剪切、粘贴和相关事件。

1. Textbox 控件

TextBox（文本框）控件允许用户在其中输入任何字符，当然也可以限定只能输入某种类型的字符，如只允许输入数字。文本框支持 3 种输入模式，包括单行文本模式、多行文本模式和密码输入模式。TextBox 默认为单行文本模式，最多可输入 2 048 个字符。设置文本框的 Multiline 属性为 true，表示指定文本框为多行文本模式。此时最多可输入 32KB 的文本。如果指定了 PasswordChar 属性，则文本框为密码输入模式。此时，无论用户输入什么文本，系统只显示密码字符。用户输入保存在 Text 属性中，在程序中引用 Text 属性即可获得用户输入的文本。

TextBox 控件的常见属性如表 10-3 所示。

表 10-3　　　　　　　　　　　　　　　　TextBox 控件的常用属性

属性名称	说明
CausesValidation	当设置为 true 且该控件获得了焦点时，会引发两个事件：Validating 和 Validated。程序可以处理这两个事件，以便验证失去焦点的控件中的数据的有效性
CharacterCasing	指示是否自动转换大小写格式，Lower 表示自动转换为小写；Normal 表示不进行任何转换；Upper 表示自动转换为大写
MaxLength	其取值表示用户可在文本框控件中键入或粘贴的最大字符数，当取值为 0 时，表示最大字符长度
Multiline	指示是否允许输入多行文本，默认值为 false（表示只能输入单行文本）
PasswordChar	设置口令字符，当输入口令时只显示口令字符而不显示口令，通常设置为 "*"
ReadOnly	指示文本框中的文本是否为只读
ScrollBars	在多行文本模式下，设置水平滚动条或垂直滚动条
SelectedText	返回当前从文本框中选定的文本
SelectionLength	返回当前选定的字符数
SelectionStart	返回选定文本的起始点
Text	返回或设置文本框中的文本
WordWrap	指示多行文本框控件在必要时是否自动换行到下一行的开始

TextBox 控件的常用事件如表 10-4 所示。

表 10-4　　　　　　　　　　　　　　　　TextBox 控件的常用事件

事件名称	说明	
Enter	成为输入焦点时发生	这 4 个事件按列出的顺序触发，被称为 "焦点事件"，即当控件的焦点改变时触发，其中，Validating 和 Validated 仅在控件接收了焦点且其 CausesValidation 设置为 true 时被触发
Leave	失去输入焦点时发生	
Validating	在控件正在验证时发生	
Validated	在控件完成验证时发生	
KeyDown	这 3 个事件统称为 "键事件"，用于监视和改变控件中输入的内容，其中，KeyDown 和 KeyUp 接收与所按下键对应的键码，可用来确定是否按下了特殊键，如，〈Shift〉〈Ctrl〉或〈F1〉；KeyPress 接收与键对应的字符	
KeyPress		
KeyUp		
TextChanged	文本已改变事件，只要文本框中的文本发生了改变，就会触发该事件	

2. RichTextBox 控件

RichTextBox（富文本框）控件的功能与 TextBox 类似，两者的区别在于：TextBox 常用于录入较短的文本字符，而 RichTextBox 多用于显示和输入带格式的文本。RichTextBox 控件使用标准的格式化文本，称为富文本格式（Rich Text Format，RTF），可以显示字体、颜色和链接，可从文件加载文本和加载嵌入的图像，也可查找指定的字符，因此 RichTextBox 常被称为增强的文本框。

RichTextBox 控件通常用于提供类似字处理应用程序（如 Microsoft Word）的文本操作和显示功能。RichTextBox 控件可以带滚动条显示，这一点与 TextBox 控件相同；不同的是，RichTextBox 控件的默认设置是水平和垂直滚动条均根据需要显示，并且拥有更多的滚动条设置。

RichTextBox 常见的属性见表 10-5。

表 10-5　　　　　　　　　　　RichTextBox 控件的常用属性

属性名称	说明
CanRedo	指示是否重新应用前一操作，例如当输入"中国"时，若其值为 true，即允许重新应用，则单击"🔁"按钮可重复输入"中国"；反之，若为 false，则表示禁止重复操作
CanUndo	指示是否允许撤销前一操作。例如，在删除一段文字后，若其值为 true，即允许撤销删除，则单击"↩"按钮可撤销删除；反之，若为 false，则表示不支持撤销操作
DetectUrls	当在控件中键入某个 URL 时，RichTextBox 是否自动设置 URL 的格式
Rtf	与 Text 属性相似，但可包括 RTF 格式的文本
SelectedRtf	获取或设置控件中当前选择的 RTF 格式的格式化文本
SelectedText	获取或设置 RichTextBox 内的选定文本
SelectionAlignment	指定当前选定内容或插入点的对齐方式，其取值为 HorizontalAlignment 枚举型的以下枚举值之一：Center、Left 或 Right
SelectionBullet	指示项目符号样式是否应用到当前选定内容或插入点
BulletIndent	指定项目符号的缩进值（单位：像素）
SelectionColor	获取或设置当前选定文本或插入点的文本颜色
SelectionFont	获取或设置当前选定文本或插入点的字体
SelectionLength	返回当前选定的字符数
ShowSelectionMargin	其值为 true 时，在 RichTextBox 左边就会出现一个页边距，方便选择文本
UndoActionName	获取调用 Undo 方法后在控件中可撤销的操作名称
SelectionProtected	其值为 true 时，可以指定不修改文本的某些部分

从上面的列表可以看出，大多数新属性都与选中的文本有关。这是因为用户对 RichTextBox 控件中的文本应用的任何格式化操作都是对被选中的文本进行的。如果没有选中任何文本，格式化操作就从光标所在的位置开始应用，该位置称为插入点。

10.2.3　按钮控件

按钮 Button 控件是应用程序中使用最多的控件之一，常被用来接收用户的键盘或鼠标操作，激发相应的事件。例如，用 Button 控件来执行"确定"或者"取消"之类的操作。Button 控件支持的操作包括鼠标的单击、双击操作以及键盘的<Enter>键操作。在设计时，先添加 Button 控件到窗体设计区，然后双击它即可编写 Click 事件代码；在执行程序时，只要单击该按钮就会执行

Click 事件中的代码。

Button 控件的主要属性见表 10-2，除此之外它还具有以下属性。

1. FlatStyle 属性

FlatStyle 属性决定了该按钮的样式。该属性的值是 FlatStyle 枚举值。FlatStyle 枚举型有 4 个枚举值，分别为：Flat（表示平面显示）、Popup（表示平面显示，但当鼠标指针移动到该控件时，外观为三维）、Standard（表示三维显示，默认值）、System（表示外观由操作系统决定）。图 10-4 显示了 Button 控件 4 种不同样式的显示效果。注意，当

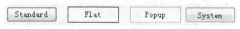

图 10-4　Button 控件的 FlatStyle 属性

属性值为 Popup 时，鼠标指针移动到该控件与不在该控件上时按钮的样式是不一样的。

2. Image、ImageAlign、TextAign 和 TextImageRelation 属性

Image 属性用于指定在按钮上显示的图像。ImageAlign 属性设置图像的对齐方式。TextAign 设置文本的对齐方式。TextImageRelation 设置文本和图像之间的相对位置。图 10-5 展示了 Button 控件在进行以下属性设置时的显示效果：ImageAlign 设置为 MiddleCenter（表示图像垂直居中对齐、水平居中对齐）；TextAign 设置为 MiddleCente；TextImageRelation 设置为 ImageBeforeText（表示图像显示文本的前面）。

图 10-5　按钮上显示的图形和文本

【说明】本章所用图形资源是由微软官网提供的 Visual Studio Image Library，或扫一扫以下二维码进行下载，下载之后解压保存到 VS2017 安装目录之下的 Common7 目录之中。

【实例 10-1】设计一个简单的用户登录界面，当输入正确的用户名和密码时，系统将提示输入正确，否则提示错误。由于实际的身份验证需要与数据库建立连接，所以在这里先将功能简化，并在介绍数据库知识时将进一步完善程序。

【操作步骤】

（1）启动 VS2017，新建一个 Windows 应用程序 MySchool。

（2）在解决方案资源管理器中右击 Form1.cs，选择"重命名"命令，然后将 Form1.cs 修改为 Login.cs。

（3）双击 Login.cs，切换到设计视图，从工具栏中拖动 3 个 Label 控件、两个 TextBox 控件和两个 Button 控件到窗体设计区。这些控件的布局如图 10-6 所示。

（4）在窗体设计区中右击窗体（Login）和每一个新添加的控件，选择"属性"命令，以打开控件的"属性"窗口，修改控件的属性。表 10-6 列出了这些控件需要修改的属性项。

图 10-6　用户登录窗口

表 10-6　　　　　　　　　　　　　　　　需要修改的属性项

控件	属性	属性设置	控件	属性	属性设置
Label1	Name	lblMain	Button1	Name	btnYes
	Text	成绩管理系统		Text	确定（&Y）
	Font	宋体, 20pt, style=Bold	Button2	Name	btnCancel
				Text	取消（&C）
	Image	指定一张图片	Login	Name	Login
	ImageAlign	MiddleRight		Text	用户登录
	RighToLeft	Yes		Icon	指定一个图标
Label2	Name	lblName		MaximizeBox	False
	Text	用户名：		FormBorderStyle	FixedSingle
Label3	Name	lblPwd		AcceptButton	btnYes
	Text	密　码：		CancelButton	btnCancel
TextBox1	Name	txtName		StartPosition	CenterScreen
TextBox2	Name	txtPwd			
	PasswordChar	*			

其中，在指定 Image 和 Icon 属性时，在属性窗口中单击右侧的 按钮，将会打开一个"选择资源"对话框，如图 10-7 所示。在该对话框中可以选择指定的图片路径。

图 10-7　"选择资源"对话框

另外，窗体的 AcceptButton 属性表示当用户按〈Enter〉键时，相当于单击该属性所指定的按钮。CancelButton 属性表示当用户按〈Esc〉键时，相当于单击该属性所指定的按钮。

（5）双击"确定"按钮，为其添加单击事件处理程序，其代码如下。

```
private void btnYes_Click(object sender, EventArgs e)
{
        string userName = txtName.Text;
```

```
        string password = txtPwd.Text;
        if (userName == "admin" && password == "1234")
        {
            MessageBox.Show("欢迎进入成绩管理系统!", "登录成功", MessageBoxButtons.OK,
                    MessageBoxIcon.Information);
        }
        else
        {
            MessageBox.Show("您输入的用户名或密码错误!", "登录失败",
                    MessageBoxButtons.OK, MessageBoxIcon.Exclamation);
        }
    }
```

以上代码的功能是：当在"txtName"（"用户名"文本框）中输入"admin"并在"txtPwd"（"密码"文本框）中输入"1234"之后，单击"btnYes"（"确定"按钮），系统将弹出消息对话框以显示输入正确；否则，对话框显示用户名或密码错误的提示信息。

（6）双击"取消"按钮，为其添加单击事件处理程序，其代码如下。

```
private void btnCancel_Click(object sender, EventArgs e)
{
    txtName.Text = "";
    txtPwd.Text = "";
    txtName.Focus();
}
```

以上代码的功能是：清除输入的信息，并将光标定位在"txtName"上。

（7）在解决方案资源管理器中双击 Program.cs 文件，将 Main()方法中的最后一行代码修改如下。

```
Application.Run(new Login ());
```

（8）编译并运行程序，输入用户名和密码，单击"确定"按钮后的运行效果（成功登录）如图 10-8 所示。

图 10-8　实例 10-1 运行效果

10.2.4　图像显示控件

Windows 应用程序在设计时，经常需要显示图像，以增强程序的显示效果。常见的图像显示控件为 PictureBox 和 ImageList 控件。

1. PictureBox 控件

PictureBox（图像框）控件用于显示位图、GIF、JPEG、图元文件或图标格式的图形。

该控件的主要属性如下。

● Image：指定要显示的图像。该属性可在运行时或设计时设置。

● SizeMode：指定图像的显示模式，其有效值从 PictureBoxSizeMode 枚举中获得，默认值为 Normal，表示图像从图片框的左上角开始显示，超出图片框的部分将被剪裁掉；当值 =StretchImage 时，表示自动拉伸图像；当值=AutoSize 时，表示自动调整大小；当值=CenterImage 时，表示图像居于图片框的中心。

2. ImageList 控件

ImageList（图像列表）控件位于 Visual Studio .NET 工具箱的"组件"选项卡，本身并不显示图像，用于存储图像，可以存储一系列的图像。这些图像随后可由其他输出控件（如 Button、Label 等）显示。

ImageList 控件主要属性如下。

● Images：表示所存储的所有图像的集合。

● ColorDepth：指定呈现图像时所使用的颜色数量。

● ImageSize：指定图像的大小。

【注意】Images 集合中的所有图像都以相同大小显示，较大的图像将缩小至适当的尺寸。

ImageList 控件必须与输出控件关联使用。通常，输出控件具有 ImageList、ImageIndex 和 ImageKey 属性。设置输出控件的 ImageList 属性为 ImageList 控件的名称，即可将二者关联。更改输出控件的 ImageIndex 或 ImageKey 属性，即可更改要显示输出的图像。

ImageList 控件还允许关联多个输出控件。例如，如果使用 ListView 控件和 TreeView 控件显示同一个文件列表，则当更改其中某个文件的图标时，新图标将同时显示在两个视图中。

【实例 10-2】在项目 MySchool 中添加一个窗体，实现图 10-9 所示的效果，用于显示系统说明。

【操作步骤】

（1）启动 VS2017，打开 Windows 应用程序 MySchool。

（2）在解决方案资源管理器中右击 MySchool，选择"添加"→"Windows 窗体"命令，添加名为 AboutForm.cs 的窗体。

（3）从工具栏中拖动 4 个 Label 控件、1 个 PictureBox 控件、1 个 Button 控件到窗体设计区。这些控件的布局如图 10-9 所示。

表 10-7 列出了需要设置的控件的属性值。

图 10-9　"关于我们"窗体

表 10-7   要修改的属性项

控件	属性	属性设置	控件	属性	属性设置
AboutForm	Name	AboutForm	Label3	Text	版权所有：2010-2025
	Text	关于我们		Font	宋体，12pt
	Icon	指定一个图标（ico）	Label4	Text	技术支持：LFQ501……
	MaximizeBox	false		Font	宋体，12pt
	MinimizeBox	false	Button1	Name	btnYes
	FormBorderStyle	FixedSingle		Text	确定（&Y）
Label1	Text	学生成绩管理系统	PictureBox1	Image	指定一张图片
	Font	黑体，20pt		SizeMode	StretchImage
Label2	Text	版本：Vv.0			
	Font	宋体，12pt			

（4）双击 Button 控件（btnYes），进入源代码编辑窗口，为该控件的 Click 事件添加以下代码，用于关闭"关于"窗体。

```
private void btnYes_Click(object sender, EventArgs e)
{
        this.Close();    //关闭"关于"窗体
}
```

（5）在解决方案资源管理器中双击 Program.cs 文件，将 Main()方法中的最后一行代码修改为下。

```
Application.Run(new AboutForm ());
```

（6）编译并运行程序。

10.3　列表与选择类控件

使用文本框来构造用户的输入界面虽然可以检查或验证用户输入的有效性，但仍然不能完全确保用户的输入是系统所期望的值。为此，必须设计只需通过选择即可完成数据输入的操作界面。.NET Framework 为 Windows 窗体提供了丰富的选择输入控件，包括常用的单选按钮、复选框、列表框、组合框、增减按钮、日历控件、滑动条等。下面将主要讲解它们的使用方法。

10.3.1　选项与选项组

1. RadioButton 控件

RadioButton（单选按钮）控件为用户提供由两个或多个互斥选项组成的选项集。用户在一组单选按钮中只能选择一个。

RadioButton 控件的属性除了 Name、Text、Enable 和 Visible 外，还有一些常用属性，如表 10-8 所示。

表 10-8   RadioButton 控件的常用属性

属性名称	说明
Appearance	用来设置显示效果，其值为 Normal 时，外观效果如  ⊙男 ⊙女 所示；其值为 Button 时，外观效果如  男 女 所示。注意，每种类型都可显示文本或图像，或两者同时显示
AutoCheck	其值为 true 时，表示自动为该项添加选中标记；其值为 false 时，则必须在 Click 事件处理程序中设置选中标记
Checked	指示是否已选中控件。如果选中，其值为 true，否则为 false

RadioButton 控件的常用事件如表 10-9 所示。

表 10-9   RadioButton 控件的常用事件

事件名称	说明
CheckChanged	表示选项组的已选中项发生改变时触发的事件
Click	每次单击单选按钮时，都会引发该事件。该事件与 CheckChanged 事件不同，因为连续单击单选按钮两次或多次只改变 Checked 属性一次，且只改变以前未选中的控件的 Checked 属性。这时只会在首次单击该选项时触发 CheckChanged 事件。如果被单击按钮的 AutoCheck 属性是 false，则该按钮根本不会被选中，只会触发 Click 事件，不会触发 CheckChanged 事件

2. CheckBox 控件

CheckBox（复选框）控件列出了可供用户选择的选项，用户根据需要可以从中选择一项或多项。当某一个选项被选中后，其左边的小方框会显示一个勾。CheckBox 和 RadioButton 控件具有一个相似的功能，都允许用户从选项列表中进行选择。CheckBox 控件允许用户选择多个选项，而 RadioButton 控件用来构造互斥的选项组并且只允许用户从中选择一个。CheckBox 的属性和事件与 RadioButton 非常类似，但有两个新属性，如表 10-10 所示。

表 10-10   CheckBox 控件的属性

属性名称	说明
CheckState	用于设置 CheckBox 的状态，其值可以是 Checked、UnChecked 或 Indeterminate。如果该属性的值为 Indeterminate，则表示复选框的当前值无效，并显示为灰色
ThreeState	指示该控件支持两种状态还是 3 种状态，其值为 false 时，用户不能把 CheckState 属性改为 Indeterminate，但仍可以在代码中改为 Indeterminate

【注意】CheckBox 控件的 Checked 属性可以获取或设置该控件在两种状态时的状态值，而使用 CheckState 属性可以获取或设置该控件在 3 种状态时的状态值。

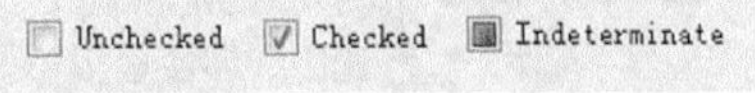

图 10-10 展示了 CheckBox 的 3 种状态。

☐ Unchecked　☑ Checked　■ Indeterminate

图 10-10　CheckBox 的三种状态

CheckBox 的常用事件如下。

（1）CheckChanged：表示选中项发生改变时触发的事件。该事件与 RadioButton 的 CheckChanged 事件类似，但功能稍有不同。在 CheckBox 控件中，当 ThreeState 属性值为 true 且 Checked 属性值为 Indeterminate 时，单击复选框触发该事件。

（2）CheckStateChanged：当 CheckState 属性改变时触发的事件。

3. GroupBox 控件

GroupBox（分组框）控件用于为其他控件提供可识别的分组。在设计窗体时通常按功能把窗体划分为若干个区域，每个区域使用一个 GroupBox 来表示。例如，把相关的各选项放入一个分组框，这样就可以为用户提供一个统一的外观或逻辑处理。

GroupBox 的主要属性是 Text。该属性用来设置分组的名称，以便区别其他分组。

在窗体上创建 GroupBox 控件及其内部控件时，必须先添加 GroupBox 控件，然后在其内添加各种控件。如果要将窗体上已经放好的控件进行分组，则应选中控件，然后将它们剪切并粘贴到 GroupBox 控件中，或者直接把控件拖到 GroupBox 中。

实际应用时，通常将相关的多个 RadioButton 或 CheckBox 控件放入 GroupBox 控件，以构造一组的单选选项组或复选选项组。

例如，选项组 性别: ◉男 ○女 就是先创建 GroupBox，再放入两个 RadioButton。

而选项组 爱好: ☑体育 ☐音乐 ☑旅游 ☐其它 则是先创建 GroupBox，再放入 4 个 CheckBox。

【注意】GroupBox 与 Panel 以及 TabControl 控件常常合称为三大容器控件。当仅仅是为了将窗体划分为不同操作区域时，可以使用 Panel（面板）控件来替代 GroupBox。所不同的是，Panel 控件具有 AutoScroll 属性，用来指示是否显示滚动条。有关 TabControl 控件的介绍请继续阅读后面章节。

10.3.2　列表类控件

1. ListBox 控件

ListBox（列表框）控件用于显示一组字符串选项，可以从中选择一个或多个选项。ListBox 有两种工作模式：单选模式和多选模式。单选模式下，列表框与单选按钮的功能相同；多选模式下，列表框与复选框的功能相同。所不同的是，需要多个 RadioButton 控件或 CheckBox 控件才能构造一个选项组，而使用 ListBox 控件则只需要 1 个就可以产生一个选项列表。

ListBox 控件的常用属性如表 10-11 所示。

表 10-11　　　　　　　　　　　　　　ListBox 控件的常用属性

属性名称	说明
Items	表示所有选项组成的集合，在程序中调用 Items.Add()或 Items.Remove()可以动态增加或删除选项
MultiColumn	用来指示每一个选项是否由多列数据组成
ColumnWidth	当选项由多列数据组成时，该属性用来指定每列的宽度
SelectionMode	列表框支持由 ListSelectionMode 枚举定义的以下 4 种选择模式。 （1）None：不能选择任何选项。 （2）One：一次只能选择一个选项。 （3）MultiSimple：可以选择多个选项，使用这个模式，在单击列表中的一项时，该项就会被选中，即使单击另一项，该项也仍保持选中状态，除非再次单击它。 （4）MultiExtended：可以使用<Ctrl>键、<Shift>键和箭头键选择多个选项。它与 MultiSimple 不同。使用这种模式时，如果先单击一项，然后单击另一项，则只选中第二个单击的项
SelectedIndex	获取已选中选项的索引（从 0 开始）。当选中了多个选项时，该属性返回已选中的第一个选项的索引
SelectedIndexes	返回由所有当前已选中项的索引组成的集合
SelectedItem	返回已选中的选项对象。当选中了多个选项时，则返回已选中的第一个选项对象
SelectedItems	返回当前选中的所有选项
Text	返回已选中项的文本。当选中了多个选项时，则返回已选中的第一个选项的文本。如果 SelectionMode 属性值是 Node，就不能使用该属性

ListBox 控件的常用方法如表 10-12 所示。

表 10-12　　　　　　　　　　　　　　ListBox 控件的常用方法

方法名称	说明
ClearSelected()	取消所有已选中的选项
FindString()	在选项列表中匹配查找指定字符串开始的第一个选项
FindStringExact()	在选项列表中精确匹配查找指定字符串的第一个选项
GetSelected()	返回一个值，指示是否选定了指定的项
SetSelected()	设置指定项为选中项或取消指定的选中项

ListBox 控件的常用事件主要是 SelectedIndexChanged，其为选中项的索引被改变时所触发的事件。

2. ComboBox 控件

ComboBox（组合框）控件把文本框控件和列表框组合在一起，使用户可以从列表中选择选项，也可以输入新文本。ComboBox 的默认行为是显示一个可编辑文本框。该文本框具有一个隐藏的下拉列表。ComboBox 只支持单选，可替代 RadioButton 选项组。

ComboBox 控件的属性与 ListBox 相似，但有一个新属性：DropDownStyle 属性。该属性用来确定选项列表的显示样式。ComboBox 控件支持以下几种由 ComboBoxStyle 枚举定义的显示样式。

● Simple：简单的下拉列表，始终显示列表和下拉列表框。

● DropDownList：文本部分不可编辑，并且必须单击下拉箭头才能查看下拉列表中的选项。

● DropDown：默认样式，文本部分可编辑，并且用户必须单击下拉箭头才能查看列表中的选项。

10.3.3　其他选择类控件

除上面介绍的一些控件外，在 System.Windows.Forms 命名空间中还有以下几个常用的选择类控件。

1. CheckedListBox 控件

CheckedListBox（复选框列表）控件用来构造可滚动的选项列表，每项的左边都有一个复选框，可替代多个 CheckBox 控件使用。

2. ListView 控件

ListView（列表视图）控件用于构造带图标的选项列表，可使用列表视图创建类似于 Windows 资源管理器右窗格的用户界面。该控件具有以下 5 种视图模式，由 View 枚举定义。

● Details：每个选项显示为一行且可以显示多列数据。最左边的列包含一个小图标和标签，后面的列包含应用程序指定的子项。每列具有一个列标头，显示列的标题。用户在运行时可以调整各列的大小。

● LargeIcon：每个选项都显示为一个最大化图标，在它的下面有一个标签。

● List：每个选项都显示为一个小图标，在它的右边带一个标签。各项没有列标头。

● SmallIcon：每个选项都显示为一个小图标，在它的右边带一个标签。

● Tile：每个选项都显示为一个完整大小的图标，在它的右边带项标签和子项信息。显示的子项信息由应用程序指定。

3. DomainUpDown 控件

DomainUpDown（文本滚动选择）控件由一个文本框和一对表示上下滚动的按钮组成。该控件显示并设置字符串型的选项列表。用户单击向上或向下按钮、按向上和向下键或者直接输入与某个选项匹配的字符串，即可选中某个选项。

4. NumericUpDown 控件

NumericUpDown（增减按钮）控件与 DomainUpDown 相似，也是由一个文本框与一对按钮组成。该控件的选项列表只能是数值型。用户可以通过单击向上和向下按钮、按向上键和向下键或键入一个数字来增大和减小数字。通过设置 Minimum 和 Maximum 属性，用户可以指定控件允许值的范围；而通过 DecimalPlaces 属性，用户可以指定小数位数。

5. TreeView 控件

TreeView（树视图）控件可以为用户显示节点层次结构，就像在 Windows 资源管理器功能的左窗格中显示文件和文件夹一样。树视图中的各个节点可能包含其他节点，称为"子节点"。可以按展开或折叠的方式显示父节点或包含子节点的节点。通过将树视图的 CheckBoxes 属性设置为 true，还可以显示在节点旁边带有复选框的树视图。然后，通过将节点的 Checked 属性设置为 true 或 false，可以采用编程方式来选中或清除节点。

图 10-11 展示了上述选择类控件的外观。

6. TrackBar 控件

TrackBar（滑动条）控件，有时也称为 "Slider" 控件，其功能类似于 NumericUpDown，但不同的是 TrackBar 控件以更直观的形式调节数字大小。TrackBar 控件有两部分：滑动块和刻度线，显示外观为。滚动块是可以调整的部分，其位置与 Value 属性相对应。刻度线是按规则间隔分隔的可视化指示标记，标记数的取值范围。TrackBar 按指定的增量移动并且可以水平或者垂直排列。例如，可以使用它来控制系统的鼠标速度或光标闪烁频率。

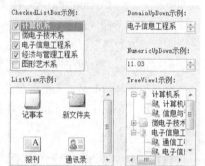

图 10-11　常用选择类控件的外观

TrackBar 的主要属性包括 Value、TickFrequency、Minimum、Maximum 和 Orientation，其中，TickFrequency 为刻度间隔，Minimum 和 Maximum 表示最大和最小值，Orientation 决定滑动条的显示方向：水平（Horizontal）、垂直（Vertical）。

10.3.4　日历与计时器控件

1. 日历控件

Widnows 窗体提供了两个日历控件，分别是 DateTimePicker 和 MonthCalendar。前者允许用户选定某个日期或时间，后者允许用户选择日期范围。

DateTimePicker 的常用属性和事件如下。

- MaxDate 属性：指定可选的最大日期，默认是公元 9998 年 12 月 31 日。
- MinDate 属性：指定可选的最小日期，默认是公元 1753 年 1 月 1 日。
- Value 属性：用于获取已选择的日期，默认为系统当前日期。
- ValueChanged 事件：表示当已选择的日期发生改变时触发的事件。

MonthCalendar 的常用属性和事件如下。

- MaxDate 属性：指定可选的最大日期，默认是公元 9998 年 12 月 31 日。

- MinDate 属性：指定可选的最小日期，默认是元元 1753 年 1 月 1 日。
- SelectionRange 属性：指定日期的选择范围，即起始日期和结束日期。
- MaxSelectionCount 属性：指定将要选择的日期的总天数，默认为 7 天。
- TodayDate 属性：返回或设置系统当前日期。
- DateChanged 事件：为用户选择的日期范围发生改变时触发的事件。
- DateSelected 事件：为用户选中某个日期或某个范围的日期时触发的事件。

图 10-12 展示了上述 DateTimePicker 和 MonthCalendar 控件的外观。

2．计时器控件

计时器（Timer）控件并不提供选择操作，本书把它放在此处只是为了方便各位读者集中学习与日期和时间相关的控件的使用方法。Timer 控件可以根据指定的时间间隔来触发事件，实现系统一级的自动处理。

Timer 控件的常用属性和事件如下。

- Enabled 属性：指定是否启用计时器。
- InterVal 属性：指定时间间隔，默认值为 100，单位为毫秒。
- Tick 事件：表示每当经过时间间隔之后要触发的事件。通常，

图 10-12　日历控件的外观

系统利用该事件的事件方法来执行自动处理。

【实例 10-3】在项目 MySchool 中添加一个窗体，实现图 10-13 所示的效果，用于添加学生的个人信息，同时滚动励志信息"天行健，君子以自强不息！"。

【操作步骤】

（1）启动 VS2017，打开 Windows 应用程序 MySchool。

（2）在解决方案资源管理器中右击 MySchool，选择"添加"→"Windows 窗体"命令，添加名为 StudentMsgFrm.cs 的窗体。

（3）双击 StudentMsgFrm.cs，切换到设计视图，从工具栏中拖动 7 个 Label、1 个 TextBox、两个 GroupBox、两个 RadioButton、1 个 DateTimePicker、1 个 ComboBox、1 个 ListBox、6 个 CheckBox、1 个 NumericUpDown、1 个 RichTextBox、两个 Button 控件和 1 个 Timer 控件到窗体设计区。其中，两个 RadioButton 放入第 1 个 GroupBox 中，6 个 CheckBox 放入第 2 个 GroupBox 中。这些控件的布局如图 10-13 所示。

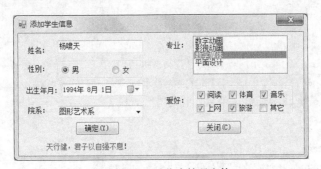

图 10-13　记录收支情况窗体

（4）在窗体设计区中右击每一个新添加的控件，选择"属性"命令以打开控件的"属性"窗口，修改控件的属性。表 10-13 列出了主要控件需要修改的属性项。

表 10-13　　　　　　　　　　　　　　　　　　　需要修改的属性项

控件	属性	属性设置	控件	属性	属性设置
TextBox1	Name	txtName	dateTimePicker1	Name	dtBirthday
	Text	""		MinDate	1980-01-01
RadioButton1	Name	rdoMale	ComboBox1	Name	cboDept
	Text	男	ListBox1	Name	lstSpec
RadioButton2	Name	rdoFemale	timer1	Name	timeGo
	Text	女		Interval	100
Button1	Name	btnYes	Label7	Name	lblTip
	Text	确定（&Y）			
Button2	Name	btnClose		Text	天行健，君子以自强不息！
	Text	关闭（&C）			

（5）选择 ComboBox 控件（cboDept）的 Items 属性，单击该属性右边的生成器按钮，在弹出的“字符串集合编辑器”窗体中依次输入“计算系”“微电子技术系”“电子信息工程系”“经济与管理工程系”“图形艺术系”，系与系之间以回车分隔。

（6）双击窗体，进入源代码编辑窗口，为窗体的 Load 事件添加以下代码。

```
private void StudentMsgFrm_Load(object sender, EventArgs e)
{
    rdoMale.Checked = true;                    //默认学生姓别为男
    cboDept.SelectedIndex = 0;                 //初始选择组合框中的第一项("计算机系")
    dtBirthday.MaxDate = DateTime.Now;         //设置出生日期的最大值为系统当前时间
    dtBirthday.Value = dtBirthday.MinDate;     //设置出生日期默认值为最小值
    timeGo.Enabled = true;                     //启动计时器
}
```

（7）返回设计视图，双击 ComboBox 控件（cboDept），进入源代码编辑窗口，为 ComboBox 控件的 SelectedIndexChanged 事件添加以下代码。

```
//根据组合框中选择的不同系别,向列表框中加载该系的专业
private void cboDept_SelectedIndexChanged(object sender, EventArgs e)
{
    switch (cboDept.SelectedIndex)
    {
        case 0:
            lstSpec.Items.Clear();//清除列表框中所有项
            lstSpec.Items.Add("计算机科学与技术");//
            lstSpec.Items.Add("信息与计算科学");
            break;
        case 1:
            lstSpec.Items.Clear();
            lstSpec.Items.Add("集成电路与集成系统");
            lstSpec.Items.Add("集成电路设计与集成系统");
            break;
        case 2:
            lstSpec.Items.Clear();
```

```
            lstSpec.Items.Add("通信工程");
            lstSpec.Items.Add("电子信息工程");
            lstSpec.Items.Add("电磁场与无线技术");
            lstSpec.Items.Add("机械设计制造及其自动化");
            break;
        case 3:
            lstSpec.Items.Clear();
            lstSpec.Items.Add("国际经济与贸易");
            lstSpec.Items.Add("电子商务");
            lstSpec.Items.Add("信息管理与信息系统");
            lstSpec.Items.Add("财务管理");
            break;
        default:
            lstSpec.Items.Clear();
            lstSpec.Items.Add("数字动画");
            lstSpec.Items.Add("影视动画");
            lstSpec.Items.Add("商用插画");
            break;
    }
    lstSpec.SelectedIndex = 0;   //设置默认专业为第 1 个选项
}
```

（8）返回设计视图，双击 btnYes 按钮控件，进入源代码编辑窗口，为 btnYes 控件的 Click 事件添加以下代码。

```
private void btnYes_Click(object sender, EventArgs e)
{
    string sex = "";
    if (rdoMale.Checked)
        sex = rdoMale.Text;
    else
        sex = rdoFemale.Text;
    string dept = cboDept.SelectedItem.ToString();
    string spec = lstSpec.SelectedItem.ToString();
    string hobby = "";
    if (checkBox1.Checked) hobby += checkBox1.Text;
    if (checkBox2.Checked) hobby += "、"+ checkBox2.Text;
    if (checkBox3.Checked) hobby += "、" + checkBox3.Text;
    if (checkBox4.Checked) hobby += "、" + checkBox4.Text;
    if (checkBox5.Checked) hobby += "、" + checkBox5.Text;
    if (checkBox6.Checked) hobby += "、" + checkBox6.Text;
    string info = "您的姓名是:" + txtName.Text;
    info += "\n 性别为:" + sex;
    info += "\n 出生年月为:" + dtBirthday.Value.ToShortDateString();
    info += "\n 您是" + dept + "系" + spec + "专业的学生";
    info += "\n 你的兴趣有:" + hobby;
    MessageBox.Show(info, "学生信息", MessageBoxButtons.OK, MessageBoxIcon.Information);
}
```

（9）返回设计视图，双击 btnClose 按钮控件，进入源代码编辑窗口，为 btnClose 控件的 Click 事件添加以下代码。

```
private void btnClose_Click(object sender, EventArgs e)
{
    this.Close();
}
```

（10）返回设计视图，双击 timeGo 控件，进入源代码编辑窗口，为计时器的 Tick 事件添加以下代码。

```
private void timeGo_Tick(object sender, EventArgs e)
{   //实现滚动显示"天行健,君子以自强不息！"
    if (lblTip.Left >= this.Width)
    {
        lblTip.Left = 0;
    }
    lblTip.Left += 1;
}
```

（11）在解决方案资源管理器中双击 Program.cs 文件，将 Main()方法中的最后一行代码修改如下。

```
Application.Run(new StudentMsgFrm());
```

（12）编译并运行程序，运行效果如图 10-13 所示，单击"确定"按钮后的运行效果如图 10-14 所示。

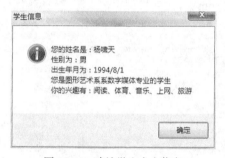

图 10-14 确认学生个人信息

10.4 对话框及其选项卡设计

10.4.1 对话框概述

对话框是一种特殊的 Windows 窗体，一般大小固定，没有最大化、最小化按钮。对话框是 Windows 应用程序不可或缺的操作界面。对话框分为模态对话框和非模态对话框。

1. 模态对话框

模态对话框就是指当这个对话框弹出的时候，鼠标不能单击这个对话框之外的区域。模态对话框通常用来强制用户完成指定操作任务。例如，Microsoft Word 的"字体"对话框就是一个模态对话框。

要打开一个模态对话框，我们可以使用窗体的 ShowDialog()方法。

2. 非模态对话框

非模态对话框通常用于显示用户需要经常访问的控件和数据，并且在使用这个对话框的过程中需要访问其他窗体的情况，例如 Microsoft Word 的"查找和替换"对话框，就是一个非模态对话框。

非模态对话框和模态对话框相似，但显示方式有区别。前者使用 Show()方法显示，后者使用 ShowDialog()方法。

10.4.2　对话框的选项卡

TabControl（选项卡）控件通常用在对话框之中，用来构造若干个选项卡。这些选项卡类似于档案柜中的文件夹，把杂乱的东西分门别类地展现出来，有利于提高操作效率。Windows 系统中普遍存在带选项卡的对话框，例如控制面板的"日期和时间"属性对话框。

TabControl 控件的最重要的属性是 TabPages。该属性是一个由若干个 TabPage 对象组成的集合，每个集合元素代表一个单独的选项卡页对象。

TabControl 控件的常用属性如表 10-14 所示。

表 10-14　　　　　　　　　　　　　　　TabControl 控件的属性

属性名称	说明
Alignment	控制选项卡在控件中的显示位置，默认为控件的顶部
Appearance	控制选项卡的显示方式：选项卡可以显示为一般的按钮或带有平面的样式
HotTrack	指示是否进行热点跟踪，其值为 true 时，鼠标指针一旦移过选项卡，则其外观会改变
Multiline	指示是否支持多行显示选项卡
RowCount	返回当前显示的选项卡行数
SelectedIndex	获取或设置当前选定的选项卡页的索引
SelectedTab	获取或设置当前选定的选项卡页。该属性在 TabPages 的实例上使用
TabCount	获取选项卡页的数目
TabPages	由选项卡页组成的的集合，允许添加和删除 TabPage 对象

10.4.3　消息框

消息框（MessageBox）经常用于向用户显示通知信息。它是特殊类型的对话框，包含消息、图标和一个或多个按钮，常用于提供简单的文本格式的消息。图 10-15 所示为 Word 中弹出的消息框。

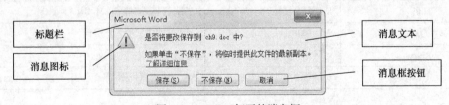

图 10-15　Word 打开的消息框

在.NET 中，可以使用 MessageBox 产生消息框。与其他窗体不同，开发人员不需要创建 MessageBox 类的实例。调用静态 Show()方法可以显示消息框。在本书的前面章节的一些实例中已经介绍了 MessageBox.Show()方法。这里对该方法进行进一步说明。

MessageBox.Show()方法有 21 种重载，其中较为常用的定义如表 10-15 所示。

表 10-15   MessageBox.Show 常用重载方法

方法	说明
MessageBox.Show (String)	显示具有指定文本的消息框
MessageBox.Show (String, String)	显示具有指定文本和标题的消息框
MessageBox.Show (String, String, MessageBoxButtons)	显示具有指定文本、标题和按钮的消息框
MessageBox.Show (String, String, MessageBoxButtons, MessageBoxIcon)	显示具有指定文本、标题、按钮和图标的消息框

1. 消息框按钮

除了默认的"确定"控钮外，消息框上还可以放置其他按钮。这些按钮可以收集用户对消息框中的问题的响应，一个消息框中最多可显示 3 个按钮，但不能随意定义这些按钮，必须从 MessageBoxButtons 枚举的预定按钮组中选择，如表 10-16 所示。

表 10-16   MessageBoxButtons 枚举成员

成员	包含的按钮
AbortRetryIgnore	中止(A) 重试(R) 忽略(I)
OK	确定
OKCancel	确定 取消
RetryCancel	重试(R) 取消
YesNo	是(Y) 否(N)
YesNoCancel	是(Y) 否(N) 取消

单击某一按钮时，Show()方法将为调用方返回一个 DialogResult 枚举值。表 10-17 显示了 DialogResult 的枚举成员。

表 10-17   DialogResult 枚举成员

成员	说明
Abort	对话框的返回值是 Abort（通常由"中止"按钮发送）
Cancel	对话框的返回值是 Cancel（通常由"取消"按钮发送）
Ignore	对话框的返回值是 Ignore（通常由"忽略"按钮发送）
No	对话框的返回值是 No（通常由"否"按钮发送）
None	从对话框返回了 Nothing。这表明有模式对话框继续运行
OK	对话框的返回值是 OK（通常由"确定"按钮发送）
Retry	对话框的返回值是 Retry（通常由"重试"按钮发送）
Yes	对话框的返回值是 Yes（通常由"是"按钮发送）

以下代码用于判定用户是否在消息框中选择了"中止"按钮。

```
DialogResult result =MessageBox.Show("这是一个示例","示例",
 MessageBoxButtons.AbortRetryIgnore,MessageBoxIcon.Information);
if (result == DialogResult.Abort)
```

```
{
    //用户选择了"中止"按钮后执行的方法
}
```

2. 消息框图标

MessageBoxIcon 枚举用于指定消息框中显示什么图标。尽管可供选择的图标只有 4 个，但是在 MessageBoxIcon 枚举中共有 9 个成员，如表 10-18 所示。

表 10-18　　　　　　　　　　　　　MessageBoxIcon 枚举成员

成员	包含的图标	成员	包含的图标
Asterisk	ℹ	Information	ℹ
Error	✖	Question	❓
Exclamation	⚠	Stop	✖
Hand	✖	Warning	⚠
None	不显示图标		

【**实例 10-4**】在项目 MySchool 中添加一个窗体，实现如图 10-16 所示的效果，用于添加课程信息。

【**操作步骤**】

（1）启动 VS2017，打开 Windows 应用程序 MySchool。

（2）在解决方案资源管理器中右击 MySchool，选择"添加"→"Windows 窗体"命令，添加名为 CourseMsgFrm.cs 的窗体。

（3）在窗体上添加一个 TabControl 控件（ TabControl ），会显示一个带有两个 TabPage 的控件。把鼠标指针移动到该控件上，在控件的右上角就会出现一个小三角形按钮。单击该按钮，将打开"TabControl 任务"窗口，用于在设计时添加和删除选项卡，如图 10-17 所示。

图 10-16　实例 10-4 效果图

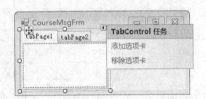

图 10-17　添加 TabControl 控件

（4）在 TabControl 的"属性"窗口中，选择 TabPages，然后单击右侧的生成器按钮 ，即可打开"TabPage 集合编辑器"对话框，如图 10-18 所示。此时可调整各个 TabPage 的显示顺序和外观，也可在 TabControl 控件中选择某个 TabPage 后，利用"属性"窗口更改其外观。

（5）在本例中，只需要两个选项卡，将 tabPage1 和 tabPage2 选项卡的 Text 属性分别设置为"课程信息"和"确认信息"。

（6）添加了 TabPages 后，即可在各个 TabPage 中添加其他所需的控件。首先，在"课程信息"

选项卡中，从工具栏中拖动 5 个 Label 控件、1 个 TextBox 控件、两个 GroupBox 控件、1 个 ComboBox 控件、两个 RadioButton 控件、3 个 NumericUpDown 控件和 1 个 Button 控件到窗体设计区。这些控件的布局如图 10-16 所示。然后，在"确认信息"选项卡中，添加 1 个 RichTextBox 和 1 个 Button 控件，布局如图 10-19 所示。

图 10-18　"TabPage 集合编辑器"对话框

图 10-19　"确认信息"选项卡

（7）在窗体设计区中打开控件的"属性"窗口，修改每个控件的属性。表 10-19 列出了除 Label 外的其他控件需要修改的属性项。

表 10-19　　　　　　　　　　　需要修改的属性项

控件	属性	属性设置	控件	属性	属性设置
TextBox1	Name	txtName	NumericUpDown1（默认学分为 2）	Name	nudCredit
GroupBox1	Text	类别		取值范围	2～10
GroupBox2	Text	学时分配		Value	2
ComboBox1	Name	cboClass	NumericUpDown2（默认学时为 32）	Name	nudPrelection
RadioButton1（默认必修）	Name	rdoRequired		Value	32
	Text	必修	NumericUpDown3	Name	nudExp
	Checked	true	Button1	Name	btnNext
RadioButton2	Name	rdoElective		Text	下一步（&C）
	Text	选修	Button2	Name	btnYes
RichTextBox1	Name	txtInfo		Text	确认（&Y）

【注意】需在组合框 cboClass 的 Items 属性中添加"公共必修""专业必修""公共选修""专业选修"等选项。

（8）在源代码视图中，添加以下代码，定义几个私有字段，用于存放课程信息。

```
public partial class CourseMsgFrm : Form
{
    string courseName ;
    string courseClass ;
    string required;
    int credit;
```

```
int prelectionCredit;
int experimentCredit;
public CourseMsgFrm()
{
    InitializeComponent();
}
}
```

（9）返回到"课程信息"选项卡，其中的"下一步"按钮用于跳转到"确认信息"选项卡。为"下一步"按钮添加如下代码。

```
private void btnNext_Click(object sender, EventArgs e)
{
    //如果课程名为空,则弹出对话框告知用户
    if (txtName.Text.Trim().Length == 0)
    {
        MessageBox.Show("输入信息不完整!", "信息不完整",
                MessageBoxButtons.OK, MessageBoxIcon.Exclamation);
    }
    else
    {
        tabControl1.SelectedIndex = 1;//显示"确认信息"选项卡
    }
}
```

（10）当单击各个选项卡的标签时，系统会自动切换到该选项卡并显示其中的内容。不允许用户不填写"课程信息"的内容，就直接单击"确认信息"标签。所以下面添加了一个事件处理程序来阻止用户的这种意图。在切换到"确认信息"选项卡时，显示课程的汇总信息。通过"属性"窗口的事件列表，为 tabControl 控件的 SelectedIndexChanged 事件添加一个事件方法，其代码如下。

```
private void tabControl1_SelectedIndexChanged(object sender, EventArgs e)
{
    if (tabControl1.SelectedIndex == 1)
    {
    if (txtName.Text.Trim().Length == 0)
    {
        MessageBox.Show("输入信息不完整!", "信息不完整",
            MessageBoxButtons.OK, MessageBoxIcon.Exclamation);
        tabControl1.SelectedIndex = 0;   //显示第 1 个选项卡
    }
    else
    {
    courseName = txtName.Text;
    courseClass = cboClass.SelectedItem.ToString();
    required = rdoRequired.Checked ? "必修" : "选修";
    credit = (int)nudCredit.Value;
    prelectionCredit = (int)nudPrelection.Value;
    experimentCredit = (int)nudExp.Value;
    string message = String.Format("课程名:{0}\n 课程类别:{1}\n 课程性质:{2}\n
        学分:{3}\n 理论学时:{4}\n 实验学时:{5}", courseName, courseClass,
            required, credit, prelectionCredit, experimentCredit);
    richTextBox1.Text = message;
    }
    }
```

（11）在解决方案资源管理器中双击 Program.cs 文件，将 Main()方法中的最后一行代码修改如下。

Application.Run（new CourseMsgFrm()）；

（12）编译并运行程序。

10.4.4　通用对话框

.NET 平台提供了一组基于 Windows 的标准对话框界面，包括 OpenFileDialog（文件打开）、SaveFileDialog（文件另存为）、FolderBrowerDialog（文件夹选择）、ColorDialog（颜色）以及 FontDialog（字体）对话框等。OpenFileDialog 用于打开一个或多个文件，而 SaveFileDialog 用于保存文件时指定一个文件名和路径，FolderBrowerDialog 用于选择一个文件夹。这三个对话框的使用方法将在第 12 章进行详细介绍。

通用对话框常用于从用户处获取一些信息如输入文件名。通用对话框是 Windows 操作系统的一部分，它们具有一些相同的方法和事件，如表 10-20 所示。

表 10-20　通用对话框的通用方法或事件

公共方法或事件	说明
ShowDialog	显示一个通用对话框。该方法返回一个 DialogResult 枚举
Reset	把对话框内的所有属性设置为默认值，即将对话框初始化
HelpRequest	当用户单击通用对话框上的 Help 按钮时触发该事件

下面的代码演示了如何使用字体对话框。

```
FontDialog fontDialog1 = new FontDialog() ;
if (fontDialog1.ShowDialog() == DialogResult.OK)
{
    richTextBox1.Font = fontDialog1.Font;
}
```

首先创建一个 FontDialog 对话框类的新实例 fontDialog1，接着调用其 ShowDialog()方法，显示对话框，等待并响应用户的操作。当用户单击"确定"按钮后，用户的操作状态被返回，通过对话框的属性即可获取用户输入的值。在本例中，把 fontDialog1 对象的 Font 属性赋值给 richTextBox1 的 Font 属性，从而更改文本的字体。

下面重点介绍 ColorDialog 和 FontDialog 对话框。

1. ColorDialog

ColorDialog 对话框允许用户从调色板中选择颜色也允许在调色板中添加自定义颜色，效果如图 10-20 所示。

ColorDialog 对话框常用的属性如表 10-21 所示。

表 10-21　ColorDialog 对话框的常见属性

属性名称	说明
AllowFullOpen	指示是否可以使用自定义颜色，默认为 true
AnyColor	指示是否显示所有颜色
Color	获取或设置用户选定的颜色
FullOpen	指示用来创建自定义颜色的控件在对话框打开时是否可见
SolidColorOnly	对话框是否限制用户只选择纯色

例如，假设已经在窗体放入了 ColorDialog 控件和 RichTextBox 控件，则以下代码可弹出"颜色"对话框，并在用户单击了"确定"按钮之后再使用选中的颜色修改 RichTextBox 文本框的文本颜色。

```
if (colorDialog1.ShowDialog() == DialogResult.OK)
{
    richTextBox1.ForeColor = colorDialog1.Color;
}
```

2. FontDialog

FontDialog 对话框用于列出所有已安装的 Windows 字体、样式和字号，以及各字体的预览效果，如图 10-21 所示。用户可以通过"字体"对话框来改变文字的字体、样式、字号和颜色。

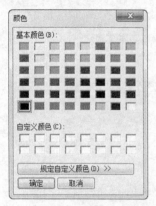

图 10-20　"颜色"对话框

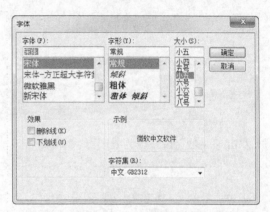

图 10-21　"字体"对话框

FontDialog 对话框常用的属性如表 10-22 所示。

表 10-22　FontDialog 对话框的常见属性

属性名称	说明
AllowVectorFonts	是否允许选择矢量字体，默认为 true
AllowVerticalFonts	是否允许垂直显示字体，，默认为 true
Color	获取或设置选定字体的颜色
FixedPitchOnly	是否只允许选择固定间距字体，默认为 false
Font	获取或设置选定的字体
MaxSize	用户可选择的字号最大磅值
MinSize	用户可选择的字号最小磅值
ShowApply	对话框是否包含"应用"按钮，属性值为 true 时，单击"应用"按钮，用户可以在应用程序中查看更新的字体，无需退出"字体"对话框
ShowColor	对话框是否显示颜色选择，默认为 false
ShowEffects	对话框是否包含允许用户指定删除线、下划线和文本颜色选项的控件

例如，假设已经在窗体放入了 FontDialog 控件和 RichTextBox 控件，则以下代码可弹出"字体"对话框，并在用户单击了"确定"按钮之后再使用选中的字体修改 RichTextBox 文本框的文本字体。

```
if (fontDialog1.ShowDialog() == DialogResult.OK)
{
    richTextBox1.Font = fontDialog1.Font;    //设置文本框的字体
}
```

【实例 10-5】修改实例 10-4 中的"确认信息"选项卡，通过字体对话框和颜色对话框设置 RichTextBox 控件的文本显示效果。

【操作步骤】

（1）启动 VS2017，打开 Windows 应用程序 MySchool。

（2）在解决方案资源管理器中打开 CourseMsgFrm.cs 的窗体。

（3）单击"确认信息"选项卡，添加两个 Button 控件，将第一个 Button 的 Name 属性设置为 "txtFont"、Text 属性设置为"字体（&F）"，将第二个 Button 的 Name 属性设置为"txtColor"、Text 属性设置为"颜色（&C）"。

（4）双击"字体"按钮，为其编写 Click 事件方法，代码如下。

```csharp
private void btnFont_Click(object sender, EventArgs e)
{
    FontDialog fd = new FontDialog();          //创建字体对话框的实例
    if (fd.ShowDialog() == DialogResult.OK)
    {
        txtInfo.Font = fd.Font;                //将选中的字体应用到文本框
    }
}
```

（5）双击"颜色"按钮，为其编写 Click 事件方法，代码如下。

```csharp
private void btnColor_Click(object sender, EventArgs e)
{
    ColorDialog cd = new ColorDialog();        //创建颜色对话框的实例
    if (cd.ShowDialog() == DialogResult.OK)
    {
        txtInfo.ForeColor = cd.Color;          //将选中的颜色应用到文本框
    }
}
```

（6）重新编译并运行程序，效果如图 10-22 所示。

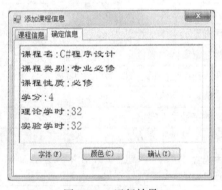

图 10-22　运行效果

10.5　菜单、工具栏和状态栏

菜单、工具栏和状态栏是 Windows 应用程序中常见的部分。在 VS2017 中，开发人员可以使用可视化的方式快速创建菜单。

10.5.1　菜单

在 Windows 应用程序中，菜单是常用的用户界面。除了基于对话框的简单应用程序外，大部分 Windows 应用程序都提供一个供用户选择的下拉菜单。出现在应用程序界面上方边缘的菜单，通常称为应用程序的主菜单或菜单栏。而右击一个控件时出现的菜单通常称为快捷菜单，又称为上下文菜单。

1. 下拉菜单

在工具箱中直接双击 MenuStrip（下拉菜单）控件，即可在窗体的顶部建立一个菜单，此时窗体的底部还显示出所创建的菜单名称。把鼠标指针指向"请在此处输入"处，将会显示一个三角形按钮，单击该按钮将弹出一组选项，包括 MenuItem、ComboBox 和 TextBox，默认为 MenuItem。如图 10-23 所示。

单击"请在此处键入"，即可输入菜单项的标题文本，如图 10-24 所示。输入内容后，在该文本的下方和右侧均会出现类似的"请在此键入"字样。此时，可在下方为当前菜单创建子菜单，在右侧可以创建同一级别的其他菜单项。

在输入标题文本时，可以在字母前添加"&"字符，例如"文件（&F）"命令将具有一个组合键<Alt>+<F>，程序运行时，按<Alt>+<F>组合键同样可以选择此命令。

如果将菜单标题（即菜单命令的 Text 属性）设置为"-"（减号），则此菜单项将显示为分隔符，图 10-25 所示的"保存"和"关闭"命令之间就有一个分隔符。

图 10-23　创建菜单

图 10-24 输入菜单项

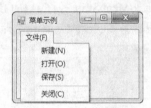
图 10-25　菜单之间的分隔符

在 MenuStrip 控件中，每个菜单项都是一个 ToolStripMenuItem 对象，而分隔符则是一个 ToolStripSeparator 对象。在图 10-23 中，若选择 ComobBox 或 TextBox，那么它们分别是 ToolStripComboBox 和 ToolStripTextBox 对象。

可以通过"属性"窗口进一步设置 MenuStrip 控件的属性，其常用的属性如表 10-23 所示。

表 10-23　　　　　　　　　　　　　　MenuStrip 控件的常用属性

属性名称	说明
Checked	表示菜单是否被选中
CheckOnClick	指示单击菜单项时是否显示或取消选中标记，其值为 false 时，表示不显示选中标记，而显示一个图像，例如 剪切
DisplayStyle	指定菜单的显示样式，默认为 ImageAndText，表示同时显示图像和文本
DropDownItems	获取与此菜单项相关的下拉选项的集合
Image	显示在菜单项上的图像
Selected	指示该菜单项是否处于选定状态

属性名称	说明
ShortcutKeys	获取或设置与菜单项关联的快捷键
ShowShortcutKeys	快捷键是否显示在菜单项的旁边
ToolTipText	菜单项的提示文本，只有当 ShowItemToolTips 设置为 true 时，ToolTipText 才有效。如果 AutoToolTip 设置为 true，则该项的 Text 属性将用做 ToolTipText

菜单最常用的事件是 Click 事件。一般情况下，只须为菜单项的 Click 事件编写 Click 事件编写代码。在程序运行过程中单击菜单项，系统就将调用该菜单项的 Click 事件中的代码。

2. 上下文菜单

上下文菜单，也称为快捷菜单，就是单击鼠标右键后所弹出的菜单。

设计快捷菜单的基本步骤如下。

（1）在工具箱中双击 ContextMenuStrip（上下文菜单）控件，在窗体上添加一个 ContextMenuStrip 控件。刚创建的控件处于被选中状态。当控件被隐藏起来时，单击下方相应的 ContextMenuStrip 选项即可将它显示出来。

（2）为 ContextMenuStrip 控件设计菜单项，设计方法与 MenuStrip 控件相同，只是不必设计主菜单项，如图 10-26 所示。

（3）选中需要使用的快捷菜单的窗体或控件，在其"属性"窗口中，单击 ContextMenuStrip 选项，从弹出的下拉列表中选择所需的 ContextMenuStrip 控件。例如，当前窗体中设计了一个 ContextMenuStrip 控件，为了实现在右击窗体时显示该菜单，只需将窗体的 ContextMenuStrip 属性设置为 contextMenuStrip1 即可，如图 10-27 所示。

图 10-26　输入快捷菜单项

图 10-27　为窗体或控制设置快捷菜单

ContextMenuStrip 控件的常用属性和事件与 MenuStrip 控件的大致相同。

10.5.2　工具栏

工具栏是用户操作程序的最简单方法之一。与菜单项不同，工具栏总是可见的。典型的工具栏如图 10-28 所示。工具栏实际上可以看成是菜单项的快捷方式，工具栏上的每一个工具项都应有对应的菜单项。工具栏提供了通过单击即可执行程序功能的操作方式。

图 10-28　VS2017 中的部分工具栏

工具栏上的按钮通常包含一个图像，不包含文本，但它可以既包含图片又包含文本。如果把鼠标指针停留在工具栏的一个按钮上，就会显示一个工具提示，给出该按钮的用途信息。在只显示图标时，这是很有帮助的。

在工具箱中双击 ToolStrip（工具栏）控件，可在窗体上添加一个 ToolStrip 控件，单击右边的三角形按钮，将弹出一个下拉列表，如图 10-29 所示，其中包括 Button、Label、SplitButton、DropDownButton、Separator、ComboBox、TextBox 和 ProgressBar 共 8 个选项，分别对应 ToolStripButton、ToolStripLabel、ToolStripSplitButton、ToolStripDropDownButton、ToolStripSeparator、ToolStripComboBox、ToolStripTextBox、ToolStripProgressBar 和对象。ToolStrip 是这个对象的容器，可以在工具栏中添加按钮、文本、左侧标准按钮和右侧下拉按钮的组合、下拉菜单、垂直线或水平线、文本框和进度条。

图 10-29 添加工具栏

ToolStrip 控件及其派生类被设计成一个灵活的可扩展系统，以显示工具栏、状态和菜单项。这些控件的说明如表 10-24 所示。

表 10-24   ToolStrip 控件的派生类

控件名称	说明
ToolStripButton	创建一个支持文本和图像的工具栏按钮
ToolStripLabel	创建一个标签
ToolStripSplitButton	左侧标准按钮和右侧下拉按钮的组合
ToolStripDropDownButton	创建一个下拉列表
ToolStripSeparator	直线，可以对菜单或工具栏上的相关项进行分组
ToolStripTextBox	文本框
ToolStripProgressBar	Windows 进度栏

可以通过"属性"窗口对加入的工具栏及相关控件进一步设置其属性，其属性和其他控件相似，其部分属性的使用可参看本节实例。

10.5.3 状态栏

状态栏一般位于 Windows 窗体的底部，主要用来显示窗体的状态信息。图 10-30 显示了 IE 浏览器的状态栏。

图 10-30 IE 的状态栏

可以使用 StatusStrip（状态栏）控件来添加状态栏。在窗体中添加 StatusStrip 控件后可以设置 StatusStrip 控件的属性。表 10-25 列出了 StatusStrip 控件的常用属性。

表 10-25   StatusStrip 控件的常见属性

属性名称	说明
Items	默认情况下，状态栏不含有窗格，可使用 Items 属性在状态栏中添加或删除窗格
ShowItemToolTips	是否显示相应的 ToolTip
SizingGrip	用来设置是否在窗体的右下角显示一个大小控制柄。该控制柄可向用户表明该窗体的大小可调节。只能在大小可调节的窗体中设置该属性
Text	用来指定状态栏显示的文本

在状态栏中，可以使用文字或图标来显示应用程序的状态，也可以用一系列图标组成动画来表示正在进行某个过程。在窗体中添加 StatusStrip 控件后，通过 Items 属性或单击右边的三角形按钮将弹出一个下拉列表，可以为状态栏添加 StatusLabel、ProgressBar、DropDownButton、SplitButton 等控件，如图 10-31 所示。这些控件的意义如表 10-26 所示。

图 10-31　在添加状态栏中添加窗格控件

表 10-26　　　　　　　　　　　　　　状态栏中可以添加的控件

名称	说明
ToolStripStatusLabel	表示状态栏的一个标签面板
ToolStripDropDownButton	表示下拉选项列表
ToolStripSplitButton	表示作为标准按钮和下拉菜单的一个组合控件
ToolStripProgressBar	显示进程的完成状态

可以通过"属性"窗口对加入状态栏的控件进一步设置其属性。表 10-27 列出了这些控件的常用属性。

表 10-27　　　　　　　　　　　　StatusStrip 控件中窗格的常用属性

属性名称	说明
AutoSize	是否基于项的图像和文本自动调整项的大小
Alignment	设定 StatusStrip 控件上窗格的对齐方式，可选项包括 Center、Left 和 Right
BorderStyle	设定窗格边框的样式，可选项如下：None，不显示边框；Raised，以三维凸起方式显示；Sunken，以三维凹起方式显示
Image	设定窗格显示的图标
MinimumSize	设定窗格在状态栏中的最小宽度
Spring	指定项是否填满剩余空间
Text	设定显示文本
Width	设定宽度，取决于 AutoSize 属性的设置。当窗体大小改变时，该属性值可能会随之变化

【实例 10-6】在项目 MySchool 中添加一个窗体，用作成绩管理系统的主窗体，实现效果如图 10-32 所示。

【操作步骤】

（1）启动 VS2017，打开 Windows 应用程序 MySchool。

（2）在解决方案资源管理器中右击 MySchool，选择"添加"→"Windows 窗体"命令，添加名为 MainFrm.cs 的窗体。

（3）在窗体上添加一个 MenuStrip 控件，设计学生成绩管理系统的主菜单以及各菜单项命令，如图 10-32 所示。表 10-28 列出了各菜单项的属性设置。

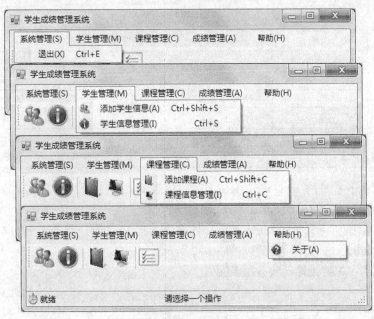

图 10-32　学生成绩管理系统的菜单项、工具栏和状态栏

表 10-28　　　　　　　　　　　　　　　需要修改的属性项

菜单项	属性	属性设置	菜单项	属性	属性设置
系统管理	Name	tsmSysteMsg	添加学生信息	Name	tsmNewStudent
	Text	系统管理（&S）		Text	添加学生信息（&A）
学生管理	Name	tsmStudentMsg		ShortcutKeys	<Ctrl>+<Shift>+<S>
	Text	学生管理（&S）		Image	指定一张图片
课程管理	Name	tsmCourseMsg	学生信息管理	Name	tsmStuMsgMag
	Text	课程管理（&C）		Text	学生信息管理（&S）
成绩管理	Name	tsmScoreMsg	学生信息管理	ShortcutKeys	<Ctrl>+<S>
	Text	成绩管理（&A）		Image	指定一张图片
帮助	Name	tsmHelp	添加课程	Name	tsmNewCourse
	Text	帮助（&H）		Text	添加课程（&A）
退出	Name	tsmExit		ShortcutKeys	<Ctrl>+<Shift>+<C>
	Text	退出（&E）		Image	指定一张图片
	ShortcutKeys	<Ctrl>+<E>	课程信息管理	Name	TsmCurMsgMag
关于	Name	tsmAbout		Text	课程信息管理（&C）
	Text	关于（&A）…	课程信息管理	ShortcutKeys	<Ctrl>+<C>
				Image	指定一张图片

（4）在窗体上添加一个 ToolStrip 控件，依次单击控件右边的三角形按钮，通过弹出的下拉列表添加 5 个 Button 和两个 Separator 控件，效果如图 10-32 所示。表 10-29 列出了工具栏及其按钮的属性设置。

表 10-29   需要修改的属性项

控件	属性	属性设置	控件	属性	属 性 设 置
ToolStrip1	ImageScalingSize	32, 32	ToolStripButton3	Name	tsbNewCourse
	Text	常用命令		Text	添加课程信息
ToolStripButton1	Name	tsbNewStudent	ToolStripButton4	Name	tsbCurMsgMag
	Text	添加学生信息		Text	课程信息管理
ToolStripButton2	Name	tsbStuMsgMag	ToolStripButton5	Name	tsbScoreMsg
	Text	学生信息管理		Text	成绩管理

其中，ToolStrip 控件的 ImageScalingSize 属性值表示工具栏中图像的大小。如果要控制图像的缩放比例，则需要使用 ToolStripItem.ImageScaling 属性。

（5）在窗体上添加一个 StatusStrip 控件，依次单击控件右边的三角形按钮，通过弹出的下拉列表添加两个 StatusLable 控件，效果如图 10-32 所示。

表 10-30 列出了需要设置的状态的属性值。

表 10-30   需要修改的属性项

控件	属性	属性设置	控件	属性	属性设置
toolStripStatusLabel1	Name	tssStatus	toolStripStatusLabel2	Name	tssMsg
	Image	指定一张图片		Text	请选择一个操作
	Text	就绪		TextAlign	MiddleLeft
	ImageAlign	MiddleLeft		Spring	true
	TextAlign	MiddleLeft			

（6）双击"退出"菜单项，进入源代码编辑窗口，为"退出"菜单项控件的 Click 事件添加以下代码，用于打开"退出"程序。

```
private void tsmExit_Click(object sender, EventArgs e)
{
    Application.Exit();    //关闭所有应用程序窗体
}
```

（7）在解决方案资源管理器中双击 Program.cs 文件，将 Main()方法中的最后一行代码修改如下。

```
Application.Run(new MainFrm ());
```

（8）编译并运行程序。程序的其他功能我们将在后续实例中逐步完成。

10.6　SDI 和 MDI 应用程序

一般情况下，Windows 应用程序可分为 3 种，分别为基于对话框的应用程序、单一文档界面（Single Document Interface，SDI）的应用程序和多文档界面（Multiple Document Interface，MDI）的应用程序，其中，SDI 应用程序为用户提供一个菜单、一个或多个工具栏和一个窗口；MDI 应用程序的执行方式与 SDI 相同，但可以同时打开多个窗口。

10.6.1　创建 SDI 应用程序

单一文档界面（SDI）一次只能打开一个窗体，如 Windows 的记事本，一次只能处理一个文档。如果用户要打开第二个文档，就必须打开一个新的 SDI 应用程序实例。它与第一个实例没有关系，对一个实例的任何配置都不会影响第二个实例。在前面的实例中我们设计的应用程序都是 SDI 应用程序。

10.6.2　创建 MDI 应用程序

多文档界面（MDI）类似于 SDI 应用程序，但它可以在不同的窗口中保存多个已打开的文档，用户可以在任一时间打开多个窗口。Word 就是一个典型的 MDI 应用程序。

MDI 应用程序至少由两个窗口组成，其中一个窗口叫做 MDI 容器（Container），也可以叫做"主窗口"，用于放置其他窗口，而可以在主窗口中显示的窗口叫做"MDI 子窗口"或"子窗口"。

要创建 MDI 应用程序，首先要像创建其他应用程序那样，先创建一个 Windows 应用程序，然后将其改为 MDI 容器。此时，只需把应用程序的主窗体（如 MainForm）的 IsMdiContainer 属性设置为 true 即可。

要创建一个子窗口，需先添加一个新窗体（如 SubForm）。在主窗体中添加如下所示的代码，即可打开子窗体。

```
SubForm frm = new SubForm();    //创建子窗体对象
frm.MdiParent = this;           //指定当前窗体为 MDI 父窗体
frm.Show();                     //打开子窗体
```

【实例 10-7】设置学生成绩管理系统为 MDI 应用程序，并在主窗体中打开子窗体。

【操作步骤】

（1）启动 VS2017，打开 Windows 应用程序 MySchool。

（2）在解决方案资源管理器中选择 MainFrm.cs 窗体，设置该窗体的 IsMdiContainer 属性为 true。这样就表示 MainFrm 窗体为整个应用程序的主窗体。

（3）双击"添加学生信息"菜单项，进入源代码编辑窗口，为"添加学生信息"菜单项控件的 Click 事件添加以下代码，用于打开"添加学生信息"子窗体。

```
private void tsmNewStudent_Click(object sender, EventArgs e)
{
    StudentMsgFrm sForm = new StudentMsgFrm ();  //创建子窗体对象
    sForm.MdiParent = this;         //指定当前窗体为 MDI 父窗体
    sForm.Show();                   //打开子窗体
    tssMsg.Text = sForm.Text;       //在状态栏中显示操作内容
}
```

（4）双击"添加课程信息"菜单项，进入源代码编辑窗口，为"添加课程信息"菜单项控件的 Click 事件添加以下代码，用于打开"添加学生信息"子窗体。

```
private void tsmNewCourse_Click(object sender, EventArgs e)
{
    CourseMsgFrm cForm = new CourseMsgFrm();//创建子窗体对象
    cForm.MdiParent = this;         //指定当前窗体为 MDI 父窗体
    cForm.Show();                   //打开子窗体
    tssMsg.Text = cForm.Text;       //在状态栏中显示操作内容
}
```

（5）双击"关于"菜单项，进入源代码编辑窗口，为"关于"菜单项控件的 Click 事件添加以下代码，用于打开"关于"对话框。

```
private void tsmAbout_Click(object sender, EventArgs e)
{
    AboutForm about = new AboutForm();  //创建子窗体对象
    about.ShowDialog();                 //打开子窗体
    tssMsg.Text = about.Text;           //在状态栏中显示操作内容
}
```

【注意】模态对话框不能设置为子窗体。

（6）工具栏的各个按钮对应的 Click 事件的处理程序为对应菜单命令的处理程序。例如，右击工具栏中的"添加学生信息"按钮，选择"属性"命令并打开"属性"窗口，然后单击 ⚡ 按钮以打开事件列表，为 Click 事件选择 tsmNewStudent_Click 方法。这样，就实现了工具栏中的"添加学生信息"按钮和"学生信添加学生信息"菜单项的关联。

（7）在解决方案资源管理器中双击 Program.cs 文件，将 Main()方法中的最后一行代码修改如下。

```
Application.Run(new MainFrm ());
```

（8）编译并运行程序，效果如图 10-33 所示。

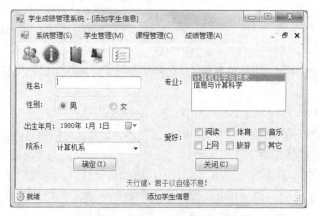

图 10-33　子窗体最大化的运行效果

习　题

1. 判断题

（1）只要将窗体对象的 WindowsSate 属性值设置为 Maximized，无论其 Size 属性值为多少，在运行程序并打开该窗体时该窗体都将最大化，布满整个桌面。

（2）如果一个 Windows 应用程序包含了多个窗体，而且它们的 TopMost 属性都设置为 true，那么只有最后一个弹出的窗体才是真正的最顶层的窗体。

（3）将 Label 控件的 AutoSize 属性设置为 false，系统将根据字号和内容自动调整 Label 的大小。

（4）即使 TextBox 的 Multiline 属性的值为 false，该控件也允许用户输入多达 32KB 的文本。

（5）当 TextBox 的 ReadOnly 属性的值为 true 时，该控件只能显示固定的文本，即使使用程序代码也不能修改显示内容。

（6）Button 控件可以显示文本，也可以显示图像，但不能同时显示文本和图像。

（7）PictureBox 控件默认是从左上角开始显示图像的，如果图像比 PictureBox 大，则超出部分将被剪裁掉而不显示。

（8）ImageList 控件存储的图像可以输出到多个关联控件。

（9）用户单击某个 RadioButton 控件，表示该控件被选中，其 Checked 属性将自动被设置为 true。

（10）ListBox 和 ComboBox 控件功能相同，只支持单项选择。

（11）NumericUpDown 控件只能选择输入整型数字。

（12）默认情况下，Timer 控件每隔 100 毫秒就触发 Tick 事件一次。

（13）DateTimePicker 的 Value 属性记录了用户选中的日期。

（14）DateTimePicker 的默认最小日期为 1900 年 1 月 1 日。

（15）对话框通常大小固定，没有最大化、最小化按钮。

（16）引用窗体对象的 ShowDialog()方法可显示模态对话框。

（17）GroupBox、Panel、TabControl、Form 都是容器对象。

（18）消息框 MessageBox 的 Show()方法的返回值类型是 void。

（19）在对话框中，只能添加 ContextMenuStrip 控件，不能添加 MenuStrip 控件。

（20）在 StatusStrip 控件中只能显示文本，不能显示图标。

2．选择题

（1）.NET 中的大多数的控件都派生于（　　　）类。

　　A．Class　　　　　B．Form　　　　　C．Control　　　　D．Object

（2）在以下控件中，可用于输入数据的是（　　　）。

　　A．Label　　　　　B．TextBox　　　　C．Button　　　　D．PictureBox

（3）在以下控件中，可实现多项选择的是（　　　）。

　　A．CheckBox　　　B．RadioButton　　C．ComboBox　　　D．NumericUpDown

（4）不属于容器控件的是（　　　）。

　　A．GroupBox　　　B．Panel　　　　　C．MenuStrip　　　D．TabControl

（5）（　　　）控件组合了 TextBox 控件和 ListBox 控件的功能。

　　A．Label　　　　　B．ComboBox　　　C．ProgressBar　　D．PictureBox

（6）让控件不可使用的属性是（　　　）。

　　A．AllowDrop　　　B．Enabled　　　　C．Bounds　　　　D．Visible

（7）让控件不可显示的属性是（　　　）。

　　A．AllowDrop　　　B．Enabled　　　　C．Bounds　　　　D．Visible

（8）不能用于设置控件布局位置的属性是（　　　）。

　　A．Left　　　　　　B．Top　　　　　　C．Size　　　　　　D．Location

（9）可用来设置文字颜色的属性是（　　　）。

　　A．BackColor　　　B．ForeColor　　　C．Text　　　　　D．Parent

（10）TextBox 控件的（　　　）属性将输入的字符替代显示为指定的密码字符。

　　A．Text　　　　　　B．PasswordChar　　C．TextAlign　　　D．Multiline

（11）所有控件都一定具有的属性是（　　　）。

　　A．Text　　　　　　B．BackColor　　　C．Items　　　　　D．Name

（12）当用户用鼠标左键单击窗体或控件时，系统将触发（　　　）事件。

    A. Activated   B. Load   C. DoubleClick   D. Click

（13）用户修改了文本框中的内容时，系统将触发（　　　）事件。

    A. TextChanged   B. CheckedChanged

    C. SelectedIndexChanged   D. SizeChanged

（14）在列表框或组合框中，当用户重新选择另一个选项时，系统将触发（　　　）事件。

    A. TextChanged   B. CheckedChanged

    C. SelectedIndexChanged   D. SizeChanged

（15）有关模态对话框说法错误的是（　　　）。

    A. 模态对话框允许用户单击该对话框之外的区域

    B. 模态对话框通常没有最大化、最小化按钮

    C. 模态对话框使用 ShowDialog 方法显示

    D. 模态对话框不能使用鼠标改变窗体大小

（16）当复选框能够显示 3 种状态时，可通过（　　　）属性来设置或返回复选框的状态。

    A. Enabled   B. Visible   C. Checked   D. Text

（17）要使 ListBox 控件多选，需将（　　　）属性的值设置为 true。

    A. SelectionMode   B. SelectedItem

    C. SelectedValue   D. ImeMode

（18）在允许 ListBox 控件多选的情况下，可使用＿＿＿＿＿＿属性的值来访问已选中的选项。

    A. SelectionMode   B. SelectedItem

    C. SelectedValue   D. SelectedIndex

（19）要使 PictureBox 中显示的图片刚好填满整个图片框，应把（　　　）属性的值设置为 PictureBoxSizeMode.StretchImage。

    A. Enabled   B. Visible   C. ImageLocation   D. SizeMode

（20）Timer 控件的（　　　）属性用来设置定时器 Tick 事件发生的时间间隔。

    A. Interval   B. Enabled   C. Tag   D. Container

实验 10

一、实验目的

初步掌握 Windows 窗体应用程序的设计方法，包括对话框的设计方法；掌握常用窗体控件的使用方法。

二、实验要求

（1）熟悉 VS2017 的基本操作方法。

（2）认真阅读本章相关内容，尤其是案例。

（3）初步完成个人理财系统的主要用户界面的设计工作。

（4）反复操作，直到不需要参考教材、能熟练操作为止。

三、实验步骤

一个 Windows 版的个人理财系统具有用户登录、收支情况管理和基本资料管理等功能，如图 10-34 所示。

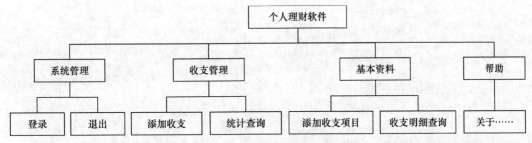

图 10-34 个人理财软件的功能模块图

（1）请设计一个简单的用户登录界面，当输入正确的用户名和密码时，系统将提示输入正确的提示，否则提示错误，如图 10-35 所示。注意，暂时不与数据库建立连接，只要完成界面设计即可。

（2）请设计一个"关于我们"的窗体，如图 10-36 所示。

图 10-35 用户登录窗口

图 10-36 "关于我们"窗体

（3）添加一个新窗体，用于添加个人收支明细，如图 10-37 所示。

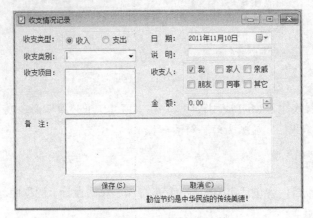

图 10-37 记录收支情况窗体

特别注意，"勤俭节约是中华民族的传统美德"是滚动显示的文字。

（4）添加一个新窗体，用于添加收支项目信息，如图 10-38 所示。

图 10-38　"添加收支项目"窗体

（5）修改"添加收支项"对话框的"确认信息"选项卡，使用通用对话框（包括字体对话框和颜色对话框）动态设置收支信息。

（6）添加一个新窗体，用作个人理财系统的主窗体，并根据图 10-39 为其创建主菜单、工具栏以及状态栏。工具栏的各按钮分别对应添加收支、统计查询、添加收支项目、收支明细查询等菜单命令。

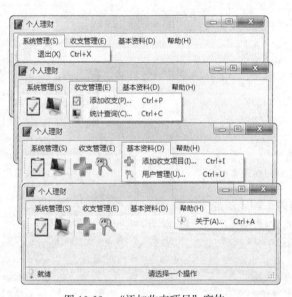

图 10-39　"添加收支项目"窗体

（7）设置个人理财软件为 MDI 应用程序，并在主窗体中通过菜单命令或工具栏按钮打开各子窗体。注意，将"关于我们"显示为模态对话框。

四、实验总结

写出实验报告（报告内容包括实验内容、任务分析、算法设计、源程序、实验体会等），并记录实验过程中的疑难点。

第11章
C#数据库编程技术

总体要求

- 初步掌握 ADO.NET 的使用方法，包括 Connection、Command、DataSet、DataAdapter、DataReader 对象和 DataGridView 控件的使用方法。
- 了解 LINQ 的基本语法，熟悉 LINQ to SQL 的使用方法。

学习重点

- 使用 Connection 和 Command 对数据库的操作。
- 掌握 DataSet、DataAdapter、DataReader 对象的作用和使用方法。
- 使用 DataGridView 结合 ADO.NET 对数据库的修改和查询操作。

大多数软件系统都需要数据库的支持，因此数据库编程成为每一个软件开发人员必须掌握的关键技术。.NET Framework 从 2.0 开始就提供了两种数据库访问技术，一种是 ADO.NET，另一种是 LINQ to SQL。为此，本章将详细介绍 ADO.NET 和 LINQ to SQL 的基本使用方法，同时也将实现上一章的学生成绩管理系统。

11.1 ADO.NET 概述

11.1.1 ADO.NET 的架构

ADO.NET 是一种强大的数据库访问技术，应用程序通过 ADO.NET 可以非常方便地访问并处理存储在各种数据库中的数据。ADO.NET 集成于.NET Framework 之中，可用于任何支持.NET 的程序设计语言。ADO.NET 聚集了很多与数据库有关的类，这些类呈现了强大的数据处理能力，如索引、排序、浏览和更新，它们主要包括于 System.Data 命名空间及其子命名空间（例如 System.Data.SqlClient 和 System.Data.OleDb），以及 System.Xml 命名空间之中。

图 11-1 显示了 ADO.NET 的架构。ADO.NET 架构的两个主要组件是 Data Provider（数据提供者）和 DataSet（数据集）。

下面分别介绍这两个概念。

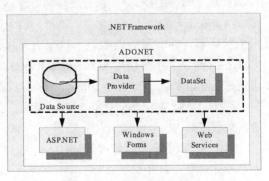

图 11-1　ADO.NET 的架构

1. Data Provider

Data Provider 提供了 DataSet 和数据库之间的联系，同时也包含了存取数据库的一系列接口。通过数据提供者所提供的应用程序编程接口（API），可以轻松地访问各种数据源的数据。

.NET 数据提供程序包括以下几种。

● SQL Server .NET 数据提供程序：用于 Microsoft SQL Server 数据源，来自于 System.Data.SqlClient 命名空间。

● OLE DB .NET 数据提供程序：用于 OLE DB 公开的数据源，来自于 System.Data.OleDb 命名空间。

● ODBC.NET 数据提供程序：用于 ODBC 公开的数据源，来自于 System.Data.Odbc 命名空间。

● Oracle .NET 数据提供程序：用于 Oracle 数据源，来自于 System.Data.OracleClient 命名空间。

.NET Data Provider 有 4 个核心对象：Connection 对象用于与数据源建立连接；Commmand 对象用于对数据源执行指定命令；DataReader 对象用于从数据源返回一个仅向前（forward-only）的只读数据流；DataAdapter 对象自动将数据的各种操作变换到数据源相应的 SQL 语句。

2. DataSet

ADO.NET 的核心组件是 DataSet。DataSet 是不依赖于数据库的独立数据集。这里的独立是指即使断开数据连接或关闭数据连接，DataSet 依然可用。在 ADO.NET 中，DataSet 是专门用来处理从数据源获得的数据：无论底层的数据是什么，都可以用相同的方式来操作从不同数据源取得的数据。DataSet 内部是用 XML 来描述数据的。XML 是一种与平台无关、数据无关且能描述复杂数据关系的数据描述语言。

11.1.2 ADO.NET 的一般使用步骤

1. 准备工作

在使用 ADO.NET 访问数据库之前，先要做好准备工作。如果不存在数据库，应当先创建数据库。创建数据库时，注意选择合适的数据库管理系统。

【实例 11-1】使用 VS2017 建立一个学生成绩管理数据库 MySchool，用于实现上一章的学生成绩管理系统的相应操作。该数据库有 4 个表，分别为用户表、学生表、课程表和成绩表。

【操作步骤】

（1）启动 VS2017，打开 Windows 应用程序 MySchool。

（2）选择"视图"→"服务器资源管理器"命令，打开"服务器资源管理器"窗口。

（3）右击"数据连接"命令，选择"创建新的 SQL Server 数据库"命令，打开如图 11-2 所示的对话框。在"服务器名"下拉列表框中选择或者输入要连接的 SQL Server 服务器名为".\SQLEXPRESS"，即使用 SQL Server Express（注意，当开发环境中缺乏 SQL Server Express 时，可访问 https://www.microsoft.com/en-us/sql-server/sql-server-editions-express 进行下载和安装）。之后，选择"使用 Windows 身份验证"。最后，在"新数据库名称"文本框中输入"MySchool"作为新数据库名称。

（4）在"服务器资源管理器"对话框中，展开刚才添加的数据库 MySchool，可以看到该连接包括各种对象，如图 11-3 所示。右击"表"节点，选择"添加新表"命令，分别根据表 11-1 添加相应的列和数据类型，并保存 User 表。

图 11-2　"创建新的 SQL Server 数据库"对话框

图 11-3　查看数据库对象

表 11-1　　　　　　　　　　　　　　　　　User 表的结构

字段名	数据类型	其他属性
UserId	int	用户编号，非空，主键，标识列标，识增量1，标识种子1
UserName	nvarchar（50）	姓名
Password	nvarchar（50）	口令

（5）展开"表"节点，右击"User"表并选择"显示表数据"命令，即可输入如表 11-2 所示的数据记录。建立表时，每个字段必须指定一种数据类型。如果某个字段或某组字段能够用来唯一地标识每一条记录，则可指定为主键。主键可标识为种子，其值由系统自动生成。

表 11-2　　　　　　　　　　　　　User 表的记录

UserId（用户编号）	UserName（用户名称）	Password（口令）
1	admin	p@ssw0rd
2	yangjian	!z3456t
3	lfq	!z3456t

（6）重复第 4 步操作，即可创建其他表，各表的结构如表 11-3、表 11-4 和表 11-5 所示。

表 11-3　　　　　　　　　　　　　StudentMsg 表的结构

字段名	类型	其他属性
StudentNo	int	学号，非空，主键，标识列，标识增量1，标识种子1
StudentName	varchar（12）	姓名
Sex	nchar（1）	性别
Birthday	datetime	出生年月
Department	nvarchar（50）	院系
Speciality	nvarchar（50）	专业
Hobby	nvarchar（200）	爱好

表 11-4   CourseMsg 表的结构

列名	数据类型	说明
CourseId	int	课程编号，主键，标识列，标识增量 1，标识种子 1
CourseName	nvarchar（50）	课程名称，不允许为空
CourseClass	nvarchar（50）	课程类别
Required	bit	是否必修
Credit	int	学分
PrelectionCredit	int	理论学时
ExperimentCredit	int	实验学时

表 11-5   ScoreMsg 表的结构

列名	数据类型	说明
StudentNo	int	学号，主键
CourseId	int	课程编号，主键
Score	int	成绩

2．ADO.NET 访问数据库的编程思路

使用 ADO.NET 访问数据库的编程思路如图 11-4 所示，一般步骤如下。

（1）使用 using 添加 System.Data 及其相关子命名空间的引用（若想访问 SQL Server 数据库，就必须引用 System.Data.SqlClient）。

（2）使用 Connection 对象连接数据源。

（3）视情况使用 Command 对象、DataReader 对象或 DataAdpter 对象操作数据库。

（4）将操作结果返回到应用程序中，进行进一步处理。

具体实现过程将在下一节详细介绍。

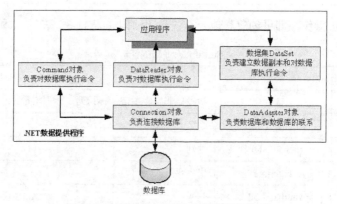

图 11-4   ADO.NET 操作数据库的结构图

11.2　使用 ADO.NET 访问数据库

11.2.1　使用 Connection 连接数据库

在 ADO.NET 中，Connection 对象用于连接数据库，是应用程序访问和使用数据源数据的桥梁。

1. Connection 对象的成员

Connection 对象的重要属性如下。

● ConnectionString 属性：用来设置将要访问的数据库的连接字符串。

连接字符串由若干个参数组成，通常包括所要连接的数据库服务器地址、数据库名字以及必需的安全信息。每个参数使用键值对的形式表示，参数之间使用分号作间隔。例如，采用 Windows 集成验证方式连接本地 SQL Server Express 数据库的连接字符串代码如下。

```
Data Source=.\sqlexpress; Initial Catalog=xxx; Integrated Security=true
```

其中，xxx 表示数据库的名字。

Connection 对象常用的方法如下。

● Open()方法：用来打开数据库。

● Close()方法：用来关闭与数据库的连接。

2. Connetion 对象的连接过程

使用 Connetcion 对象连接数据源的基本过程是先定义连接字符串，然后根据连接字符串创建连接对象，之后打开数据源的连接，执行数据源的操作，最后关闭数据源的连接。

例如，以下代码展示了 MySchool 数据库的连接过程。

```
string connString =@"Data Source=.\sqlexpress; Initial Catalog=MySchool;
Integrated Security=true";        //数据库连接字符串
SqlConnection conn = new SqlConnection(connString);//创建 Connection 对象
conn.Open();                //打开数据库连接
……                         //执行数据库操作
conn.Close();               //关闭数据库连接
```

当 SQL Server Express 采用 SQL Server 身份验证时，连接字符串的格式如下。

Data Source=服务器名; Initial Catalog=数据库名; User ID=用户名; Pwd=密码

其中的用户名必须是合法的 SQL Server 账户，例如默认的超级管理员账户 sa。

另外，服务器名也可以写成 IP 地址，如 192.168.0.1。如果是本地服务器，可以有以下几种写法：.（圆点）、（local）或 localhost、127.0.0.1、本地机器名称。

【注意】在使用不同数据提供者的 Connection 对象时，对应的命名空间不同。表 11-6 列出了不同命名空间的 Connection 对象。

表 11-6　　　　　　　　　不同命名空间的 Connection 对象

命名空间	对应的 Connection 对象	命名空间	对应的 Connection 对象
System.Data.SqlClient	SqlConnection	System.Data.Odbc	OdbcConnection
System.Data.OleDb	OleDbConnection	System.Data.OracleClient	OracleConnection

3. 数据源的连接管理

因为大多数的数据源只支持有限的连接，所以在完成数据源的操作之后应及时关闭连接。为此，编程时要注意成对地调用连接对象的 Open()方法和 Close()方法。为了有效地管理数据源连接的打开和关闭，可使用以下两种方法。

（1）利用 try…catch…finally 语句块

在 try…catch…finally 语句块中，使用 try 语句打开数据源的连接，使用 catch 语句捕获异常，使用 finally 语句确保关闭数据源的连接。例如，在创建了连接对象 conn 之后，接下来使用以下代码管理连接过程。

```
string connString = @"Data Source=.\SQLEXPRESS;Initial Catalog=MySchool;Integrated
Security=True";
SqlConnection conn = conn = new SqlConnection(connString);
try
{
    conn.open();
    //执行数据源的操作
}
catch(Exception ex)
{
    //打开数据源的连接发生异常,在此处理异常
}
finally
{
    conn.Close();
}
```

（2）使用 using 语句块

在程序中大量使用 try…catch…finally 语句块将造成程序的可读性下降。为了更有效地管理数据源的连接，C#提供了 using 语句块，用来自动管理数据源连接。当数据访问结束之后 using 语句首先自动关闭数据源连接，然后释放连接对象。这样可大大简化编程。具体代码如下。

```
string connString = @"Data Source=.\SQLEXPRESS;Initial Catalog=MySchool;Integrated
Security=True";
using( SqlConnection conn = new SqlConnection(connString))
{
    conn.Open();
    //执行数据源的操作
}
```

11.2.2　使用 Command 对象访问数据库

Command 对象用来封装需要发送给数据源的操作命令。命令既可以是直接的 SQL 语句，也可以是存储过程调用。

Command 对象的常用属性如下。

● CommandText 属性：用来设置将要执行的 SQL 语句或将要调用的存储过程名。

● CommandType 属性：用来描述 CommandText 所给的命令类型，其值为 Text 时表示执行 SQL 语句；其值为 StoredProcedure 时表示调用存储过程。该属性的默认值为 Text。

● Connection 属性：用来指定所要使用的数据连接，其值为一个 Connection 对象。

Command 对象的常用方法如下。

● ExcuteNonQuery()方法：执行 CommandText 属性所指定的操作，返回受影响的行数。该

方法一般用来执行 SQL 中的 Update、Insert 和 Delete 等操作。

- ExcuteReader()方法：执行 CommandText 属性所指定的操作，并创建 DataReader 对象。
- ExcuteScalar()方法：执行 CommandText 属性所指定的操作，返回执行结果中首行首列的值。该方法只能执行 Select 语句，通常用于统计，例如返回符合条件的记录个数。

【实例 11-2】实现学生成绩管理系统的用户登录功能。

【操作步骤】

（1）启动 VS2017，打开 Windows 应用程序 MyScool。

（2）打开"用户登录"窗体，进入源代码编辑窗口，添加以下代码。

```
using System.Data.SqlClient;
```

【注意】实现学生成绩管理的其他功能时，不再提示添加此 using 语句。

（3）修改"用户登录"窗体"登录"按钮的 Click 事件方法，实现用户身份验证功能，代码如下。

```
private void btnYes_Click(object sender, EventArgs e)
{
    string userName = txtName.Text;
    string password = txtPwd.Text;
    string connString = @"Data Source=.\sqlexpress; Initial Catalog=MySchool;
Integrated Security=true";
    SqlConnection conn = new SqlConnection(connString);      //创建链接对象
    //获取用户名和密码匹配的行的数量的 SQL 语句
    string sql =String.Format("select count(*) from [User] where UserName='{0}'
and password='{1}'",userName,password);
    try
    {
        conn.Open();                                         //打开数据库连接
        SqlCommand comm = new SqlCommand(sql, conn);         //创建 Command 对象
        int n = (int)comm.ExecuteScalar();                   //执行查询语句,返回匹配的行数
        if (n==1)
        {
            this.DialogResult = DialogResult.OK;             //触发"确定"操作
            this.Tag = true;       //登录成功并记录
        }
        else
        {
            MessageBox.Show("您输入的用户名或密码错误!请重试", "登录失败",
                MessageBoxButtons.OK, MessageBoxIcon.Exclamation);
            this.Tag = false;      //登录失败并记录
        }
    }
    catch (Exception ex)
    {
        MessageBox.Show(ex.Message, "操作数据库出错!",
            MessageBoxButtons.OK, MessageBoxIcon.Exclamation);
        this.Tag = false;
    }
    finally
    {
        conn.Close();              //关闭数据库连接
    }
}
```

（4）打开主窗体 MainFrm.cs，在"系统管理"菜单中添加一个菜单项，将其 Name 和 Text 属性分别设置为"tsmLogin"和"登录（&L）"。

（5）为主窗体类 MainFrm 定义一个私有的 bool 型成员字段，用来记录用户是否成功登录，代码如下。

```csharp
public partial class MainFrm : Form
{
    private bool isLogined = false;        //记录登录凭据
    //其他代码
}
```

（6）双击"登录"菜单项，进入源代码编辑窗口，为其 Click 事件添加以下代码。

```csharp
private void tsmLogin_Click(object sender, EventArgs e)
{
    Login lForm = new Login();              //实例化"用户登录"窗体
    tssMsg.Text = lForm.Text;
    //显示"用户登录"窗体并检测用户是否单击过"登录"按钮
    if (lForm.ShowDialog() == DialogResult.OK)
    {
        if ((bool)lForm.Tag)                //如果登录成功
        {
            isLogined = true;
            tssMsg.Text = "恭喜您,已经成功登录系统!";
        }
        else
        {
            isLogined = false;
            tssMsg.Text = "注意,必须先登录才能使用本系统!";
        }
    }
}
```

（7）修改主窗体中"添加学生信息"和"添加课程信息"菜单项的 Click 事件方法，以确保只有成功登录的用户才能打开相应的 Windows 窗体，代码如下所示。

```csharp
private void tsmNewStudent_Click(object sender, EventArgs e)
{
    if (isLogined)
    {
        StudentMsgFrm sForm = new StudentMsgFrm();      //创建子窗体对象
        sForm.MdiParent = this;         //指定当前窗体为 MDI 父窗体
        sForm.Show();                   //打开子窗体
        tssMsg.Text = sForm.Text;       //在状态栏中显示操作内容
    }
    else
        tssMsg.Text = "注意,必须先登录才能使用本系统!";
}
```

【注意】此处省略了"添加课程信息"的 Click 事件方法的代码，请读者参照以上代码进行修改。

（8）编译并运行学生成绩管理系统，运行效果如图 11-5 和图 11-6 所示。

图 11-5　用户正在登录

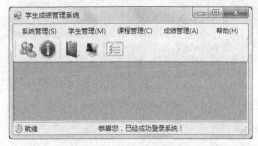

图 11-6　用户已经登录

从上例可以看出，使用 Command 对象访问数据库的操作步骤可概括如下。

（1）创建数据库连接。

（2）定义 SQL 语句。

（3）创建 Command 对象。

（4）执行命令。

再次强调，在执行命令前，必须打开数据库连接，执行命令后，应该关闭数据库连接。

可以使用 Command 对象的 ExecuteNonQuery()方法对数据库的数据进行增加、删除和更改操作。

【实例 11-3】完成 MySchool 添加学生信息功能，向数据库 MySchool 的 StudentMsg 表添加学生信息。

操作步骤如下。

（1）在 VS2017 中打开 Windows 应用程序 MySchool。

（2）双击"添加学生信息"窗体的"确定"按钮，修改其 Click 事件方式，代码如下。

```
private void btnYes_Click(object sender, EventArgs e)
{
    string sex = "";
    if (rdoMale.Checked)
        sex = rdoMale.Text;
    else
        sex = rdoFemale.Text;
    string dept = cboDept.SelectedItem.ToString();
    string spec = lstSpec.SelectedItem.ToString();
    string hobby = "";
    if (checkBox1.Checked) hobby += checkBox1.Text;
    if (checkBox2.Checked) hobby += "、" + checkBox2.Text;
    if (checkBox3.Checked) hobby += "、" + checkBox3.Text;
    if (checkBox4.Checked) hobby += "、" + checkBox4.Text;
    if (checkBox5.Checked) hobby += "、" + checkBox5.Text;
    if (checkBox6.Checked) hobby += "、" + checkBox6.Text;
    string sql = String.Format("INSERT INTO StudentMsg(StudentName,Sex,Birthday,
Department,Speciality,Hobby)VALUES('{0}','{1}','{2}','{3}','{4}','{5}')",
txtName.Text,sex,dtBirthday.Value,dept,spec,hobby);   //SQL 语句
    string connString = @"Data Source=.\SQLEXPRESS;Initial Catalog=MySchool;
Integrated Security=True";
    using( SqlConnection conn = new SqlConnection(connString))
    {
        conn.Open();    //打开数据库连接
```

```
SqlCommand comm = new SqlCommand(sql, conn); //创建 Command 对象
int n = comm.ExecuteNonQuery();   //执行添加命令,返回值为更新的行数
if (n > 0)
{
    MessageBox.Show("添加学生信息成功", "添加成功",
        MessageBoxButtons.OK, MessageBoxIcon.Information);
}
else
{
    MessageBox.Show("添加学生信息失败", "添加失败",
        MessageBoxButtons.OK, MessageBoxIcon.Information);
}
        }
    }
```

上述步骤完成后，就可运行程序。

从上例可以看出，使用 Command.ExecuteNonQuery()方法的基本步骤如下。

（1）创建 Connection 对象。

（2）定义 SQl 语句。

（3）创建 Command 对象。

（4）执行 ExecuteNonQuery()方法。

（5）根据返回的结果进行处理。

同样，也可完成 MySchool 添加课程信息功能，向数据库 MySchool 的 CourseMsg 表添加课程信息。由于篇幅有限，请读者自己修改相关代码。

11.2.3 使用 DataReader 对象访问数据库

DataReader 提供了只读、顺向的操作方式，一次只读取一条记录，因此可提高应用程序的性能，大幅度减轻对内存的需求。

DataReader 的主要成员如下。

● HasRows 属性：用来指示 DataReader 中是否包含一行或多行的数据。

● Read()方法：指向下一行记录，如果下一行有记录，则读出该行并返回 true；否则返回 false。

● GetName()方法：返回当前行的某一字段的名称。

● GetValue()方法：返回当前行的某一字段的值。与之相似的方法包括 GetString、GetDateTime、GetBoolean、GetFloat、GetInt32 等。

● Close()方法：关闭 DataReader 对象。

【实例 11-4】完成 MySchool 的学生信息管理功能，包括能够逐条浏览学生信息，能够删除和修改当前学生记录。

（1）启动 VS2017，打开 Windows 应用程序 MySchool。

（2）在解决方案资源管理器中右击 MySchool，选择"添加"→"Windows 窗体"命令，添加名为 StudentFrm.cs 的窗体。在窗体上先添加 6 个 Label 控件、1 个 GroupBox 控件、3 个 TextBox 控件、两个 RadioButton 控件、4 个 Button 控件。各控件的布局如图 11-7 所示。然后，根据表 11-7 设置各控件的属性（注：省略了各 Label 控件的设置）。

图 11-7　"学生信息管理"窗体

表 11-7　　　　　　　　　　　　需要修改的属性项

控件	属性	属性设置	控件	属性	属性设置
TextBox1	Name	txtName	TextBox2	Name	txtDept
dateTimePicker1	Name	dtBirthday	TextBox3	Name	txtSpec
RadioButton1	Name	rdoMale	Button2	Name	btnNext
	Text	男		Text	下一个（&N）
RadioButton2	Name	rdoFemale	Button3	Name	btnEdit
	Text	女		Text	更新（&E）
Button1	Name	btnPrevious	Button4	Name	btnDelete
	Text	上一个（&P）		Text	删除（&D）

（3）在 StudentFrm 类之中添加成员字段 current 和 connString，分别用来保存当前显示的学生的序号和数据库连接字符串，代码如下。

```
private int current=1;
string connString = @"Data Source=.\SQLEXPRESS;Initial Catalog=MySchool;Integrated Security=True";
```

（4）在 StudentFrm 类之中定义 ShowCurrentStudent 方法，用来显示当前学生，代码如下。

```
private void ShowCurrentStudent()
{
    string sql = String.Format("SELECT * FROM StudentMsg WHERE
            StudentNo='{0}'",current);                //SQL 语句
    using( SqlConnection conn = new SqlConnection(connString))
    {
        conn.Open();            //打开数据库连接
        SqlCommand comm = new SqlCommand(sql, conn); //创建 Command 对象
        SqlDataReader reader = comm.ExecuteReader();
        if (reader.Read())  //读取数据行
        {
            txtName.Text = reader.GetString(1);        //显示学生姓名
            string sex = reader.GetString(2);          //显示学生性别
            if (sex == "男")
                rdoMale.Checked = true;
            else
                rdoFemale.Checked = true;
            dtBirthday.Value = reader.GetDateTime(3); //显示学生出生年月
            txtDept.Text = reader.GetString(4);        //显示所在院系
            txtSpec.Text = reader.GetString(5);        //显示专业
            string[] hobbies = new string[6];
```

```
            hobbies = reader.GetString(6).Split('、');
            checkBox1.Checked = false; checkBox2.Checked = false;
            checkBox3.Checked = false; checkBox4.Checked = false;
            checkBox5.Checked = false; checkBox6.Checked = false;
            foreach (string s in hobbies)              //显示爱好
            {
                switch (s)
                {
                    case "阅读": checkBox1.Checked = true; break;
                    case "体育": checkBox2.Checked = true; break;
                    case "音乐": checkBox3.Checked = true; break;
                    case "上网": checkBox4.Checked = true; break;
                    case "旅游": checkBox5.Checked = true; break;
                    default: checkBox6.Checked = true; break;
                }
            }
        }
        else
        {
            MessageBox.Show("前面或后面已无数据了", "没有数据",
                MessageBoxButtons.OK, MessageBoxIcon.Warning);
        }
        reader.Close();
    }
}
```

（5）修改 StudentFrm 类的构造函数，在对话框初始完之后显示第一个学生，代码如下。

```
public StudentFrm()
{
    InitializeComponent();
    current = 1;
    ShowCurrentStudent();  //如果第一个学生存在,则显示
}
```

（6）分别为"上一个"按钮和"下一个"按钮编写 Click 事件方法，实现上下滚动显示学生记录，代码如下。

```
private void btnPrevious_Click(object sender, EventArgs e)
{
    current--;
    ShowCurrentStudent();
}
private void btnNext_Click(object sender, EventArgs e)
{
    current++;
    ShowCurrentStudent();
}
```

（7）双击"更新"按钮，编写该按钮的 Click 事件方法，实现当前学生的数据更新，代码如下。

```
private void btnEdit_Click(object sender, EventArgs e)
{
    string sex = "";
    if (rdoMale.Checked)
```

```
        sex = "男";
    else
        sex = "女";
    string hobby = "";
    if (checkBox1.Checked) hobby += checkBox1.Text;
    if (checkBox2.Checked) hobby += "、" + checkBox2.Text;
    if (checkBox3.Checked) hobby += "、" + checkBox3.Text;
    if (checkBox4.Checked) hobby += "、" + checkBox4.Text;
    if (checkBox5.Checked) hobby += "、" + checkBox5.Text;
    if (checkBox6.Checked) hobby += "、" + checkBox6.Text;
    string sql = String.Format("UPDATE StudentMsg SET StudentName='{0}',Sex='{1}',
                Birthday='{2}',Department='{3}',Speciality='{4}',Hobby='{5}'
                WHERE StudentNo='{6}'",txtName.Text,sex,dtBirthday.Value,
                txtDept.Text,txtSpec.Text,hobby,current);//SQL 语句
    string connString = @"Data Source=.\SQLEXPRESS;Initial Catalog=MySchool;
Integrated Security=True";
    using( SqlConnection conn = conn = new SqlConnection(connString))
    {
        conn.Open();    //打开数据库连接
        SqlCommand comm = new SqlCommand(sql, conn); //创建 Command 对象
        int n = comm.ExecuteNonQuery();
        if (n <= 0)
        {
            MessageBox.Show("数据更新操作失败,请检查数据格式!", "操作数据库出错!",
                MessageBoxButtons.OK, MessageBoxIcon.Exclamation);
        }
    }
}
```

（8）双击"删除"按钮，编写该按钮的 Click 事件方法，以删除当前学生，代码如下。

```
private void btnDelete_Click(object sender, EventArgs e)
{
    string sql = String.Format("DELETE FROM StudentMsg WHERE StudentNo='{0}'",
current);//SQL 语句
    string connString = @"Data Source=.\SQLEXPRESS;Initial Catalog=MySchool;
Integrated Security=True";
    using( SqlConnection conn = new SqlConnection(connString))
    {
        conn.Open();    //打开数据库连接
        SqlCommand comm = new SqlCommand(sql, conn); //创建 Command 对象
        int n = comm.ExecuteNonQuery();
        if (n <= 0)
        {
            MessageBox.Show("删除失败,请与管理员联系!", "操作数据库出错!",
                MessageBoxButtons.OK, MessageBoxIcon.Exclamation);
        }
        else             //删除当前记录之后,刷新对话框以显示上一条记录
        {
            current--;
            ShowCurrentStudent();
        }
```

```
        }
    }
```

（9）打开主窗体 MainFrm，双击"学生信息管理"菜单项，进入源代码编辑窗口，为"学生信息管理"菜单项控件的 Click 事件添加以下代码，用于打开"学生信息管理"子窗体。

```
private void tsmStuMsgMag_Click(object sender, EventArgs e)
{
    if (isLogined)
    {
        StudentFrm sForm = new StudentFrm(); //创建子窗体对象
        sForm.MdiParent = this;              //指定当前窗体为 MDI 父窗体
        sForm.Show();                        //打开子窗体
        tssMsg.Text = sForm.Text;            //在状态栏中显示操作内容
    }
    else
        tssMsg.Text = "注意,必须先登录才能使用本系统";
}
```

（10）右击工具栏中的"学生信息管理"按钮，选择"属性"命令，打开"属性"窗口，把该按钮的 Click 事件方法设置为"tsmStuMsgMag_Click"方法，以关联工具栏中的"学生信息管理"按钮和"学生信息管理"菜单项。

完成以上步骤后，就可编译并运行程序。

从上例可以看出，使用 DataReader 检索数据的步骤如下。

（1）创建 Command 对象。

（2）调用 ExecuteReader()创建 DataReader 对象。

（3）使用 DataReader 的 Read()方法逐行读取数据。如果数据不止一行，可使用"while (reader.Read())"语句循环读取数据，直到 Read()返回 false 时结束。

（4）使用 read.GetValue(i)系列方法读取第 i 列的数据值，i=0 时表示读取第 1 列的值，依次类推。

（5）关闭 DataReader 对象。注意，DataReader 使用后必须关闭。

11.2.4 使用 DataAdaper 与 DataSet 对象操作数据库

1. DataAdaper

DataReader 是一种快速的、轻量的、只进的方式从数据源获得数据，结合 Command 对象，可以较快地查询和修改少量的数据，但当数据量较大，想要大批量地查询和修改数据，或者想在断开数据库连接的情况下操作数据时，DataReader 就无法做到了。这时可以使用 DataAdapter 和 DataSet 对象。

DataAdapter（数据适配器）用于检索和保存数据。图 11-8 显示了 DataAdapter 对象的工作机制。首先 DataAdapter 对象使用 Connection 对象连接数据库，然后使用 Command 对象所封装的命令来获取数据，并把所获得的数据填充到 DataSet 对象之中。当 DataSet 对象的数据被更新时，DataAdapter 对象反过来负责更新数据库。

DataAdapter 对象的工作机制决定了它与 DataReader 的根本区别：DataAdapter 对象在访问数据库期间，应用程序不要求与数据库保持连接，只要求在填充 DataSet 或者更新数据源时打开数据库的连接，更新操作一旦结束即自动关闭数据库的连接。DataAdapter 对象这种断开式访问数据库的特点能够保证数据库系统的高效运行。

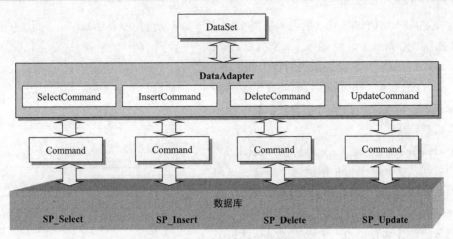

图 11-8 DataAdaper 的对象模型

DataAdapter 对象的常用属性如下。

● SelectCommand：指定包含了 Select 语句的 Command 对象，实现查询操作。

● InsertCommand：指定包含了 Insert 语句的 Command 对象，实现插入操作。

● DeleteCommand：指定包含了 Delete 语句的 Command 对象，实现删除操作。

● UpdateCommand：指定包含了 Update 语句的 Command 对象，实现更新操作。

DataAdapter 对象的常用方法如下。

● Fill()：用于执行查询操作并将查询结果填充到数据集 DataSet 或 DataTable。

● Update()：用于将数据集的更新返回数据源，通过执行 Insert、Update 或 Delete 命令来更新数据源。

不同的数据源需要使用不同命名空间提供 DataAdapter。表 11-8 列出了不同命名空间的 DataAdapter 对象。

表 11-8　　　　　　　　　不同命名空间的 DataAdapter 对象

命名空间	对应的 Connection 对象
System.Data.SqlClient	SqlDataAdapter
System.Data.OleDb	OleDbDataAdapter
System.Data.Odbc	OdbcDataAdapter
System.Data.OracleClient	OracleDataAdapter

2. DataSet

DataSet（数据集）可以简单理解为一个临时数据库，其将从数据源获得的数据保存在内存中。此时，应用程序与内存中的 DataSet 进行交互，在交互期间不需要连接数据源，可以极大地加快数据访问和处理速度，同时也节约了资源。数据源、DataSet 和应用程序的关系就如同现实生活中的工厂仓库、临时仓库、生产线的关系。生产线上需要的源材料都来自于工厂仓库，加工后的新产品需要再返回仓库保存。如果生产线频繁地与仓库交互，就会降低生产效率。因此，可在生产线和工厂仓库之间建立一个临时仓库，存储常用的源材料或刚下线的成品。这样可以大大地加快生产的速度。DataAdapter 与 DataSet 和数据源之间关系就如同在工厂仓库和临时仓库之间先建立一个道路，用一个大货车在两个仓库之间来回运送货物一样。这里的仓库与临时仓库之间的路相当于数据库连接，而运货车相当于数据适配器 DataAdapter。

DataSet 的基本结构如图 11-9 所示。在 DataSet 中里，可以包含多个 DataTable，而这些 DataTable 构成 DataTableCollection 对象。每个 DataTable 表示内存中的一个表，除了包含一个 DataColumnCollection 对象（表示表的各个列）外，还包含一个 DataRowCollection 对象（表示表的各行）。DataTable 自动维护数据的状态，包括数据是否被更新或被删除。

各个 DataTable 之间的关系是通过 DataRelation 来表达的。这些 DataRelation 形成一个集合，称为 DataRelationCollection。DataRelation 表示表之间的主键—外键关系。当两个有这种关系的表中的某一个表的记录指针移动时，另一个表的记录指针也将随之移动。同时一个有外键的表的记录更新时，如果不满足主键–外键约束，则更新就会失败。

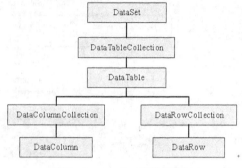

图 11-9　DataSet 的基本结构

3. DataAdapter 和 DataSet 的使用

开发人员要使用 DataAdapter 和 DataSet，必须首先创建 DataAdapter 对象和 DataSet 对象。在创建 DataSet 对象时，开发人员可以指定一个数据集的名称，如果不指定名称，则默认被设为 NewDataSet。

创建 DataAdapter 对象和 DataSet 对象的语法如下。

```
SqlDataAdapter 数据适配器对象 = new SqlDataAdapter();
DataSet 数据集对象 = new DataSet("数据集的名称");
```

其中，数据集的名称可以省略，相关代码实例如下。

```
SqlDataAdapter da = new SqlDataAdapter();    //创建一个数据适配器对象
DataSet ds = new DataSet("MySchool");        //创建一个名为"MySchool"的数据集对象
```

然后，根据需要将已创建的 Command 对象赋值给 SqlDataAdapter 的 SelectCommand、InsertCommand、UpdateCommand 或 DeleteCommand 属性。例如，如果已存在一个执行查询操作的命令对象 comm，则当只需要查询记录时，设置数据适配器对象 da 的代码如下。

```
da.SelectCommand = comm;
```

接下来，调用 DataAdapter 对象的 Fill 方法填充数据集，语法如下。

```
数据适配器对象.Fill(数据集对象, "数据表名称");
```

其中，数据表的名称可以省略。

在设置 InsertCommand、UpdateCommand 和 DeleteCommand 时，用户可以修改数据集中的数据。当需要把数据集中修改过的数据提交到数据源时，只需使用 Update()方法即可。

4. DataGridView

DataGridView 控件是一个强大而灵活的用于显示数据的可视化控件，通过可视化操作可以轻松定义控件外观，像 Excel 表格一样方便地显示和操作数据。

使用 DataGridView 显示数据时，首先需要指定 DataGridView 的数据源（即 DataSource 属性），实现步骤如下。

（1）在窗体中添加 DataGridView 控件。

（2）设置 DataGridView 控件和其中各列的属性。

（3）设置 DataSource 属性，指定数据源。

DataGridView 控件的重要成员包括如下。

- Columns 属性：包含的列的集合，可以在其中编辑 DataGridView 列的属性。
- DataSource 属性：DataGridView 的数据源。
- ReadOnly 属性：指示是否可以编辑单元格。
- Update()方法：把数据集的更新状态返回数据源保存。

可以通过 DataGridView 的"编辑列"对话框编辑各列属性，指定各种的显示外观和数据绑定字段。表 11-9 列出了 DataGridView 中各列的主要属性。

表 11-9　　　　　　　　　　DataGridView 中各列的主要属性

属性	说明
DataPropertyName	绑定的数据列的名称
HeaderText	列标题文本
Visible	指定列是否可见
Frozen	指定水平滚动 DataGridView 时列是否移动
ReadOnly	指定单元格是否为只读

【实例 11-5】完成 MySchool 的课程信息管理功能，提供浏览、编辑和删除课程信息功能。
操作步骤如下。

（1）启动 VS2017，打开 Windows 应用程序 MySchool。

（2）在解决方案资源管理器中右击 MySchool，选择"添加"→"Windows 窗体"命令，添加名为 CourseFrm.cs 的窗体，并在窗体上添加一个 DataGridView 控件、1 个 Label 控件和两个 Button 控件，如图 11-10 所示。注意，设置 DataGridView 的 Name 属性为"dgvCourse"。

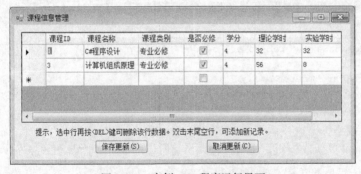

图 11-10　实例 11-5 程序运行界面

（3）打开"DataGridView 任务"面板，单击"编辑列"链接，在打开的对话框中将 CourseId、CourseName、CourseClass、Required、Credit、PrelectionCredit 和 ExperimentCredit 的"HeaderText"属性依次改为"课程 ID""课程名称""课程类别""是否必修""学分""理论学时"和"实验学时"，并设置各列的 AutoSizeMode 属性为 Fill。

（4）进入 CourseFrm 窗体的源代码编辑视图，在 CourseFrm 类中定义以下成员。

```
private SqlDataAdapter da = new SqlDataAdapter();   //定义数据适配器
private DataSet ds = new DataSet("MyScool");         //定义数据集
private void ShowCourses()   //使用 DataAdapter 和 DataSet 输出课程信息
{
    string  connString  =  @"Data  Source=.\sqlexpress;initial  catalog=MySchool;
```

```
integrated security=true";
        string sql = "select CourseId as 课程 ID, CourseName as 课程名称,
                             CourseClass as 课程类别, Required 是否必修,
                             Credit as 学分, PrelectionCredit as 理论学时,
                             ExperimentCredit as 实验学时 from CourseMsg";
        SqlConnection conn = new SqlConnection(connString);
        conn.Open();
        SqlCommand comm = new SqlCommand(sql, conn);
        da.SelectCommand = comm;                          //把命令对象绑定数据适配器对象
        SqlCommandBuilder builder = new SqlCommandBuilder(da);
        da.Fill(ds, "CourseMsg");                         //填充数据表/集/源
        dgvCourse.DataSource = ds.Tables["CourseMsg"];    //将数据表绑定到 DataGridView 控件
        conn.Close();
    }
```

【注意】

① 在以上代码中，SqlCommandBuilder 对象用于将对 DataSet 所做的更改与关联的 SQL Server 数据库的更改相协调，具有自动生成单表命令的功能，因此只需创建，而不需要任何绑定操作。

② DataAdapter 和 DataSet 依赖 Connection 对象把用户更新结果返回数据源保存，在数据访问期间虽然允许断开已打开数据源的连接，但不能释放 Connection 对象。因此，编程时不能使用 using 语句块来管理 Connection 对象。

（5）为 CourseFrm 窗体定义 Load 事件方法，在加载窗体时显示课程信息，代码如下。

```
private void CourseFrm_Load(object sender, EventArgs e)
{
    ShowCourses();
}
```

（6）双击"保存更新"按钮，编写 Click 事件方法，实现将在 DataGridView 中修改的结果保存到数据库中，代码如下。

```
private void btnSave_Click(object sender, EventArgs e)
{
    da.Update(ds, "CourseMsg");
    MessageBox.Show("数据更新已经成功!", "注意", MessageBoxButtons.OKCancel, MessageBoxIcon.
Warning);
}
```

（7）双击"取消更新"按钮，让用户放弃当前所做的添加、修改和删除操作，代码如下。

```
private void btnCancel_Click(object sender, EventArgs e)
{
    if (MessageBox.Show("您是否真的要取消目前添加、修改或删除操作?", "注意", MessageBoxButtons.
OKCancel, MessageBoxIcon.Question) == DialogResult.OK)
    {
        ds.Clear();
        ShowCourses();         //重新显示更新之间的数据信息
        dgvCourse.Refresh();
    }
}
```

（8）打开主窗体 MainFrm，双击"课程信息管理"菜单项，进入源代码编辑窗口，为该菜单项编写 Click 事件方法，用于打开"课程信息管理"子窗体，代码如下。

```
private void tsmCurMsgMag_Click(object sender, EventArgs e)
{
```

```
    if (isLogined)
    {
        CourseFrm cForm = new CourseFrm();       //创建子窗体对象
        cForm.MdiParent = this;                  //指定当前窗体为 MDI 父窗体
        cForm.Show();                            //打开子窗体
        tssMsg.Text = cForm.Text;                //在状态栏中显示操作内容
    }
    else
        tssMsg.Text = "注意,必须先登录才能使用本系统";
}
```

（9）右击工具栏中的"课程信息管理"按钮，选择"属性"命令，打开"属性"窗口，把该按钮的 Click 事件方法设置为"tsmCurMsgMag_Click"方法，以关联工具栏中的"课程信息管理"按钮和"课程信息管理"菜单项。

完成上述步骤后，就可编译并运行程序。

11.3　LINQ to SQL 编程

在没有 LINQ 之前，针对不同的数据源，程序员往往需要学习不同的查询技术，例如，用于关系数据库的 SQL 和用于 XML 的 XQuery 等。而有了 LINQ 之后，因为它提供了一种跨越各种数据源和数据格式的解决方案，所以使得数据访问变得更加简单明了。本节将对 LINQ 及其应用进行简略介绍。

11.3.1　LINQ 概述

LINQ（Language INtegrated Query，语言集成查询）是在.NET Framework 3.5 中出现的数据访问技术，是一系列直接将查询功能集成到 C# 语言的技术统称。它带来的变化主要有以下 3 点。

（1）由于它已集成于 C#和 VB 之中，所以使用时程序员不需要再像 SQL 一样把查询表达式看成字符串，而是在程序中直接使用语言关键字和熟悉的运算符书写查询表达式。

（2）正因为查询表达式已经成为程序语句，因此 LINQ 查询拥有 Visual Studio .NET 的编辑时智能感知、编译时类型自动检查功能。这就使得有关数据访问的编程变得更加轻松和更富有效率。

（3）由于 LINQ 提供一种跨各种数据源和数据格式的数据访问功能，允许使用相同的编程模式来查询和转换各种数据源，包括 XML 文档、SQL 数据库、ADO.NET 数据集、.NET 集合等中的数据以及其他支持 LINQ 的任何格式的数据，所以 LINQ 在对象领域和数据领域之间架起了一座桥梁。

与 SQL 不同，SQL 在程序中是一个字符串，而 LINQ 是一组程序指令。这些指令定义了如何从数据源检索数据以及返回结果而应该使用的格式和组织形式。对 LINQ 来说，数据源的具体类型和结构并不重要，LINQ 始终将其视为一个可枚举（IEnumerable）或 可查询（IQueryable）的集合。

LINQ 可以完成以下任意工作任务。

（1）检索数据源以产生一个新序列，但不修改单个元素。这种查询还支持对返回的序列进行排序或分组。

例如，设有一个 int 型的数组 scores，则以下代码可从数组 scores 中查询高于 80 分的所有成绩，并且查询结果按成绩从高到低降序排列。

```
IEnumerable<int> highScoresQuery =
    from score in scores
    where score > 80
    orderby score descending
    select score;
```

（2）检索源数据集合，返回单一的值，例如求元素的个数、某个数据项的最大值、最小值、总和或平均值等。

例如，下面的代码用于从 int 型数组 scores 中返回高于 80 分的个数。

```
int highScoreCount = (from score in scores where score > 80 select score). Count();
```

（3）实现数据类型转换。LINQ 不仅可用于检索数据，而且还是一个功能强大的数据转换工具，能实现诸如以下转换。

例如，以下代码只选择顾客对象的姓名和地址属性，从而构造新的数据序列类型。

```
var query = from cust in Customer
        select new {Name = cust.Name, City = cust. Address };
```

又例如，以下代码先计算圆的面积，再输出一个格式化的字符串序列。

```
IEnumerable<string> query =
    from r in rList
    select String.Format("面积= {0}", (r * r) * 3.14);
```

11.3.2 LINQ 的查询子句与表达式

LINQ 查询能够实现 SQL 查询的所有功能。LINQ 的查询子句几乎与 SQL 完全相同，只是遵守不同的语法规定。下面，只介绍常用的 LINQ 查询子句，更详细的内容请读者参考相关书籍。

1. LINQ 的查询子句

（1）from 子句

LINQ 查询必须以 from 子句开头。该子句的作用是指定数据源和范围变量。其中，范围变量代表源序列中的每个后续元素。程序在编译时，C#将根据数据源中的类型对范围变量自动进行强类型化。

例如，假设 countries 是 Country 型的数组，则以下代码中 country 称为范围变量，自动被创建为 Country 型对象，因此可使用点运算符来访问其 Area 成员。

```
var countryAreaQuery =
    from country in countries
    where country.Area > 500000
    select country;
```

（2）select 子句

使用 select 子句可产生新的序列。简单的 select 子句只是产生与数据源中包含的对象具有相同类型的对象的序列。

例如，以下代码使用 select 子句返回所有的 Country 对象组成的序列。

```
var sortedQuery =
    from country in countries
    select country;
```

使用 select 子句还可以将源数据转换为新类型的序列。这种操作也称为"投影"。具体代码实例如下。

```
var queryNameAndPop =
    from country in countries
    select new { Name = country.Name, Pop = country.Population };
```

上述代码从一个匿名类型序列中提取原始元素的 Name 和 Population 字段，从而得到一个新的序列。

（3）group 子句

使用 group 子句可产生分组的序列。此时，必须指定键，键可以是任何数据类型。

例如，以下代码创建了一个根据国家所在地区进行分组的组序列。显然，每个分组包含一个或多个 Country 对象。

```
var queryCountryGroups =
    from country in countries
    group country by country.Area;
```

（4）where 子句

使用 where 子句可以根据条件排除某些元素。所谓"条件"就是一个布尔型表达式，也就是说必须用 C#的关系运算符或逻辑运算符来书写。

例如，以下代码用于查询人口规模在 10 万和 20 万之间的城市，其中，where 子句使用了"&&"与运算符。

```
var queryCityPop =
    from city in cities
    where city.Population < 200000 && city.Population > 100000
    select city;
```

（5）orderby 子句

使用 orderby 子句允许按升序或降序对结果进行排序，其中，升序为 ascending，降序为 descending，省略时默认为 ascending。orderby 子句也允许指定次要排序顺序。

例如，以下代码先使用 Area 属性对 country 对象执行主要排序，再使用 Population 属性执行次要排序。

```
var querySortedCountries =
    from country in countries
    orderby country.Area > 500000, country.Population descending
    select country;
```

（6）join 子句

使用 join 子句可以实现联合查询。例如，以下代码联合查询产品序列和类别序列，得到由产品名称和类别名称组成的新序列。显然，产品序列中缺少相应类别的某些产品，或类别序列中没有任何对应产品的某个类别将被排除。

```
var innerJoinQuery=
    from category in categories
    join product in products on category.ID equals product.CategoryID
    select new { ProductName = product.Name, Category = category.Name };
```

2. LINQ 查询表达式

LINQ 查询表达式是根据 LINQ 语法书写的同时符合 C# 语法规范的表达式。它由一组若干个 LINQ 查询子句组成。每个 LINQ 查询表达式必须以 from 子句开头且必须以 select 或 group 子句结尾，其中，还可以包含若干可选子句：where、orderby、join。

为了方便计算，LINQ 查询表达式通常用 LINQ 查询变量来存储。

例如，假设 cities 是 City 型的对象集合，以下代码中，query1 就是 LINQ 查询变量，用来返回 Cities 集合中所有人口规模大于 100 000 的城市。

```
IEnumerable<City> query1=
    from city in cities
    where city.Population > 100000
    select city;
```

【注意】LINQ 查询变量并不存储实际的查询结果。

LINQ 查询变量可使用匿名类型方式定义，C#在编译时能够自动推测查询变量的对应的序列类型。

例如，以下代码的效果与上面的代码相同。

```
var query1=                    //注意,省略类型时必须以 var 关键字打头
    from city in cities
    where city.Population > 100000
    select city;
```

3. LINQ 查询过程

LINQ 查询过程通常分为 3 个部分：获取数据源、创建查询、执行查询。

例如，以下代码就完整地展示了 LINQ 查询的基本编程步骤，其中，scoreQuery 是一个查询变量。该变量并不存储实际的查询结果。真正的查询结果在执行 foreach 语句时由迭代变量 x 返回。

```
int[] scores = { 90, 71, 82, 93, 75, 82 };  //1. 定义数据源
IEnumerable<int> scoreQuery =                //2. 创建查询
    from score in scores
    where score > 80
    orderby score descending
    select score;
foreach (int x in scoreQuery)                //3. 执行查询,产生查询结果
{
    lblShow.Text += x + "分";
}
```

11.3.3　LINQ to SQL 的应用

1. LINQ to SQL 概述

LINQ to SQL 是从 .NET Framework 3.5 开始支持的一个组件，提供了用于将关系数据作为对象管理的运行时基础结构。

在 LINQ to SQL 中，关系数据库的数据模型被映射为应用程序中的对象模型。当应用程序运行时，LINQ to SQL 会将对象模型中的 LINQ 自动转换为 SQL，然后再自动将 SQL 发送给数据库执行。当数据库返回结果时，LINQ to SQL 会将它们自动封装到对象之中。

因此，使用 LINQ to SQL 时，程序员不需要编写数据库操作命令（如 SELECT、DELETE、UPDATE 等），只需将程序中的对象模型映射到关系数据库的数据模型，之后 LINQ 就会按照对象模型来执行数据的操作。

图 11-11 描述了 LINQ to SQL 的架构，右边是数据库管理系统（如 SQL Server）和数据库；左边是 LINQ to SQL，它由两部分组成：LINQ to SQL 对象模型和 LINT to SQL 运行时。

图 11-11　LINQ to SQL 与 SQL Server 的关系

其中，LINQ to SQL 的对象模型通常是对应数据表的实体类，其公共成员对应数据表的字段。特别要强调的是，与 ADO.NET 不同的是，LINQ to SQL 的对象模型只负责封装数据表的相关信息，而不封装数据库的操作。

在.Net Framework 之中，LINQ to SQL 的基础类主要封装在 System.Data.Linq 命名空间和 System.Data.Linq.Mapping 命名空间之中。其中，前者包含了支持与 LINQ to SQL 应用程序中的关系数据库进行交互的类；后者包含了用于生成表示关系数据库的结构和内容的 LINQ to SQL 对象模型的类。

在 System.Data.Linq 中，有一个称为 DataContext 的类，其是 LINQ to SQL 框架的主入口点，代表那些与数据库表连接映射的所有实体的源。它会跟踪对所有检索到的实体所做的更改，并且保留一个"标识缓存"。该缓存确保使用同一对象实例表示多次检索到的实体。

2．LINQ to SQL 的应用步骤

LINQ to SQL 是一种很容易使用的技术，其应用步骤主要分为两步，第一步是创建对象模型，第二步是应用对象模型。具体过程如下。

（1）创建对象模型

使用 LINQ to SQL 的第一步，就是用现有关系数据库的元数据创建对象模型，也就是定义若干个映射数据库表的类，并使用元数据属性声明它为实体类。

例如，以下代码声明了两个类，一个代表学生成绩管理系统的 MySchool 数据库，另一个对应其中的学生表 StudentMsg。

```
[Table(Name="StudentMsg")]                    //指定所要映射的数据库表
public class StudentMsg                        //数据库表的实体类
{
    private int _StudentId;
    private string _StudentName;
    public StudentMsg(int sid, string sname)   //构造函数
    {
        _StudentId = sid;
        _StudentName = sname;
    }
    //指定所要映射的字段
    [Column(IsPrimaryKey = true, Storage = "_StudentId")]
    public int StudentNo       //该属性映射数据表中的 StudentNo 字段
    {
        //get 和 set 语句
    }
    //其他属性
}

public class MyScloolDBContext : DataContext      //指定所映射的数据库
```

```
{
    public Table<StudentMsg> students;
    public MyScloolDBContext(string connection) : base(connection) { }
}
```

（2）应用对象模型

应用对象模型的目的是实现数据库的数据访问。为此，必须先创建 DataContext 类的实例。与 ADO.NET 不同的是，ADO.NET 需要 SqlConnecton 对象打开数据库的连接，而 LINQ to SQL 会自动打开数据库的连接，只需要在构造 DataContext 类的实例时为其构造函数指定访问数据库的连接字符串即可。

例如，以下代码用于创建 MySchoolDBContext 的实例，实现与 Myschool 数据库的访问。

```
private MyScloolDBContext db;
string sqlConn = @"data source=.\SQLExpress;
                   initial catalog=MySchool;
                   integrated security=true";
db = new MyScloolDBContext(sqlConn);
```

之后，创建并执行 LINQ 查询，实现具体的数据的查询、增加、更新和删除。查询时，LINQ to SQL 自动将数据库表中的数据返回并封装在实体对象之中，通过该对象即可输出数据信息。增加、更新或删除数据记录时，可将用户输入封装到实体对象之中，再通过 LINQ 查询返回数据库表保存。

例如，以下代码在运行时，LINQ to SQL 会自动把返回成绩记录转换为 score 对象，再添加到对象集合 ScoreList 之中。

```
var queryScore =                      //定义 LINQ 查询
    from score in db.scores
    select score;
foreach (var score in queryScore)    //执行 LINQ 查询
{
    ScoreList.Add(score);            //把 LINQ 返回的成绩对象添加到集合之中
}
```

【实例 11-6】完成 MySchool 学生成绩管理功能，实现对学生成绩的添加和更新功能。

操作步骤如下。

（1）启动 VS2017，打开 Windows 应用程序 MySchool。

（2）在解决方案资源管理器中右击 MySchool，选择"添加"→"Windows 窗体"命令，添加名为 ScoreMsgFrm.cs 的窗体。在窗体上添加 3 个 Label 控件、1 个 GroupBox 控件、3 个 TextBox 控件、5 个 Button 控件。各控件的布局如图 11-12 所示。然后，根据表 11-10 设置各控件的属性（注：省略了各 Label 控件的设置）。

图 11-12　学生成绩管理

表 11-10　　　　　　　　　　　需要修改的属性项

控件	属性	属性设置	控件	属性	属性设置
TextBox1	Name	txtCourseId	Button2	Name	btnNext
TextBox2	Name	txtStudentId		Text	下一个（&N）
TextBox3	Name	txtScore	Button3	Name	btnAdd
TextBox4	Name	txtCourseName		Text	添加（&S）
TextBox5	Name	txtStudentName	Button4	Name	btnUpdate
Button1	Name	btnPrevious		Text	更新（&U）
	Text	上一个（&P）	Button5	Name	btnDelete
				Text	删除（&D）

（3）在解决方案资源管理器中右击 MySchool，选择"添加引用"命令，弹出"添加引用"对话框后选择".Net"选项卡。然后，在"组件名称"列表中选择"System.Data.Linq"，并单击"确定"按钮，将 LINQ to SQL 组件添加到 MySchool 项目之中。

（4）在解决方案资源管理器中右击 MySchool，选择"添加"→"类"命令，添加名称为"MySchool"的类文件。在该文件中创建 LINQ 必需的对象模型，代码如下。

```
using System;
using System.Collections.Generic;
using System.Linq;
using System.Text;
using System.Data.Linq;
using System.Data.Linq.Mapping;

namespace MySchool
{
    [Table(Name="StudentMsg")]
    public class StudentMsg            //定义实体类,映射学生表
    {
        private int  _StudentId;
        private string _StudentName;
        public StudentMsg(int sid, string sname)
        {
            _StudentId = sid;
            _StudentName = sname;
        }
        [Column(IsPrimaryKey = true, Storage = "_StudentId")]
        public int StudentNo          //映射学号字段
        {
            get
            {
                return _StudentId;
            }
            set
            {
                _StudentId = value;
            }
        }
        [Column(IsPrimaryKey = false, Storage = "_StudentName")]
        public string StudentName     //映射姓名字段
```

```
        {
            get
            {
                return _StudentName;
            }
            set
            {
                _StudentName = value;
            }
        }
        //其他属性
    }

    [Table(Name = "CourseMsg")]
    public class CourseMsg            //定义实体类,映射课程表
    {
        private int _CourseId;
        private string _CourseName;
        public CourseMsg(int cid, string cname)
        {
            _CourseId = cid;
            _CourseName = cname;
        }
        [Column(IsPrimaryKey = true, Storage = "_CourseId")]
        public int CourseId           //映射课程编号字段
        {
            get
            {
                return _CourseId;
            }
            set
            {
                _CourseId = value;
            }
        }
        [Column(Storage = "_CourseName")]
        public string CourseName      //映射课程名称字段
        {
            get
            {
                return _CourseName;
            }
            set
            {
                _CourseName = value;
            }
        }
        //其他属性
    }

    [Table(Name = "ScoreMsg")]
    public class ScoreMsg                 //定义实体类,映射成绩表
    {
```

```csharp
    private int _CourseId;
    private int _StudentId;
    private int _Score;
    public ScoreMsg(int cid, int sid, int score)
    {
        _CourseId = cid;
        _StudentId = sid;
        _Score = score;
    }
    [Column(IsPrimaryKey = true, Storage = "_CourseId")]
    public int CourseId              //映射课程编号字段
    {
        get
        {
            return _CourseId;
        }
        set
        {
            _CourseId = value;
        }
    }
    [Column(IsPrimaryKey = true, Storage = "_StudentId")]
    public int StudentNo             //映射学号字段
    {
        get
        {
            return _StudentId;
        }
        set
        {
            _StudentId = value;
        }
    }
    [Column(IsPrimaryKey = false, Storage = "_Score")]
    public int Score                 //映射成绩字段
    {
        get
        {
            return _Score;
        }
        set
        {
            _Score = value;
        }
    }
}

public class MyScloolDBContext : DataContext     //映射 MySchool 数据库
{
    public Table<StudentMsg> students;      //定义学生表对象
    public Table<CourseMsg> courses;        //定义课程表对象
    public Table<ScoreMsg> scores;          //定义成绩表对象
```

```
    public MyScloolDBContext(string connection) : base(connection) { }
    }
}
```

（5）在 ScoreMsgFrm 窗体类之中添加若干个私有变量，并在窗体类的构造函数中初始化它们，另外再添加一个显示当前成绩的私有方法 showScore，代码如下。

```
public partial class ScoreMsgFrm : Form
{
    private List<StudentMsg> StudentList;
    private List<CourseMsg> CourseList;
    private List<ScoreMsg> ScoreList;
    private int current;
    private MyScloolDBContext db;
    public ScoreMsgFrm()
    {
        InitializeComponent();
        StudentList = new List<StudentMsg>();    //初始化实体对象集合
        CourseList = new List<CourseMsg>();
        ScoreList = new List<ScoreMsg>();
        current = 1;                            //默认的当前图书编号
        string sqlConn = @"data source=.\SQLExpress;
                   initial catalog=MySchool;
                   integrated security=true";
        db = new MyScloolDBContext(sqlConn);
    }

    private void showScore()          //显示当前学生成绩信息
    {
        if (current >= 1 && current <= ScoreList.Count)
        {
            txtCourseId.Text = ScoreList[current - 1].CourseId.ToString();
            txtStudentId.Text = ScoreList[current - 1].StudentNo.ToString();
            txtScore.Text = ScoreList[current - 1].Score.ToString();
        }
    }
}
```

（6）编写 ScoreMsgFrm 的 Load 事件方法，执行 LINQ 查询返回成绩表中的所有成绩记录，并显示第一条成绩信息，代码如下。

```
private void ScoreMsgFrm_Load(object sender, EventArgs e)
{
    var queryScore =                    //定义 LINQ 查询
        from score in db.scores
        select score;
    foreach (var score in queryScore)   //执行 LINQ 查询
    {
        ScoreList.Add(score);           //把 LINQ 返回的成绩对象添加到集合之中
    }
    showScore();                        //显示当前成绩
}
```

（7）分别编写"上一条"和"下一条"按钮的 Click 事件方法，逐条浏览成绩对象集合之中的成绩信息。代码如下。

```
private void btnPrevious_Click(object sender, EventArgs e)
```

```
{
    if (current == 1)
        MessageBox.Show("已经到第一条了","注意",MessageBoxButtons.OK);
    else
    {
        current--;
        showScore();
    };
}
private void btnNext_Click(object sender, EventArgs e)
{
    if (current == ScoreList.Count)
        MessageBox.Show("已经到最后一条了","注意",MessageBoxButtons.OK);
    else
    {
        current++;
        showScore();
    };
}
```

（8）分别编写课程编号文本框和学生学号文本框的 TextChanged 事件，通过 LINQ 查询提取并显示相应的课程名称和学生姓名，以便用户核实课程编号或学号是否有误。代码如下。

```
private void txtCourseId_TextChanged(object sender, EventArgs e)
{
    var queryCourse =        //定义 LINQ 查询,获得指定的课程名称
        from course in db.courses
        where course.CourseId == int.Parse(txtCourseId.Text)
        select course;
    foreach (var course in queryCourse)              //执行 LINQ 查询
    {
        txtCourseName.Text = course.CourseName;        //显示课程名称
    }
}

private void txtStudentId_TextChanged(object sender, EventArgs e)
{
    var queryStudent =     //定义 LINQ 查询,获得指定的学生姓名
        from student in db.students
        where student.StudentNo == int.Parse(txtStudentId.Text)
        select student;
    foreach (var student in queryStudent)               //执行 LINQ 查询
    {
        txtStudentName.Text = student.StudentName;     //显示学生姓名
    }
}
```

（9）分别编写"添加""修改""删除"按钮的 Click 事件方法，使用 LINQ 实现成绩信息的增删改操作。代码如下。

```
private void btnAdd_Click(object sender, EventArgs e)
{
    ScoreMsg score = new ScoreMsg(int.Parse(txtCourseId.Text),
        int.Parse(txtStudentId.Text),
        int.Parse(txtScore.Text));          //创建 ScoreMsg 对象,封装用户输入
```

```
            db.scores.InsertOnSubmit(score);      //将 ScoreMsg 对象添加到 Table 对象中
            try
            {
                db.SubmitChanges();                //将更新结果提交 DBMS
                ScoreList.Add(score);              //在实体集合中添加新 ScoreMsg 对象
                current = ScoreList.Count;
                showScore();                       //显示新添加的成绩
                MessageBox.Show("已经成功添加新记录", "注意", MessageBoxButtons.OK);
            }
            catch (Exception ex)
            {
                MessageBox.Show(ex.Message, "注意", MessageBoxButtons.OK);
            }
        }
        private void btnUpdate_Click(object sender, EventArgs e)
        {
            if (current >= 1 && current <= ScoreList.Count)
            {
                var updateScores =                 //定义 LINQ 查询
                    from score in db.scores
                    where (score.CourseId == ScoreList[current - 1].CourseId &&
                    score.StudentNo == ScoreList[current -1].StudentNo)
                    select score;
                foreach (ScoreMsg score in updateScores)  //执行 LINQ 查询
                {   //把用户输入的新成绩赋值给实体对象的对应属性
                    score.Score =int.Parse(txtScore.Text);
                    //注意,由于课程编号和学号是成绩表的主键,所以原则上不能修改
                }
                try
                {
                    db.SubmitChanges();            //将更新结果提交 DBMS
                    MessageBox.Show("已经成功更新记录", "注意", MessageBoxButtons.OK);
                }
                catch (Exception ex)
                {
                    MessageBox.Show(ex.Message, "注意", MessageBoxButtons.OK);
                }
            }
        }
        private void btnDelete_Click(object sender, EventArgs e)
        {
            if (current >= 1 && current <= ScoreList.Count)
            {
                var delScore =        //定义 LINQ 查询
                    from score in db.scores
                    where (score.CourseId == ScoreList[current - 1].CourseId &&
                        score.StudentNo == ScoreList[current - 1].StudentNo)
                    select score;
                foreach (ScoreMsg score in delScore)  //执行 LINQ 查询
                {
```

```
            db.scores.DeleteOnSubmit(score);          //删除 Table 对象中的指定对象
        }
        try
        {
            db.SubmitChanges();                        //将更新结果提交 DBMS
            ScoreList.RemoveAt(current - 1);           //删除实体集中指定的成绩
            if (current > 0) current--;
            showScore();                               //更新窗体的输出
            MessageBox.Show("已经成功删除记录", "注意", MessageBoxButtons.OK); ;
        }
        catch (Exception ex)
        {
            MessageBox.Show(ex.Message, "注意", MessageBoxButtons.OK);
        }
    }
}
```

（10）打开主窗体 MainFrm，双击"成绩管理"菜单项，进入源代码编辑窗口，为该菜单项编写的 Click 事件方法，用于打开"学生成绩管理"子窗体，代码如下。

```
private void tsmScoreMsg_Click(object sender, EventArgs e)
{
    if (isLogined)
    {
        ScoreMsgFrm sForm = new ScoreMsgFrm();     //创建子窗体对象
        sForm.MdiParent = this;                    //指定当前窗体为 MDI 父窗体
        sForm.Show();                              //打开子窗体
        tssMsg.Text = sForm.Text;                  //在状态栏中显示操作内容
    }
    else
        tssMsg.Text = "注意,必须先登录才能使用本系统";
}
```

运行该程序，即可测试 LINQ to SQL 的基本功能。

可见，使用 LINQ to SQL 访问数据库不需要编写 SQL 语句，查询数据库表时只需执行简单的 LINQ 查询的 SELECT 子句即可。添加数据记录时，必须先把用户输入封装成实体对象，再调用 InsertOnSubmit()方法，把实体对象封装到 Table 对象之中。修改数据记录时，先定义 LINQ 查询在 Table 对象之中查找目标，然后执行 LINQ 查询并修改相关数据项。删除指定数据记录时，也必须先定义 LINQ 查询在 Table 对象之中查找目标，再调用 DeleteOnSubmit()方法，删除指定记录。无论是添加、更新，还是删除，最后都需要调用 SubmitChanges()方法，以通知 DBMS 及其更新数据库表。注意，InsertOnSubmit()、DeleteOnSubmit()以及 SubmitChanges()都是 LINQ to SQL 提供的，不需要自己编程实现。

习　题

1. 判断题

（1）数据库具有共享性、独立性、正确性和冗余少的优点。

（2）关系型数据库的基础结构是二维表。

（3）只要一个字段能够唯一地标识每一条记录，就可以指定它为数据表的主键。

（4）在数据库中，只能使用主键创建索引文件。

（5）在使用 DataReader 时，必须使用 "new DataReader()" 构造实例对象。

（6）DataReader 对象的 Read() 方法用来读取下一行的数据，并返回一个 DataRow 对象。

（7）DataAdapter 对象的 Update() 用来更新内存之中的数据集。

（8）DataGridView 控件的 DataSource 属性用来绑定 DataTable 或 DataSet。

（9）LINQ 比 SQL 强大，主要原因是 LINQ 实现跨各种数据源和数据格式的数据访问功能。

（10）在 LINQ 查询表达式之中，from 子句的查询范围可直接指定为数据表名。

2. 选择题

（1）VS2017 自带的 SQL Server 属于（　　　）版本。

    A. Enterprise   B. Standard

    C. Express   D. Professional

（2）在访问本地 SQL Server Express 时，其连接字符串可以不设置（　　　）。

    A. Data Source=.\SQLEXPRESS   B. Initial Catalog

    C. Integrated Security=true   D. User ID=sa

（3）在使用 ADO.NET 访问 SQL Server 时，必须添加的命名空间是（　　　）。

    A. System.Data.OleDb   B. System.Data.Odbc

    C. System.Data.SqlClient   D. System.Data.OracleClient

（4）在 ADO.NET 之中，（　　　）对象用来封装 SQL 语句。

    A. SqlConnection   B. SqlCommand

    C. SqlDataReader   D. SqlDataAdapter

（5）在 ADO.NET 之中，引用（　　　）对象可执行数据记录的添加、删除或修改。

    A. SqlConnection   B. SqlCommand

    C. DataSet   D. SqlDataAdapter

（6）在 ADO.NET 之中，（　　　）对象以只进只读方式访问数据库表。

    A. SqlConnection   B. SqlCommand

    C. SqlDataReader   D. SqlDataAdapter

（7）在 ADO.NET 之中，（　　　）对象实现应用程序与数据库系统之间的访问连接。

    A. SqlConnection   B. SqlCommand

    C. SqlDataReader   D. SqlDataAdapter

（8）在 ADO.NET 之中，（　　　）对象被称为内存中的数据库。

    A. SqlConnection   B. SqlCommand

    C. DataSet   D. SqlDataAdapter

（9）SqlCommand 对象的（　　　）成员可返回数据库统计结果。

    A. CommandText   B. ExcuteNonQuery

    C. ExcuteReader   D. ExcuteScalar

（10）无论是 SQL，还是 LINQ，（　　　）子句都用来指定查询范围。

    A. select   B. from

    C. where   D. order by

实验 11

一、实验目的

掌握在 VS2017 中使用 ADO.NET 或 LINQ 访问数据库的方法，并掌握相关程序设计技巧。

二、实验要求

（1）熟悉 VS2017 的基本操作方法。

（2）认真阅读本章相关内容，尤其是实例。

（3）实验前先熟悉常用的 SQL 语句以及 SQL Server 的基本操作。

（4）反复操作，直到不需要参考教材、能熟练操作为止。

三、实验步骤

说明：本章实验内容是上一章实验内容的继续。

（1）在 MyAccounting 项目中，连接 Financing 数据库，使用 Command 的 ExecuteScalar()方法完成用户登录功能。Financing 数据库的 User 表的结构如表 11-11 所示。

表 11-11 　　　　　　　　　　　　　　　　User 表结构

字段名	类型	其他属性	说明
UserId	int	主键，标识列，非空	用户编号
UserName	nchar（20）	非空	用户名
Password	nvarchar（20）	非空	密码

（2）在项目 MyAccounting 中，连接 Financing 数据库，使用 Command 的 ExecuteNonQuery()方法完成完成收支类别的添加。

（3）在项目 MyAccounting 中，连接 Financing 数据库，使用 DataReader 读取类别列表并使用 Command 的 ExecuteNonQuery()方法完成收支项的添加。

（4）在项目 MyAccounting 中，连接 Financing 数据库，使用 DataAdaper 与 DataSet 读取收支明细列表并使用 DataGridView 显示数据，操作界面如图 11-13 所示。

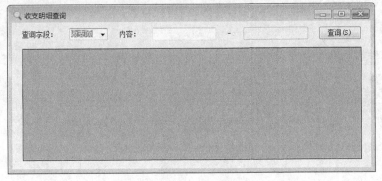

图 11-13　收支情况记录

（5）在项目 MyAccounting 中，连接 Financing 数据库，使用 DataReader 读取类别和收入项列表并使用 Command 的 ExecuteNonQuery()方法完成收支明细的添加。

（6）使用 LINQ 实现以上 5 个任务相同的功能。

四、实验总结

写出实验报告（报告内容包括实验内容、任务分析、算法设计、源程序、实验体会等），并记录实验过程中的疑难点。

第12章
文件操作与编程技术

总体要求

- 理解文件与流的区别，了解常用的操作流的类的功能。
- 了解文本文件和二进制文件的区别，掌握文本文件或二进制文件读写方法。
- 了解序列化和反序列化的概念，掌握序列化和反序列化的实现方法。
- 熟悉文件操作控件，掌握利用这些控件来打开或保存文件的实现方法。
- 了解 XML 的概念和基本的语法规则，初步掌握操作 XML 文档的编程方法。

学习重点

- 文本文件或二进制文件读写。
- 文件操作控件的使用方法。
- XML 文档的创建、查询和编辑。

应用程序的数据最终以文件形式存储在磁盘中，因此有关文件的读写、修改、存储等操作是应用程序的基本功能。.Net Framework 提供了非常强大的文件操作功能，利用这些功能可以方便地编写 C#应用程序，实现文件各种操作。本章将介绍文件的操作及其编程技巧。

12.1 文件的输入/输出

12.1.1 文件 I/O 与流

在.Net Framework 中，文件和流是有区别的。文件是存储在存储介质上的数据集，是静态的，具有名称和相应的路径。当打开一个文件并对其进行读写时，该文件就成为流（stream）。但是，流不仅仅是指打开的磁盘文件，还可以是网络数据、控制台应用程序中的键盘输入和文本显示，甚至是内存缓存区的数据读写。因此，流是动态的，其代表正处于输入/输出状态的数据，是一种特殊的数据结构。

1. 流的基本操作

流包括以下基本操作。

（1）读取（read）：把数据从流输出到某种数据结构中，例如输出到字节数组。

（2）写入（write）：把数据从某种数据结构输入到流中，例如把字节数组中的数据输入到流中。

（3）定位（seek）：表示在流中查询或重新定位当前位置。

2. 操作流的类

在.Net Framework 的 System.IO 命名空间中，与操作流有关的类有多种，主要如下。

（1）Stream 类

Stream 类是所有流的抽象基类。Stream 类的主要属性有：CanRead（是否支持读取）、CanSeek（是否支持查找）、CanTimeout（是否可以超时）、CanWrite（是否支持写入）、Length（流的长度）、Position（获取或设置当前流中的位置）、ReadTimeout（获取或设置读取操作的超时时间）、WriteTimeout（获取或设置写操作的超时时间）等；主要方法有：BeginRead（开始异步读操作）、BeginWrite（开始异步写操作）、Close（关闭当前流）、EndRead（结束异步读取）、EndWrite（结束异步写）、Flush（清除流的所有缓冲区并把缓冲数据写入基础设备）、Read（读取字节序列）、ReadByte（读取一个字节）、Seek（设置查找位置）、Write（写入字节序列）、WriteByte（写入一个字节）等。

（2）TextReader 和 TextWriter 类及其派生类

TextReader 类是一个可读取连续字符系列的文本读取器，是 StreamReader 和 StringReader 的抽象基类。TextWriter 类是一个可以生成有序字符系列的文本书写器，是 StreamWriter 和 StringWriter 的抽象基类。

其中，StreamReader 类采用 Encoding 编码从流 Stream 或文本文件中读取字符；StreamWriter 类采用 Encoding 编码向流 Stream 或文本文件中写入字符。

字符串读取器 StringReader 从 String 中读取字符，字符串写入器 StringWriter 向 StringBuilder 中写入字符。

（3）FileStream、MemoryStream 和 BufferStream 类

文件流 FileStream 类以流的形式读、写、打开、关闭文件。另外，它还可以用来操作诸如管道、标准输入/输出等其他与文件相关的操作系统句柄。

内存流 MemoryStream 类用来在内存中创建流，以暂时保存数据，因此有了它就无需在硬盘上创建临时文件。它将数据封装为无符号的字节序列，可直接进行读、写、查找操作。

缓存流 BufferStream 类表示把流先添加到缓冲区再进行数据的读/写操作。使用缓冲区可以减少访问数据时对操作系统的调用次数，增强系统的读/写功能。

【注意】FileStream 类也具有缓冲功能，在创建 FileStream 类的实例时，只需要指定缓冲区大小即可。

12.1.2 读写文本文件

文本文件是一种纯文本数据构成的文件。实际上，文本文件只保存了字符的编码。.Net Framework 支持多种编码，包括 ASCII、UTF7、UTF8、Unicode 和 UTF32。

在.Net Framework 中，读写文本文件主要使用文本读取器 TextReader 和文本写入器 TextWriter 类，当然也可以使用其派生类流读取器 StreamReader 和流写入器 StreamWriter 或者 StringReader 和 StringWriter。

TextReader 类及其派生类的常用方法有：Close（关闭读取器并释放系统资源）、Read（读取下一个字符，如果不存在，则返回–1）、ReadBlock（读取一块字符）、ReadLine（读取一行字符）、ReadToEnd（读取从当前位置直到结尾的所有字符）。

TextWriter 类及其派生类的常用方法有：Close（关闭编写器并释放系统资源）、Flush（清除当前编写器的所有缓冲区，使所有缓冲数据写入基础设备）、Write（写入文本流）、WriteLine（写

入一行数据）。

【实例 12-1】设计一个简单的日志程序，效果如图 12-1 所示。

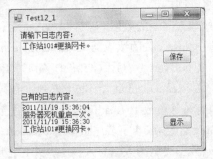

图 12-1　运行效果

（1）根据图 12-1 添加窗体控件，并根据表 12-1 设置它们的属性。

表 12-1　　　　　　　　　　　　需要添加的控件及其属性设置

控件	属性	属性设置	控件	属性	属性设置
TextBox1	Name	txtSource	Button1	Name	btnSave
	MultiLine	true		Text	保存
TextBox2	Name	txtShow	Button2	Name	btnShow
	MultiLine	true		Text	显示
	ReadOnly	true			

（2）分别为两个按钮添加单击事件方法，代码如下。

```
private void btnSave_Click(object sender, EventArgs e)
{
    StreamWriter sw = new StreamWriter(@"d:\Data\日志.txt", true);
    sw.WriteLine(DateTime.Now.ToString());
    sw.WriteLine(txtSource.Text);
    sw.Close();
}

private void btnShow_Click(object sender, EventArgs e)
{
    StreamReader sr = new StreamReader(@"d:\Data\日志.txt");
    txtShow.Text = sr.ReadToEnd(); ;
    sr.Close();

}
```

【分析】该程序在保存日志内容时，首先利用 StreamWriter 类的构造函数创建流写入器对象，构造函数的第一个参数表示文件名的路径。当指定的文件不存在时，流写入器将自动创建该文件。第二个参数表示是否添加新内容，当其值为 false 时将覆盖原有内容。然后调用 WriteLine 方法把日志内容写入文件。在读取日志内容时，首先利用 StreamReader 类的构造函数创建流读取器对象同时打开磁盘文件，接着调用 ReadToEnd 方法把文件内容全部读出，返回的字符串通过文本框输出。

12.1.3　读写二进制文件

二进制文件是以二进制代码形式存储的文件，数据存储为字节序列。二进制文件可以包含图像、声音、文本或编译之后的程序代码。

在 .Net Framework 中，读写二进制文件主要使用读取器 BinaryReader 和写入器 BinaryWriter 类。它们都属于 System.IO 命名空间。

BinaryReader 类可以把原始数据类型的数据（二进制形式）读取为具有特定编码格式的数据。BinaryReader 类的常用方法有：Close（关闭读取器）、ReadBoolean（读取下一个 Boolean 值）、ReadByte（读取下一个字节）、ReadBytes（读后续的 *n* 个字节）、ReadChar（读取下一个字符）、ReadChars（读取后续 *n* 个字符）、ReadDecimal（读取十进制数值）、ReadDouble（读取 8 字节浮点值）、ReadInt16（读取 2 字节有符号整数）、ReadInt32（读取 4 字节有符号整数）、ReadInt64（读取 8 字节有符号整数）、ReadSingle（读取 4 字节浮点值）、ReadString（读取一个字符串）等。

BinaryWriter 类可以把原始数据类型的数据写入流中，并且它还可以写入具有特定编码格式的字符串。BinaryWriter 类的常用方法有：Close（关闭写入器）、Flush（把所有缓冲数据写入流，并清空缓冲区）、Seek（设置当前流中的位置）、Write（将值写入流）。

【注意】BinaryReader 和 BinaryWriter 不能直接操作磁盘文件或内存缓冲。为此，编程时可先构造 FileStream 对象、MemoryStream 或 BufferStream 对象等，再通过对象让 BinaryReader 和 BinaryWriter 间接地读写磁盘文件或内存缓冲。

图 12-2 运行效果

【实例 12-2】设计一个 Windows 应用程序，实现图 12-2 所示的效果。

（1）根据图 12-2 在 Windows 窗体中添加窗体控件，再根据表 12-2 设置控件属性。

表 12-2　　　　　　　　　　　需要添加的控件及其属性设置

控件	属性	属性设置	控件	属性	属性设置
TextBox1	Name	txtNo	Button1	Name	btnSave
TextBox2	Name	txtName		Text	保存
RadioButton1	Name	rdoMale	ListBox1	Name	lstShow
	Text	男	Button2	Name	btnShow
RadioButton2	Name	rdoFemale			
	Text	女		Text	显示

【注意】两个 RadioButton 控件必须放置于 GroupBox 控件之中，以构造选项组。

（2）分别为保存和显示按钮添加单击事件方法，代码如下。

```
private void btnSave_Click(object sender, EventArgs e)
{
    FileStream fs = new FileStream(@"d:\Data\student.dat",
                        FileMode.Append, FileAccess.Write);
    BinaryWriter bw = new BinaryWriter(fs);  //通过文件流写文件
    bw.Write( Int32.Parse(txtNo.Text) );      //写入一个整数
    bw.Write(txtName.Text);                   //写入一个字符串
    bool isMale;
    if (rdoMale.Checked)
        isMale = true;
```

```
    else
        isMale = false;
    bw.Write(isMale);                    //写入一个 BOOL 值
    fs.Close();
    bw.Close();
}


private void btnShow_Click(object sender, EventArgs e)
{
    lstShow.Items.Clear();
    lstShow.Items.Add("学号\t 姓名\t 性别");
    FileStream fs = new FileStream(@"d:\data\student.dat",
                        FileMode.Open, FileAccess.Read);
    BinaryReader br = new BinaryReader(fs);  //通过文件流读文件
    fs.Position = 0;
    while (fs.Position != fs.Length)
    {
        int s_no = br.ReadInt32();          //读出一个整数
        string name = br.ReadString();      //读出一个字符串
        string sex = "";
        if (br.ReadBoolean())               //读出一个 BOOL 值
            sex = "男";
        else
            sex = "女";
        string result = String.Format("{0}\t{1}\t{2}", s_no, name, sex);
        lstShow.Items.Add(result);
    }
    br.Close();
    fs.Close();
}
```

【分析】该程序在保存数据时，首先利用 FileStream 类的构造函数创建一个文件流对象。该构造函数具有三个参数，第一个字符串参数表示文件名；第二个参数是文件模式，FileMode.Append 的意义是打开现有文件并查找到文件尾（如果文件不存在，则创建新文件）；第三个参数为文件操作方式，FileAccess.Write 表示写文件。然后，通过文件流对象创建 BinaryWriter 写入器对象。接下来，连续调用写入器对象的 Write 方法把文本框的数据写入文件流。在显示文件数据时，首先创建文件流对象，并指定操作方式为打开和读取文件。然后，通过文件流对象创建 BinaryReader 读取器对象。之后，使用读取器对象从头至尾循环读取文件流。最后，把读出来的数据添加到列表框中输出。

12.1.4　对象的序列化

采用如实例 12-2 所示的方法，虽然可以将数据写入文件，也可以从文件中读出，但存在缺陷，即必须保证读写顺序相同（特别在各数据的类型不相同时）。例如，如果按学号、姓名和性别的顺序写入数据，则必须按该顺序读取数据。实际上，根据面向对象的思想，这些数据可以封装为一个整体，只要以对象或对象集为单位读写数据，就可避免这一问题。因此，可采用.NET Framework 的对象序列化功能来实现读写操作。

对象序列化是将对象转换为流的过程，与之相对的是反序列化，后者将流转换为对象。这两个过程结合起来，就使得数据能够被轻松地以对象或对象集为单位存储和传输。

在.Net Framework 中，存在着两个支持序列化的类：一个是 BinaryFormatter，另一个是 SoapFormatter。BinaryFormatter 类用来把对象的值转换为字节流，以便写入磁盘文件。该类位于 System.Runtime.Serialization.Formatters.Binary 命名空间中。SoapFormatter 类用来把对象的值转换为 SOAP 格式的数据，实现 Internet 远程传输。该类位于 System.Runtime.Serialization.Formatters. Soap 命名空间中。

对象序列化编程的基本步骤为：首先用 Serializable 属性把包含数据的类标记为可序列化的类，如果其中某个成员不需要序列化，则使用 NonSerialized 来标识。然后调用 BinaryFormatter 或 SoapFormatter 的 Serialize 方法实现对象的序列化。反序列化时，则调用 Deserialize 方法。

【实例 12-3】修改实例 12-2，通过对象的序列化和反序列化实现以下功能：能添加学生到学生列表中；能将学生列表序列化再写入磁盘文件保存；能读取磁盘文件再反序列化得学生列表、能显示学生列表信息等。

（1）首先打开 Windows 应用程序 test12-2，然后在 Windows 窗体 Test12-2 中再添加一个 Button 控件，设其 Name 属性为"btnAdd"，设其 Text 属性为"添加"。

（2）切换到 Windows 窗体的源代码编辑视图，在窗体类的后面定义以下可序列化的学生类和学生列表，代码如下。

```
[Serializable]              //指示学生类是可序列化的类
public class Student        //学生类
{
    public int sno;
    public string name;
    public bool sex;
    public Student(int s_no, string name, bool isMale)  //构造函数
    {
        this.sno = s_no;
        this.name = name;
        this.sex = isMale;
    }
}

[Serializable]              //指示学生列表是可序列化的类
public class StudentList    //学生列表类
{
    private Student[] list = new Student[100];
    public Student this[int index]          //索引器
    {
        get
        {
            if (index < 0 || index >= 100)      //检查索引范围.
                return list[0];
            else
                return list[index];
        }
        set
        {
            if (!(index < 0 || index >= 100))
                list[index] = value;
        }
    }
}
```

（3）引用 System.IO 和 System.Runtime.Serialization.Formatters.Binary 命名空间，并在窗体中定义一个学生列表对象和计数器变量 i，代码如下。

```
using System.IO;
using System.Runtime.Serialization.Formatters.Binary;
public partial class Test12_2 : Form
{
    private StudentList list = new StudentList();    //声明一个学生列表
    private int i = 0;    //i用来标记即将加入列表中的学生,也代表学生的个数
    //……其他代码
}
```

（4）为"添加"按编辑 Click 事件方法，将用户当前输入的数据封装为学生对象，并添加到了学生列表 list 之中，代码如下。

```
private void btnAdd_Click(object sender, EventArgs e)
{
    int sno = Int32.Parse(txtNo.Text);
    bool isMale;
    if (rdoMale.Checked)
        isMale = true;
    else
        isMale = false;
    Student student = new Student(sno, txtName.Text, isMale);
    list[i] = student;    //把学生添加到列表中
    i++;
}
```

（5）修改"保存"按钮的 Click 事件方法，先把原来的代码标记为注释，再添加以下新代码，序列化学生列表并写入磁盘。

```
private void btnSave_Click(object sender, EventArgs e)
{
    string file = @"d:\data\student.dat";
    Stream stream = new FileStream(file, FileMode.OpenOrCreate, FileAccess.Write);
    BinaryFormatter bf = new BinaryFormatter();    //创建序列化对象
    bf.Serialize(stream, list);    //把学生列表序列化并写入流
    stream.Close();
}
```

（6）修改"显示"按钮的 Click 事件方法，先把原来的代码标记为注释，再添加以下新代码，读取文件数据，经过反序列化后得到学生列表并显示学生数据。

```
private void btnShow_Click(object sender, EventArgs e)
{
    lstShow.Items.Clear();
    lstShow.Items.Add("学号\t姓名\t性别");
    string file = @"d:\data\student.dat";
    Stream stream = new FileStream(file, FileMode.Open, FileAccess.Read);
    BinaryFormatter bf = new BinaryFormatter();    //创建序列化对象
    StudentList students = (StudentList)bf.Deserialize(stream); //把流反序列化
    int k = 0;
    while(students[k] != null)    //逐个显示学生数据
    {
        int s_no = students[k].sno;
        string name = students[k].name;
```

```
        bool isMale = students[k].sex;
        string sex = "";
        if (isMale)
            sex = "男";
        else
            sex = "女";
        string result = String.Format("{0}\t{1}\t{2}", s_no, name, sex);
        lstShow.Items.Add(result);
        k++;
    }
    stream.Close();
}
```

（7）运行程序，测试效果，如图 12-3 所示。

图 12-3　运行效果

12.2　文件操作控件

对于文件的操作，用户有时希望能用可视化的窗口来进行交互，比如对话框和消息框等。这样界面更友好、直观。.NET Framework 提供了一组控件，包括 SaveFileDialog、OpenFileDialog 和 FolderBrowseDialog 控件，来加强文件操作的可视化设计。

12.2.1　SaveFileDialog 与 OpenFileDialog 控件

SaveFileDialog 和 OpenFileDialog 控件位于 System.Windows.Forms 命名空间中，分别为"另存为"和"打开"文件对话框。它们都是从抽象类 FileDialog 派生出来的，常用属性和方法在基类 FileDialog 中均有定义。表 12-3 列出了 FileDialog 类的常用属性，表 12-4 列出了 FileDialog 类的常用方法。

表 12-3　　　　　　　　　　　　　　　　FileDialog 的常用属性

名称	说明
AddExtension	指示是否自动在文件名中添加扩展名
CheckFileExists	指示如果用户指定不存在的文件名，对话框是否显示警告
CheckPathExists	指示如果路径不存在，对话框是否显示警告
DefaultExt	获取或设置默认文件扩展名
FileName	获取或设置一个包含在文件对话框中选定的文件名的字符串

续表

名称	说明
FileNames	获取对话框中所有选定文件的文件名
Filter	获取或设置当前文件名筛选器字符串，例如："文本文件|*.txt|所有文件 |*.*"；又例如："图片文件|*.BMP;*.JPG;*.GIF |所有文件 |*.*"
FilterIndex	获取或设置文件对话框中当前选定筛选器的索引
InitialDirectory	获取或设置文件对话框显示的初始目录
Multiselect	指示对话框是否允许选择多个文件
RestoreDirectory	指示对话框在关闭前是否还原当前目录
Title	获取或设置文件对话框标题

表 12-4　　　　　　　　　　　FileDialog 的常用方法和事件

名称	说明
OpenFile	打开用户选定的具有只读权限的文件。该文件由 FileName 属性指定
Reset	将所有属性重新设置为其默认值
ShowDialog	显示对话框
FileOk	当用户单击文件对话框中的"打开"或"保存"按钮时发生

　　SaveFileDialog 控件还具有两个特殊属性，即 CreatePrompt 和 OverwritePrompt 属性，其中，前者用来指示如果用户指定不存在的文件，对话框是否提示用户允许创建该文件；后者用来指示如果用户指定的文件名已存在，"另存为"对话框是否显示警告。

　　【实例 12-4】设计一个 Windows 应用程序，通过 SaveFileDialog 控件，把学生数据保存到磁盘文件中，并显示成功保存的提示信息；通过 OpenFileDialog 控件，打开已保存的数据文件，并在列表框中显示学生数据信息，效果如图 12-4 所示。

图 12-4　运行效果

　　（1）首先进行窗体设计，窗体中各控件的属性设置见表 12-5。

表 12-5　　　　　　　　　　　　主要控件的属性设置

控件	属性	属性设置	控件	属性	属性设置
TextBox1	Name	txtNo	Button1	Name	btnAdd
TextBox2	Name	txtName		Text	添加
TextBox3	Name	txtFile	Button2	Name	btnSave
RadioButton1	Name	rdoMale		Text	保存
	Text	男	Button3	Name	btnOpen
RadioButton2	Name	rdoFemale		Text	打开
	Text	女	SaveFileDialog1	Filter	数据文件|*.dat|所有文件|*.*
ListBox1	Name	lstShow	OpenFileDialog1	Filter	同上

（2）定义可序列化的类，包括学生类和学生列表，代码参见实例 12-3。

（3）引用 System.IO 和 System.Runtime.Serialization.Formatters.Binary 命名空间，并在窗体中定义一个学生列表对象和计数器变量 i，代码与实例 12-3 相同。

（4）为"添加"按钮编写 Click 事件方法，其作用是把学生的数据信息添加到学生列表中，与实例 12-3 相同。

（5）为"保存"按钮编写 Click 事件方法，其作用显示"另存为"对话框，代码如下。

```
private void btnSave_Click(object sender, EventArgs e)
{
    saveFileDialog1.ShowDialog();  //显示"另存为"对话框
}
```

（6）为 SaveFileDialog1 控件添加 FileOk 事件方法，其作用是先把学生列表序列化，再写入到 SaveFileDialog1 控件所打开的磁盘文件中，代码如下。

```
private void SaveFileDialog1_FileOk(object sender, CancelEventArgs e)
{
    Stream stream = SaveFileDialog1.OpenFile();  //打开指定文件
    BinaryFormatter bf = new BinaryFormatter();  //创建序列化对象
    bf.Serialize(stream, list);                   //把学生列表序列化并写入流
    stream.Close();
    MessageBox.Show("数据已成功保存!\n" + "文件名为:" + SaveFileDialog1.FileName, "恭喜");
}
```

（7）为"打开"按钮编写 Click 事件方法，以显示"打开"文件对话框，代码如下。

```
private void btnOpen_Click(object sender, EventArgs e)
{
    if (OpenFileDialog1.ShowDialog() == DialogResult.OK)    //显示打开文件对话框
    {
        txtFile.Text = OpenFileDialog1.FileName;
    }
}
```

（8）为 OpenFileDialog1 控件添加 FileOk 事件方法，其作用是打开选中的文件，经反序列化后获得学生列表并显示，其代码与实例 12-3 相同。

```
private void OpenFileDialog1_FileOk(object sender, CancelEventArgs e)
{
    //此处代码与实例 12-3 相同
}
```

（9）运行程序，测试效果。

12.2.2　FolderBrowseDialog 控件

FolderBrowseDialog 控件位于 System.Windows.Forms 命名空间中，是从基类 CommonDialog 派生出来的，其作用是提示用户浏览、创建并最终选择一个文件夹。当只允许用户选择文件夹而非文件，则可使用此控件。注意，该控件只能选择文件系统中的物理文件夹，不能选择虚拟文件夹。

FolderBrowseDialog 控件的常用属性有 Description（获取或设置对话框中在树视图控件上显示的说明文本）、RootFolder（获取或设置从其开始浏览的根文件夹）、SelectedPath（获取或设置用户选定的路径）和 ShowNewFolderButton（指示"新建文件夹"按钮是否显示在文件夹浏览对话框中）等；常用方法有 Reset（将属性重置为其默认值）、ShowDialog（显示对话框）等。

FolderBrowserDialog 是模态对话框，因此在执行 ShowDialog 方法时，应用程序的剩余部分将被阻止运行，直到用户单击了对话框中的"确定"或"取消"按钮。最后，ShowDialog 方法将返回一个 DialogResult 型的枚举值，如果值为 DialogResult.OK，则可以通过 SelectedPath 属性获得用户所选定的文件夹，否则 SelectedPath 属性为空字符串。

12.2.3　应用实例：简易的写字板程序

【实例 12-5】设计一个简单的 MDI 写字板程序，提供的功能包括：能创建新文档，也能打开和保存文件；能够设置文档的默认存盘路径；能够更改文档的格式和颜色；能够退出应用程序等。

（1）首先设计主窗体设计，将主窗体的 IsMdiContainer 属性设置为 true，然后添加以下控件：MenuStrip、StatusStrip、OpenFileDialog、SaveFileDialog、FontDialog、ColorDialog。其中，OpenFileDialog 和 SaveFileDialog 的 Filter 属性设置为"文本文件（*.txt）|*.txt|RTF 文件|*.rft|所有文件（*.*）|*.*"。MenuStrip 的 Name 属性设置为"MainMenu"，各级菜单设置见表 12-6。

表 12-6　　　　　　　　　　　主菜单命令及其设置

菜单对象	属性	属性设置	控件	属性	属性设置
顶级菜单 1	Name	fileMenu	文件菜单的命令 3	Name	saveFile
	Text	文件（&F）		Text	保存
顶级菜单 2	Name	formatMenu	文件菜单的命令 4	Name	closeFile
	Text	格式（&O）		Text	关闭
顶级菜单 3	Name	toolMenu	格式菜单的命令 1	Name	fontMenuItem
	Text	工具		Text	字体
文件菜单的命令 1	Name	newFile	格式菜单的命令 2	Name	colorMenuItem
	Text	新建		Text	颜色
文件菜单的命令 2	Name	openFile	工具菜单的命令 1	Name	optionMenuItem
	Text	打开		Text	选项

（2）添加并设计"选项设置"窗体 SetDialog（如图 12-5 所示），用来设置文档的默认存盘位置，其主要控件及其属性设置参见表 12-7。

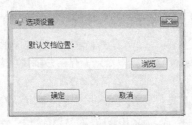

图 12-5　窗体布局

表 12-7　　　　　　　　　　　需要添加的控件及其属性设置

控件	属性	属性设置	控件	属性	属性设置
Label1	Text	默认文档位置：	Button2	Name	btnOk
TextBox1	Name	txtPosition		Text	确定
Button1	Name	btnBrowse	Button3	Name	btnCancel
	Text	浏览		Text	取消
folderBrowserDialog1	Name	folderBrowserDialog1			

（3）为"选项设置"窗体的"浏览"按钮编写 Click 事件方法，代码如下。

```
private void btnBrowse_Click(object sender, EventArgs e)
{
    if (folderBrowserDialog1.ShowDialog() == DialogResult.OK)   //显示"浏览文件夹"对话框
    {
        txtPosition.Text = folderBrowserDialog1.SelectedPath;   //返回选中的文件夹路径
    }
}
```

（4）为"选项设置"窗体定义一个公共属性，以返回所设置的默认文档路径，并编写"确定"和"取消"按钮的 Click 事件方法，代码如下。

```
public string docPosition   //公共属性,返回所设置的默认文档路径
{
    get {  return txtPosition.Text;    }
}
private void btnOk_Click(object sender, EventArgs e)
{
    this.Hide();    //暂时隐藏当前对话框
}
private void btnCancel_Click(object sender, EventArgs e)
{
    txtPosition.Text = "";
    this.Hide();
}
```

（5）添加并设计"文档"窗体 DocForm，用来显示和编辑文档。注意，在该窗体中添加一个 RichTextBox 控件，其 Name 属性设置为"txtSource"，Dock 属性设置为"Fill"。

（6）为"文档"窗体定义一个公共属性，当用户单击主窗体的相关菜单命令时，利用该属性可以操作 RichTextBox 控件，实现文档编辑、显示、存储、设置格式和颜色等功能。代码如下。

```
public RichTextBox Source
{
    get {  return txtSource;    }
    set {  txtSource = value;    }
}
```

（7）在主窗体类中定义 3 个私有字段，具体如下。

```
private int wCount =0;                  //窗体记数器,对已创建的"文档"窗体进行记数
private string initialPos = "";         //打开或保存文档时的默认位置
private DocForm doc;                    //文档窗体对象
```

（8）为各菜单命令编写 Click 事件方法，能够实现设置默认存盘路径、新建文档、打开文档、保存文档、设置文档字体和颜色格式、退出等功能。代码如下。

```
//新建文档
private void NewFile_Click(object sender, EventArgs e)
{
    wCount++;                           //窗体记数器的值增加1
    doc = new DocForm();                //创建"文档"窗体对象
    doc.MdiParent = this;               //设置主窗口为"文档"窗体的父窗口
    doc.Text = "文档" + wCount;         //设置"文档"窗体的标题
    doc.Show();                         //显示"文档"窗体
}
//设置打开或保存文档时的默认路径
```

```
private void OptionMenu_Click(object sender, EventArgs e)
{
    SetDialog dlg = new SetDialog();        //创建"选项设置"对话框对象
    dlg.ShowDialog();                       //显示"选项设置"对话框
    initialPos=dlg.docPosition;             //获得已设置的默认文档位置
    dlg.Close();                            //关闭"选项设置"对话框
    openFileDialog1.InitialDirectory = initialPos; //设置"打开"对话框的默认文件夹
    saveFileDialog1.InitialDirectory = initialPos; //设置"另存为"对话框的默认文件夹
}
//打开文档
private void OpenFile_Click(object sender, EventArgs e)
{
    if (openFileDialog1.ShowDialog() == DialogResult.OK) //显示"打开"对话框
    {
        RichTextBoxStreamType fileType ;
        switch (openFileDialog1.FilterIndex)  //判断文档类型
        {
            case 1: fileType = RichTextBoxStreamType.PlainText; break;
            case 2: fileType = RichTextBoxStreamType.RichText; break;
            default: fileType = RichTextBoxStreamType.UnicodePlainText; break;
        }
        wCount++;
        doc = new DocForm();
        doc.MdiParent = this;
        doc.Text = openFileDialog1.FileName;  //设置"文档"窗体的标题
        //加载文档,输出到 RichTextBox 控件中
        doc.Source.LoadFile(openFileDialog1.FileName, fileType);
        doc.Show();   //显示"文档"窗体
    }
}
//保存文档
private void SaveFile_Click(object sender, EventArgs e)
{
    if (saveFileDialog1.ShowDialog() == DialogResult.OK)  //显示"另存为"对话框
    {
        RichTextBoxStreamType fileType;
        switch (saveFileDialog1.FilterIndex)
        {
            case 1: fileType = RichTextBoxStreamType.PlainText; break;
            case 2: fileType = RichTextBoxStreamType.RichText; break;
            default: fileType = RichTextBoxStreamType.UnicodePlainText; break;
        }
        //把 RichTextBox 控件中的文本输出并保存
        doc.Source.SaveFile(saveFileDialog1.FileName, fileType);
    }
}
//修改"文档"窗口已选中的文档的字体
private void fontMenuItem_Click(object sender, EventArgs e)
{
    if (fontDialog1.ShowDialog() == DialogResult.OK && doc !=null)
    {
        doc.Source.SelectionFont= fontDialog1.Font;
```

```
    }
}
//修改"文档"窗口已选中的文档的颜色
private void colorMenuItem_Click(object sender, EventArgs e)
{
    if(colorDialog1.ShowDialog() == DialogResult.OK && doc !=null)
    {
        doc.Source.SelectionColor = colorDialog1.Color;
    }
}
//退出并终止应用程序运行
private void closeFile_Click(object sender, EventArgs e)
{
    Application.Exit();
}
```

（9）运行该程序，测试效果，如图 12-6 所示。

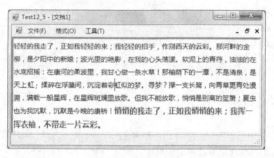

图 12-6　运行效果

12.3　XML 文档编程

　　早期应用程序的数据存储通常借助于自定义的文本文件或二进制文件来实现，后来主要借助于数据库技术来保存应用程序的数据。前者的缺点是无法在不同应用程序之间共享数据，而后者的不足是应用程序严重依赖于某种特定数据库管理系统（Database Management System，DBMS），造成在异构系统之间也很难交换数据。为此，人们在 1998 年推出了 XML 标准，自此之后它受到行业的广泛关注和认同。目前，有关 XML 的编程技巧已经成为程序员的必备要求。为此，本节将简要介绍利用.NET Framework 编写 XML 程序的方法。

12.3.1　XML 概述

　　XML 是 eXtensible Markup Language 的缩写，是由万维网联盟（World Wide Web Consortium，W3C）定义的一种标记语言，称之为可扩展的标记语言。

　　XML 具有严格的语法规范和良好的可扩展性，允许自由定义标记以描述数据的结构。XML 不关心数据的显示方式，这就使得数据内容和结果与显示效果分离，不但有利于信息搜索和数据处理，还有利于系统维护。

　　根据 XML 语法规则书写的文档称为 XML 文档。实际上，XML 文档是由标记及其所标记的内容构造成的文本文件。

　　一个标准 XML 文档由两部分组成，分别为文档头部与文档主体，其中，文档的头部至少包含声明语句且必须以声明语句开头。声明语句的 encoding 属性指定文档的字符编码集，一般如下。

```
<?xml version="1.0" encoding="utf8"?>
```

　　文档主体是由若干个元素标记组成的。整个 XML 文档有且仅只能有一个根元素，其他所有元素都必须包含在根元素之中，故均称为子元素。每一个元素都必须有开始标记和结束标记，开始标记由 "<"、标记名和 ">" 组成，结束标记由 "<""/" 标记名和 ">" 组成。子元素可以包含文本内容或其他子元素，从而形成嵌套结构，这种嵌套结构正好体现数据的层次结构。当一个元素不包含文本内容或其他子元素时，可使用自结束符 "/>" 结尾。相关实例如下。

```
<学生>
    <姓名>赵钦</姓名>
    <电话>13688186616</电话>
</学生>
```

　　学生元素就嵌套了姓名和电话这两个子元素，而姓名元素和电话元素只包含文本内容。

　　子元素还可以带若干属性，同一个元素的各属性的名称不能重复，属性值使用一对单引号或双引号来表示，并使用 "=" 连接属性名和属性值。相关实例如下。

```
<学生 类别="本科">
    <姓名 中文名="赵钦" 英文名="John Zhao"/>
    <电话>13688186616</电话>
</学生>
```

　　其中，学生元素包含了 1 个类别属性。而姓名元素包含了中文名和英文名等两个属性，不含文本内容和子元素，最后以自结束符 "/>" 结尾。

　　在编辑 XML 文档时，要注意以下几点。

　　（1）开始标记和结束标记不能包含空格。

　　（2）XML 区分大小写，因此必须保证元素的开始标记和结束标记的大小写一致。

　　（3）元素各属性之前使用空格间隔。

　　（4）除了元素的文本内容和属性值可包含中文标点，其余标点符号均使用英文标点。

　　（5）XML 文档可包含注释，其格式为 "<!-- 注释内容-->"，且不能位于声明语句之前，或者开始标记和结束标记之内。

　　【实例 12-6】创建一个 XML 文档，描述学生列表的数据结构。

　　XML 代码如下。

```
<?xml version="1.0" encoding="utf8"?>
<学生列表>            <!--这是根元素-->
    <学生 类别="本科" 学号="40101">
        <姓名 中文名="赵钦" 英文名="John Zhao"/>
        <性别>女</性别>
        <电话>13688186616</电话>
    </学生>
    <学生 类别="专科" 学号="30101">
        <姓名 中文名="黄明奇" 英文名="Jack Huang"/>
        <性别>男</性别>
        <电话>13789176726</电话>
```

```
    </学生>
    <学生 类别="本科" 学号="40102">
        <姓名 中文名="郑炯" 英文名="June Zheng"/>
        <性别>男</性别>
        <电话>13548132316</电话>
    </学生>
    <学生 类别="专科" 学号="30102">
        <姓名 中文名="万小易" 英文名="LittleEasy Wan"/>
        <性别>女</性别>
        <电话>13984286576</电话>
    </学生>
</学生列表>
```

12.3.2　XML 文档的创建

在.Net Framework 之中，能创建 XML 文档的技术主要有 XmlTextWriter 和文档对象模型（即 Document Object Model，DOM）。由于篇幅限制，下面重点介绍如何使用 DOM 生成 XML 文档。

文档对象模型 DOM 是 W3C 制定的接口规范。DOM 的基本思想是先把 XML 文档加载到内存并转换一棵树（称之为 DOM 树，如图 12-7 所示），再随机访问或修改树的节点。因此，在 XML 文档数据规模不太大的情况下，通过 DOM 来操作 XML 文档显得更加方便。

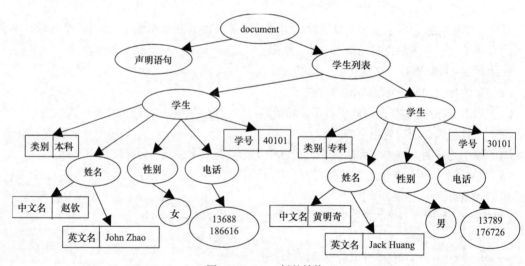

图 12-7　DOM 树的结构

在.Net Framework 的 System.Xml 命名空间中，DOM 树称为 XmlDocument 类的实例（又称 XML 文档对象）。树的每一个节点称为 XmlNode 类的实例（即节点对象），其中，文档对象指向树的根节点。除根节点之外的其他节点对象，包括 XML 声明语句节点、XML 文档的根元素节点、子元素节点、属性节点、文本节点等，都可看作文档对象的后代节点。

通过 XmlDocument 类的 DocumentElement 属性可返回文档的根元素。要想添加、修改、删除或查询 DOM 树任意节点，必须使用 XmlDocument 类提供的成员方法，其中，与创建 XML 文档有关的常用方法如表 12-8 所示。

表 12-8　　　　　　　　　　　　　　　XmlDocument 类的常用方法

名称	说明
AppendChild	追加子节点
CreateAttribute	创建属性节点
CreateCDataSection	创建 CDataSection 节点
CreateComment	创建注释节点
CreateDocumentType	返回 DocumentType 节点
CreateElement	创建元素节点
CreateProcessingInstruction	创建处理指令节点
CreateTextNode	创建文本节点
CreateXmlDeclaration	创建声明语句节点
Load	从 Stream、XmlReader 加载指定的 XML 数据
LoadXml	从指定的字符串加载 XML 文档
Save	保存 XML 文档

根据 XML 文档的结构，使用 XmlDocument 创建 XML 文档的步骤如下。

（1）使用 XmlDocument 构造函数创建文档对象。

（2）调用 CreateXmlDeclaration 和 AppendChild 方法创建声明语句。

（3）调用 CreateElement 和 AppendChild 方法创建根元素节点。

（4）调用 CreateElement 和 AppendChild 方法创建子元素节点。

（5）如果子元素存在属性，则调用 CreateAttribute 方法和 Attributes.Append 方法创建属性节点。

（6）如果子元素包含文本，则调用 CreateTextNode 和 AppendChild 创建文本节点。

（7）如果子元素包含子元素，则重复步骤（4）～步骤（6），继续创建。

（8）调用 Save 方法，保存 XML 文档。

【实例 12-7】设计一个 Windows 应用程序，以创建实例 12-6 所示的学生数据文档，效果如图 12-8 所示。

图 12-8　运行效果

（1）设计 Windows 窗体，添加相关控件并设置相关属性，其中，控制排列如图 12-8 所示，相关属性设置如表 12-9 所示。

表 12-9　　　　　　　　　　　主要控件的属性设置

控件	属性	属性设置	控件	属性	属性设置
TextBox1	Name	txtNo	RadioButton2	Name	rdoFemale
TextBox2	Name	txtCnName		Text	女
TextBox3	Name	txtEnName	Button1	Name	btnStart
TextBox4	Name	txtTel		Text	开始
ComboBox1	Name	cmbType	Button2	Name	btnAdd
	Items	专科|本科		Text	添加
RadioButton1	Name	rdoMale	Button3	Name	btnSave
	Text	男		Text	保存

（2）切换到窗体的源代码编辑界面，首先使用 using 添加引用 System.Xml 和 System.IO 命名空间，然后在窗体类中定义两个私有变量，一个代表文档对象，另一个代表文档根元素节点，代码如下。

```
private XmlDocument doc;
private XmlElement root;
```

（3）编写"开始"按钮的 Click 事件方法，创建 XML 文档的声明语句和根元素，代码如下。

```
private void btnStart_Click(object sender, EventArgs e)
{
    doc = new XmlDocument();                //创建文档对象
    XmlDeclaration declare = doc.CreateXmlDeclaration("1.0","utf-8","yes");
    doc.AppendChild(declare);               //添加声明语句
    root = doc.CreateElement("学生列表");
    doc.AppendChild(root);                  //添加根元素
}
```

（4）编写"添加"按钮的 Click 事件方法，创建学生元素及其后代节点，代码如下。

```
private void btnAdd_Click(object sender, EventArgs e)
{
    XmlElement student = doc.CreateElement("学生");    //创建学生元素
    XmlAttribute attr = doc.CreateAttribute("类别");    //创建"类别"属性
    attr.Value = cmbType.Text;                        //设置类别的属性值
    student.Attributes.Append(attr);                  //将"类别"属性添加到学生元素之中
    attr = doc.CreateAttribute("学号");                //创建"学号"属性
    attr.Value = txtNo.Text;                          //设置学生的属性值
    student.Attributes.Append(attr);                  //将"学号"属性添加到学生元素之中
    XmlElement elem = doc.CreateElement("姓名");       //创建"姓名"子元素
    attr = doc.CreateAttribute("中文名");
    attr.Value = txtCnName.Text;
    elem.Attributes.Append(attr);
    attr = doc.CreateAttribute("英文名");
    attr.Value = txtEnName.Text;
    elem.Attributes.Append(attr);
    student.AppendChild(elem);
    elem = doc.CreateElement("性别");                  //创建"性别"子元素
    string sex="";
    if(rdoMale.Checked)
```

```
        sex = rdoMale.Text;
    else
        sex = rdoFemale.Text;
    XmlText text = doc.CreateTextNode(sex);
    elem.AppendChild(text);
    student.AppendChild(elem);
    elem = doc.CreateElement("电话");          //创建"电话"子元素
    text = doc.CreateTextNode(txtTel.Text);
    elem.AppendChild(text);
    student.AppendChild(elem);
    root.AppendChild(student);                  //把学生元素添加到根元素之中
}
```

（5）编写"保存"按钮的 Click 事件方法，以保存 XML 文档，代码如下。

```
private void btnEnd_Click(object sender, EventArgs e)
{
    doc.Save(@"d:\data\students.xml");          //8.保存 XML 文档
}
```

（6）运行并测试该程序，打开"d:\data\students.xml"观看所生成的 XML 文档。注意，运行程序时，对于"开始"和"结束"按钮只能单击一次。

12.3.3　XML 文档的查询

为了从 XML 文档中读取指定的数据，.Net Framework 提供了多种查询技术，包括 XmlTextReader、XPath、DOM 和 XQuery 等。XmlTextReader 类（XML 读取器）是抽象类 XmlReader 类的派生类，其提供了非缓存、只进只读的访问操作方式。XPath、DOM 和 XQuery 都是由 W3C 制定的接口规范，其中，XPath 支持路径查询，XQuery 以类似于 SQL 的操作方式对 XML 数据进行操作。下面主要介绍 XPath 的使用，有关 XmlTextReader 和 XQuery 的相关内容请读者参考相关书籍。

在 .NET Framework 中，XPath 技术的核心包括 XPathDocument、XPathNavigator 和 XPathExpression。它们封装于命名空间 System.Xml.XPath 之中。

其中，XPathDocument 以只读方式缓存 XML 文档中的数据，以供查询使用。XPathNavigator 是 XPath 技术的专用浏览器，提供只读和随机访问 XML 数据的功能。XPathExpression 用来创建查询表达式，实现按路径查询。

XPath 的查询路径类似 Windows 操作系统的文件夹路径，分为绝对路径和相对路径。前者从 XML 文档的根节点开始书写（即以"/"打头），后者从当前节点开始书写。如果查询路径不只一个节点，每个节点之间使用"/"间隔。查询路径中的各元素节点直接使用元素名表示，属性节点使用"@属性名"表示。另外，还可使用"[表达式]"设置查询条件。

例如，针对实例 12-6，检索所有本科生的查询路径可书写为如下形式。

/学生列表/学生[@类别="本科"]

而查找万小易的电话号码的查询路径可书写如下形式。

/学生列表/学生/电话[../姓名/@中文名='万小易']

其中，".."表示当前节点的父节点。

注意，有关 XPath 的更详细的内容请参考相关书籍。

使用 XPath 进行数据查询的步骤一般如下。

（1）创建 XPathDocument 对象，在其构造函数中指定要打开的 XML 文件。

（2）调用 XPathDocument 对象的 CreateNavigator 方法创建 XPathNavigator 对象。

（3）调用 XPathNavigator 对象的 Compile 方法封装指定的查询表达式，并返回 XPathExpression 对象。

（4）调用 XPathNavigator 的 Select 方法或 Evaluate 方法返回查询结果。其中，Select 方法将返回一个 XPathNodeIterator 型的节点集合。而 Evaluate 方法将返回一个类型化的结果，若为多值结果，可强制类型转换为 XPathNodeIterator；反之，若为单值，可强制转换为指定的数据类型。

（5）根据查询结果作进一步操作。如果查询结果为 XPathNodeIterator 集合，则迭代该集合。此时，可先将成员方法 MoveNext 的返回值设为循环条件，再通过 Current 属性获得本次迭代的当前节点的数据信息。

【实例 12-8】设计一个 Windows 应用程序，利用 XPath 技术查询指定学号的学生。

（1）首先设计 Windows 窗体，添加一个 Label 控件、一个 TextBox 控件和一个 Button 控件。Label 控件显示提示信息"请输入学号"，TextBox 控件的 Name 属性设置为 txtNo，Button 控件的 Text 属性设置为"查询"、Name 属性设置为 btnSearch。

（2）编写"查询"按钮的 Click 事件方法，实现查询功能。主要代码如下。

```
private void btnSearch_Click(object sender, EventArgs e)
{
    XPathDocument doc = new XPathDocument(@"d:\data\students.xml");
    XPathNavigator nav = doc.CreateNavigator();
    string comm = "学生列表/学生[@学号=" + txtNo.Text + "]";
    XPathExpression exp = nav.Compile(comm); //封装查询命令
    XPathNodeIterator ni = nav.Select(exp);  //执行查询并返回结果集
    while (ni.MoveNext())
    {
        lblShow.Text = "类别:" + ni.Current.GetAttribute("类别","");
        XPathNodeIterator sni = ni.Current.SelectChildren("姓名", "");
        sni.MoveNext();
        lblShow.Text += ",姓名:" + sni.Current.GetAttribute("中文名","");
        sni = (XPathNodeIterator)ni.Current.Evaluate("性别/text()");
        sni.MoveNext();
        lblShow.Text += ",性别" + sni.Current.Value;
        sni = (XPathNodeIterator)ni.Current.Evaluate("电话/text()");
        sni.MoveNext();
        lblShow.Text += ",电话" + sni.Current.Value;
    }
}
```

（3）运行该程序，测试运行效果，如图 12-9 所示。

图 12-9　运行效果

12.3.4　XML 文档的编辑

XPath、DOM 和 XQuery 这三种技术都支持 XML 数据的编辑，包括添加、修改和删除功能。下面以 DOM 为例介绍如何实现 XML 数据的编辑处理。

XmlDocument 类提供了大量的成员方法，用来添加、替换和删除 DOM 树中的指定节点，常用的方法如表 12-10 所示。

表 12-10　　　　　　　　　常用的由 DOM 提供的数据编辑方法

名称	说明
AppendChild	追加一个子节点
GetElementById	返回指定 ID 的元素
GetElementsByTagName	返回指定名称的节点列表
InsertAfter	在指定节点之后插入一个节点
InsertBefore	在指定节点之前插入一个节点
PrependChild	在指定节点的子节点列表的开头添加一个子节点
RemoveAll	移除所有子节点
RemoveChild	移除指定子节点
ReplaceChild	用 newChild 节点替换 oldChild 节点

与 DOM 树编辑操作有关的还有另外两个类，分别为 XmlNode 类和 XmlNodeList 类，其中，XmlNode 类的实例代表 DOM 树中的一个节点，XmlNodeList 类的实例代表从 DOM 树中提取的由多个节点组成的列表。

XmlNode 的常用属性如下。

- Attributes：获取指定节点的属性集合。
- ChildNodes：获取指定节点的子节点集合。
- FirstChild：获取第一个子节点。
- HasChildNodes：是否有子元素。
- LastChild：获取最后一个子节点。
- NextSibling：获取下一个弟弟节点。
- NodeText：获取或设置指定节点的文本值。
- NodeType：返回节点的类型。
- NodeValue：获取或设置指定属性的值。
- ParentNode：获取父节点元素。
- PreviousSibling：获取上一个哥哥节点。

使用 DOM 技术来编辑 XML 数据的编程思路一般如下：首先，查询并定位到 DOM 树的指定节点；然后，调用 XmlDocment 类的有关插入、替换、删除节点的方法实现数据编辑。

【实例 12-9】设计一个 Windows 应用程序，实现以下功能：能上下浏览实例 12-6 的学生列表、能添加新的学生数据、能修改已有的学生数据以及能删除指定学生数据，效果如图 12-10 所示。

图 12-10　运行效果

（1）首先设计 Windows 窗体，添加相关控件并设置相关属性，其中，控件排列如图 12-10 所示，控制的属性设置如表 12-11 所示。

表 12-11　　　　　　　　　　　　　　主要控件及属性设置

控件	属性	属性设置	控件	属性	属性设置
TextBox1	Name	txtType	Button3	Name	btnAppend
TextBox2	Name	txtNo		Text	追加
TextBox3	Name	txtCnName	Button4	Name	btnModi
TextBox4	Name	txtEnName		Text	更新
TextBox5	Name	txtSex	Button5	Name	btnDel
TextBox6	Name	txtTel		Text	删除
Button1	Name	btnPrev	Button6	Name	btnSave
	Text	上一个			
Button2	Name	btnNext		Text	保存
	Text	下一个			

（2）引用命名空间 System.Xml，在窗体类中定义以下 3 个私有字段成员。

```
private XmlDocument doc;          //XML 文档对象
private XmlElement root;          //文档根元素
private int current = 1 ;         //当前学生的索引号
…//其他代码
```

（3）在窗体类中定义两个私有方法，第 1 个方法用来显示当前学生数据，第 2 个方法用来创建学生元素节点。代码如下。

```
private void showStudent(int i)      //显示第 i 个学生
{
    XmlNodeList a = root.GetElementsByTagName("学生");
    XmlElement student = (XmlElement)a[i];
    txtType.Text = student.Attributes["类别"].Value;
    txtNo.Text = student.Attributes["学号"].Value;
    txtCnName.Text = student.ChildNodes[0].Attributes["中文名"].Value;
    txtEnName.Text = student.ChildNodes[0].Attributes["英文名"].Value;
    txtSex.Text = student.ChildNodes[1].InnerText;
    txtTel.Text = student.ChildNodes[2].InnerText;
}
private XmlElement createStudent()   //创建学生元素节点
{
    XmlElement student = doc.CreateElement("学生");
    XmlAttribute attr = doc.CreateAttribute("类别");
    attr.Value = txtType.Text;
    student.Attributes.Append(attr);
    ……//此处省略的代码请参见实例 12-3
    return student;
}
```

（4）编写窗体类的 Load 事件方法，以打开 XML 文档；编写"上一个"或"下一个"按钮的 Click 事件方法，用来上下浏览学生信息。代码如下。

```
private void Test12_5_Load(object sender, EventArgs e)
```

```
{
    doc = new XmlDocument();
    doc.Load(@"d:\data\students.xml");    //加载 XML 文档
    root = doc.DocumentElement;           //提取根元素
    showStudent(0);                       //显示第一个学生的数据
}
private void btnPrev_Click(object sender, EventArgs e)
{
    if (current > 1)
    {
        current--;
        showStudent(current - 1);
    }
    else
        MessageBox.Show("已经是第一个了");
}
private void btnNext_Click(object sender, EventArgs e)
{
    if (current < root.ChildNodes.Count)
    {
        current++;
        showStudent(current - 1);
    }
    else
        MessageBox.Show("已经是最后一个了");
}
```

（5）编写 "追加""更新""删除"和"保存"按钮的 Click 事件方法，实现 XML 数据编辑与保存。代码如下。

```
private void btnAppend_Click(object sender, EventArgs e)
{
        root.AppendChild(createStudent());  //追加一个学生元素节点
}
private void btnModi_Click(object sender, EventArgs e)
{
    XmlNode newChild = (XmlNode)createStudent();
    root.ReplaceChild(newChild,root.ChildNodes[current - 1]); //更新当前节点
}
private void btnDel_Click(object sender, EventArgs e)
{
    root.RemoveChild(root.ChildNodes[current - 1]);//删除当前节点
    showStudent(current - 1);
}
private void btnSave_Click(object sender, EventArgs e)
{
    doc.Save(@"d:\data\students.xml"); //保存 XML 文档
}
```

（6）运行该程序并测试效果。

习　题

1．判断题

（1）把用户输入的数据存入字节数组，这种操作称为流的写入操作。

（2）在.NET Framework 之中，Stream 类是所有流的抽象基类，因此语句 "Stream s = new StreamReader (@"d:\Data\日志.txt");" 肯定是错误的。

（3）由于 BinaryReader 和 BinaryWriter 不能直接操作磁盘文件，所以必须先构造一个 FileStream 对象，BinaryReader 和 BinaryWriter 才能读写磁盘文件。

（4）对象序列化时，如果类的某个成员不需要序列化，则可使用 NonSerialized 来进行标识。

（5）FolderBrowseDialog 控件允许用户选择一个文件夹，也可以选择一个文件。

（6）XML 文档与数据库相似，都是关系型的数据文档。

（7）引用 XmlDocument 对象的 Load 方法，可以打开一个 XML 文档。

（8）在.NET Framework 之中，XPath 技术的核心由 XPathDocument、XPathNavigator 和 XPathExpression 组成。

2．选择题

（1）下列有关文件和流的描述，错误的是（　　　）。

    A．文件是存储在存储介质上的数据集，是静态的

    B．当打开文件并读其数据称为流，而写入数据不能称为流

    C．流代表正处于输入/输出状态的数据

    D．内存缓存读写、网络数据读写、控制台输入与输出皆表示流

（2）在.NET Framework 之中，（　　　）对象不能打开一个文本文件。

    A．FileStream   B．TextReader   C．StreamReader   D．StringReader

（3）在.NET Framework 之中，（　　　）命名空间提供了操作文件和流的类。

    A．System.Data   B．System.Text   C．System.IO   D．System.Media

（4）使用 BinaryReader 对象从二进制文件中读出一个字符可引用（　　　）方法。

    A．ReadByte   B．ReadChar   C．ReadSingle   D．ReadString

（5）使用 BinaryWriter.Write 把数据写入文件时，以下描述错误的是（　　　）。

    A．数据的值可以是整数   B．数据的值可以是字符串

    C．数据的值可以是布尔值   D．数据的值可以是 Object 对象

（6）以下有关对象序列化的描述，错误的是（　　　）。

    A．对象序列化是将对象转换为流的过程

    B．对象反序列化是将流转换为对象的过程

    C．对象序列化的第一步是用 Serializable 属性声明可序列化的类

    D．调用 BinaryFormatter 的 Deserialize 方法即可对象序列化并写入流

（7）设置"打开"对话框的 Filter 属性，可指定将要打开的文件类型，若现在希望用户只能打开图片文件，则需要使用以下（　　　）选项作为筛选器字符串。

    A．图片文件（*.BMP;*.JPG;*.GIF）|*.BMP;*.JPG;*.GIF

    B．文本文件（*.txt）|*.txt

C．所有文件（*.*）|*.*

D．Office 文档（*.doc;*.xls;*.ppt）| *.doc;*.xls;*.ppt

（8）以下有关 XML 语法描述中，错误的是（　　）。

A．XML 文档开始标记和结束标记不能包含空格

B．XML 区分大小写，要求开始标记或结束标记的大小形式要相同

C．XML 元素各属性之间使用逗号间隔

D．XML 文档允许包含注释，其格式为 "<!-- 注释内容-->"

实验 12

一、实验目的

（1）理解流、序列化和反序列化的概念，熟悉有关流的读写操作类及其使用方法。

（2）掌握 OpenFileDialog、SaveFileDialog 等控件的使用。

（3）了解 XML 的概念及其基本的语法规则，初步掌握操作 XML 文档的编程方法。

二、实验要求

（1）认真阅读本章相关内容，尤其是案例。

（2）反复操作，直到不需要参考教材、能熟练操作为止。

三、实验步骤

（1）创建一个 Windows 应用程序，实现添加、删除、打开、保存等数据操作功能，程序运行效果如图 12-11 所示。

操作步骤如下。

① 首先根据图 12-11 添加窗体控件，然后根据表 12-12 设置各控件的属性。

图 12-11　窗体界面

表 12-12　　　　　　　　　　　　　　主要控件及其属性设置

控件	属性	属性设置	控件	属性	属性设置
TextBox1	Name	txtNo	TextBox2	Name	txtName
RadioButton1	Name	rdoMale	Button2	Name	btnNext
	Text	男		Text	下一条
RadioButton2	Name	rdoFemale	Button3	Name	btnAdd
	Text	女		Text	添加
SaveFileDialog1	Name	saveFile	Button4	Name	btnDelete
	Filter	*.dat|*.dat		Text	删除
OpenFileDialog1	Name	openFile	Button5	Name	btnOpen
	Filter	*.dat|*.dat		Text	打开
Button1	Name	btnPrev	Button6	Name	btnSave
	Text	上一条		Text	保存

② 定义可序列化的类，包括学生类和学生列表，相关代码请参照实例 12-3。注意，为学生列表类添加一个公共属性 Count，用来返回列表中学生的人数，其代码如下。

```
public int Count
{
    get
    {
        int i = 0;
        while (list[i] != null)  i++;
        return i;
    }
}
```

③ 为窗体类定义以下私有成员。

```
private StudentList list = new StudentList();    //学生列表对象
private int current = 0;          //当前学生索引
private void ShowCurrent()        //显示当前学生的数据
{
    txtNo.Text = list[current].sno.ToString();
    txtName.Text = list[current].name;
    if (list[current].sex)
        rdoMale.Checked = true;
    else
        rdoFemale.Checked = false;
}
```

④ 分别为 btnAdd、btnDelete、btnPrevios、btnNext、btnOpen、btnSave 这 6 个按钮控件添加 Click 事件方法，其中，btnAdd 按钮负责把用户的输入存到列表对象中；btnDelete 按钮负责删除列表对象中当前数据项；btnPrevious 按钮负责显示当前数据项的上一条数据项；btnNext 按钮负责显示当前数据项的下一条数据项；btnOpen 负责显示打开文件的对话框；btnSave 负责显示保存文件的对话框。相关代码请参考相关实例。

⑤ 分别为 openFile 和 saveFile 控件添加 FileOk 事件方法。openFile 的 FileOk 事件负责读取磁盘文件，经反序列化后得已有学生列表。saveFile 的 FileOk 事件负责把学生列表对象中的学生数据经过序列化之后写入磁盘文件。

⑥ 运行该程序，测试各项功能是否正确。

（2）使用 XML 文档的编程技术重新实现图 12-11 所示的所有功能。

（3）修改并完善实例 12-5，为写字板程序增加编辑菜单，实现剪切、复制、粘贴、查找和替换功能。

四、实验总结

写出实验报告（报告内容包括：实验内容、任务分析、算法设计、源程序、实验体会等），并记录实验过程中的疑难点。

第13章
网络应用与面向服务程序设计

总体要求

- 熟悉 System.Net 及其子命名空间中的常用类。
- 熟悉 Socket、TcpListener、TcpClient 和 UdpClient 类，掌握它们的编程与应用方法。
- 熟悉 WebRequest 和 WebReponse 类，学会 FTP 客户端的编程方法。
- 了解 Web API 框架，学会基于 Web API 的 Web 服务的定义与使用技巧。

学习重点

- 掌握 System.Net 及其子命名空间中常用类的使用方法。
- 掌握有关 Socket、TcpListener、TcpClient 和 UdpClient 的编程方法。
- 掌握基于 Web API 的 Web 服务的定义与引用。

随着云计算时代的到来，任何一种开发和编程都会与因特网有联系。网络办公、手机游戏、在线电影、电子商务、电子政务、电子邮件、远程控制，以及其他各种大数据应用，都是网络编程的实际应用。早期的网络编程难度大、效率低，而 C#和.NET 平台大大地简化了这些技术，使过去异常困难的网络应用编程变得非常轻松。本章主要介绍 C#的网络编程的概念、常用类库和编程方法，其中重点介绍基于 ASP.NET Web API 的面向服务的编程方法。

13.1　网络编程基础

13.1.1　计算机网络的概述

计算机网络是指由地理上分散的、具有独立功能的多个计算机系统，以通信设备和线路互相连接，并配以相应的网络软件，以实现通信和资源共享的系统。总的来说，计算机网络的组成基本上包括计算机、网络操作系统、传输介质（可以是有形的，也可以是无形的）以及相应的应用软件四部分。

而按照计算机网络的通信距离来分类，计算机网络通常分为局域网、城域网、广域网和互联网。局域网（Local Area Network，LAN）的分布范围一般在 1 千米～2 千米内，通常是把一个企业的计算机连接在一起而组成的网络，少则两三台，多则几百台，实现企业内部计算机的信息共享。城域网（Metropolitan Area Network，MAN）实现一个城市范围内的计算机互联，计算机数量更多，可看作是局域网的延伸，通常连接着多个局域网，如把政府机构、医院、学校、企业等的局域网互相连接。广域网（Wide Area Network，WAN）又称远程网，其使用远程连接技术把分布在不同城市、地区甚至国家中的计算机连接在一起，覆盖范围比城域网更广，从几百公里到几千公里。互联网（即 Internet，英特网）就是由全球的广域网、城域网、局域网互联连接而形成的超级网络系统。它最终实现全球范围信息共享，如今它已经成为与电视、电话同等重要的信息传播平台。

13.1.2 计算机网络的通信协议

在网络中，计算机之间的通信必须遵守一定的规则和约定，以保证正确地交换信息。这些规则和约定是事先制定并以标准的形式固定下来的，称为协议。

1. TCP/IP

TCP/IP 是 Internet 通信的标准协议，其中，TCP 为 Transmission Control Protocol，即传输控制协议，IP 为 Internet Protocol，即网际协议。实际上，TCP/IP 是 100 多个协议组成的协议簇，可划分为四个层次，每一层都呼叫它的下一层所提供的网络来完成自己的需求，如图 13-1 所示。

图 13-1　TCP/IP 的体系结构

（1）网络接口层：该层分为两个子层，分别为物理层和数据链路层，其中，物理层定义物理介质的各种特性；数据链路层负责接收 IP 数据报并通过网络发送，或者从网络上接收物理帧，抽出 IP 数据报，交给网络层。

（2）网络层：解决不同网络之间的主机通信问题。该层的功能包括：处理来自传输层的分组发送请求，收到请求后，将分组装入 IP 数据报，填充报头，选择去往目的主机的路径，然后将数据报发往适当的网络接口；处理输入数据报，首先检查其合法性，然后进行寻径，若该数据报已到达信宿机，则去掉报头，将剩下部分交给适当的传输协议该数据报尚未到达信宿则转发该数据报；处理路径、流量控制、拥塞等问题。

网络层协议主要有网际协议（Internet Protocol，IP）、控制报文协议（Internet Control Message Protocol，ICMP）、地址解析协议（Address Resolution Protocol，ARP）、反向地址解析协议（Reverse Address Resolution Protocol，RARP），其中 IP 是网络层的核心。

（3）传输层：为不同进程之间的通信提供端到端的可靠传输服务，其功能包括格式化信息流和提供可靠传输。为实现后者，传输层协议规定接收端必须发回确认，并且假如分组丢失，必须重新发送。

传输层协议主要有传输控制协议（Transmission Control Protocol，TCP）和用户数据报协议（User Datagram Protocol，UDP）。TCP 提供的是面向连接、可靠的字节流服务。它要求通信的双方先必须建立一个网络连接，之后才能传输数据。UDP 是一个简单的面向数据报的传输层协议。它不提供可靠性，不要求通信的双方建立一个网络连接，它通常使用广播方式发送数据信息。

（4）应用层：为满足不同用户的需求而提供各种各样应用服务，如 FTP（File Transfer Protocol，文件传输协议）、DNS（Domain Name System，域名系统）、SMTP（Simple Mail Transfer Protocol，简单邮件传输协议）、POP3（Post Office Protocol-Version 3，邮局协议版本 3）、HTTP（Hyper Text Transfer Protocol，超文本传输协议）等，其中，FTP 实现文件上传或下载服务；DNS 提供域名到 IP 地址之间的转换；SMTP 负责发送电子邮件；POP3 负责接收电子邮件；HTTP 实现浏览器与 WEB 服务器之间的会话服务。

2. IP 地址

互联网中的每一台计算机，无论是大型机，还是微型机，都以独立的身份出现，统称主机。

为了实现各主机间的通信，每台主机都必须有一个唯一的地址。该地址代表网络中计算机的编号，称为 IP 地址。

目前，IP 地址是一个 32 位的二进制数，为了便于记忆，IP 地址通常采用点分十进制表示法，将 32 位地址分为 4 组，每组 8 位，由小数点分开，每组写成十进制形式，每组的取值范围为 0~255，例如 192.168.0.1。

3. URI

互联网上的每一种资源，包括 HTML 文档、图像、视频片段、程序等，使用通用资源标志符 URI（即 Uniform Resource Identifier）进行定位。

URI 包含 URL（Uniform Resource Locator，统一资源定位符）和 URN（Uniform Resource Name，统一资源名称）。它是一个字符串，一般格式如下。

```
[protocal:]//domain[port]/[path]
```

其中，protocal 为应用层协议（例如 http、ftp），可省略；domain 代表资源的地址，可以是 IP 地址，通常是域名地址；port 为端口号，通常表示由传输层定义的不同的网络应用的类别编号（例如 80 代表 WEB 服务的默认端口），可省略；path 代表资源在服务器上的存储路径，当位于缺省目录时，可省略。

例如，以下地址均为有效的 URI。

```
http://www.163.com
ftp://172.16.40.101
mailto:lfq501@sohu.com
```

13.1.3 System.Net 概述

.Net Framework 的 System.Net 命名空间为各种网络协议提供了简单的编程接口，封装了诸如 IPAddress、IPHostEntry、IPEndPoint、WebClient 等重要的用于网络通信的类。

1. IPAddress 类

在 System.Net 命名空间中，IPAddress 类提供了对 IP 地址的转换、处理等功能。该类提供的 Parse 方法可将 IP 地址字符串转换为 IPAddress 实例。相关代码如下。

```
IPAddress ip = IPAddress.Parse("192.168.1.1");
```

2. Dns 类

在 System.Net 命名空间之中，Dns 类实现域名解析功能，即把主机域名解析为 IP 地址，或者把 IP 地址解析为主机名。DNS 类的常用方法如下。

● GetHostAddresses()：该方法能提取指定主机的 IP 地址，返回一个 IPAddress 类型的数组。相关代码如下。

```
IPAddress[] ip=Dns.GetHostAddresses("www.cctv.com");
```

● GetHostName()：该方法返回主机名。相关代码如下。

```
string hostname = Dns.GetHostName();
```

3. IPHostEntry 类

IPHostEntry 类的实例包含了 Internet 主机的相关信息。常用属性有两个：一个是 AddressList 属性，另一个是 HostName 属性。AddressList 属性的作用是获取或设置与主机关联的 IP 地址列表。这是一个 IPAddress 类型的数组，包含了指定主机的所有 IP 地址；HostName 属性则包含了服务器的主机名。

在 Dns 类中，有一个专门获取 IPHostEntry 对象的方法，通过 IPHostEntry 对象，可以获取本地或远程主机的相关 IP 地址。相关代码如下。

```
IPAddress[] ip = Dns.GetHostEntry("news.sohu.com").AddressList;  //搜狐新闻所用的服务器 IP
ip = Dns.GetHostEntry(Dns.GetHostName()).AddressList;           //本机 IP 地址
```

4. IPEndPoint 类

在 Internet 中，TCP/IP 使用一个 IP 地址和一个端口号来唯一标识设备和服务。IP 地址标识网络上的设备；端口号标识的特定服务。IP 地址和端口号的组合称为端点。在 C#中，使用 IPEndPoint 类的实例表示这个端点。该类包含了应用程序连接到主机上的服务所需的 IP 地址和端口信息。IPEndPoint 类常用的构造函数为如下。

```
public IPEndPoint(IPAddress, int);
```

其中，第一个参数指定 IP 地址，第二个参数指定端口号。

【实例 13-1】使用上述四个类完成如图 13-2 所示的应用程序功能，单击"本机信息"按钮可以显示主机名及相关的 IP 地址；单击"显示服务器信息"按钮可以显示在文本框中输入的服务器的 IP 地址信息。

（1）首先在 Windows 窗体中添加 1 个 Label 控件、1 个 TextBox 控件、3 个 Button 控件和 1 个 ListBox 控件，然后根据表 13-1 设置相应属性项。

表 13-1　　　　　　　　　　　　　　　需要修改的属性项

控件	属性	属性设置	控件	属性	属性设置
TextBox1	Name	txtRemote	Button2	Name	btnRemote
ListBox1	Name	lstResult		Text	服务器信息
Button1	Name	btnLocal	Button3	Name	btnEndPoint
	Text	本机信息		Text	TCP 端点测试

（2）使用 using 语句引用 System.Net 命名空间。

（3）为 btnLocal 按钮添加 Click 事件方法。代码如下。

```
private void btnLocal_Click(object sender, EventArgs e)
{
    lstResult.Items.Clear();
    string name = Dns.GetHostName();               //获到本地主机名
    lstResult.Items.Add("本机主机名:" + name);
    IPHostEntry me = Dns.GetHostEntry(name);       //获取本地 IP 地址信息
    lstResult.Items.Add("本机所有 IP 地址:");
    foreach (IPAddress ip in me.AddressList)        //输出本地 IP 地址信息
    {
        lstResult.Items.Add(ip);
    }
}
```

（4）为 btnRemote 按钮添加 Click 事件方法。代码如下。

```
private void btnRemote_Click(object sender, EventArgs e)
{
    lstResult.Items.Clear();
    //将主机名或 IP 地解析为 IPHostEntry 的实例
    IPHostEntry host = Dns.GetHostEntry(txtRemote.Text);
    IPAddress[] rip = host.AddressList;            //获取 IP 地址列表
    lstResult.Items.Add(host.HostName);            //获取主机的 DNS 名
```

```
    lstResult.Items.AddRange(rip);
}
```

（5）为 btnEndPoint 按钮添加 Click 事件方法。代码如下。

```
private void btnEndPoint_Click(object sender, EventArgs e)
{
    lstResult.Items.Clear();
    IPAddress ip = IPAddress.Parse("127.0.0.1"); //把字符串解析为 IP 地址
    IPEndPoint p = new IPEndPoint(ip, 80);        //创建通信端点
    lstResult.Items.Add("TCP 端点是 " + p.ToString());
    lstResult.Items.Add("该端点的 IP 地址是" + p.Address);
    lstResult.Items.Add("该端点的 IP 地址族是" + p.AddressFamily);
    lstResult.Items.Add("TCP 最大端口号是" + IPEndPoint.MaxPort);
    lstResult.Items.Add("TCP 最小端口号是 " + IPEndPoint.MinPort);
}
```

（6）运行该程序，单击"本机信息"按钮的效果如图 13-2（a）所示；在文本框中输入
"www.sohu.com"并单击"服务器信息"按钮的效果如图 13-2（b）所示，单击"TCP 端点测试"
按钮的效果如图 13-2（c）所示。

（a）　　　　　　　　　　（b）　　　　　　　　　　（c）

图 13-2　运行效果

5.　WebClient 类

WebClient 类提供一系列的成员方法，可以发送数据给指定 URI 的 Web 服务器，或者从指定
URI 的 Web 服务器获取数据信息。WebClient 类的主要属性是 BaseAddress。该属性定义了客户端
发出的请求的基地址。WebClient 类的方法可用于上传和下载文件，其主要的方法如表 13-2 所示。

表 13-2　　　　　　　　　　WebClient 类的常用方法

方法	说明
DownloadData()	从服务器下载数据并返回 Byte 数组
DownloadFile()	从服务器将数据下载到本地文件
DownloadString()	从服务器下载 String 并返回 String
OpenRead()	从服务器以 Stream 的形式返回数据
UploadFile()	将本地文件发送到服务器
UploadData()	将字节数组发送到服务器
UploadString()	将 String 发送到服务器
UploadValues()	将 NameValueCollection 发送到服务器
OpenWrite()	使用 Stream 把数据发送到服务器

下面用一个简单的示例说明使用 WebClient 类从 Web 上下载一个文件的技巧。

【实例 13-2】使用 WebClient 类 logo_png.png 文件下载到本地磁盘。logo_png.png 文件的 URI 为 "http://img3. cache.netease.com/www/logo/logo_png.png"，效果如图 13-3 所示。

图 13-3   运行效果

（1）在 Windows 窗体中添加两个 Label 控件、1 个 TextBox、1 个 Button 控件和 1 个 SaveFileDialog 控件，并根据表 13-3 设置相应属性。

表 13-3   需要修改的属性项

控件	属性	属性设置	控件	属性	属性设置
TextBox1	Name	txtUri	Button1	Name	btnDownLoad
SaveFileDialog1	Name	dlgSaveFile		Text	下载
	Filter	图片文件（*.png）|*.png	Label2	Name	lblShow

（2）使用 using 语句引用 System.Net 命名空间。

（3）为 btnDownLoad 按钮添加 Click 事件方法，代码如下。

```
private void btnDownLoad_Click(object sender, EventArgs e)
{
    WebClient client = new WebClient();
    if (dlgSaveFile.ShowDialog() == DialogResult.OK)
    {
        string fileName = dlgSaveFile.FileName;
        client.DownloadFile(txtUri.Text, fileName);
        lblShow.Text = "下载成功!";
    }
}
```

13.2   Socket 编程

从 TCP/IP 模型的逻辑层面上看，.NET 类可以视为包含 3 个主要层次：请求/响应层、应用协议层以及传输层。WebRequest 和 WebResponse 工作在请求/响应层，支持 HTTP、TCP 和 UDP 的类组成了应用协议层，而 Socket 类处于传输层。传输层位于这个结构的最底层，当其上层的应用协议层和请求/响应层不能满足应用程序的特殊需要时，就需要使用传输层进行 Socket 编程。

13.2.1   Socket 编程概述

1. Socket 工作原理

在 TCP/IP 协议中，相互通信的两个应用程序才是数据传输的真正起点和终点。为了能区分不同的网络应用服务，TCP/IP 协议引入了端口号，把 IP 地址和端口号组合成通信的端点（又称套接字）。这样，一对端点就可以表示相互通信的应用程序之间的网络连接。其中，代表客户端的套接字，我们称之为 ClientSocket，而代表服务器端的套接字，我们称之为 ServerSocket。

根据连接启动的方式以及套接字要连接的目标，套接字之间的连接过程可以分为三个步骤：

服务器监听，客户端请求，连接确认。

（1）服务器监听：服务器端套接字并不定位具体的客户端套接字，而是处于等待连接的状态，实时监控网络状态。

（2）客户端请求：客户端的套接字提出连接请求，要连接的目标是服务器端的套接字。为此，客户端的套接字必须首先描述它要连接的服务器的套接字，指出服务器端套接字的地址和端口号，然后再向服务器端套接字提出连接请求。

（3）连接确认：当服务器端套接字监听到或者说接收到客户端套接字的连接请求时，它就响应客户端套接字的请求，建立一个新的线程，把服务器端套接字的信息发给客户端，一旦客户端确认了此信息，连接即可建立。而服务器端套接字继续处于监听状态，继续接收其他客户端套接字的连接请求。

2. 面向连接的套接字

网络通讯有两种通信类型：面向连接的（connection-oriented）和无连接的（connectionless）。在面向连接的套接字中，使用 TCP 协议来建立两个 IP 地址端点之间的会话。一旦建立了这种连接，就可以在设备之间可靠的传输数据。为了建立面向连接的套接字，服务器和客户端必须分别进行编程，如图 13-4 所示。

对于服务器端程序，建立的套接字必须绑定（Bind）到用于 TCP 通信的本地 IP 地址和端口上。之后，就用 Listen 方法等待客户机发出的连接尝试。在 Listen 方法执行之后，服务器已经做好了接收任何客户机请求连接的准备。这是用 Accept 方法来完成的。当有新客户进行连接时，该方法就返回一个新的套接字描述符。程序执行到 Accept 方法时会处于阻塞状态，直到有客户机请求连接。在接受客户机连接之后，客户机和服务器就可用 Receive 方法和 Send 方法开始传递数据了。

3. 无连接的套接字

UDP 协议使用无连接的套接字进行通信。无连接的套接字不需要在网络设备之间发送连接信息。因此，很难确定谁是服务器、谁是客户机。如果一个设备最初是在等待远程设备的信息，则套接字就必须用 Bind 方法绑定到一个"本地地址/端口对"之上。完成绑定之后，该设备就可以利用套接字接收数据了。由于发送设备没有建立到接收设备的连接，所以收发数据均不需要 Connect 方法。由于不存在固定的连接，所以可以直接使用 SendTo 方法和 ReceiveFrom 方法发送和接收数据。图 13-5 为无连接套接字编程示意图。

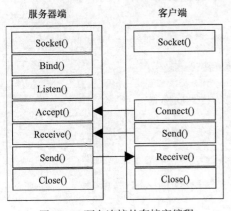

图 13-4　面向连接的套接字编程

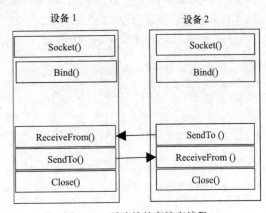

图 13-5　无连接的套接字编程

4. Socket 类

Socket 类包含在 System.Net.Sockets 命名空间中，而一个 Socket 实例包含了一个端点的套接字信息。Socket 类的构造函数如下。

```
public Socket(AddressFamily a, SocketType s, ProtocolType p);
```

其中，参数 a 指定 Socket 使用的寻址方案，其值为 AddressFamily.InterNetwork，表示使用 IPv4 的地址方案；s 指定 Socket 的类型，其值为 SocketType.Stream 时，表示连接是基于流套接字的，而为 SocketType.Dgram 时，表示连接是基于数据报套接字的；p 指定 Socket 使用的协议，其值为 ProtocolType.Tcp 时，表示连接协议是 TCP 协议，而为 ProtocolType.Udp 时，表明连接协议是 UDP 协议。

【实例 13-3】设计一个简单的 Windows 程序，根据指定的 URI，用套接字发送 HTTP 请求，并将返回的信息显示在 RichTextBox 之中，效果如图 13-6 所示。

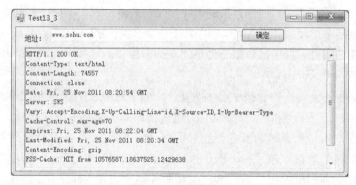

图 13-6　运行效果

（1）在 Windows 窗体中添加 1 个 Label 控件、1 个 TextBox、1 个 RichTextBox 和 1 个 Button 控件，并根据表 13-4 设置相应属性。

表 13-4　　　　　　　　　　　　　　　　需要修改的属性项

控件	属性	属性设置	控件	属性	属性设置
TextBox1	Name	txtUri	Button1	Name	btnOk
RichTextBox1	Name	txtShow		Text	确定

（2）使用 using 语句引用 System.Net 和 using System.Net.Sockets 命名空间。

（3）为 btnOk 按钮添加 Click 事件方法，代码如下。

```
private string DoSocketGet(string request, IPAddress address)
{
    Encoding utf8 = Encoding.UTF8;        //指定编码集
    Byte[] messages = utf8.GetBytes(request);
    Byte[] receives = new Byte[1024];     //用于缓存接收到的数据
    String result = null;
    try
    {
        int port = 80;                    //指定端口号
        IPEndPoint endPoint = new IPEndPoint(address, port);  //创建端点
        //创建套接字对象
        Socket s = new Socket(AddressFamily.InterNetwork, SocketType.Stream,
ProtocolType.Tcp);
```

```
        s.Connect(endPoint);     //从本地连接远程端点
        if (!s.Connected)
        {
            result = "不能连接远程服务器";
        }
        s.Send(messages, messages.Length, 0);                    //发送 HTTP 请求
        Int32 bytes = s.Receive(receives, receives.Length, 0);     //接收 HTTP 响应
        result = utf8.GetString(receives, 0, bytes);    //将 HTTP 响应的字节流转换为字符串
    }
    catch (SocketException e)
    {
        MessageBox.Show("Source:" + e.Source + "\nMessage: " + e.Message,
                        "套接字错误", MessageBoxButtons.OK);
    }
    return result;
}
private void btnOk_Click(object sender, EventArgs e)
{
    string server = txtUri.Text;
    string request = "GET / HTTP/1.1\r\nHost: " + server + "\r\nConnection:
Close\r\n\r\n";
    IPHostEntry hostInfo = Dns.GetHostEntry(server);   //解析域名,得到 IP 地址
    IPAddress address = null;
    if (hostInfo.AddressList.Length > 0)
        address = hostInfo.AddressList[0];
    txtShow.Text = DoSocketGet(request,address);
}
```

13.2.2　TCP 应用编程

在 System.Net.Sockets 命名空间中，TcpListener 类与 TcpClient 类是两个专门用于 TCP 协议编程的类。它们封装了底层的套接字并分别提供了用 Socket 进行同步和异步通信的方法，降低了 TCP 应用编程的难度。

1. TcpListener 类

TcpListener 类（监听器）用于监听和接收传入的连接请求，其构造函数有以下两种格式。

- TcpListener (IPEndPoint　p)
- TcpListener (IPAddress address, int port)

其中，参数 p 为 IPEndPoint 类型的对象，其包含了服务器端的 IP 地址与端口号。参数 address 和 port 正好组成端点。最终，监听器通过指定端点（或 IP 地址和端口号）来监听传入的连接请求。

为了监听客户端的连接请求，TcpListener 分别提供了同步和异步方法，其中，在同步工作方式下，对应有 AcceptTcpClient 方法、AcceptSocket 方法、Start 方法和 Stop 方法。

（1）AcceptSocket 方法用于在同步方式下返回一个套接字对象。该对象包含了本地和远程主机的 IP 地址与端口号，然后通过调用其 Send 和 Receive 方法即可和远程主机进行通信。

（2）AcceptTcpClient 方法用于在同步方式下返回一个封装了套接字 TcpClient 对象。

（3）Start 方法用于启动监听，方法原型为 public void Start（int backlog），其中，参数 backlog 为请求队列的最大长度，即最多允许的客户端连接个数。Start 方法被调用后，把自己的端点和底

层 Socket 对象绑定起来，并自动调用 Socket 对象的 Listen 方法开始监听来自客户端的请求。如果接受了一个客户端请求，Start 方法会自动把该请求插入请求队列，然后继续监听下一个请求，直到调用 Stop 方法停止监听。当监听器接受的请求超过请求队列的最大长度或小于 0 时，等待接受连接请求的远程主机将会抛出异常。

（4）Stop 方法用于停止监听请求，方法原型为：public void Stop()。程序执行 Stop 方法后，会立即停止监听客户端连接请求，并关闭底层的 Socket 对象。等待队列中的请求将会丢失，等待接受连接请求的远程主机会抛出套接字异常。

2. TcpClient 类

利用 TcpClient 类提供的方法，可以连接、发送和接收网络数据流，其构造函数有以下四种重载形式。

- TcpClient()
- TcpClient (AddressFamily family)
- TcpClient (IPEndPoint p)
- TcpClient (string hostname, int port)

其中，第 1 个和第 2 个构造函数所创建的 TcpClient 对象能自动选择客户端尚未使用的 IP 地址和端口号与远程服务器连接，参数 family 指定使用哪种网络协议；第 3 个构造函数根据指定的客户端的端点 p；第 4 个构造函数直接根据指定的服务器域名和端口号创建 TcpClient 对象，并自动选择客户端主机的 IP 地址和端口号与服务器进行连接。因此，除了第 4 个构造函数，在创建 TcpClient 对象之后，即可调用其成员方法 Connect 与服务器端进行连接。

例如，以下 4 组代码都能连接远程服务器 www.abcd.com。

```
TcpClient tcpClient=new TcpClient();
tcpClient.Connect("www.abcd.com", 51888);

TcpClient tcpClient = new TcpClient(AddressFamily.InterNetwork);
tcpClient.Connect("www.abcd.com", 51888);

IPAddress[] address = Dns.GetHostAddresses(Dns.GetHostName());
IPEndPoint iep = new IPEndPoint(address[0], 51888);
TcpClient tcpClient = new TcpClient(iep);
tcpClient.Connect("www.abcd.com", 51888);

TcpClient tcpClient=new TcpClient("www.abcd.com", 51888);
```

表 13-5 和表 13-6 列出了 TcpClient 类的常用属性和方法。

表 13-5　　　　　　　　　　　　　　　TcpClient 类的常用属性

属性名称	说明
Client	获取或设置基础套接字
LingerState	获取或设置套接字保持连接的时间
NoDelay	获取或设置一个值，该值在发送或接收缓冲区未满时禁用延迟
ReceiveBufferSize	获取或设置 Tcp 接收缓冲区的大小
ReceiveTimeout	获取或设置套接字接收数据的超时时间
SendBufferSize	获取或设置 Tcp 发送缓冲区的大小
SendTimeout	获取或设置套接字发送数据的超时时间

表 13-6　　　　　　　　　　　　　TcpClient 类的常用方法

方法名称	说明
Close	释放 TcpClient 实例，而不关闭基础连接
Connect	用指定的主机名和端口号将客户端连接到 TCP 主机
BeginConnect	开始一个对远程主机连接的异步请求
EndConnect	异步接受传入的连接尝试
GetStream	获取能够发送和接收数据的 NetworkStream 对象

3. 同步 TCP 应用编程

在网络应用编程中，利用 TCP 协议编写的程序非常多，例如网络游戏、网络办公、股票交易、网络通信等。本节通过编写一个服务端和客户端通信的小程序，说明利用 TCP 协议和同步套接字编写网络应用程序的方法。

【实例 13-4】使用 TcpListener 和 TcpClient 设计一个简易的聊天系统，实现服务端和客户端即时通信，效果如图 13-7 和图 13-8 所示。

图 13-7　服务器端的运行效果　　　　　　　　图 13-8　客户端的运行效果

（1）首先创建一个 Windows 应用程序，作为服务端。然后在 Windows 窗体中添加两个 Label 控件、两个 TextBox、4 个 Button 和 1 个 ListBox 控件，并根据表 13-7 设置相应属性。

表 13-7　　　　　　　　　　　　　需要修改的属性项

控件	属性	属性设置	控件	属性	属性设置
Button1	Name	btnStart	Button3	Name	btnAccept
	Text	开始		Text	接收
Button2	Name	btnSend	Button3	Name	btnEnd
	Text	发送		Text	终止
TextBox1	Name	txtPort	ListBox1	Name	lstShow
TextBox2	Name	txtMessage			

（2）使用 using 语句引用 System.Net 和 using System.Net.Sockets 命名空间。同时，窗体类之中定义 3 个全局变量。相关代码如下。

```
using System.Net;
using System.Net.Sockets;
public partial class Test13_4_S : Form
{
    static TcpClient client = null;          //客户端对象,用来接收或发送消息
    static NetworkStream stream = null;       //流对象,完成接收或发送消息操作
    TcpListener server = null;                //监听器对象,用来监听 TCP 连接
```

```
        //……其他代码
    }
```

（3）为 btnStart 按钮编写 Click 事件方法，启动监听器，监听并接受来自客户端的 TCP 连接请求，代码如下。

```
    private void btnStart_Click(object sender, EventArgs e)
    {
        int port = Convert.ToInt32(txtPort.Text);
        IPEndPoint p = new IPEndPoint(IPAddress.Any, port);  //创建 TCP 连接的端点
        server = new TcpListener(p);              //初始化 TcpListener 的新实例
        server.Start();                          //开始监听客户端的请求.
        lstShow.Items.Add("服务器已启动!");
        client = server.AcceptTcpClient();       //执行挂起和接受连接请求,获得客户端对象
        lstShow.Items.Add("已连接客户端!");
    }
```

（4）分别为 btnSend 和 btnAccept 按钮编写 Click 事件方法，使用 TcpClient 对象和 NetworkStream 对象来实现消息的发送和接收。代码如下。

```
    private void btnSend_Click(object sender, EventArgs e)
    {
        byte[] msg = Encoding.UTF8.GetBytes(txtMessage.Text);
        stream = client.GetStream();              //获取用于读取和写入的流对象
        stream.Write(msg, 0, msg.Length);         //向客户端发送一个响应消息
    }
    private void btnAccept_Click(object sender, EventArgs e)
    {
        Byte[] bytes = new Byte[256];             //缓存读入的数据
        stream = client.GetStream();              //获取用于读取和写入的流对象
        stream.Read(bytes, 0, bytes.Length);      //读取来自客户端的消息
        string data = Encoding.UTF8.GetString(bytes, 0, bytes.Length);
        lstShow.Items.Add("客户端: " + data);
    }
```

（5）分别为 btnEnd 按钮编写 Click 事件方法，关闭与客户端的 TCP 连接，终止网络通信。代码如下。

```
    private void btnEnd_Click(object sender, EventArgs e)
    {
        if(stream!=null) stream.Close();
        if(client!=null) client.Close();
        if(server!=null) server.Stop();
    }
```

（6）接下来选择 VS2017 的"文件"→"添加"→"新建项目"菜单命令，创建一个 Windows 应用程序，做为客户端。之后，根据图 13-8 添加窗体控件并为各控件设置相关属性。

（7）使用 using 语句引用 System.Net 和 using System.Net.Sockets 命名空间。同时，窗体类之中定义两个全局变量，代码如下。

```
    using System.Net;
    using System.Net.Sockets;
    public partial class Test13_4_C : Form
    {
        static TcpClient client = null;   //客户端对象,用来接收或发送消息
```

```
static NetworkStream stream = null;    //流对象,完成接收或发送消息操作
    //……其他代码
}
```

（8）为 btnStart 按钮编写 Click 事件方法，创建 TCP 客户端并连接服务器，代码如下。

```
private void btnStart_Click(object sender, EventArgs e)
{
    string strIp = txtAddress.Text;
    int port = Convert.ToInt32(txtPort.Text);
    client = new TcpClient();           //创建 TCP 客户端
    client.Connect(strIp, port);        //连接服务器
}
```

（9）分别为 btnSend 和 btnAccept 按钮编写 Click 事件方法，使用 TcpClient 对象和 NetworkStream 对象来实现消息的发送和接收。代码与服务器端相同，请参考第（4）步。

（10）分别为 btnEnd 按钮编写 Click 事件方法，关闭与客户端的 TCP 连接，终止网络通信。代码类似服务器端，请参考请参考第（5）步。

（11）首先启动服务端，输入要监听的端口号，单击"开始"按钮启动监听。接下来启动客户端，输入服务器的 IP 地址和端口号，连接到服务器，接下来双方就可以对话了。之后，如果单击客户端和服务器端"终止"按钮，即可终止对话。

4. 异步 TCP 应用编程

利用 TcpListener 和 TcpClient 类在同步方式下接收、发送数据以及监听客户端连接时，在操作没有完成之前一直处于阻塞状态。这对于接收、发送数据量不大的情况或者操作用时较短的情况下是比较方便的，但是对于执行完成时间可能较长的任务，如传送大文件等，使用同步操作可能就不太合适了。这种情况下最好的办法是使用异步操作。

所谓异步操作方式，就是我们希望让某个工作开始以后，能在这个工作尚未完成的时候继续处理其他工作。就像我们（主线程）安排 A（子线程）负责处理客人来访时办理一系列事情。在同步工作方式下，如果没有人来访，A 就只能一直等待而不做其他工作。显然这种方式是很糟糕的。我们希望的是，没有人来访时，A 不必等待而是继续处理其他事务，而原来的工作委托给总控室（Windows 系统本身）完成。A 先告诉总控室的联系电话 F（callback 需要的方法名 F），当有人来访时，总控室电话通知 A（通过委托自动运行方法 F），A 接到通知后，再处理客人来访（在方法 F 中完成需要的工作）。

异步操作的最大优点是可以在一个操作没有完成之前同时进行其他的操作。.NET 框架提供了一种称为 AsyncCallback（异步回调）的委托。该委托允许启动异步的功能，并在条件具备时调用提供的回调方法（是一种在操作或活动完成时由委托自动调用的方法），然后在这个方法中完成并结束未完成的工作。

使用异步 TCP 应用编程时，除了套接字有对应的异步操作方式外，TcpListener 和 TcpClient 类也提供了异步操作的方法。异步操作方式下，每个 Begin 方法都有一个匹配的 End 方法。在程序中利用 Begin 方法开始执行异步操作，然后由委托在条件具备时调用 End 方法完成并结束异步操作。

由于篇幅有限，这里只介绍关于异步调用、多线程编程的基本原理，有兴趣的读者可以参看其他书籍。

13.2.3　UDP 应用编程

在 System.Net.Sockets 名称空间中，UdpClient 类简化了 UDP 套接字编程。UDP 协议是无连

接的协议，因此，UDP 协议只有 UdpClient 类，而没有 TcpListener 类和 TcpClient 类。UdpClient 类提供了发送和接收无连接的 UDP 数据报的方便方法，其建立默认远程主机的方式有两种：一是使用远程主机名和端口号作为参数创建 UdpClient 类的实例；另一种是先创建不带参数的 UdpClient 类的实例，然后调用 Connect 方法指定默认远程主机。

可以通过调用 UdpClient 对象的 Send 方法直接将数据发送到远程主机。该方法返回数据的长度可用于检查数据是否已被正确发送。UdpClient 对象的 Receive 方法能够在指定的本地 IP 地址和端口上接收数据。该方法带一个引用类型的 IPEndPoint 实例，并将接收到的数据作为 byte 数组返回。

UDP 协议的重要用途是可以通过广播和组播实现一对多的通信。所谓广播，就是指同时向网络中的所有计算机发送消息，而这些计算机都可以接收到消息。组播也叫多路广播，是将消息从一台计算机发送到网络中指定的若干台计算机上，即发送到那些加入指定组播组的计算机上。组播组是开放的，每台计算机都可以通过程序随时加入到组播组中，也可以随时退出。组播地址是范围在 224.0.0.0 到 239.255.255.255 的 D 类 IP 地址。使用组播时，应注意的是 TTL（Time To Live，生成周期）值的设置。TTL 值是允许路由器转发的最大数目，当达到这个最大值时，数据包就会被丢弃。如果使用默认值（默认值为 1），则只能在同一子网内部发送。

在 UdpClient 类中，调用 JoinMulticastGroup 方法可将 UdpClient 对象和 TTL 一起加入组播组，调用 DropMulticastGroup 方法可退出组播组。下面用一个实例说明使用 UdpClient 进行组播的方法。

【实例 13-5】编写一个 Windows 应用程序，利用组播技术向子网发送组播信息，同时接收组播的信息，效果如图 13-9 和图 13-10 所示。

图 13-9　组播发送方的运行效果

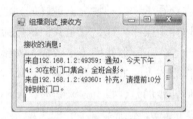

图 13-10　组播接收方的运行效果

（1）新建一个 Windows 应用程序，作为组播发送方。在 Windows 窗体中添加 1 个 Label 控件、1 个 TextBox 控件和 1 个 Button 控件，设置 TextBox 的 Name 属性为 txtSend，设置 Button 的 Name 属性为 "btnSend"、Text 属性为 "发送"。

（2）使用 using 语句引用 System.Net、System.Net.Sockets 和 System.Threading 命名空间。

（3）为 btnSend 按钮定义 Click 事件方法，创建 UdpClient 对象，启用广播通信并调用 Send 方法完成消息的发送，代码如下。

```
private void btnSend_Click(object sender, EventArgs e)
{
    UdpClient client = new UdpClient(); //系统将自动分配最合适的本地地址和端口号
    client.EnableBroadcast = true;       //允许发送广播
    IPEndPoint p = new IPEndPoint(IPAddress.Parse("224.0.0.1"), 8001);//必须使用组播地址
    byte[] bytes = Encoding.UTF8.GetBytes(txtSend.Text); //将发送内容转换为字节数组
    try
    {
```

```
            client.Send(bytes, bytes.Length, p);        //向子网发送信息
            txtSend.Clear();
            txtSend.Focus();
        }
        catch (Exception err)
        {   MessageBox.Show(err.Message, "发送失败");   }
        finally
        {   client.Close();  }
    }
```

（4）选择 VS2017 的"文件"→"添加"→"新建项目"菜单命令，创建一个 Windows 应用程序，做为组播接收方。在 Windows 窗体中添加 1 个 Label 控件、1 个 RichTextBox 控件。设置 TextBox 的 Name 属性为 txtReceive。

（5）使用 using 语句引用 System.Net、System.Net.Sockets 和 System.Threading 命名空间。在窗体中定义一个委托、一个回调事件和一个 UpdClient 对象，代码如下。

```
delegate void AppendStringCallback(string text);        //定义委托
AppendStringCallback onAppendStringCallback;            //定义回调事件
private UdpClient client;                                //定义 Udp 客户端对象
```

其中，AppendStringCallback 委托定义了当 onAppendStringCallback 事件触发时要回调的方法的格式。

（6）为 onAppendStringCallback 事件定义事件方法 AppendString，同时在窗体构造函数中完成事件与事件方法的绑定。代码如下。

```
public Test13_5_R()        //窗体类的构造函数
{
    InitializeComponent();
    onAppendStringCallback = new AppendStringCallback(AppendString);  //绑定事件
}
private void AppendString(string text)   //定义事件方法
{
    //Windows 窗体中的控件被绑定到特定的线程,不具备线程安全性
    //因此,若从另一个线程调用控件的方法,则必须使用 Invoke 方法来将调用封送到适当的线程
    //InvokeRequired 属性用于确定是否必须调用 Invoke 方法
    if (txtReceive.InvokeRequired)
        this.Invoke(onAppendStringCallback, text);//触发事件,执行在另一个线程中订阅事件方法
    else
        txtReceive.AppendText(text + "\r\n");
}
```

（7）定义一个 ReceiveData 方法，该方法先加入主播并接收主播消息，再订阅事件方法 AppendString，当 onAppendStringCallback 事件被触发时将收到的消息添加到 RichTextBox 控件，以便显示消息。为了自动接收消息，ReceiveData 方法不能在运行 Windows 窗体线程中运行，须把 ReceiveData 创建为一个新的线程。为此，在窗体的 Load 事件中创建该新线程。代码如下。

```
private void ReceiveData()
{
    client = new UdpClient(8001);      //在本机指定的端口接收
    //加入组播,注意必须使用组播地址范围内的地址
    client.JoinMulticastGroup(IPAddress.Parse("224.0.0.1"));
    client.Ttl = 50;
    IPEndPoint remote = null;
```

```
        while (true)      //接收从远程主机发送过来的信息
        {
            try
            {
                byte[] bytes = client.Receive(ref remote);
                string str = Encoding.UTF8.GetString(bytes, 0, bytes.Length);
                AppendString(string.Format("来自{0}:{1}", remote, str)); //订阅事件
            }
            catch
            {   break;    //退出循环,结束线程   }
        }
    }
```

（8）定义窗体的 FormClosing 事件方法，在关闭窗体时先关闭 UdpClient。代码如下。

```
private void Test13_5_R_FormClosing(object sender, FormClosingEventArgs e)
{
    client.Close();
}
```

（9）按顺序启动组播发送方和组播接收方程序，在组播发送方输入消息并单击"发送"按钮。该消息经 UDP 协议广播并成功地被组播接收方接收，效果如图 13-10 所示。

13.3　FTP 与文件传输编程

13.3.1　WebRequest 和 WebResponse 类

WebRequest 和 WebResponse 类是.NET Framework 的请求/响应模型的抽象类。WebRequest 类总是和 WebResponse 类一起使用，首先必须配置一个 WebRequest 对象来定义要发送给服务器的请求，然后调用 GetResponse 方法，将请求发送给服务器，并在 WebResponse 中从服务器返回响应。

WebRequest 和 WebResponse 都是抽象类，因此不能直接使用。.NET 为 HTTP、FTP 和文件协议提供了具体的实现方法，如图 13-11 所示，其中 HttpWebXXX 类使用 HTTP 协议，FtpWebXXX 类使用 FTP 协议，FileWebXXX 类允许用户访问文件系统。

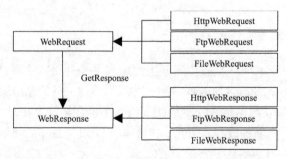

图 13-11　WebRequest 和 WebResponse 类的实现

【注意】使用 WebRequest 的 Create 方法初始化新的 WebRequest 实例，不要使用 WebRequest 构造函数。同时，客户端应用程序不直接创建 WebResponse 对象；而是通过对 WebRequest 实例调用 GetResponse 方法来进行创建。

13.3.2　FTP 客户端的实现

下面用一个 FTP 客户端示例来说明如何使用 FtpWebRequest 和 FtpWebResponse, 其他类的使用与此相似, 读者可以自行编写程序练习。

【实例 13-6】使用 FtpWebRequest 和 FtpWebResponse 实现一个简单的 Ftp 客户端, 完成连接、下载文件、更换目录和上传文件的功能, 效果如图 13-12 所示。

图 13-12　运行效果

（1）在 Windows 窗体中添加 4 个 Label 控件、4 个 TextBox 控件、1 个 CheckBox 控件、1 个 GroupBox 控件、1 个 ListBox 控件、4 个 Button 控件、1 个 OpenFileDialog 控件和 1 个 SaveFileDialog 控件, 并根据表 13-8 设置相应属性项。

表 13-8　　　　　　　　　　　　　需要修改的属性项

控件	属性	属性设置	控件	属性	属性设置
TextBox1	Name	txtFtpUri	Button1	Name	btnConnection
TextBox2	Name	txtPort		Text	连接
TextBox3	Name	txtName	Button2	Name	btnDownLoad
TextBox4	Name	txtPwd		Text	下载
	PasswordChar	*	Button3	Name	btnChangDir
CheckBox1	Name	chkAnonymous		Text	更换目录
	Text	是否匿名访问	Button3	Name	btnFileUp
GroupBox1	Name	grpLogin		Text	上传

（2）添加类文件为 FtpHelper.cs 文件。打开该文件之后, 使用 using 语句引用如下命名空间。

```
using System.Net;
using System.IO;
```

（3）在新添加的类文件中, 定义 FtpHelper 类, 实现 FTP 服务器文件上传和下载操作, 代码如下。

```
public class FtpHelper              //定义 FTP 助手
{
    FtpWebRequest request;          //FTP 请求对象, 可远程访问 FTP 服务器
    public FtpHelper()              //构造函数
    {
        request = null;
    }
    public bool ConnectionToFtp(string uri, string user, string pwd)    //登录 FTP 服务器
    {
        try
        {
            request = (FtpWebRequest)WebRequest.Create(uri);//创建 WebRequest 实例
            request.Credentials = new NetworkCredential(user, pwd);//设置与 FTP 服务器通信的凭证
            return true;
        }
```

```
        catch {    return false;   }
    }
    public bool ConnectionToFtp(string uri)   //匿名连接 FTP 服务器
    {
        try
        {
            request = (FtpWebRequest)WebRequest.Create(new Uri(uri));//创建 WebRequest 实例
            request.AuthenticationLevel = System.Net.Security.AuthenticationLevel.None;
            return true;
        }
        catch {    return false;   }
    }
    public string[] getFilesList()     //返回 FTP 服务器的文件列表
    {   //获取一个能够使用 GB2312 进行编码/解码的 Encoding 的对象
        Encoding encoding = System.Text.Encoding.GetEncoding("GB2312");
        //设置要发送到 FTP 服务器的命令是获取文件列表
        request.Method = WebRequestMethods.Ftp.ListDirectoryDetails;
        FtpWebResponse response = (FtpWebResponse)request.GetResponse();
        Stream stream = response.GetResponseStream();//获取 FTP 服务器的响应
        StreamReader reader = new StreamReader(stream, encoding);
        string content = reader.ReadToEnd();
        //返回的内容形如:"-rwx------ 1 user group        567808 Dec 09 2006 ch1.ppt\r\n"
        string[] files = content.Split('\n');
        for (int i = 0; i < files.Length; i++)
        {
            int start = files[i].LastIndexOf(' ');
            files[i] = files[i].Substring(start + 1);   //截取数据,只保留文件名
        }
        reader.Close();
        stream.Close();
        response.Close();
        return files;
    }
    public bool DownLoad(string path)    //下载文件
    {
        try
        {   //设置要发送到 FTP 服务器的命令是下载文件
            request.Method = WebRequestMethods.Ftp.DownloadFile;
            FtpWebResponse response = (FtpWebResponse)request.GetResponse();
            Stream downStream = response.GetResponseStream();//获取 FTP 服务器的响应
            Stream outStream = File.OpenWrite(path);   //打开文件以便写入文件
            byte[] buffer = new byte[1024];
            int size = 0;
            while ((size = downStream.Read(buffer, 0, 1024)) > 0)   //每次读取 1024 个字节
并写入
            {
                outStream.Write(buffer, 0, size); //将已下载的字节写入文件
            }
            downStream.Close();
            outStream.Close();
```

```
            response.Close();
            return true;
        }
        catch {  return false;  }
    }
    public bool FileUp(string path)      //上传指定的文件
    {
        try
        {
            request.Method = WebRequestMethods.Ftp.UploadFile;
            StreamReader inStream = new StreamReader(path);   //将磁盘文件打开,准备上传
            byte[] contents = Encoding.UTF8.GetBytes(inStream.ReadToEnd());  //读磁盘文件
            inStream.Close();                               //关闭磁盘文件
            Stream upStream = request.GetRequestStream();   //获得向 FTP 服务器上传的流
            upStream.Write(contents, 0, contents.Length);   //上传数据
            upStream.Close();                               //结束上传
            return true;
        }
        catch
        {  return false;  }
    }
}
```

（4）在窗体类之中声明成员变量，并在构造函数中初始化这些变量。代码如下。

```
ublic partial class Test13_8 : Form
{
    string changeDir;   //更换的目录名
    bool isAnonymous;   //指示是否以匿名方式访问 FTP 服务器
    FtpHelper helper;   //FTP 助手
    public Test13_8()
    {
        InitializeComponent();
        txtFtpUri.Text = "ftp://127.0.0.1";   //设置默认的 FTP 服务器
        txtPort.Text = "21";                  //设置默认的 FTP 端口
        changeDir = String.Empty;
        helper = new FtpHelper();
    }
}
```

（5）在窗体类之中定义 ShowFileList 方法，该方法先判断用户访问 FTP 服务器的方式（也就是是否为匿名访问），再后调用 FtpHelper 的 ConnectionToFtp 方法远程连接 FTP 服务器。连接成功之后，调用 FtpHelper 的 getFilesList 方法，返回当前 FTP 服务器的当前目录中的文件列表，并显示在列表格式之中。代码如下。

```
void ShowFileList(string path)   //显示文件列表
{
    bool isSucessed = false;
    if (isAnonymous)                //连接 FTP 服务器
        isSucessed = helper.ConnectionToFtp(path);
    else
        isSucessed = helper.ConnectionToFtp(path, txtName.Text, txtPwd.Text);
    listBox1.DataSource = helper.getFilesList();   //显示 FTP 服务器中的文件列表
    if (!isSucessed)
```

```
        MessageBox.Show("无法连接指定的 FTP 服务器!", "错误",
                    MessageBoxButtons.OK, MessageBoxIcon.Error);
    }
```

（6）为复选框 chkAnonymous 编写 Click 事件方法，设置 isAnonymous 的值，以确定 FTP 服务器的访问方式，代码如下。

```
private void chkAnonymous_Click(object sender, EventArgs e)
{
    if (chkAnonymous.Checked)
    {
        grpLogin.Enabled = false;   //如果选择匿名访问,则使用户登录功能失效
        isAnonymous = true;
    }
    else
    {
        grpLogin.Enabled = true;
        isAnonymous = false;
    }
}
```

（7）编写"连接"按钮的 Click 事件方法，调用 ShowFileList 方法，连接 FTP 服务器并显示虚拟根目录的文件列表，代码如下。

```
private void btnConnection_Click(object sender, EventArgs e)//单击"连接"按钮
{
    Cursor currentCursor=this.Cursor;      //保存当前鼠标指针显示的光标
    this.Cursor = Cursors.WaitCursor;      //指针显示的光标改变为等待光标
    string ftp = txtFtpUri.Text + ":" + txtPort.Text;
    ShowFileList(ftp);                     //显示 FTP 服务器根目录中的文件
    this.Cursor = currentCursor;           //恢复鼠标指针显示的光标
}
```

（8）为"更换目录"铵钮编写 Click 事件方法，当用户选中了列表框中某个文件夹时，进一步显示该文件夹中的文件列表，代码如下。

```
private void btnChangDir_Click(object sender, EventArgs e)
{
    //显示 FTP 子目录中的文件列表
    Cursor currentCursor = this.Cursor;
    this.Cursor = Cursors.WaitCursor;
    string subDir = listBox1.SelectedItem.ToString().Trim();
    changeDir += "/" + subDir;
    string path = txtFtpUri.Text + ":" + txtPort.Text;
    path += changeDir;
    ShowFileList(path);                    //显示 FTP 服务器中的指定子目录中的文件列表
    this.Cursor = currentCursor;           //恢复鼠标指针显示的光标
}
```

（9）为"下载"按钮编写 Click 事件方法，该方法将调用 FtpHelper 的 ConnectionToFtp 方法先远程连接 FTP 服务器，再调用 FtpHelper 的 DownLoad 方法下载并保存选中的文件，代码如下。

```
private void btnDownLoad_Click(object sender, EventArgs e)//单击"下载"按钮
{
    bool isSucessed = false;
    Cursor currentCursor = this.Cursor;   //保存当前鼠标指针显示的光标
```

```
        this.Cursor = Cursors.WaitCursor;       //指针显示的光标改变为等待光标
        string ftp = txtFtpUri.Text + ":" + txtPort.Text;
        string fileName = listBox1.SelectedItem.ToString().Trim(); ;
        string fullName=changeDir+"/"+fileName;    //构造目标文件的虚拟路径
        ftp = ftp + fullName;
        if (isAnonymous)
            helper.ConnectionToFtp(ftp);
        else
            helper.ConnectionToFtp(ftp,txtName.Text,txtPwd.Text);
        saveFileDialog1.FileName = fileName;
        if(saveFileDialog1.ShowDialog()==DialogResult.OK)           //显示"另存为"对话框
            isSucessed= helper.DownLoad(saveFileDialog1.FileName);  //下载并保存文件
        if(isSucessed)
            MessageBox.Show(String.Format("文件{0}\n下载成功!", saveFileDialog1.FileName),
                    "成功", MessageBoxButtons.OK, MessageBoxIcon.Information);
        else
            MessageBox.Show("文件下载失败", "错误", MessageBoxButtons.OK, MessageBoxIcon.Error);
        this.Cursor = currentCursor;        //恢复鼠标指针显示的光标
    }
```

（10）为"上传"按钮编写 Click 事件方法，该方法将调用 FtpHelper 的 ConnectionToFtp 方法先远程连接 FTP 服务器，再调用 FtpHelper 的 FileUp 方法上传选中的文件，代码如下。

```
    private void btnFileUp_Click(object sender, EventArgs e)
    {
        bool isSucessed = false;
        Cursor currentCursor = this.Cursor;  //保存当前鼠标指针显示的光标
        this.Cursor = Cursors.WaitCursor;       //指针显示的光标改变为等待光标
        string ftp = txtFtpUri.Text + ":" + txtPort.Text +"/" + changeDir + "/";
        string sourceFile = "";
        if (openFileDialog1.ShowDialog() == DialogResult.OK)          //显示"另存为"对话框
        {
            sourceFile = openFileDialog1.FileName;          //获得选中的文件名(包括文件路径)
            string fullFtpPath = ftp + sourceFile.Substring(sourceFile.LastIndexOf('\\')
+ 1);
            if (isAnonymous)
                helper.ConnectionToFtp(fullFtpPath);
            else
                helper.ConnectionToFtp(fullFtpPath, txtName.Text, txtPwd.Text);
            isSucessed = helper.FileUp(sourceFile);  //下载并保存文件
        }
        if (isSucessed)
        MessageBox.Show(String.Format("文件{0}\n上传成功!", sourceFile),
                "成功", MessageBoxButtons.OK, MessageBoxIcon.Information);
        else
            MessageBox.Show("文件上传失败", "错误", MessageBoxButtons.OK, MessageBoxIcon.Error);
        ShowFileList(ftp);
        this.Cursor = currentCursor;        //恢复鼠标指针显示的光标
    }
```

（11）运行程序即可连接任意 FTP 服务器，进行文件上传或下载。

13.4 基于 Web API 的面向服务编程

随着云计算和大数据技术的发展，尽快普及云计算的编程思想成为整个行业发展的迫切需求。而什么是云计算呢？所谓云计算，就是以因特网为基础，针对像云雾一样散布于虚拟网络世界（即因特网的不同站点）之中的数据进行分析和处理。简单地说，云计算就是利用因特网进行分布式计算。在云计算时代，数据输入与输出在客户端（如浏览器和智能手机），而存储与计算处理在因特网的服务器端，成为一种新常态。为了适应这种新常态，就必须尽快地掌握面向服务的编程方法。为此，本节将以 ASP.NET Web API 为例，介绍 C#面向服务的编程方法。

13.4.1 ASP.NET Web API 概述

1. 为什么需要 Web API

在因特网的世界中，对于服务器、站点、文件、数据等资源来说，其存在位置被高度虚拟化，人们不关心一个资源的地理位置，无需知道这个资源在哪个国家、哪个省、哪个城市、哪个街道、哪个大楼、哪个机房、哪个机架、哪台服务器之中，而只要知道它的 URL 就足够了。

例如，以下 URL 描述了成都市的天气信息的存在位置。客户端只要按此 URL 发出访问请求就可以获得来自百度的成都天气信息服务。这样的信息服务称为 Web 服务（或 HTTP 服务），相应的编程方法就称为面向服务的编程方法。

```
http://www.baidu.com/api/weather?city=成都天气
```

Web 服务的处理逻辑在服务器端的 C#源代码可能如下所示。

```
class Weather
{
    public float getWeatherByCity(string city)
    {
        //……
    }
}
```

对于服务器来说，监听到来自客户端类似上面的 URL 的 HTTP 请求，首先解析该 URL，同时进行映射处理，转换成对 Weather. getWeatherByCity()方法的调用，当调用结束之后再将方法的返回值回传给客户端。显然，一个完整的 Web 服务应用离不开服务器底层的 HTTP 通信与处理功能，而 ASP.NET 的 Web API 就提供了这样的基础功能。

与 WCF REST 服务不同，Web API 利用 HTTP 协议的各个方面来表达跨越 Internet 站点的服务，例如 HTTP 协议中的 URI、Request 请求、Response 响应、Header 标头、Caching 缓存、version 版本、内容格式等，因此在编程时能省掉很多复杂的配置。

2. 什么是 Web API

Web API 是 ASP.NET 中一个框架，可以轻松地构建能覆盖各种客户端（包括浏览器和移动设备等）的 HTTP 服务，ASP.NET Web API 是在.NET Framework 上构建 RESTful 应用程序的理想平台。

Web API 在 ASP.NET 中地位如图 13-13 所示。与 SignalR 一起同为构建服务的框架。Web API 负责构建 HTTP 常规服务，而 SingalR 主要负责的是构建实时服务，例如股票、聊天室、在线游戏等实时性要求比较高的服务。

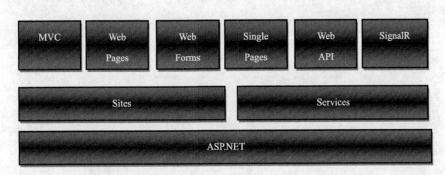

图 13-13　Web API 与 ASP.NET 的关系

3. Web API 的主要功能与适用场合

Web API 的主要功能如下。

（1）支持 HTTP 各种动作（包括 GET、POST、PUT、DELETE），实现 CRUD 操作（即 Create、Read、Update、Delete）。

（2）HTTP 响应可以通过 HTTP 状态码来表达不同含义，并且客户端可以通过接收标头来与服务器协商格式，例如希望服务器返回 JSON 格式或者 XML 格式的数据信息。

（3）HTTP 响应格式支持 JSON、XML，也允许扩展添加其他格式。

（4）支持大多数 MVC 功能，例如路由、控制器、过滤、模型、依赖注入等。

Web API 适合于以下应用场景。

● 需要 Web 服务，但是不需要 SOAP（简单对象访问协议，微软提供的一种已经淘汰的服务框架）。

● 需要在已有的 WCF（Windows Communication Foundation，Windows 通信开发平台）服务基础上建立不基于 SOAP 的 HTTP 服务（云计算服务）。

● 只想发布一些简单的 HTTP 服务，不想使用相对复杂的 WCF 配置。

● 发布的服务可能会被带宽受限的设备访问。

● 希望使用开源框架，关键时候可以自己调试或者自定义一下框架。

13.4.2　Web API 服务器端编程

Web API 技术在实际项目开发中，通常分为以下 2 步：首先是使用 Web API 开发服务器端接口，使客户端可以使用 URL 远程访问到 Web 服务；然后利用现有客户端软件（例如，浏览器）或者使用 HttpClient 开发属于自已的客户端程序向服务器端发起请求并获得 Web 服务的处理结果。下面通过一个实例来展现一个 Web API 服务在 VS2017 中的实现过程。

【实例 13-7】使用 Web API 实现一个简单的 Web 服务，为客户端提供有关商品信息服务。

（1）启动 VS2017 创建一个新项目，在已经安装的模板中选择 "ASP.NET Web 应用程序（.NET Framework）"，如图 13-14 所示。

① 单击"确定"按钮，接着在新弹出的对话框中选择"Web API"并单击"确定"按钮，如图 13-15 所示。

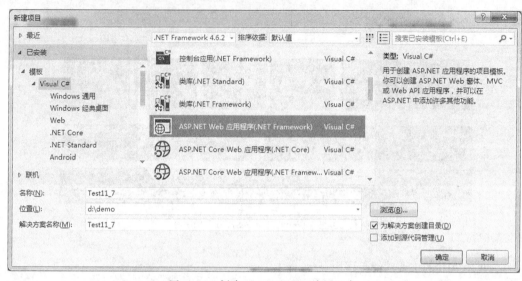

图 13-14 创建 ASP.NET Web 应用程序

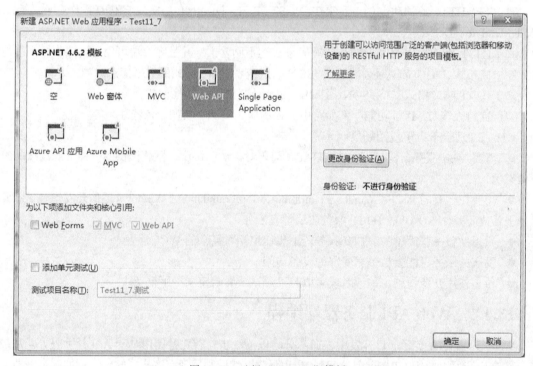

图 13-15 选择 "Web API" 模板

② 项目创建成功之后，VS2017 在解决方案资源管理器窗口中自动创建两个 Web API 控制器：HomeController 和 ValuesController。核心代码分别如下。

```
public class HomeController : Controller
{
    public ActionResult Index()
    {
        ViewBag.Title = "我的首页";
        return View();
    }
}
```

```
}
public class ValuesController : ApiController
{
    // GET api/values
    public IEnumerable<string> Get()
    {
        return new string[] { "value1", "value2" };
    }

    // GET api/values/5
    public string Get(int id)
    {
        return "value";
    }

    // POST api/values
    public void Post([FromBody]string value)
    {
    }

    // PUT api/values/5
    public void Put(int id, [FromBody]string value)
    {
    }

    // DELETE api/values/5
    public void Delete(int id)
    {
    }
}
```

上述代码中，HomeController 控制器定义了指定路径时访问 Web 服务的默认行为。ValuesController 控制器定义了 HTTP GET、POST、PUT 和 DELETE 请求对应的 URI 和相应的操作方法。

（2）在解决方案资源管理器窗口中右击文件夹"Models"，再选择"添加"→"类"快捷菜单命令，创建类文件 Goods.cs。新建的 Goods 类将作为 Web 服务的 Model（即模型），为客户端提供商品信息服务，代码如下。

```
public class Goods
{
    public int ID { get; set; }                        //商品 id
    public string Name { get; set; }                   //商品名称
    public string Title { get; set; }                  //商品规格
    public DateTime ProductionDate { get; set; }       //生产日期
    public float Price { get; set; }                   //价格
}
```

本例只是为了演示 Web API 的一般应用，并未涉及数据源的操作。实际项目开发中，我们可以在这个 Model 中封装数据库的 GRUD 操作，具体实现请参考相关书籍。

（3）在解决方案资源管理器窗口中右击文件夹"Controllers"，再选择"添加"→"控制器"快捷菜单命令，之后在"添加基架"对话框中选择"Web API2 控制器-空"，指定控制器名称为 GoodsController，之后自动生成 GoodsController.cs。新建的 GoodsController 类将作为远程访问 Web 服务的控制器，为客户端提供访问支持，代码如下。

```
public class GoodsController : ApiController
```

```
    {
        Goods[] goods = new Goods[]{
            new Goods(){ ID=1,  Name="手机",  Title=@"华为-荣耀 8", ProductionDate =
Convert.ToDateTime("2015-05-1"),  Price=1800},
            new Goods(){ ID=2,  Name="手机", Title=@"三星 GALAXY S8", ProductionDate =
Convert.ToDateTime("2017-05-1"),  Price=4500},
            new Goods(){ ID=2, Name="空调", Title=@"海尔KFR-50LW/10UBC12U1", ProductionDate
= Convert.ToDateTime("2016-12-15"),  Price=4990},
            new Goods(){ ID=2, Name="电视", Title=@"创维 V6", ProductionDate = Convert.
ToDateTime("2017-2-13"),  Price=3400},
        };

        // /api/Goods
        public IEnumerable<Goods> GetListAll()
        {
            return goods;
        }

        // /api/Goods/id
        public Goods GetGoodsByID(int id)
        {
            Goods x = goods.FirstOrDefault<Goods>(item => item.ID == id);
            if (x == null)
            {
                throw new HttpResponseException(HttpStatusCode.NotFound);
            }
            return x;
        }

        // /api/Goods?title=华为
        public IEnumerable<Goods> GetListByTitle(string title)
        {
            IEnumerable<Goods> query =   //创建 LINQ 查询
                from item in goods
                where item.Title.IndexOf(title) != -1
                select item;
            return query;  //执行 LINQ 查询并返回查询结果
        }
    }
```

（4）生成解决方案，生成成功之后选择"开始执行（不调试）"，即可运行 Web API 项目。此时，VS2017 会自动启动 IIS Express 进程来托管项目，同时自动打开系统默认浏览器，以显示指定 URI 路径的默认页面，其 URL 类似 "http://localhost:60064/"。

根据上面代码定义，在浏览器地址栏中输入相应的访问路径即可进行测试，测试效果如图 13-16 所示。

【注意】Web API 默认使用 XML 格式返回 HTTP 响应给客户端，若希望以 JSON 格式返回 HTTP 响应，则需要修改 Web API 项目的配置。具体方法如下：首先，在解决方案资源管理器窗口中找到位于 App_Start 目录下的 WebApiConfig.cs 文件，然后添加以下代码即可修改 JSON 格式。

```
public static class WebApiConfig
{
    public static void Register(HttpConfiguration config)
    {
```

```
//以下是 Web API 配置代码

GlobalConfiguration.Configuration.Formatters.XmlFormatter.SupportedMediaTypes.Clear();

GlobalConfiguration.Configuration.Formatters.JsonFormatter.MediaTypeMappings.Add(
        new QueryStringMapping("datatype", "json", "application/json"));

GlobalConfiguration.Configuration.Formatters.XmlFormatter.MediaTypeMappings.Add(
        new QueryStringMapping("datatype", "xml", "application/xml"));

        //以下是 Web API 路由代码
        config.MapHttpAttributeRoutes();

        config.Routes.MapHttpRoute(
            name: "DefaultApi",
            routeTemplate: "api/{controller}/{id}",
            defaults: new { id = RouteParameter.Optional }
        );
    }
}
```

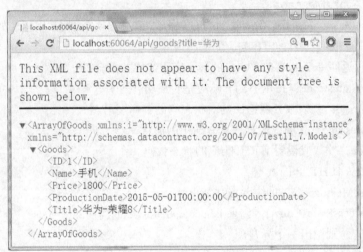

图 13-16　基于 Web API 的 Web 服务的测试效果

13.4.3　HttpClient 客户端编程

System.Net.Http 命名空间提供了各种包含 HTTP 特点的类，常用的有以下几个。

1. HttpClient 类

HttpClient 是客户端访问 Web 服务的入口，可以向 Web 服务发送 POST 或 GET 求并检索来自服务器的响应数据。HttpClient 类提供了一个用于从 URI 所标识的资源发送 HTTP 请求和接收 HTTP 响应的基类。该类可用来向 Web 服务发送 GET、PUT、POST、DELETE 以及其他请求。HttpClient 类还支持异步请求。

HttpClient 的主要属性有以下三个。

● DefaultRequestHeaders：获取每个 HTTP 请求的标识头，也可以用于添加 HTTP 请求的用户代理标识头。默认情况下，HttpClient 对象不会将用户代理标识头随 HTTP 请求一起发送到 Web 服务。但是有些 HTTP 服务器要求客户端发送的 HTTP 请求要附带用户代理标识头，如果没有标识头，则返回错误。

● MaxResponseContentBufferSize：用来指定 HTTP 响应缓存的最大值，默认值是整数的最大值。为了限制应用作为来自 Web 服务的响应接受的数据量，建议将此属性设置为一个较小的值。

● Timeout：获取或设置等待 HTTP 响应的超时时间（单位：毫秒），默认为 100 000 毫秒（即 100 秒）。

HttpClient 提供的常用方法如下。

● CancelPendingRequests()：取消所有正等待 HTTP 响应的请求。

● GetAsync()：以 HTTP GET 方式发送异步 HTTP 请求。 所谓"异步"就是指客户发出这个 HTTP 请求之后不需要等待服务器返回 HTTP 响应，而是通过创建一个监听服务器响应的线程，然后转移目标，运行其他程序，一旦监听到 HTTP 响应，则立即暂停其他程序，继续运行转移目标之前尚未运行完的代码。

● PostAsync()：以 HTTP POST 方式发送异步 HTTP 请求。

● PutAsync()：以 HTTP PUT 方式发送异步 HTTP 请求 。

● DeleteAsync()：以 HTTP DELETE 方式发送异步 HTTP 请求 。

2. HttpResponseMessage 类

HttpResponseMessage 用于保存接收到的 HTTP 响应消息。该类的常用属性如下。

● Content：获取或设置 HTTP 响应的消息内容。

● Headers：返回一个由 HTTP 响应的标头字段组成的集合。

● IsSuccessStatusCode：指示 HTTP 响应是否成功。

● ReasonPhrase：获取服务器返回的对状态码的解释短语。

● RequestMessage：获取或设置 HTTP 请求的消息。

● StatusCode：获取或设置 HTTP 响应的状态代码。

● Version：获取 HTTP 的版本。

HttpResponseMessage 提供的主要方法如下。

● EnsureSuccessStatusCode()：如果 IsSuccessStatusCode 属性的值=false，即客户端超时时没有收到 HTTP 响应，则抛出一个异常。

3. HttpContent 类

HttpContent 用于声明 HTTP 响应的正文内容和标题。它只有一个 Headers 属性（意义同上），提供的主要方法如下。

● CopyToAsync()：将 HTTP 响应异步写入流中。

● LoadIntoBufferAsync()：以异步方式将 HTTP 响应序列化，并加载到缓存之中。

● ReadAsStreamAsync：以异步方式读取 HTTP 响应内容 并返回一个流。

● ReadAsStringAsync：以异步方式读取 HTTP 响应内容 并返回一个字符串。

【实例 13-8】设计一个 Windows 应用程序，编写 HttpClient 客户端程序，远程访问实例 13-7 的 Web 服务，提取商品信息并显示，效果如图 13-17 所示。

（1）启动 VS2017，新建一个"Windows 窗体应用"项目，打开"Form1.cs"，在 Windows 窗体中添

图 13-17　运行效果

加两个 Label 控件、1 个 TextBox 控件、1 Button 控件，并根据表 13-9 设置相应属性项。

表 13-9　　　　　　　　　　　　　　　　需要修改的属性项

控件	属性	属性设置	控件	属性	属性设置
TextBox1	Name	txtUrl	Button1	Name	btnFind
Label2	Name	lblShow		Text	查找
	AutoSize	false	Label1	Text	Web 服务的 URI:
	BorderStyle	Fixed3D	Form1	Text	HttpClient 客户端程序
	Size	（320,90）			

（2）将 Form1.cs 切换到源代码视图中，创建 HttpClient 对象，并设置该对象的相关属性，如 MaxResponseContentBufferSize 和 DefaultRequestHeaders 属性。代码如下。

```
public partial class Form1: Form
{
    public Form1 ()
    {
        InitializeComponent(); //窗体初始化
        httpClient = new HttpClient(); 初始化 httpClient 对象
        httpClient.MaxResponseContentBufferSize = 256000;
        httpClient.DefaultRequestHeaders.Add("user-agent", "Mozilla/5.0 (compatible;
MSIE 10.0; Windows NT 6.2; WOW64; Trident/6.0)");
    }
    private HttpClient httpClient;
}
```

（3）在 Form1 窗体的设计视图中双击"查找"按钮，然后编写该按钮的 Click 事件方法。在该方法中，httpClient 对象先发送 HTTP GET 请求，再等待响应。如果发生错误或异常，则在 lblShow 标签中显示错误信息，否则显示来自该 Web 服务的响应。如果 Web 服务器返回 HTTP 错误状态代码，则调用 EnsureSuccessStatusCode 方法时会引发异常。为此，需要使用 try/catch 块来处理异常。发生异常时在 lblShow 标签中显示异常信息，而 Web 服务的状态信息和响应信息在 try 块中正常显示输出。代码如下。

```
private void btnFind_Click(object sender, EventArgs e)
{
    try
    {
        var task = httpClient.GetAsync(new Uri(txtUrl.Text)); //异步发送 HTTP 请求
        task.Result.EnsureSuccessStatusCode();  //确认 Web 服务器已返回消息
        HttpResponseMessage response = task.Result;  //获取 HTTP 响应
        lblShow.Text = "服务器状态:" +response.StatusCode + " " + response.ReasonPhrase
+ "\n";
        var result = response.Content.ReadAsStringAsync();  //提取 HTTP 响应的内容
        string msg = result.Result;
        msg = msg.Replace(",", ",\n");   //在 HTTP 响应的正文中,在逗号后面插入回车符
        lblShow.Text += msg;
    }
    catch(HttpRequestException ex)
    {
        lblShow.Text += "服务器异常,消息如下:"+ex.Message;
```

```
        }
    }
```

（4）运行程序，输入 URL 并远程请求实例 13-7 中实现的 Web 服务；当这个 URL 对应的商品存在时，服务器以 JSON 格式返回商品信息，显示效果如图 13-17 所示。而当这个 URL 对应的商品不存在时，则显示异常和错误信息，效果如图 13-18 所示。

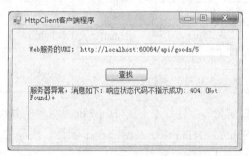

图 13-18　HTTP 请求发生异常

习　题

1．判断题

（1）System.Net 命名空间中的 Dns 类具有域名解析功能。

（2）语句 "IPAddress ip ="192.168.1.1";" 正确地设置了一个 IP 地址。

（3）IP 地址和端口号的组合称为端点 IPEndPoint。

（4）UDP 协议使用面向连接的套接字进行通信。

（5）TcpClient 对象只提供从本地客户端到远程服务器之间的连接。

（6）TcpListener 的 AcceptSocket 方法可在同步方式下返回一个套接字对象。

（7）WebRequest 和 WebResponse 都是抽象类，因此不能直接使用。

（8）要想获得 FTP 服务器的响应，必须先通过 new FtpWebResponse()构造一个 FTP 响应用对象。

（9）为了上传文件给 FTP 服务器，必须设置 FtpWebRequest 对象的 Method 属性值为 WebRequestMethods.Ftp.UploadFile。

2．选择题

（1）以下选项属于网络层协议的是（　　）。

　　A．IP　　　　　　B．TCP　　　　　　C．POP　　　　　　D．FTP

（2）在以下网络协议中，（　　）提供的是面向连接、可靠的字节流服务，其要求通信的双方先必须建立一个网络连接，之后才能传输数据。

　　A．IP　　　　　　B．TCP　　　　　　C．ARP　　　　　　D．UDP

（3）TCP 协议提供端到端的数据传输服务，其中端点 System.Net 中的（　　）封装。

　　A．IPAddress　　　　　　　　　　B．IPHostEntry

　　C．TcpClient　　　　　　　　　　D．IPEndPoint

（4）TCP 的套接字是由（　　）组成的。

A．IP 地址和 DNS 域名　　　　　　B．IP 地址和 MAC 地址

C．IP 地址和端口号　　　　　　　D．完整的 URI 字符串

（5）使用 Socket 类的实例 s 通过端点 endPoint 向 HTTP 服务器发送请求 messages 并接收响应 receives 的正确步骤是（　　）。

A．s.Connect (endPoint);

　　s.Send (messages, messages.Length, 0);

　　s.Receive (receives, receives.Length, 0);

B．s.Send (messages, messages.Length, 0);

　　s.Receive (receives, receives.Length, 0);

　　s.Connect (endPoint);

C．s.Receive (receives, receives.Length, 0);

　　s.Send (messages, messages.Length, 0);

　　s.Connect (endPoint);

D．s.Connect (endPoint);

　　s.Receive (receives, receives.Length, 0);

　　s.Send (messages, messages.Length, 0);

（6）为了实现 TCP 通信的，必须创建 Socket 类的实例。如果希望使用 IPv4 地址通信，则正确的构造方法是（　　）。

A．new Socket (AddressFamily.InterNetworkv6, SocketType.Stream, ProtocolType.Tcp)

B．new Socket (AddressFamily.InterNetwork, SocketType.Stream, ProtocolType.Tcp)

C．new Socket (AddressFamily.InterNetwork, SocketType.Stream, ProtocolType.Udp)

D．new Socket (AddressFamily.InterNetworkv6, SocketType.Stream, ProtocolType.Udp)

（7）以下选项都希望通过 80 端口连接远程服务器 www.abc.com，其中（　　）表示客户端使用特定端点实现远程连接。

A．TcpClient tcpClient=new TcpClient();

　　tcpClient.Connect ("www.abc.com",80);

B．TcpClient tcpClient = new TcpClient (AddressFamily.InterNetwork);

　　tcpClient.Connect ("www.abc.com",80);

C．IPAddress[] address = Dns.GetHostAddresses (Dns.GetHostName());

　　IPEndPoint iep = new IPEndPoint (address[0], 80);

　　TcpClient tcpClient = new TcpClient (iep);

　　tcpClient.Connect ("www.abc.com",80);

D．TcpClient tcpClient=new TcpClient ("www.abc.com", 80);

（8）在 TCP 通信时，假设服务器的 IP 为 192.168.0.1，端口为 333，客户端的 IP 为 192.168.0.2，端口为 555，以下选项（　　）能有效地监听客户端的请求。

A．IPEndPoint p = new IPEndPoint (IPAddress.Parse ("192.168.0.1",333);

　　TcpListener server = new TcpListener (p);

　　server.Start();

B．IPEndPoint p = new IPEndPoint (IPAddress.Parse ("192.168.0.2",555);

　　TcpListener server = new TcpListener(p);

```
                        server.Start();
```

C. IPEndPoint p = new IPEndPoint (IPAddress.Parse ("192.168.0.1",555);

TcpListener server = new TcpListener(p);

server.Start();

D. IPEndPoint p = new IPEndPoint (IPAddress.Parse ("192.168.0.2",333);

TcpListener server = new TcpListener(p);

server.Start();

（9）客户端程序必须先发送（   ）命令，才能接收 POP3 服务器中的电子邮件内容。

A. USER   B. STAT   C. RETR   D. QUIT

实验 13

一、实验目的

（1）掌握 System.Net 和 System.Net.Sockets 命名空间中常用类的使用方法。

（2）了解利用 HTTP、TCP 和 UDP 协议进行网络通信编程的一般方法。熟练通过这些协议编写简单的客户端和服务端应用程序。

（3）理解 Socket 编程的通信方式，初步掌握使用 Socket 完成同步和异步方式下的网络通信编程的方法。

（4）了解 Web 服务的相关概念，熟悉 ASP.NET 的 Web API，初步掌握基于 Web API 的 Web 服务的实现过程以及客户端编程方法。

二、实验要求

（1）熟悉 VS2017 的基本操作方法。

（2）认真阅读本章相关内容，尤其是案例。

（3）实验前进行程序设计，完成源程序的编写任务。

（4）反复操作，直到不需要参考教材、能熟练操作为止。

三、实验步骤

（1）使用 DNS 类和 IPHostEntry 类创建一个如图 13-19 所示的域名解析器。用户输入服务器 URL 以后，能显示主机名或者 DNS 域名以及对应的 IP 地址。

（2）参照实例 13-5，设计一个功能比较完善的 Ftp 客户端系统，能够下载、修改、删除 FTP 服务器的文件，也能上传文件到 FTP 服务器等。

（3）参照实例 13-4、实例 13-7、实例 13-8，设计一个简单的在线聊天软件，要求实现如下功能。

① 聊天信息保存到数据库之中。

② 以 Web 服务的形式提供聊天信息的保存与提取功能。

图 13-19　运行效果

③ 使用 HttpClient 实现客户端聊天信息的 I/O 互动操作。

四、实验总结

写出实验报告（报告内容包括实验内容、任务分析、算法设计、源程序、实验体会等），并记录实验过程中的疑难点。

第14章
多媒体编程技术

总体要求

- 了解 GDI+的组成和工作机制，了解 System.Drawing 命名空间。
- 理解画面 Graphics、钢笔 Pen、画笔 Brush 和颜料 Color 的关系，掌握创建 Graphics、Pen、Brush 对象方法。
- 学会绘制各种图形的方法（包括点、线条、典线、弧线、拆线、矩形、椭圆、多边形等），掌握图像和文本的呈现方法。
- 了解 Windows Media Player 组件对象模型，掌握其使用方法。

学习重点

- GDI+的应用。
- Windows Media Player 组件的使用。

随着计算机应用领域的不断拓展，计算机所处理的信息内容已经从以数字、文字为主逐步转变为以多媒体信息为主了。目前，图像、音频、视频、动画、游戏等已经构成了互联网的主要内容。另外，随着物联网的如火如荼地发展，有关多媒体信息的采集、分析、检索、编辑、加工、变换等，将成为程序设计的主要内容。为此，本章将介绍一些常用的多媒体编程技术，希望能起到抛砖引玉的作用。

14.1　GDI+绘图

14.1.1　GDI+概述

1. GDI+的概念

GDI（Graphic Device Interface，图像设备接口）是早期 Windows 操作系统的一个可执行程序，位于"C:\Windows\System32"文件夹中，文件名为 GDI.exe。顾名思义，GDI+是 GDI 的升级版本。相对原来 GDI 而言，GDI+统一在.Net Framework 中封装和定义，因此支持代码托管。当然，使用 GDI+编写的绘图程序就只能运行于具有.Net Framework 的计算机之中。

GDI+负责处理来自应用程序的对 Windows 操作系统图形处理函数的调用，并将这些调用传递给合适的设备驱动程序，由设备驱动程序执行与硬件相关的函数并产生最后的输出结果，实现显示屏或打印机绘图输出处理，如图 14-1 所示。

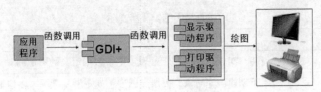

图 14-1　GDI+的工作机制

可见，GDI+实现了应用程序与输出设备硬件的分离，使得程序员在编写绘图程序时不需要考虑输出设备的类型、规格、品牌等具体情况，也不需要考虑物理设备对应的驱动程序状况。因此，GDI+可以创建设备无关的应用程序。

2. GDI+ 的组成

Windows 操作系统的 GDI+服务分为以下 3 个主要部分。

（1）二维矢量图形

矢量图形由图元（比如线条、曲线和图形）组成，它们由一系列坐标系统的点集组成。例如，一条直线可以由它的两个端点所确定，一个矩形可以通过给出它的左上角点的位置加上它的宽度、高度来确定。

GDI+提供了用于存储这些图元本身信息的类或结构体，也提供了绘制图元的类。例如，Rectangle 结构体存储了一个矩形的尺寸位置；Pen 类存储了线条颜色、线条宽度以及线条样式等信息；Graphics 类提供了绘制线条、矩形、路径和其他图形的方法；而 Brush 类存储了在闭合图形内部填充颜色和图案的信息。

（2）图像处理

某些图片是很难采用矢量图形来表示的。例如，工具栏按钮及其图标就很难通过一系列线条和曲线来描述。一张高分辨率的数码照片更难采用矢量技术来创建。这种类型的图象采用位图进行存储，即由表示屏幕上独立点的颜色的数字型数组所组成。用于存储位图信息的数据结构往往比矢量图形要复杂的多。为此，GDI+中提供了若干种类，可实现快速存取和显示，例如 CachedBitmap 类可用于存储一张缓存在内存中图片。

（3）图文混排

图文混排简称排版或版式，是当今任何文字处理或绘图软件的基础功能。它关系到文字以何种字体、尺寸和样式在绘图区域中的具体显示和控制。GDI+为这种复杂的任务提供广泛的支持，其新功能之一是子像素抗锯齿功能。它使得在液晶显示屏上可以显示更加平滑的显示文本。

3. System.Drawing 命名空间

GDI+主要封装于命名空间 System.Drawing 之中。该命令空间包含了大约 40 个类和 6 个结构体。Graphics 类是整个 GDI+的核心，其是绘制线条、曲线、图形、图像和文本的面面。 其他类需要和 Graphics 类配合使用。

例如，Pen 对象保存了即将绘制的线条的属性，包括颜色、宽度、虚线类型等，其协同 Graphics 对象绘制线条。LinearGradientBrush 对象协同 Graphics 对象实现矩形的渐变色填充。Font 和 StringFormat 对象影响 Graphics 对象绘制文本的方式。Matrix 对象用于存储和生成一个 Graphics 对象的全局变换矩阵，用于旋转、缩放和翻转图象。

在 System.Drawing 之中，常用的类如表 14-1 所示，常用的结构如表 14-2 所示。

表 14-1　　　　　　　　　　　　　　　GDI+常用的类及其说明

类	说明
Bitmap	封装 GDI+ 位图，用于处理由像素数据定义的图像的对象
Brush	用于创建画笔对象，以填充图形（如矩形、椭圆、多边形等）的内部
BufferedGraphics	为双缓冲提供图形缓冲区
BufferedGraphicsContext	提供创建图形缓冲区的方法，该缓冲区可用于双缓冲
BufferedGraphicsManager	提供对应用程序域的主缓冲图形上下文对象的访问
Font	定义特定的文本格式，包括字体、字号和字形属性
Graphics	封装一个 GDI+ 绘图图面
Icon	表示 Windows 图标
Image	为源自 Bitmap 和 Metafile 的类提供功能的抽象基类
ImageAnimator	动画处理包含基于时间的帧的图像
Pen	定义用于绘制直线和曲线的钢笔对象
Region	指示由矩形和由路径构成的图形形状的内部
SolidBrush	定义单色画笔
StringFormat	封装文本布局信息、显示操作和 OpenType 功能

表 14-2　　　　　　　　　　　　　　　GDI+常用的结构及其说明

结构	说明
CharacterRange	指定字符串内字符位置的范围
Color	表示一种 ARGB 颜色（alpha、红色、绿色、蓝色）
Point	表示在二维平面中定义点的、整数 X 和 Y 坐标的有序对
PointF	表示在二维平面中定义点的浮点 x 和 y 坐标的有序对
Rectangle	存储一组整数，共四个，表示一个矩形的位置和大小
RectangleF	存储一组浮点数，共四个，表示一个矩形的位置和大小
Size	存储一个有序整数对，通常为矩形的宽度和高度
SizeF	存储有序浮点数对，通常为矩形的宽度和高度

14.1.2　创建 Graphics 对象

在用 GDI+绘图时，需要先创建一个画面（即 Graphics 对象），然后才可以使用 GDI+绘制线条和形状、呈现文本或显示与操作图像。

创建 Graphics 对象的方法主要有以下两种。

1. 使用 CreateGraphics()方法创建

Windows 窗体或窗体控件具有 CreateGraphics()成员方法，调用该方法即可得到 Graphics 对象。一旦创建成功，系统将以该窗体或控件视为默认画面。

例如，假设有一个用于显示图片的 Panel 控件，其 Name 属性为 picShow，则以下代码表示调用该面板 picShow 的 GreateGraphics 方法创建一个 Graphics 对象。之后系统将以该面板为画面绘制图形。

```
Graphics g = picShow.GreateGraphics();
```

2. 在 Paint 事件中创建 Graphics 对象

Paint 事件是一个在重新绘制窗体或控件时触发的事件。该事件触发时，系统自动创建一个 Graphics 对象，并通过 PaintEventArgs 型的形参变量 e 进行传递。在 Paint 事件方法中，引用 e.Graphics 属性，即可获得 Graphics 对象。

例如，假设某个窗体对象为 myForm，则以下代码表示在重绘窗体（即重新显示窗体）时将 PaintEventArgs 传递的 Graphics 对象赋值给变量 g。

```
private void myForm_Paint(object sender,PaintEventArgs e)
{
    Graphics g = e.Graphics;
    //其他代码
}
```

14.1.3　颜料、钢笔和画笔

手工画画时，画布（纸）、颜料、钢笔或画笔等是自然少不了的。在 GDI+中，Graphics 对象就是画布，Color 型的变量就是颜料，Pen 的实例就是钢笔，可以绘制线条或几何形状，Brush 的实例就是画笔，可以填充几何形状或绘制文本。

1. 选择颜色

在.Net Framework 之中，Color 是结构体，是一种 ARGB 颜色（即 Alpha、Red、Green、Blue，其中 Alpha 代表透明度）。该结构体内置了许多用英文单词表示的标准颜色，例如 White、Black、Yellow、Red 等；也提供 FromArgb()方法，指定 4 个介于 0～255 之间的 ARGB 分量即可自定义任意颜色。

例如，以下代码定义了一个颜色变量 c，其 ARGB 分量的值分别为 120、255、0、0，合起来表示带透明效果的红色。

```
Color c = Color.FromArgb(120, 255, 0, 0);
```

2. 创建钢笔

钢笔用来绘制线条和空心形状。调用 Pen 类的构造函数即可创建钢笔对象。Pen 类的构造函数的格式如下。

```
Pen(Color color,float width)。
```

其中，color 表示钢笔的颜色，width 表示钢笔的宽度。width 可省略，省略时默认的宽度为 1。

3. 创建画笔

画笔用来填充形状或绘制文本。在.Net Framework 之中，Brush 是一个抽象类，只能通过派生类来创建画笔对象。表 14-3 列出了 Brush 类的派生类。

表 14-3　　　　　　　　　　　画笔类

类名	说明
SolidBrush	表示单色填充的画笔，位于 System.Drawing
HatchBrush	表示使用预设的图案进行填充的画笔，位于 System.Drawing.Drawing2D
TextureBrush	表示使用纹理进行填充的画笔，位于 System.Drawing
LinearGradientBursh	表示使用渐变色进行填充的画笔，位于 System.Drawing.Drawing2D
PathGradientBrush	表示根据路径使用渐变色进行填充的画笔，位于 System.Drawing.Drawing2D

（1）创建单色画笔

例如，以下代码创建了一个绿色的画笔对象 gBrush。

```
SolidBrush gBrush = new SolidBrush (Color.Green);
```

（2）创建填充图案的画笔

HatchBrush 允许从 Windows 系统提供的预设图案中选择一种图案来填充形状。它使用阴影样式、背景色和前景色定义矩形填充区域，其中，阴影样式为 HatchStyle 枚举值，前景色定义线条的颜色，背景色定义各线条之间间隙的颜色。

例如，以下代码定义了一个填充图案的画笔对象 hBrush。该画笔的阴影样式为对角放置的棋盘外观的阴影，前景色为白色，背景色为蓝色。

```
HatchBrush hBrush = new HatchBrush ( HatchStyle.SolidDiamond,
                                     Color.White,Color.Blue) ;
```

（3）创建填充纹理的画笔

TextureBrush 类允许使用图像来填充形状，其构造函数如下。

```
TextureBrush(Image image, WrapMode wrapMode)
```

其中，image 参数指定用于填充的图像文件；wrapMode 参数指定图像的平铺方式，其值为 WrapMode 枚举值。

例如，以下代码定义了一个填充纹理的画笔对象 tBrush。该对象使用图片文件 "d:\ back.jpg" 进行填充，效果为平铺渐变。

```
Bitmap image = new Bitmap(@"d:\ back.jpg");
TextureBrush tBrush = new TextureBrush ( image, WrapMode.Tile) ;
```

（4）创建渐变色的画笔

LinearGradientBursh 封装了双色渐变和自定义的多色渐变。所有渐变都是在矩形区域内进行的。默认情况下，双色渐变是沿直线从起始颜色到结束颜色的均匀水平线性混合。

LinearGradientBursh 类的构造函数有多种格式,常用的有以下两种。

```
        public LinearGradientBrush(Rectangle rect,Color color1,Color color2,
                                LinearGradientMode mode)
        public LinearGradientBrush(Rectangle rect,   Color   color1,Color   color2,float
angle)
```

其中，rect 指定填充的矩形区域；color1 指定起始颜色；color2 指定结束颜色；mode 或 angle 指定渐变方向，mode 的值是 LinearGradientMode 枚举值，而 angle 为顺序时钟角度。

例如，假设已存在一个区域区域对象 rec，则以下代码表示创建了一个渐变色的画笔对象 lgBrush，可从水平方向从蓝色渐变到黄色。

```
LinearGradientBrush lgBrush = new LinearGradientBrush (rect,
        Color.Blue,Color.Yellow, LinearGradientMode.Horizontal)
```

需要创建多色渐变时，可使用 LinearGradientBursh 类的 InterpolationColors 属性实现。

需要使用自定义混合图，可使用 LinearGradientBursh 类的 Blend 属性、SetSigmaBellShape 方法或 SetBlendTriangularShape 方法实现。

14.1.4 线条与图形的绘制

Graphics 对象提供了绘制各种线条和形状的方法，可使用纯色、透明色、渐变色、图案或纹理来填充形状。可使用钢笔 Pen 创建线条、非闭合的曲线或轮廓形状（如弧线），也可使用 Brush 对象创建矩形、椭圆或任意闭合的曲线形状（如弧形）。

1. 点

在 GDI+中，点是一个 Point 结构体，其由坐标值 x 和 y 共同组成。

例如，以下代码定义了一个坐标点 p(100,100)。

```
Point p = new Point(100,100);
```

2. 线条

在 GDI+中，线条是钢笔 Pen 在起始点和结束点之间产生的连线。调用 Graphics 对象的 DrawLine 方法可以绘制线条。该方法有以下两种格式。

```
DrawLine(Pen pen,Point p1,Point p2);
DrawLine(Pen pen,int x1,int y1,int x2,int y2) ;
```

前者表示绘制一条连接 p1 点和 p2 点的线条；后者表示绘制一条连接（x1,x2）点和（x2,y2）点的线条。

【实例 14-1】设计一个 Windows 应用程序，在窗体之中绘制线条，要求：线条绘制从按下鼠标时开始直到释放鼠标时结束，可选择线条宽度，可修改线条的颜色。效果如图 14-2 所示。

（1）设计 Windows 窗体，首先添加 6 个 Label、1 个 Panel 和 5 个 NumericUpDown 控件，然后设置相关属性，如表 14-4 所示，其中，Panel 控件用来定制绘画展区域。

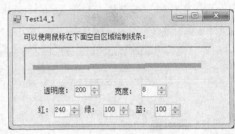

图 14-2　运行效果

表 14-4　　　　　　　　　　　　添加的控件及其属性设置

控件	属性	属性设置	控件	属性	属性设置
Panel1	Name	pnlDraw	NumericUpDown3	Name	nudRed
	BorderStyle	Fixed3D		Min～Max	0～255
NumericUpDown1	Name	nudAlpha	NumericUpDown4	Name	nudGreen
	Min～Max	0～255		Min～Max	0～255
NumericUpDown2	Name	nudWidth	NumericUpDown5	Name	nudBlue
	Min～Max	0～255		Min～Max	0～255

（2）在窗体类中定义若干私有成员字段，并在窗体类的构造函数中初始化。主要代码如下。

```
public partial class Test14_1 : Form
{
    private Point pStart, pEnd;         //线条的起点和终点
    private Graphics g;
    private Pen p;
    private Color c;                    //用来保存线条的颜色
    private int width;                  //用来保存线条的宽度
    public Test14_1()
    {
        InitializeComponent();
        c = Color.Black;
        width = 1;
        p = new Pen(c,width);
        g =pnlDraw.CreateGraphics();    //在面板中创建画面
    }
```

```
        //其他代码
    }
```

（3）编写 pnlDraw 面板控件的 MouseDown 和 MouseUp 事件方法，以记录按下或释放鼠标键时指针位置，并绘制线条。代码如下。

```
    private void pnlDraw_MouseDown(object sender, MouseEventArgs e)
    {
        pStart = new Point(e.X, e.Y);
    }
    private void pnlDraw_MouseUp(object sender, MouseEventArgs e)
    {
        pEnd = new Point(e.X, e.Y);
        g.DrawLine(p, pStart, pEnd);
    }
```

（4）编写一个名为 ReDrawLine 的共享事件方法。该方法将根据用户选择的透明度、宽度、颜色重新绘制线条。代码如下。

```
    private void ReDrawLine(object sender, EventArgs e)
    {
        c = Color.FromArgb((int)nudAlpha.Value, (int)nudRed.Value,
                    (int)nudGreen.Value, (int)nudBlue.Value);
        width =(int)nudWidth.Value;
        p = new Pen(c, width);
        g.Clear(this.BackColor);
        g.DrawLine(p, pStart, pEnd);
    }
```

（5）分别打开各 NumericUpDown 控件的属性窗口，设置 ValueChanged 事件的事件方法为 ReDrawLine，效果如 " ValueChanged　ReDrawLine " 所示。

（6）运行程序，测试运行效果。

3. 折线、弧线、抛物线

（1）折线实际上是一系列连接在一起的线条。调用 Graphics 对象的 DrawLines 方法即可绘制折线。该方法的格式如下。

```
DrawLines(Pen pen,PointF[] points)
```

其中，points 是 PointF 数组，表示折线的各连接点。注意，PoinF 允许使用浮点数定义点的坐标。

例如，以下代码运行后将输出一个形状如 "W" 的折线图。

```
PointF[] points =
{
        new PointF(10.0F,10.0F),
        new PointF(25.0F,100.0F),
        new PointF(50.0F,10.0F),
        new PointF(75.0F,100.0F),
        new PointF(100.0F,10.0F)
};
Graphics g = this.CreateGraphics();
Pen p = new Pen(Color.Red, 1);
g.DrawLines(p, points);
```

（2）绘制弧线可调用 Graphics 对象的 DrawArc()方法。该方法的格式如下。

```
DrawArc(Pen pen,float x,float y,float width,float height,
        float startAngle,float sweepAngle)
```

其中，点(x,y)表示弧左上角的坐标；width 和 height 表示弧线的总体宽度和高度；startAngle

表示弧线以起始点为轴心沿顺时针方向旋转的角度（即起始角）；sweepAngle 表示从起始角到弧线的结束点沿顺时针方向扫过的角度（该角为 360°时，由于起始点与结束点重合，故形成一个椭圆）。

例如，设 g 为已存在的 Graphics 对象，则以下代码将显示一个开口向右的半圆弧。

```
g.DrawArc(p, 0, 0, 100, 100, 90, 180);
```

（3）绘制抛物线可借助二次函数，通过迭代，不断地生成终点坐标而重新绘制。

例如，设 g 为已存在的 Graphics 对象，二次函数 $y=0.01x^2-2x+200$ 的抛物线可使用以下代码来生成。

```
Pen p = new Pen(Color.Red, 2);
float x0 = 0, y0, x, y;
y0 = 0.01F * x0 * x0 - 2 * x0 + 200;
PointF pStart = new PointF(x0, y0);        //抛物线的起点
for (x = -100F; x <= 200F; x++)
{
    y = 0.01F* x * x -2 * x + 200;
    PointF pEnd = new PointF(x, y);        //抛物线的终点
    g.DrawLine(p, pStart, pEnd);           //绘线
    pStart = pEnd;                         //重新设置起点
}
```

4. 图形

图形就是常说的几何图形，包括矩形、椭圆、扇形和任意多边形。Graphics 对象提供了一系列绘制图形的方法，如表 14-5 所示。

表 14-5　　　　　　　　　　　　　　绘制图形的方法

名称	说明
DrawEllipse	绘制椭圆或圆
DrawLines	绘制一系列线段。当起始点和结束点相同时，为闭合图形
DrawPie	绘制一个扇形（椭圆的一部分）
DrawPolygon	绘制由一组 Point 结构定义的多边形
DrawRectangle	绘制由坐标对、宽度和高度指定的矩形
DrawRectangles	绘制一系列矩形
FillEllipse	填充边框椭圆的内部
FillPie	填充扇形区的内部
FillPolygon	填充多边形的内部
FillRectangle	填充由矩形的内部
FillRectangles	填充一系列矩形的内部
FillRegion	填充 Region 的内部

（1）矩形

在 GDI+之中，矩形分为空心矩形和实心矩形。前者调用 DrawRectangle()方法并使用钢笔绘制，后者调用 FillRectangle 并使用画笔填充。它们的格式分别如下。

```
DrawRectangle(Pen pen,float x,float y,float width,float height)
DrawRectangle(Pen pen,Rectangle rect)
FillRectangle(Brush brush,float x,float y,float width,float height)
```

```
FillRectangle(Brush brush,RectangleF rect)
```

其中，参数 x 和 y 表示矩形左上角的坐标点(x,y)；width 表示矩形的宽度；height 表示矩形的高度；rect 表示矩形区域。在定义矩形区域时，也要指定左上角的坐标点、宽度和高度。

例如，设 g 为已存在的 Graphics 对象，则以下两组代码的功能完全相同

代码 1
```
Pen p = new Pen(Color.Red);
g. DrawRectangle(p,10,10,100,50);
```
代码 2
```
Rectangle rect = new Rectangle(10,10,100,50);
g. DrawRectangle(p,rect);
```

上述两组代码均表示绘制一个左上角坐标为(10,10)、宽为 100、高为 50 的矩形。

（2）椭圆

在 GDI+中，椭圆也分为空心椭圆和实心椭圆。前者调用 DrawEllipse()方法并使用钢笔绘制，后者调用 FillEllipse()并使用画笔填充。它们的使用格式与绘制矩形的方法格式相似，要么指定左上角的坐标、宽度和高度，要么指定绘制椭圆的矩形区域。

例如，以下代码表示在左上角为(10,10)、宽为 100、高为 50 的矩形区域内绘制一个实心的内部填充红色的椭圆。

```
SolidBrush sBrush = new SolidBrush(Color.Red) ;
Rectangle rect = new Rectangle(10,10,100,50);
g. FillEllipse(sBrush,rect);
```

（3）扇形

在 GDI+中，调用 DrawPie()可绘制空心的扇形，调用 FillPie()方法可绘制实心的扇形。DrawPie()和 FillPie()的使用格式与绘制弧形的方法 DrawArc()的使用格式相似，需要指定绘制扇形的矩形区域（包括左上角的坐标、宽度和高度），还要指定两个角度。

图 14-3 实心扇形

例如，以下代码绘制了个开口向右的内部填充交叉图案的实心扇形，如图 14-3 所示。

```
HatchBrush hBrush = new HatchBrush(HatchStyle.Cross,Color.Blue,Color.Olive);
Rectangle rect = new Rectangle(100, 10, 100, 50);
g.FillPie(hBrush, rect, 45, 270);
```

（4）多边形

在 GDI+中，调用 DrawPolygon()方法可绘制空心的多边形，而调用 FillPolygon()方法可绘制实心的多边形。两个方法的使用格式如下。

```
DrawPolygon(Pen pen,PointF[] points)
FillPolygon(Brush brush,PointF[] points)
```

其中，参数 points 表示多边形各顶点的坐标。

例如，以下代码将绘制一个由(10,10)、(10,100)和(100,50)三个点组成的实心三角形。

```
HatchBrush hBrush = new HatchBrush(HatchStyle.Cross,Color.Blue,Color.Olive);
Point[] points =
{
    new Point(10,10),
    new Point(10,100),
    new Point(100,50)
};
g.FillPolygon(hBrush, points);
```

【实例 14-2】设计一个 Windows 程序，该程序具有以下功能：绘制任意线型；绘制任意矩形或椭圆；修改图形的填充色。效果如图 14-4 所示。

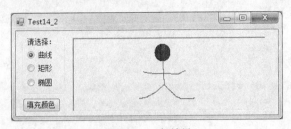

图 14-4　运行效果

操作步骤如下。

（1）设计 Windows 窗体，添加 3 个 RadioButton、1 个 Button、1 个 Panel 和 1 个 ColorDialog 控件，并设置相关属性，如表 14-6 所示。

表 14-6　　　　　　　　　　　　　添加的控件及其属性设置

控件	属性	属性设置	控件	属性	属性设置
RadioButton1	Name	rdoCurve	Panel1	Name	pnlGraphic
RadioButton2	Name	rdoRect	Button1	Name	btnFill
RadioButton3	Name	rdoEllipse		Text	填充颜色颜色
ColorDialog1	Name	dlgColor			

（2）在窗体类之中定义若干个私有字段成员，并在窗体类构造函数中初始化。主要代码如下。

```
public partial class Test14_2 : Form
{
    private Graphics g;              //声明 Graphics 对象
    private Pen p;                   //声明钢笔对象
    private bool isMouseDown;        //用来判断是否按下鼠标键
    private Point pStart, pEnd;      //声明起始点和结束点
    private int type,status;         //type 指定绘制哪种图形,status 代表绘制状态
    public Test14_2()
    {
        InitializeComponent();
        p = new Pen(Color.Black);    //创建钢笔对象
        g = this.CreateGraphics();   //创建 Graphics 对象
        isMouseDown = false;         //默认尚未按下鼠标键
        type =1;                     //默认绘制曲线
    }
}
```

（3）在窗体类之中定义三个成员方法，分别用于获得图形类型、绘图和着色，代码如下。

```
private void setGraphicType()        //获得要绘制的图形类型
{
    if (rdoCurve.Checked) type = 1;
    else if (rdoRect.Checked) type = 2;
    else type = 3;
}
private void DrawPicture()           //绘制图形
{
```

```
        setGraphicType();
        int width = pEnd.X - pStart.X;                    //计算图形宽度
        int height = pEnd.Y - pStart.Y;                   //计算图形高度
        Rectangle rect = new Rectangle(pStart, new Size(width, height));  //创建绘图的矩形区域
        switch (type)
        {
            case 1:
                g.DrawLine(p, pStart, pEnd);              //画线
                pStart = pEnd;
                break;
            case 2:
                g.Clear(pnlGraphic.BackColor);            //清除原图形
                g.DrawRectangle(p, rect);                 //绘制矩形
                break;
            case 3:
                g.Clear(pnlGraphic.BackColor);
                g.DrawEllipse(p, rect);                   //绘制椭圆
                break;
        }
    }
    private void FillPicture(Color c)                     //为图形填充着色
    {
        Brush b = new SolidBrush(c);                      //创建画笔
        g.Clear(pnlGraphic.BackColor);
        int width = pEnd.X - pStart.X;
        int height = pEnd.Y - pStart.Y;
        Rectangle rect = new Rectangle(pStart, new Size(width, height));
        switch (type)
        {
            case 2:
                g.FillRectangle(b, rect);                 //填充矩形
                break;
            case 3:
                g.FillEllipse(b, rect);                   //填充椭圆
                break;
        }
    }
```

（4）编写 Panel 控制的 MouseDown、MouseUp 和 MouseMove 事件方法。在 MouseDown 事件之中设置图形的起始点，在 MouseUp 事件中结束绘画，在 MouseMove 事件之中调用 DrawPicture()方法绘制图形。代码如下。

```
    private void pnlGraphic_MouseDown(object sender, MouseEventArgs e)
    {
        isMouseDown = true;                   //已按下鼠标键
        status = 0;                           //开始绘图
        pStart = new Point(e.X, e.Y);         //得到起始点
    }
    private void pnlGraphic_MouseUp(object sender, MouseEventArgs e)
    {
```

```
        isMouseDown = false;          //已释放鼠标键
        status = 1;                   //结束绘图
    }
    private void pnlGraphic_MouseMove(object sender, MouseEventArgs e)
    {
        if (status == 0)              //如果仍在绘图,则得到终点
        {
            pEnd = new Point(e.X, e.Y);
        }
        if (isMouseDown)              //如果已释放鼠标键,则绘制图形
        {
            DrawPicture();
        }
    }
```

（5）编写 btnFill 按钮的 Click 事件方法。该方法首先显示颜色对话框,并根据选中的颜色调用 FillPicture()方法为图形填充颜色。代码如下。

```
    private void btnFill_Click(object sender, EventArgs e)
    {
        if (dlgColor.ShowDialog() == DialogResult.OK)
        {
            FillPicture(dlgColor.Color);
        }
    }
```

（6）运行该程序,效果如图 14-4 所示。

14.1.5　图像和文本的绘制

1. 呈现图像

GDI+具有直接呈现图像文件的功能。使用时,可先创建一个图像对象,以封装将要呈现的图像文件信息,然后创建 Graphics 对象并调用其 DrawImage 方法,把图像输出。

在.NET Framework 中,图像就是 Image 类。它是一个抽象类,只能通过其成员方法 FromFile 或者派生类 Bitmap 或 Metafile 类的构造函数创建 Image 对象,其中,Bitmap 类支持 BMP、GIF、EXIG、JPG、PNG 和 TIFF 等文件格式,而 Metafile 类只支持 Windows 图元文件格式 ,包括 WMF 和 EMF。

例如,以下代码功能相同,均表示从指定的文件创建图像对象。

```
Image imgShow = Image.FromFile(@"d:\Picture\1.jpg");
Bitmap bmpShow = new Bitmap(@"d:\Picture\1.jpg");
```

创建图像对象之后,调用 Graphics 对象的 DrawImage()方法即可呈现图像。该方法的常用格式有以下三种。

```
DrawImage(Image image,float x,float y)
DrawImage(Image image,RectangleF rect)
DrawImage(Image image,float x,float y,float width,float height)
```

其中,参数 image 表示要呈现的图像对象;(x,y)或 rect 表示左上角的坐标,而 width 和 height 指定图像的宽度和高度。省略 width 和 height 时,系统自动根据原始图像的大小进行设置。

例如,设 g 为已存在的 Graphics 对象,则以下代码将呈现图像文件,其宽度为 200,而高度根据原始图片纵横比例进行计算。

```
Image imgShow = Image.FromFile(@"d:\Picture\1.jpg");
float width = 200;    //设置呈现宽度
float rate = width / imgShow.Width;    //计算缩放比例
float height = imgShow.Height * rate;   //根据缩放比计算呈现高度
RectangleF rec = new RectangleF(0,0,width,height);  //创建呈现区域
g.DrawImage(imgShow, rec);    //呈现图像
```

2. 绘制格式化文本

GDI+具有图文混合处理的功能，允许将文本以指定字体格式、特定绘画效果显示在图形窗口的特定位置或区域。只需调用 Graphics 对象的 DrawString()方法即可实现。该方法的格式如下。

```
DrawString(string s,Font font,Brush brush,PointF point)
DrawString(string s,Font font,Brush brush,RectangleF layoutRectangle)
public void DrawString(string s,Font font,Brush brush, PointF point,StringFormat
format)
```

其中，参数 s 代表要输出的文本；font 指定文本的字体格式；brush 指定绘制效果（如以渐变色效果显示）；point 指定显示位置的左上角；layoutRectangle 指定显示区域；format 用来设置文本布局格式。

StringFormat 类封装了文本布局信息，其 FormatFlags 属性为 StringFormatFlags 枚举。该属性的值为 DirectionRightToLeft 时，表示文本从右到左排列；其值为 DirectionVertical 时，表示文本垂直排列。String Format 类的 Alignment 属性为 StringAlignment 枚举，用来定义对齐方式，其值为 Center 时，表示居中对齐；其值为 Far 表示远离布局区域的原点位置对齐；其值为 Near 时，则表示靠近布局区域对齐。

【实例 14-3】设计一个 Windows 程序，先输入任意文本再以渐变色输出。要求：允许更改字体、颜色和布局方式。运行效果如图 14-5 所示。

（1）设计 Windows 窗体，添加 1 个 Label、1 个 TextBox、4 个 Button 和 1 个 Panel 控件并设置相关属性，如表 14-7 所示。

图 14-5　运行效果

表 14-7　　　　　　　　　　　　　添加的控件及其属性设置

控件	属性	属性设置	控件	属性	属性设置
TextBox1	Name	txtSource	Button2	Name	btnStartColor
Panel1	Name	pnlShow		Text	选起始颜色
FontDialog1	Name	dlgFont	Button3	Name	btnEndColor
ColorDialog1	Name	dlgColor		Text	选终止颜色
Button1	Name	btnFont	Button4	Name	btnDraw
	Text	设置字体		Text	绘制文本

（2）在窗体类中使用 using 引用 System.Drawing.Drawing2D 命名空间，再定义若干私有成员字段，并在窗体类的构造函数中初始化。主要代码如下。

```
using System.Drawing.Drawing2D;
public partial class Test14_3 : Form
{
    Graphics g;             //声明 Graphics 对象
```

```
    Font font;                    //声明字体对象
    Color startColor;             //声明渐变色的起始色
    Color endColor;               //声明渐变色的终止色
    //其他代码
}
```

（3）编写各按钮的 Click 事件方法，以获得绘制文本时的字体、渐变色的起始和终止色。代码如下。

```
private void btnFont_Click(object sender, EventArgs e)
{
    if (dlgFont.ShowDialog() == DialogResult.OK)      //显示字体对话框
    {
        font = dlgFont.Font;                          //获得选中的字体
    }
}
private void btnStartColor_Click(object sender, EventArgs e)
{
    if (dlgColor.ShowDialog() == DialogResult.OK)     //显示颜色对话框
    {
        startColor = dlgColor.Color;                  //获得选中的颜色
    }
}
private void btnEndColor_Click(object sender, EventArgs e)
{
    if (dlgColor.ShowDialog() == DialogResult.OK)
    {
        endColor = dlgColor.Color;
    }
}
private void btnDraw_Click(object sender, EventArgs e)
{
    pnlShow.Refresh();        //刷新面板 Panel,以触发 Paint 事件
}
```

（4）编写面板 Panel 的的 Paint 事件方法，在面板之中绘制文本。代码如下。

```
private void pnlShow_Paint(object sender, PaintEventArgs e)
{
    g = e.Graphics;           //创建 Graphics 对象
    LinearGradientBrush lgBrush = new LinearGradientBrush(
            pnlShow.ClientRectangle,                  //设置填充渐变色的矩形区域
            startColor, endColor,                     //设置渐变色的起始色和结束色
            LinearGradientMode.Horizontal);           //设置渐变模式为从水平渐变
    StringFormat format = new StringFormat();         //创建文本格式化对象
    format.Alignment = StringAlignment.Center;        //在绘图区域居中对齐
    format.FormatFlags = StringFormatFlags. LineLimit; //设置文本排列方式
    //在 Panel 中绘制文本
    g.DrawString(txtSource.Text, font, lgBrush, pnlShow.ClientRectangle,format);
}
```

（5）运行该程序，测试效果。

14.1.6　坐标系统及变换

1. 坐标系统

GDI+支持 3 种坐标系统：全局坐标、页面坐标和设备坐标。全局坐标是一种逻辑坐标，可以描述图形元素在抽象画面中的逻辑位置、宽度或高度。页面坐标是指在具体画面上（如窗体或控件）使用的坐标。设备坐标是物理设备（如显示屏）所使用的坐标。在调用 Graphics 对象的绘图方法时，所传递的坐标值通常为全局坐标。GDI+在绘图前会进行一系列变换，包括将全局坐标转换为页面坐标，再将页面坐标转换为设备坐标，最终在物理设备上呈现图形。

例如，假设坐标原点距离窗体工作区的左边缘 100 像素、距离顶部 50 像素，如图 14-6 所示。当调用 myGraphics.DrawLine（myPen, 0, 0, 160, 80）时，虽然点（0, 0）和（160, 80）都是全局坐标点，但 GDI+会根据坐标原点自动进变换，最终绘制线条的如图 14-7 所示。表 14-8 显示了在 3 种坐标系统中线条起始点和结束点的坐标对应关系。

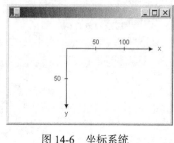

图 14-6　坐标系统

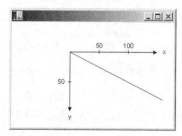

图 14-7　GDI+绘制的线条

表 14-8　　　　　　　　　　　　　三种坐标系统中点的对应关系

坐标系统	线点起始点和结束点的坐标范围
全局坐标	(0, 0)到(160, 80)
页面坐标	(100, 50)到(260, 130)
设备坐标	(100, 50)到(260, 130)

【注意】由于 GDI+默认的度量单位是像素，所以本例中的设备坐标与页面坐标是相同的。如果将度量单位设置为像素以外的其他单位（例如英寸），设备坐标将不同于页面坐标。

【思考】当页面坐标的原点位于工作区的左上角时，全局坐标和页面坐标是否相同？

2. 不同坐标系统间的换算

GDI+具有自动实现不同坐标系统间的坐标转换的功能。在程序中，只需调用 TranslateTransform 函数即可实现从全局坐标到页面坐标的转换。

例如，以下代码将实现全局变换，把坐标原点在 x 方向平移 100 个单位、在 y 方向平移 50 个单位，效果与图 14-5 相同。

```
myGraphics.TranslateTransform(100, 50);
myGraphics.DrawLine(myPen, 0, 0, 160, 80);
```

Graphics 类提供了两个属性，分别为 PageUnit 和 PageScale，用于操作页面坐标与物理坐标间的换算；另外还提供了两个只读属性，分别为 DpiX 和 DpiY，用于检查显示设备每英寸的水平像点数和垂直像点数。可使用 Graphics 类的 PageUnit 属性指定除像素以外的其他度量单位。

例如，以下代码在绘制线条时，其中的结束点(2, 1)位于点(0, 0)的右边 2 英寸和下边 1 英寸处。

```
myGraphics.PageUnit = GraphicsUnit.Inch;
myGraphics.DrawLine(myPen, 0, 0, 2, 1);
```

【注意】当更改了 PageUnit 属性的默认设置而没有指定钢笔的宽度时，GDI+绘制的线条将为一条一英寸宽的线条。

假设显示设备在水平方向和垂直方向每英寸都有 96 个点，则本例线条起始点或结束点在三个坐标系统中的对应关系如表 14-9 所示。

表 14-9　　　　　　　　　　　　三种坐标系统中点的对应关系

坐标系统	线点起始点和结束点的坐标范围	单位
全局坐标	(0, 0)到(2, 1)	英寸
页面坐标	(0, 0)到(2, 1)	英寸
设备坐标	(0, 0)到(192, 96)	像素

在 GDI+中，允许同时启用从全局坐标到页面坐标的转换和从页面坐标到物理坐标的转换，以实现更多的效果。

例如，假设用英寸作为度量单位且坐标系统的原点距工作区左边缘 2 英寸、距工作区顶部 1/2 英寸，那么以下代码表示同时先使用全局变换和页面变换，再绘制一条从点（0,0）到点（2,1）的直线。图 14-8 显示了绘图效果。

```
myGraphics.TranslateTransform(2, 0.5f);
myGraphics.PageUnit = GraphicsUnit.Inch;
myGraphics.DrawLine(myPen, 0, 0, 2, 1);
```

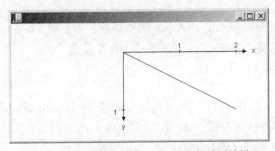

图 14-8　同时全局变换和页面变换的绘图效果

如果我们假定显示设备在水平方向和垂直方向每英寸都有 96 个点，则上例中直线的结束点在三个坐标系统中的对应关系如表 14-10 所示。

表 14-10　　　　　　　　　　　　三种坐标系统中点的对应关系

坐标系统	线点起始点和结束点的坐标范围	单位
全局坐标	(0, 0)到(2, 1)	英寸
页面坐标	(2, 0.5)到(4, 1.5)	英寸
设备坐标	(192, 48)到(384, 144)	像素

3. 全局变形和局部变形

（1）全局变形

全局变形应用于给定的 Graphics 对象绘制的每个图形的变形。它保存在 Graphics 类的

Transform 属性中。该属性是 Matrix 矩阵对象，能保存全局变形的任何序列。因此，要创建全局变形，需先创建 Graphics 对象，再设置其 Transform 属性。

Graphics 类还提供建立全局变形的几个方法，包括 MuliplyTransform、RotateTransform、ScaleTransform 和 TranslateTransform。

MultiplyTransform 用于将当前图形作矩阵乘，实现全局变换，其格式如下。

```
MultiplyTransform(Matrix)
```

将当前图形矩阵乘以指定的 Matrix；MultiplyTransform (Matrix, MatrixOrder)以指定顺序将当前图形矩阵乘以指定的 Matrix。

RotateTransform 用于旋转变形，其格式如下。

```
RotateTransform(float angle,  MatrixOrder order)
```

其中，参数 angle 指定旋转角度（以度为单位）；order 为 MatrixOrder 枚举值（可省略），其指定是将旋转追加到矩阵变换之后还是添加到矩阵变换之前，其值为 Append 时，表示在之后应用新操作，其值为 Prepend 时表示在之前应用新操作。

例如，以下代码表示将 myGraphics 对象旋转 45°。

```
myGraphics.RotateTransform(float 45,MatrixOrder.Append)
```

ScaleTransform 用于缩放变形，其格式如下。

```
ScaleTransform(float sx,  float sy, MatrixOrder order)
```

其中，参数 sx 和 xy 分别用于设置 x 轴方向和 y 轴方向的缩放比例，order 可省略。

例如，以下代码表示将 myGraphics 对象在 x 方向缩放 1 倍，在 y 方向缩放 0.5 倍。

```
myGraphics. ScaleTransform(1,0.5)
```

TranslateTransform 用于平移图形元素，其格式如下。

```
TranslateTransform(float dx, float dy, MatrixOrder order)
```

其中，参数 dx 和 dy 分别表示沿 x 轴或 y 轴平移的多少分量，order 可省略。

例如，以下代码表示将 myGraphics 对象平移 100 个度量单位。

```
TranslateTransform(100,0)
```

（2）局部变形

局部变形应用于特定的图形的变形。局部变形借助 GraphicsPath 类和 Matrix 类实现。GraphicsPath 用来保存要变形的目标，Matrix 指定变形方式。

实现局部变形的具体步骤一般如下。

① 构造 GraphicsPath 对象，再调用其成员方法（如 AddRectangle）添加要变形的目标。

② 构造 Matrix 对象，调用其成员方法（如 Ratate）指定变形方式。

③ 调用 GraphicsPath 对象的 Transform 方法，将变形矩阵应用到变形目标。

④ 调用 Graphics 的 DrawPath 方法，根据已构造的 GraphicsPath 绘制图形。

GraphicsPath 提供了大量可用于添加变形目标的方法，包括 AddArc（追加弧）、AddEllipse（添加椭圆）、AddLine（追加线条）、AddPie（添加扇形轮廓）、AddPolygon（添加多边形）、AddRectangle（添加矩形）、AddString（添加文本字符串）等。

Matrix 对象提供了能指定变形方式的方法，包括 Rotate（旋转）、Scale（缩放）、Translate（平移）等。

【实例 14-4】设计一个 Windows 程序，在窗体中绘制一个椭圆和一个矩形，实现如下功能：能够同时平移、旋转、缩放这两个图形，也可单独平移、旋转、缩放其中一个图形。效果如图 14-9 所示。

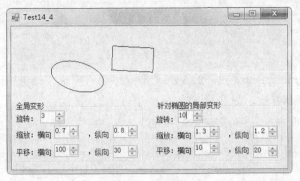

图 14-9　运行效果

（1）设计 Windows 窗体，添加相关控件并设置相关属性，如表 14-11 所示。

表 14-11　　　　　　　　　　　　需要添加的主要控件及其属性设置

控件	属性	属性设置	控件	属性	属性设置
NumericUpDown1 全局旋转	Name	ngRotate	NumericUpDown6 局部旋转	Name	nlgRotate
	Maximn	360		Maximn	360
NumericUpDown1 全局横向缩放	Name	ngxScale	NumericUpDown7 局部横向缩放	Name	nlxScale
	DecimalPlaces	1		DecimalPlaces	1
	Increment	0.1		Increment	0.1
	Maximun	2		Maximun	2
NumericUpDown3 全局纵向缩放	Name	ngyScale	NumericUpDown7 局部纵向缩放	Name	nlyScale
	DecimalPlaces	1		DecimalPlaces	1
	Increment	0.1		Increment	0.1
	Maximun	2		Maximun	2
NumericUpDown4 全局横向平移	Name	ngxMove	NumericUpDown7 局部横向平移	Name	nlxMove
	Maximun	200		Maximun	200
NumericUpDown5 全局给向平移	Name	ngyMove	NumericUpDown8 局部纵向平移	Name	nlxMove
	Maximun	200		Maximun	200

（2）在窗体类中使用 using 引用 System.Drawing.Drawing2D 命名空间，定义若干私有成员字段，并在窗体类的构造函数中初始化。主要代码如下。

```
public partial class Test14_4 : Form
{
    private Graphics g;                    //声明画面对象
    private Pen p;                         //声明钢笔对象
    private Rectangle rect1, rect2;        //声明两个矩形区域
    private float angle, langle;           //保存全局旋转和局部旋转的角度
    private float dx, dy, ldx, ldy;        //保存全局缩放或局部缩放的比例
    private float mx, my, lmx, lmy;        //保存全局平移或局部平移的分量
    public Test14_4()
    {
        InitializeComponent();
        p = new Pen(Color.Blue);
        rect1 = new Rectangle(0, 0, 100, 50);
        rect2 = new Rectangle(150, 0, 100, 50);
        angle = 0; langle = 0;
```

```
        dx = 1; dy = 1; ldx = 1; ldy = 1;
        mx = 0; my = 0; lmx = 0; lmx = 0;
    }
}
```

（3）缩写各 NumericUpDown 控件的 ValueChanged 事件方法，提供用户当前输入的数值，并调用窗体对象的 Refresh 方法，触发窗体的 Paint 事件。代码如下。

```
private void ngRotate_ValueChanged(object sender, EventArgs e)
{   //获得全局旋转变形的角度
    angle =Convert.ToSingle(ngRotate.Value);
    this.Refresh();
}
private void ngxScale_ValueChanged(object sender, EventArgs e)
{    //获得全局 x 轴缩放变形的比例
    dx = Convert.ToSingle(ngxScale.Value);
    this.Refresh();
}
private void ngyScale_ValueChanged(object sender, EventArgs e)
{    //获得全局 y 轴缩放变形的比例
    dy = Convert.ToSingle(ngyScale.Value);
    this.Refresh();
}
private void ngxMove_ValueChanged(object sender, EventArgs e)
{    //获得全局 x 轴平移变形的分量
    mx = Convert.ToSingle(ngxMove.Value);
    this.Refresh();
}
private void ngyMove_ValueChanged(object sender, EventArgs e)
{    //获得全局 y 轴平移变形的分量
    my = Convert.ToSingle(ngyMove.Value);
    this.Refresh();
}
private void nlRotate_ValueChanged(object sender, EventArgs e)
{    //获得局部旋转变形的角度
    langle = Convert.ToSingle(nlRotate.Value);
    this.Refresh();
}
private void nlxScale_ValueChanged(object sender, EventArgs e)
{    //获得局部 x 轴缩放变形的比例
    ldx = Convert.ToSingle(nlxScale.Value);
    this.Refresh();
}
private void nlyScale_ValueChanged(object sender, EventArgs e)
{    //获得局部 y 轴缩放变形的比例
    ldy = Convert.ToSingle(nlyScale.Value);
    this.Refresh();
}
private void nlxMove_ValueChanged(object sender, EventArgs e)
{    //获得局部 x 轴平移变形的分量
    lmx = Convert.ToSingle(nlxMove.Value);
    this.Refresh();
}
private void nlyMove_ValueChanged(object sender, EventArgs e)
```

```
{      //获得局部 y 轴平移变形的分量
    lmy = Convert.ToSingle(nlyMove.Value);
    this.Refresh();
}
```

（4）编写窗体的 Paint 事件方法，根据全局变形和局部变形的设置绘制椭圆和矩形。代码如下。

```
private void Test14_4_Paint(object sender, PaintEventArgs e)
{
    g = this.CreateGraphics();          //创建绘画对象
    g.Clear(this.BackColor);            //清除原来绘图
    g.RotateTransform(angle);           //启用全局旋转变形
    g.ScaleTransform(dx, dy);           //启用全局缩放变形
    g.TranslateTransform(mx, my);       //启用全局平移变形
    GraphicsPath gp = new GraphicsPath();  //创建绘画路径对象
    gp.AddEllipse(rect1);               //指定在第一个矩形区域中绘制椭圆
    Matrix m = new Matrix();            //创建矩阵对象
    float r = Convert.ToSingle(nlRotate.Value);
    m.Rotate(r);                        //设置局部旋转变形的角度
    m.Scale(ldx, ldy);                  //设置局部缩放变形的比例
    m.Translate(lmx, lmy);              //设置局部平移量
    gp.Transform(m);                    //将局部变形矩阵应用到绘画路径
    g.DrawPath(p, gp);                  //根据绘画路径的要求绘图
    g.DrawRectangle(p, rect2);          //绘制矩形
}
```

上述代码同时使用了全局变形和局部变形，请注意绘制椭圆和绘制矩形的区别。由于矩形不需要局部变形，故直接调用 Graphics 对象的 DrawRectangle 方法绘制，而椭圆需要局部变形，故先用 GraphicsPath 对象封装相关信息，再调用 Graphics 对象的 DrawPath 方法绘制。

14.2　Windows Media Player 组件的使用

Windows Media Player 是一款 Windows 系统自带的运用较为广泛的多媒体播放器，其界面简约、完美，功能强大，既可以作为独立的软件来运行，还可以当作插件添加到 Windows 应用程序或 Web 应用程序之中，增强应用程序的功能。本节将重点介绍 Windows Media Player 在应用程序之中的编程方法。

14.2.1　Windows Media Player 组件的介绍

Windows Media Player 从 1992 年开始就捆绑于 Windows 系统之中，并随着 Windows 系统升级而不断升级。目前，最新版本是 Windows Media Player 12。它支持各种音视格式文件的播放，包括.ASF、ASX、AVI、MID、MOV、MP3、MP4、MPEG、VOB、WAV 和 WMV 等，在安装 Realone 解码器的情况下，还能播放 RM 和 RMVB 音视频文件。

Windows Media Player 随 Windows 操作系统自动安装，普通用户通过 Windows 的系统菜单就可以使用它。对程序员来说，借助 Windows Media Playe 提供的 SDK（即 Software Development Kit），

不仅可以进一步优化 Windows Media Player，还可以快速地设计自己的具有多媒体播放功能的应用程序。例如，把 Windows Media Player 当作插件添加网页，实现音视频在线播放。

  Windows Media Player 使用面向对象的组件技术开发，其强大的功能已经凝聚成一个组件或对象模型（Object Model）。该组件包括播放器控件（AxWindowsMediaPlayerr）、媒体接口（IWMPMedia）、媒体控制接口（IWMPControls）、媒体集合接口（IWMPMediaCollection）、播放列表接口（IWMPPlaylist）、播放列表集合接口（IWMPPlaylistCollection）、CDROM 驱动器接口（IWMPCdrom）、DVD 驱动器接口（IWMPDVD）、CDROM 驱动器集合接口（IWMPCdromCollection）、配置接口（IWMPSettings）、网络接口（IWMPNetWork）等。其中，AxWindowsMediaPlayerr 播放器控件是 Windows Media Player API 的核心，其他接口都通过播放器的特定属性进行引用。表 14-12 列出播放器控件的常用属性及其描述。

  例如，假设播放器控件对象 AxWindowsMediaPlayerr 的名称为 player，则以下代码表示通过播放器的 settings 属性引用 IWMPSettings 接口，以禁止默认的"自动播放媒体"的配置。

```
player.settings.autoStart = true;
```

表 14-12   Windows Media Player 控件的常用属性

成员属性	描述
cdromCollection	返回 IWMPCdromCollection 对象
Ctlcontrols	返回一个 IWMPControls 对象，提供播放、暂停、终止等操作方法
currentMedia	指定或返回当前媒体 IWMPMedia 对象
currentPlaylist	指定或返回当前播放列表 IWMPPlaylist 对象
dvd	返回 IWMPDVD 对象
enableContextMenu	指示是否允许显示快捷菜单
enabled	指示 Windows Media Player 控件是否可用
error	返回错误信息对象 IWMPError
fullScreen	是否为全屏播放模式
isOnline	用户是否已链接到网络
isRemote	指示 Windows Media Player 控件是否为远程运行模式
mediaCollection	返回 IWMPMediaCollection 对象
playlistCollection	返回 IWMPPlaylistCollection 对象
playState|openState| status	返回 Windows Media Player 的相关状态
IWMPSettings	返回 Windows Media Player 的设置
stretchToFit	视频显示时是否自动缩放
uiMode	设置 Windows Media Player 嵌入网页或窗体之后的界面模式 uiMode 值为 none 时，只显示视频画面，不显示控制界面 uiMode 值为=mini 时，显示画面和简单的控制界面 uiMode 值为 full 时，显示全功能操作界面
URL	指定或返回正在播放的媒体的 URL
windowlessVideo	指定或返回是否以无窗口模式呈现

由于 Windows Media Player 的核心功能已经被封装为一个窗体控件，所以可以借助于 JavaScirpt、ASP.NET、MFC、.Net Framework 等技术，将相关功能直接嵌入到 HTML 网页、C++ 应用程序、VB 应用程序、C#应用程序之中，从而实现诸如数字信号处理、在线点播与广播之类 的任务。

【注意】播放器控件 AxWindowsMediaPlayerr 并不提供那些直接操纵媒体播放的成员方法，而 相关功能由媒体控制接口 IWMPControls 提供。表 14-13 列出了该接口的常用属性和方法描述。

表 14-13　　　　　　　　Windows Media Player 控件的常用属性和方法描述

成员方法	描述
currentItem	属性，返回或设置播放列表中当前媒体
currentPosition	属性，返回或设置当前已播放的秒数
fastForward	快进
fastReverse	快退
next	选择播放列表的当前项的下一项媒体
pause	暂停播放
play	继续播放
playItem	播放指定项
previous	选择播放列表的当前项的前一项媒体
stop	停止播放

14.2.2　Windows Media Player 组件的使用

在.Net Framework 中，Windows Media Player 可作为一个窗体控件添加到任何 Windows 应用 程序或 Web 应用程序之中，也可使用 VS2017 的属性窗口或者 C#源代码来修改其控件的各属性值。

Windows Media Player 组件的使用方法如下。

（1）在 VS2017 的工具箱中添加 Windows Media Player 控件

Windows Media Player 是一个功能强大的窗体控件，但由于不常用，所以无法在 VS2017 的工 具箱中直接找到它。为此，需要先将它添加到工具箱之中，然后再使用。操作步骤为启动 VS2017 并创建一个新的项目，然后打开 VS2017 的工具箱，再右击工具箱，选择"添加选项卡"命令， 并设置该选项卡的名字（如：我的控件列表）。接着再次右击工具箱，选择"选择项"命令，在弹 出的对话框中选择"COM 组件"选项卡→查找并勾选"Windows Media Player"（如图 14-10 所示）， 单击"确定"按钮即可。

浏览"工具箱"，即可看到已成功添加的 Windows Media Player 控件了。之后，即可将 Windows Media Player 控件拖放到任何窗体的设计器窗口之中了。

（2）在窗体设计器中添加 Windows Media Player 控件

打开 Windows 窗体或 Web 窗体设计器，把 Windows Media Player 控件从工具箱拖放到窗体设 计器，VS2017 将自动创建一个控件对象，默认的名称为"axWindowsMediaPlayer1"。与此同时， VS2017 会自动添加 AxWMPLib 和 WMPLib 的引用，在解决方案资源管理器窗口中展开"引用" 选项卡可看到它们。

名称	路径	库	上次修i ^
☐ True DBGrid Control	C:\PROGRAM FILES\RATIONAL...	APEX True DBGrid Pro...	1998/3
☐ UmEvmControl Class	D:\Program Files\Microsoft Of...	UmOutlookAddin 1.0 ...	2010/2
☐ VCMacroPicker Class	C:\Program Files\Microsoft Vis...		2010/3
☐ VideoRenderCtl Class	C:\Windows\system32\qdvd.dll		2009/7
☐ VSTO FormRegionsHostX	C:\Program Files\Common File...		2010/3
☐ VSTO WinFormsHost Control	C:\Program Files\Common File...	Microsoft Visual Studi...	2010/3
☐ Windows Mail Mime Editor	C:\Windows\system32\inetco...		2010/3
☑ Windows Media Player	C:\Windows\system32\wmp.dll	Windows Media Player	2010/9
☐ WizCombo Class	C:\Program Files\Microsoft Vis...	VCWiz 10.0 Type Libra...	2010/3
☐ WMIObjectBroker Class	C:\Program Files\Common File...		2010/3
☐ XunleiBHO Class	C:\Program Files\Thunder Net...	XunLeiBHO 1.0 Type L...	2011/5

Silverlight 组件 | System.Workflow 组件 | System.Activities 组件
.NET Framework 组件 | COM 组件 | WPF 组件

图 14-10　选中 "Windows Media Player" 组件

（3）在程序中使用 AxWindowsMediaPlayer 对象

由于 AxWindowsMediaPlayer 类位于 AxWMPLib 命名空间，其他相关数据类型、接口等位于 WMPLib 命令空间。因此，在程序中引用 AxWindowsMediaPlayer 对象及其数据信息时，一定要先使用 using 添加这两个命名空间。代码如下。

```
using WMPLib;
using AxWMPLib;
```

【实例 14-5】设计一个 Windows 程序，实现如下功能：首先打开选中的歌典，将其添加到自定义的播放列表之中，然后随机地从中选择一首歌典进行播放。效果如图 14-11 所示。

图 14-11　运行效果

（1）设计 Windows 窗体，添加相关控件并设置相关属性，如表 14-14 所示。

表 14-14　　　　　　　　需要添加的主要控件及其属性设置

控件	属性	属性设置	控件	属性	属性设置
ListBox1	Name	lstSongs	Button2	Name	btnPlay
AxWindowsMediaPlayer1	Name	player		Text	随机播放
	Width* Hight	280*200	Button3	Name	btnContinue
OpenFileDialog1	Name	openFile		Text	暂停
Button1	Name	btnOpen	Button4	Name	btnStop
	Text	添加文件		Text	停止

（2）在窗体类的构造函数中初始化 Windows Media Player 控件。主要代码如下。

```
public partial class Test14_5 : Form
{
    public Test14_5()
    {
        InitializeComponent();
        player.windowlessVideo = true;          //以无窗口模式呈现视频
        player.uiMode = "none";                 //不显示 Windows Media Player 的控制界面
        player.settings.autoStart = true;       //打开媒体文件时自动开始播放
        player.stretchToFit = true;             //自动缩放视频
        player.enableContextMenu = false;       //关闭 Windows Media Player 的快捷菜单
    }
}
```

（3）编写"添加文件"按钮的 Click 事件方法，首先弹出 OpenFileDialog 对话框，然后将用户选中的文件添加到 ListBox 控件的选项列表中。代码如下。

```
private void btnOpen_Click(object sender, EventArgs e)
{
    if (openFile.ShowDialog() == DialogResult.OK)  //显示"打开"对话框
    {
        string file = openFile.FileName;
        lstSongs.Items.Add(file);
    }
}
```

（4）分别编写"随机播放""暂停""停止"按钮的 Click 事件方法以及播放列表控件的 SelectedIndexChanged 事件方法。代码如下。

```
private void btnPlay_Click(object sender, EventArgs e)
{
    Random r = new Random();
    int Count = lstSongs.Items.Count;       //获得播放列表的媒体个数
    player.URL = lstSongs.Items[r.Next(0, Count)].ToString(); //随机地选择某个媒体项进行播放
}
private void lstSongs_SelectedIndexChanged(object sender, EventArgs e)
{
    player.URL = lstSongs.Text;             //播放从播放列表中选中的媒体
}
private void btnContinue_Click(object sender, EventArgs e)
{
    if (player.playState == WMPLib.WMPPlayState.wmppsPlaying)
    {
        player.Ctlcontrols.pause();         //如果当前正在播放,则暂停
        btnContinue.Text = "继续";
    }
    else
    {
        player.Ctlcontrols.play();          //如果当前已暂停播放,则继续播放
        btnContinue.Text = "暂停";
    }
}
```

```
private void btnStop_Click(object sender, EventArgs e)
{
    player.Ctlcontrols.stop();              //停止播放
}
```

（5）运行程序，测试运行效果。

习　　题

1. 判断题

（1）窗体或控件 Paint 事件在触发时，系统自动创建一个 Graphics 对象。

（2）Graphics 对象 DrawLines 方法只能绘制折线，不能绘制闭合的图形。

（3）因 GDI+只能绘制线条和图形，故想要显示图像就只能使用 PictureBox 控件。

（4）当 Graphics 对象的 PageUnit 属性设置为 GraphicsUnit.Inch 时，点（2,2）表示该点距离坐标原点的距离为 2 英寸。

（5）在安装了 Realone 解码器的情况下，Windows Media Player 也能播放 RM 和 RMVB 音视频文件。

（6）AxWindowsMediaPlayerr 提供了直接操纵媒体播放的成员方法，例如 play 和 stop。

（7）在 VS2017 中，通过工具箱可直接使用 Windows Media Player 控件。

（8）在程序中引用 AxWindowsMediaPlayer 对象及其数据信息时，必须先使用 using 添加 WMPLib 命令空间。

2. 选择题

（1）GDI+主要封装于命名空间（　　　）之中。

  A. System.Drawing   B. System.Net

  C. System.Xml   D. System.IO

（2）GDI+的核心是（　　　），它是绘制线条、曲线、图形、图像和文本的面面。

  A. Pen   B. Brush

  C. Graphics   D. Color

（3）下列有关 GDI 的描述，错误的是（　　　）。

  A. GDI 即 Graphic Device Interface，意思是"图像设备接口"

  B. GDI+是 GDI 的升级版本

  C. GDI 实现了应用程序与输出设备硬件的分离

  D. 使用 GDI+编写的绘图程序可运行于任何版本的 Windows 操作系统

（4）已知 Window 窗体的名称为 myForm，其中，Panel 面板的名称为 myPanel，Button 的名称为 btnDraw。如果希望用户单击 Button 时能够在 Panal 中绘图，则应该如何创建图面对象？（　　　）

  A. Graphic g=myForm.GreateGraphics()

  B. Graphic g= myPanel. GreateGraphics()

  C. Graphic g =btnDraw. GreateGraphics()

  D. Graphics g;

```
private void myForm_Paint(object sender,PaintEventArgs e)
{
    g = e.Graphics;
}
```

（5）使用以下哪一个选项可获得标准的蓝色？（　　　）

    A.　Color c = Color.FromArg b(0,0, 0, 255)

    B.　Color c = Color.FromArgb (255, 0, 0, 255)

    C.　Color c = Color.FromArgb (255, 255, 0, 0)

    D.　Color c = Color.FromArgb (255, 0, 255, 0)

（6）要想使用预设的图案填充图形，必须创建哪一种画笔？（　　　）

    A.　SolidBrush　　　　　　　　　　B.　HatchBrush

    C.　TextureBrush　　　　　　　　　D.　LinearGradientBursh

（7）要想绘制一条弧线，可调用 Graphics 对象的（　　　）方法。

    A.　DrawLine　　　　　　　　　　　B.　DrawArc

    C.　DrawEllipse　　　　　　　　　　D.　DrawRectangle

（8）下列有关 GDI+坐标系统描述错误的是（　　　）。

    A.　全局坐标是一种逻辑坐标，它描述图形元素在画面中的逻辑位置、宽度或高度

    B.　页面坐标是指在具体画面上（如窗体或控件）使用的坐标

    C.　设备坐标是物理设备（如显示屏）所使用的坐标

    D.　因 GDI+默认的度量单位是像素，故全局坐标、页面坐标和设备坐标是相同的

实验 14

一、实验目的

（1）熟悉的 GDI+的概念，掌握使用 GDI+绘制各种图形的方法。

（2）了解 Windows Media Player 组件，掌握其使用方法。

二、实验要求

（1）熟悉 VS2017 的基本操作方法。

（2）认真阅读本章相关内容，尤其是案例。

（3）实验前进行程序设计，完成源程序的编写任务。

（4）反复操作，直到不需要参考教材、能熟练操作为止。

三、实验步骤

（1）设计一个简易的"画图"程序，要求具有以下功能。

可以选择要绘制图形类型，可以更改图形的边框线，可以更改填充颜色，可以移动、旋转和缩放图形，还可以保存为图形文件。

（2）参考实例 14-5，使用 Windows Media Player 设计一个简易的多媒体播放器，要求具有以下功能。

① 使用 ListBox 构造播放列表，能够把感兴趣的音视频添加到播放列表之中。

② 支持从头到尾自动循环播放功能，也提供随机播放其某个媒体项的功能。

③ 具有快速、快退、暂停、继续、中止播放等功能。

四、实验总结

写出实验报告（报告内容包括实验内容、任务分析、算法设计、源程序、实验体会等），并记录实验过程中的疑难点。

参考文献

［1］罗福强，等．C#.NET 程序设计教程（第 2 版）［M］．北京：人民邮电出版社，2012.

［2］本杰明·帕金斯．C# 入门经典（第 7 版）［M］．北京：清华大学出版社，2016.

［3］Christian Nagel. C# 高级编程：C#6 & .NET Core 1.0（第 10 版）［M］．北京：清华大学出版社，2017.

［4］软件开发技术联盟．C# 开发实例大全（基础卷）［M］．北京：清华大学出版社，2016.

［5］易格恩·阿格佛温．C# 多线程编程实战（第 2 版）［M］．北京：机械工业出版社，2017.

［6］王石磊，等．C++ 开发从入门到精通［M］．北京：人民邮电出版社，2016.

［7］罗福强，等．数据结构（Java 语言描述）［M］．北京：人民邮电出版社，2016.

［8］爱弗·霍顿．C++ 标准模板库编程实战［M］．北京：清华大学出版社，2017.

［9］明日科技．Java 从入门到精通（第 4 版）［M］．北京：清华大学出版社，2016.

［10］李刚．疯狂 Java 讲义（第 3 版）［M］．北京：电子工业出版社，2014.